建筑电气新技术丛书

电气节能与太阳能应用技术

中国建筑学会建筑电气分会　主编

中国建筑工业出版社

图书在版编目（CIP）数据

电气节能与太阳能应用技术/中国建筑学会建筑电气分会主编. —北京：中国建筑工业出版社，2009
（建筑电气新技术丛书）
ISBN 978-7-112-11131-2

Ⅰ. 电… Ⅱ. 中… Ⅲ. ①房屋建筑设备：电气设备-节能②再生资源：能源-资源利用 Ⅳ. TU85 TK01

中国版本图书馆 CIP 数据核字（2009）第 118118 号

建筑电气新技术丛书
电气节能与太阳能应用技术
中国建筑学会建筑电气分会 主编

*

中国建筑工业出版社出版、发行（北京西郊百万庄）
各地新华书店、建筑书店经销
霸州市顺浩图文科技发展有限公司制版
北京云浩印刷有限责任公司印刷

*

开本：850×1168 毫米 1/32 印张：16¼ 字数：468 千字
2009 年 11 月第一版 2009 年 11 月第一次印刷
印数：1—3000 册 定价：**35.00** 元
ISBN 978-7-112-11131-2
（18381）

本书主要介绍建筑中的电气节能技术和以太阳能为代表的新能源的开发利用，包括当前能源形势，建筑电气节能的意义和节能类型（电源节能、动力节能、照明节能），太阳能光伏发电实用技术，太阳能光热利用等几个方面。

本书内容丰富，是当前的前沿和热点问题。适合于建筑电气工作者使用，也可用作培训和高校教学用书。

* * *

责任编辑：刘　江　张　磊
责任设计：赵明霞
责任校对：张　虹　梁珊珊

编委会名单

前　言

建筑电气新技术丛书即将向全国读者印发出版了，对于建筑电气界来说这是一件大好事。

“建筑电气”广义的解释是：建筑电气是以建筑为平台，以电气技术为手段，在有限的空间内，为创造人性化生活环境的一门应用学科。

建筑电气狭义的解释是：在建筑物中，利用现代先进的科学理论及电气技术（含电力技术、信息技术及智能化技术等），创造一个人性化生活环境的电气系统，统称为建筑电气。

我们在编著建筑电气新技术丛书时，考虑到在“建筑电气”的范围广阔，项目繁多，特别是新技术层出不穷，尽可能不遗漏全面一些。丛书共分六册即：《建筑电气工程基础与IT技术应用》、《建筑供配电新技术》、《建筑照明》、《智能建筑新技术》、《电磁兼容技术与防雷接地》、《电气节能与太阳能应用技术》。

本丛书是以中国建筑学会建筑电气分会的第七届理事会部分领导成员洪元颐、张文才、王金元、杨维迅、陈建飚、陈众励、杨德才、陈汉民，并邀请了我国电气领域的老专家：王厚余、贺湘琨、刘希清、詹庆旋、刘屏周、王素英、李道本、姚家祎、黄妙庆、杨守权、张艺滨等，及诸多方面的专家领衔编纂而成的，他们有孙成群、王勇、张野、孙牧海、张涓笑、高小平、龚增、黄春、刘侃、戎一农、施巨岭、张跃、方磊、陈慈萱、孙兰、张昕、叶明、姚梦明等；此外许多同仁帮助做了很多校阅工作，他们有杜毅威、葛大麟、石萍萍、李宏毅等等；这项巨大的工程是大家辛劳地一砖一瓦堆砌起来的。在此我向七十余名作者及方方面面给予我们支持的同仁致以深深的感谢。

洪元颐

目　　录

第1章　概　　述

第2章　电源节能及工程应用

第3章 动力节能及工程应用

第5章　备用电源系统

第6章　太阳能光伏发电

第7章 太阳能光伏发电实用技术

第8章　太阳能光热利用

第1章 概 述

21世纪人类在享用现代科技带来的丰富物质文明的同时，却不得不面对一个共同的问题：资源的巨大消耗造成能源日益枯竭，以及仅仅依靠传统燃料对环境的污染。在这双重压力下，已不能适应世界人口和经济持续增长的需要。人们开始反思，为什么要将亿万年形成的化石能源在200～300年内燃烧掉呢？为什么不能为子孙后代多留一些宝贵矿藏呢？美国人不开采本土的储备而依赖进口，日本购买我国大量的煤炭填海。

目前，人们迫切地呼唤、渴求以清洁的可再生（新）能源取代化石能源，一些发达国家已经拟定21世纪中叶，让新能源发电占国家电力市场30％～50％的目标；中国2006年1月1日开始实施的《中华人民共和国可再生能源法》也已正式出台，相关政策法规条款具体，一场能源革新已悄然兴起。

1 国内能源形势概览

1.1 能源市场的状况严峻

1.1.1 基本概念

1. 能源含义及其分类

(1) 按生成方式划分

能源分一次能源和二次能源。前者，指自然界中以天然形态存在未经加工的能源形式，如煤炭、石油、天然气、水能、太阳能、风能、生物质能、海洋能和地热能等；后者，指由一次能源转换成符合人们使用要求的能量形式，如电能、汽油、柴油、焦炭、煤气、蒸汽和氢能等。

(2) 按所处经济生活地位划分

能源分常规能源和新能源。前者，技术上比较成熟，已被人类广泛使用，在生产、生活中起着重要作用，如煤炭、石油、天然气、水能和核能等；后者，指目前尚未被人类大规模利用，还有待进一步研究试验与开发利用，如太阳能、风能、地热能、海洋能和核聚变能。

(3) 按是否能再生而循环使用划分

能源分可再生能源和非再生能源。前者，指不会随着自身的转化或人类利用而日益减少，具有自然恢复能力的能源，如太阳能、风能、水能、生物质能、海洋能和地热能等；后者，指经过亿万年形成而在短期内无法恢复再生，随着使用而越来越少的能源，如煤炭、石油和天然气等。

(4) 按其不同来源划分

1) 来自地球外天体主要指太阳辐射能。植物通过光合作用将太阳能转为化学能，贮存于体内，为人类和动物提供生存能源。如古代埋藏于地下的动植物等化石燃料（实质上是贮存下来的太阳能）而形成的。太阳能、风能、水能、海水温差能、海洋波浪能、生物质能等，也都直接、间接来自太阳能。

2) 来自地球内部主要指地下热水、地下蒸汽和岩浆等地热能和铀、钍等核燃料所具有的核能。

3) 地球与其他天体相互作用而产生，主要是指由于地球、月亮及太阳之间的引力作用，从而造成的有规律地涨落而形成的潮汐能。

(5) 按对环境污染情况划分

能源分清洁能源和非清洁能源。前者，即对环境无（很小）污染的能源，如太阳能、水能和海洋能等；后者，指对环境污染严重的能源，如煤炭、石油等。

2. 能源利用演变过程

(1) 柴草阶段。

史前人类一直以柴草作为能量的主要来源，而辅之以水力、风力和畜力。几千年来社会进步不大。在1860年世界能源消费中，薪柴和农作物秸秆占世界能源总消费量的73.8%，煤炭仅占25.3%。

(2) 煤炭阶段。

18世纪70年代，瓦特发明蒸汽机，19世纪70年代，爱迪生发明电灯，此后方完成热能向机械能的转换，人类社会进入电气化时代；1860～1910年，煤炭消费总量增加37.3倍，即净增率为25.3%～63.5%，而柴草下降率为73.8%～31.7%。

(3) 石油阶段。

从20世纪60～70年代起，石油和天然气逐渐取代煤炭，在世界能源消费构成中居主导地位；到20世纪50年代中期，石油、天然气已经超过煤炭，它对促进世界经济的繁荣和发展起到了重要作用。

(4) 过渡阶段。

20世纪70年代末，西方世界爆发的石油（能源）危机震撼了全世界，它宣告了石油阶段的结束，预示着一场新能源变革即将来临。其过渡阶段结构演变的特征是由以石油、天然气和煤炭为中心逐步向核能和太阳能等新能源的方向转变，重点是寻求化石能源的替代品，以建立一个持久、可再生和清洁的能源体系，以满足21世纪的需求。

1.1.2 中国能源现状与节能

1. 形势严峻的时代

(1) 现有资源极度短缺

目前，人类使用的最主要能源是不可再生能源，如石油、天然气、煤炭和裂变核燃料等，约占能源总消费量的90%，而可再生能源如水力、太阳能等只占10%。从中国和世界常规能源开发利用年限对比中可预测，全世界石油储量只够开采45年（中国15年），天然气约61年（中国30年），煤炭230年（中国81年），核燃料71年（中国50年）。

资源的短缺让经济高速发展的中国面临更加严峻的形势。

2004年，中国煤炭、电力、石油和运输空前紧张，目前，中国能源消费总量已超过14亿t标准煤，成为继美国之后的第二大能源消费大国。

（2）消费结构不尽合理

不合理的能源消费结构致使中国面临着常规能源资源约束、过分依赖煤炭污染严重、能源利用效率低等问题。况且中国人均煤炭、石油、天然气资源量也很少，分别为世界平均水平的60%、10%和5%。全国90%的SO_2排放、大气中70%的烟尘均是燃煤造成的。

2004年中国国内生产总值比上年增长9.5%，与此同时，其能源消费总量达19.7亿t标准煤，比上年增长15.2%；万元GDP能耗1.58t标准煤，上升5.3%。目前国内每吨标准煤的产出效率仅相当于日本的10.3%、欧盟的16.8%，其能源利用率比发达国家整整落后20年。

（3）资源不足影响面大

它直接反映到与人们生活密切相关的电力供应上，让更多的人对“电荒”心有余悸。2004年已涉及全国27个省，从夏天持续高温到冬季的大面积拉闸限电对生活和生产造成的影响和制约相当严重。由于经济迅猛发展，电力需求以每年超过20%的速度增长，过去的季节性、时段性缺电已经转化成全天候、全年性短缺。根据目前全国的电力建设预测，2010年和2020年电力供应缺口将分别占到4%和11%，电力紧张的局面在今后一段时期内都难以得到缓解。

2. 能源供需现状

国内能源状况，详见表1-1。

国内能源供需状况　　　　**表1-1**

能　源	内　容	备　注
特点	水力资源丰富，石油、天然气缺乏，探明储量8230亿t，剩余1390亿t，煤炭为主	煤炭81年、石油15年、天然气30年，分别为世界平均水平的50%、33.3%、50%

续表

能源		内容	备注
问题	资源	为世界总储量的10%，人均水平为世界的40%	优质资源匮乏
	效率	为世界的32%，能源消耗GDP分别是美国、欧盟、日本的4、6、10倍	占世界能源消费总量的10%
	环境	酸雨、酸沉降、煤烟污染严重	预计2020年温室气体排放量超过美国
需求	总量/亿t	达到世界平均水平需30	达到欧盟平均水平需85
	电力/(kW·h/人)	已经达到1462	为美、日、欧盟、世界平均水平的10%、17%、18%、57%
	数据/万亿kWh	达到世界平均水平需3.3	达到欧盟平均水平需10.6
供应	预测/亿t	2020年国内生产总量达24标准煤	煤、石油为23.2，可再生能源2。天然气1000，水电、核电为7000亿、2590亿kWh
	趋势/亿t	2020年全国能源需求量将达到30标准煤	煤炭、石油为23.4，天然气2000亿m^3，水电7000亿kWh，核电2590亿kWh
矛盾	消费	能源需求持续增长和国内供应严重不足	人均消费水平低
	资源	大量煤炭和环保、减排温室气体之间	油气资源不足
	能源	大量进口和供应的安全限度之间	石油、天然气
措施	效率	提高能源利用率	建设节约型社会
	借鉴	利用国际油气资源	改善能源结构
	开发	应用可再生能源	实现资源本土化

注：根据国家发改委能源研究所资料汇总。

1.2 能源短缺局面的应对策略

1.2.1 坚持节能优先

1. 节能型社会基本含义

首先，节能不仅是通过技术、政策和体制的改进，来减少提供同等能源服务的能源投入，而且取决于人们价值观和消费行为的改变。构建节能型社会，即动员和推进全社会在所有领域厉行节能，全面、深入、系统地提高能效，从而取得比常规节能大得多的经济效益、环境效益和社会效益。

它的另一层含义是改变经济增长方式，提高经济增长质量的重要途径。我国经济的高增长仍然是靠消耗大量能源和原材料的低效益增长。2003 年我国消耗能源使得已经基本得到解决的能源供应短缺“瓶颈”再度显现。加大能源建设投入，其中强化节能是最现实、最经济的办法。国内节能潜力大，可实现的节能成本效益远超过新增生产力；构建节能型社会，是精神文明建设的重要内容，如追求高消费浪潮中，应改变“用过即扔”的消费方式，以营造健康文明的高品质小康社会生活和节俭的社会风尚。

引进和自我开发的能力，要选好突破点，如薄膜太阳电池具有省材料、造价低的优势，这样就有利于在短时间内赶上世界先进水平。加速开发无污染、可再生的太阳能资源，力争到 2020 年将建成 500 万 kW 的太阳能发电容量，使太阳能成为我国最大的可再生能源。

2. 节能型社会指标体系

目前，国际上普遍用能源效率指标来衡量节能水平。一个国家的综合能源效率指标是增加单位 GDP 的能源需求，即单位产值能耗；部门能源效率指标分为经济指标和物理指标：前者为单位产值能耗，后者工业部门为单位产品能耗。

1.2.2 大力开发新能源

(1) 发展新能源刻不容缓（表 1-2）。

(2) 发电容量和发电量构成（表 1-3）。

发展新能源的迫切性 **表 1-2**

问题	年份	内容		所占比例/%
煤炭比例较高	1998	世界第一次商品能源消耗结构	煤炭	26
			石油、天然气	64
			核能、水电	10

续表

问题	年份	内容		所占比例/%
煤炭比例较高	1998	我国第一次商品能源消耗结构	煤炭	72
			石油、天然气	23
			核能、水电	6
环境已被污染	2000	我国因能源结构矛盾和能源开采和利用技术水平低，造成的环境问题更为严重		
		我国能源消费占世界比例		8～9
		但 SO_2 排放占世界比例为世界第一		15.1
		CO_2 排放占世界比例为世界第二		13.6
		我国煤炭排放	SO_2 占全国的比例	87
			CO_2 占全国的比例	71
			NO_x 占全国的比例	67
			烟尘占全国的比例	60
启用新兴能源	2020～2030	化石燃料的生产和消耗		达到峰值
	2050	可再生能源占总一次能源的比例		＞50
		太阳能在一次能源中的比例		13～15

注：21 世纪人类能源结构将发生根本性变革。

2002 年底我国发电设备装机容量和发电量构成　　表 1-3

名称＼数据	装机容量		发电量	
	容量/万 kW	占总量百分比/%	电量/亿 kWh	占总量百分比/%
火力发电	26554	74.5	13522	81.7
水力发电	8607	24.1	2746	16.6
核发电	446	1.25	265	1.6
总计	35657	100	16542	100

2　化石能源与生态环境

2.1　环境遭受严重破坏

2.1.1　基本概念

1. 环境含义及其危害

(1) 环境要素

指人类赖以生存的地球上的生物和非生物物质，它与人类息息相关。主要包括自然环境和社会环境、经济环境：前者，有人类得以存活的环境要素，如大气圈、水圈、土壤圈和岩石圈等；后者，则指人类的社会制度等上层建筑条件，如社会经济基础、城乡结构及政治、经济和法律等。

(2) 环境恶化

主要表现在大气和江河湖海污染加剧、大面积土地退化、森林面积急剧减少、淡水资源日益短缺、大气层臭氧空洞扩大、生物多样化受到威胁等方面。同时温室气体排放量导致全球气候变暖，使自然灾害发生的频率和烈度大幅增加。气候变化的危害详见表1-4。

气候变化对自然生态系统危害　　表1-4

名称	影　响	备　注
植物	将改变植被群落的结构、组成及生物量，使森林生态系统的空间格局发生变化	同时也造成生物多样性减少等
冰川	冰川条数和面积减少，冻土厚度和下沉会发生变化，高山生态系统对气候变化非常敏感	冰川规模将随着气候变化而改变，山地冰川普遍出现减少和退缩现象
水位	用水消耗量每年增加3%，导致湖泊水位下降和面积萎缩	10亿人口缺水，24亿人口饮水不卫生
农业	农业生产的不稳定性增加，产量波动大。农业生产布局和结构将出现变动	农业生产条件改变，其成本和投资大幅度增加
灾害	气候变暖将使地表径流、旱涝灾害频率以及水质等发生变化	水资源供需矛盾将更为突出
疾病	对气候变化敏感的传染性疾病的传播范围可能增加	与高温热浪天气有关的疾病和死亡率增加
环境	气候将影响人类的居住环境，化石燃料燃烧所放出的CO_2约占其排放总量的70%	地球植被的破坏是CO_2浓度增加的主要原因
动物	近10年濒临灭绝的有4600种哺乳动物的25%，9700种鸟类的11%	还有1万种鱼类的20%难以存活
沙漠	水土流失严重	沙漠化面积扩大

(3) 温室效应

指化石等能源发电过程中所排出的 CO_2 等气体包围着地球，其表面热量无法散发，使其周围逐渐变暖。好似一个玻璃窗紧闭的房间受到阳光照射时，光线的热量进入室内，但热量却很难散出而升高了室温。其门窗玻璃犹如地球表面厚厚的 CO_2 等气体，不断阻隔热量向外扩散。从而许多灾害由温室效应而起，降低了人们的生活质量。

2. 热量集聚因素

有些人认为当今地球变暖是由于人类大量使用能源所放出的热量造成的。试想，目前世界一年使用的全部资源为 33×10^{16} kJ，相当于 80 亿 t 石油。若将这些热量全部用来加热海洋中的海水，则仅可使海上温度上升 6×10^{-5}℃，即加热 1 万年，海水温度只上升 1℃；从另一个方面看，人类使用能源一天放出的热量为 0.1×10^{16} kJ；而地球一天从太阳获得的热量却为 1500×10^{16} kJ。因此地球变暖另有原因。

(1) 柴草能源破坏环境

目前，我国 8 亿多农村居民的 50％生活用能仍然依靠秸秆、薪柴等生物质地燃烧提供。落后的用能方式造成了严重的室内污染，危害人体健康，影响生活质量的提高。因而采用新技术开发利用可再生能源，特别是促进生物质能的优质优化利用，对农村建设小康社会，减轻常规能源供应的压力具有重要的现实意义。

(2) 化石能源污染严重

人类在 18 世纪初启动了工业革命的按钮，开始以耗费大量化石能源的方式支撑工业经济。同时也导致滥用各种资源，使生态环境受到严重的破坏，以及温室效应所引起空调电力大幅增长。

2.1.2 环境污染后果严重

气候变暖、南极空洞、生态失衡、环境恶化，以及过度排放的废水、废气、废渣让地球不堪重负。全球变暖是一个事实，而且正在加速。只要平均温度升高 0.3～0.6℃，全球便会带来冰川消退、海平面上升和荒漠化等严重后果，还给生态和农业带来副作用。

当前水污染、土地污染、大气污染等人为造成的环境恶化使地球越来越不适于人类居住。经济高速发展的中国所面对的问题更加严重。统计资料表明，在全球污染最严重的 20 个城市中，有 16 个在中国。环境污染不仅影响人类的体格，同时也严重制约着社会经济发展。

2.2 日益减缓温室效应

（1）气候变化副作用大

避开全国范围生态环境的破坏，仅举一例加以说明：玛多县是黄河流经的第一个县，这里原本拥有丰富的沼泽湿地，历史上素有“千湖之县”的美誉。如今，面积＞0.06km^2 的湖泊仅剩 261 个。现在，流经这里的黄河源头干流出现连续跨年度断流现象，表明河源地区的高海拔草地生态系统早已失衡，而且生态环境仍在进一步加剧恶化，大规模综合治理已迫在眉睫。

（2）制定针对性的减排方式

有关措施详见表 1-5。

减少有害气体排放量 表 1-5

名目	办法	备注
提高效率	提高能源的利用率，减少化石燃料的消耗量	大力推广多种节能技术
开发新能源	开发不产生 CO_2 的新能源，如核能、太阳能、地热能和海洋能等	还可采用天然气等低含碳燃料，大力发展氢能
推广新技术	指植树的大面积绿化，限制森林砍伐，制止对热带森林的破坏	不少地区的降水出现增多趋势，华北、东北等一些地区又继续变干，因此减少 CO_2 的排放已刻不容缓
控制人口增长	减缓世界人口增长速度，在农村发展“能源农场”，一是利用种植薪柴、树木（较化石燃料产生废气少）通过光合作用固定 CO_2	全国气候增暖的速率将比过去加快。估计到 2020 年和 2050 年，全国平均气温将上升 1.7℃、2.2℃

续表

名目	办 法	备 注
降低排放量	CO_2 排放量，我国已位居世界第二，到 2025～2030 年间将居世界第一	若长期不减排，参与《联合国气候变化框架公约》活动时，所遭受的压力将会越来越大，从而影响国际形象和地位

3 建筑电气与节约能源

3.1 更新节能传统观念

节约能源是一个传统的话题，鉴于当今国际社会对可持续发展的重视，节能技术与方法正焕发生机。目前，在建筑围护结构、新型保温材料及优质设备选型等方面取得了比较明显的节能效果，但电气节能尚未有专著予以论述。随着生产的发展、人民生活水平的日益提高，整个社会对用电的需求量呈直线上升趋势。而建筑电气领域节约用电又蕴含着巨大潜力，它不仅有效地缓和电力供需矛盾，保证国民经济持续、高速、健康发展，而且在加速设备更新换代、促进科学技术进步时又保护了环境。

20 世纪 90 年代初，美国、日本从保护环境出发，提出全面节能计划，随后得到国际社会的响应，并先后制定实施细则。其基本精神是：电源、动力、照明的节能，不是以取消（减少）负荷来获得，而是以尽可能小的能量来造成所需的工作环境或达到供电、拖动和照明的良好效果；绝不能使人们生活环境变坏（降低生产效率），而是要以更小的能量进一步提高工作能效。为此，必须努力免除无用的能耗或减小系统运行中的损失，即寻求能量的有效利用。

3.1.1 发达国家节能技术

发达国家的节能技术的发展历程如表 1-6 所示，从中可知他们都有着相当类似的行进轨迹。即以单纯抑制需求到采取终端节能，然后发展到建筑节能与人居、地球环境相结合的高级阶段。

发达国家建筑节能技术发展历程　　表 1-6

阶段	观　念	措　施	反　思
抑制需求	20 世纪 60～70 年代初两次中东战争，导致输出国对发达国家实行石油禁运，其限制用能首当其冲	降低室内供暖设定温度及办公楼空调新风量标准，加强建筑气密性以降低门窗的渗透风量	发达国家建筑、交通和工业耗能各占总能耗的 33.3%。美国人不得不忍受寒冷和气闷，所以开始在舒适、健康与节能之间寻找新的平衡
终端节能	20 世纪 80 年代初，美国人发现限制建筑用能政策带来后遗症，室内空气品质问题突出。中期出现电子、通信和自动化技术与传统建筑结合起来的智能建筑	为保证智能建筑中脑力劳动者的高生产率及舒适、健康、安全的室内环境，终端节能与建筑设备、办公自动化和通信网络具有同等重要的位置	学者们在生产率和节能之间寻找新的平衡，大都市产业结构转为以第三产业和以信息为主体，拉大昼夜用电峰谷量
结合环境	20 世纪 90 年代，全球温升成为世人瞩目的焦点。人们开始对追求舒适和效益而消耗资源和破坏环境进行反思。保护地球的可持续发展成为基本国策。建筑节能地位上升	可持续发展理论提出综合资源规划和需求侧管理技术，受到国际能源机构的高度重视。改变以单纯增加资源满足日益增长的需求	资源规划和管理技术是观念上的一次飞跃，使建筑节能技术进入到理性的阶段。将提高需求侧的能源利用率而节能

3.1.2　建筑内部节能理念

1. 国内状况

(1) 温室气体排放量

我国是最大的发展中国家，其煤炭蕴藏量和产量均居世界首位，能源一直以化石能源为主，发电量占总发电量的 80%。由于人类的活动离不开光，光能由电能转换而来，电能来源于石油煤炭的燃烧。随着不断开采，这些燃料使用年限在缩短，所以节约能源已经提到重要议事日程。1997 年我国发电量位居世界第二，其温室气体排放量仅次于美国、西欧，居世界第三。

(2) 能源需求侧管理

制定节能标准和从事工程设计，都应把提高能效作为建筑节能的热点。应将建筑节能目标定位在占全国总能耗 20%，以满足国内对建筑的需求。其能源需求侧管理误区见表 1-7。

能源需求侧管理误区 **表 1-7**

类别	实施方式	备注
房地产开发商	宁愿在建筑豪华和设施先进方面花费巨资，却不愿意为建筑节能措施多花1分钱	造成工程运行中的长期浪费
设计单位	认为能源建设是政府业绩和投资环境的标志，而建筑节能却是看不见摸不着的事情	认为国家能源尚存潜力，无需探索节能设计
管理部门	不情愿将能源需求侧管理取得的效益让利于民，甚至实行垄断经营	不但挫伤用户采用建筑节能措施的积极性，也使节能技术在国内难以普及

(3) 缺乏终端节能观念

从表 1-8 中看出，应从现在起着手“绿色建筑”及旧有建筑的节能改造，走出一条与发达国家不同的建筑节能道路。图 1-1 为楼内负荷分配。

建立终端节能优先观念 **表 1-8**

种类		容量/W	价格/元	条件	单位投入/(元/W)	末端投入倍数/倍	备注
灯具	白炽灯	75	1	等亮度	1	6	
	节能灯	15	60				
蓄冰空调		30万kW	建火力发电厂20亿	等效果	6.67	5	移峰1kW电力所需投资1200元

注：1. 将有限的资金投入终端节能，其所产生的效益远高于能源投资。节约与生产等量能源投入比为 1∶5～1∶10。

2. 少建火力发电厂，可减少大气污染和温室气体排放，其社会效益和环境效益是用金钱难以衡量的。

(4) 全面贯彻节能法规

2. 国外状况

(1) 节能的可持续发展

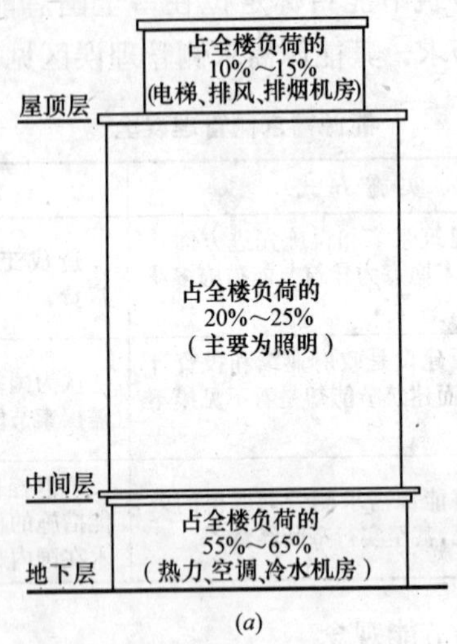

(a)

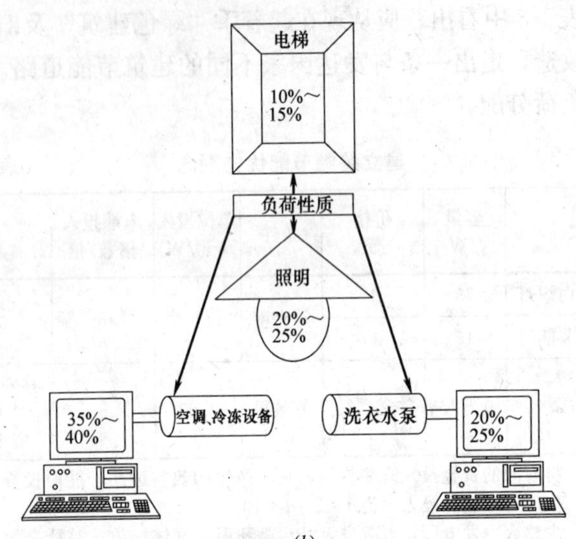

(b)

图 1-1　楼内负荷分配

(a) 立面；(b) 负荷分配

国际上讨论绿色建筑发展，即可持续发展问题。因为建筑业财富已占到国民财富的 50%，占国民经济总产值的 13%。与建筑有关的直（间）接的能耗达 54%。以美国为例，现有建筑占 33.3%能耗，占总电力 66%的照明用去了 20%～25%的电力，其中 30%～40%用于办公照明。建筑物能耗已占人为产生 CO_2 的 25%。为此该国绿色建筑协会制定了能源及环境设计先导计划；中国香港提出可持续建筑概念和环境建筑的五大原则；日本建设省提出绿化政府建筑计划。

表 1-9、图 1-2 分别表示人类对建筑的需求状况和发展过程。

人类对建筑需求状况　　表 1-9

类型	现状	特　征	备　注
掩蔽场所	发展中国家的过渡时期	低能耗甚至无能耗	能源消费结构中建筑能耗比重还不大
舒适建筑		较高能耗	从国家经济发展和人民生活水平提高的速度看，21 世纪初中国将会发展到第二阶段和第三阶段，必然会给能源和环境带来巨大压力
健康建筑	发达国家的过渡时期	高能耗	
绿色建筑		高能量效率、大量利用可再生能源和未利用能源、亲近自然及保护环境的阶段	能否避开发达国家的老路，在现有建筑能耗比例上直接跨入第四阶段

（2）需求与能耗关系

美国加州大学一幅坐标（图 1-3）形象地说明了需求和能效的关系，图中斜线称服务曲线，即需求越大，提供的服务越多，能耗量也就越大。而斜率的倒数就是能量转换效率。可以预料，随着人们对室内空气品质的关注，新风量将有较大提高。如果试图保持原有能耗量满足新风量标准，惟一的办法是减少服务曲线斜率，即提高能源利用率。因此，设计人和物业管理员的责任就是提高能量效率，尽量使服务曲线平坦一些，而不是抑制需求去降低服务质量。

图中还可示出，服务曲线起点并不是原点，这一段能耗量称作“固有能耗”。它主要由三部分能耗构成：设备“大马拉小车”；设备（管道）“露冒滴漏”和冷热损失；某些设备（电脑、

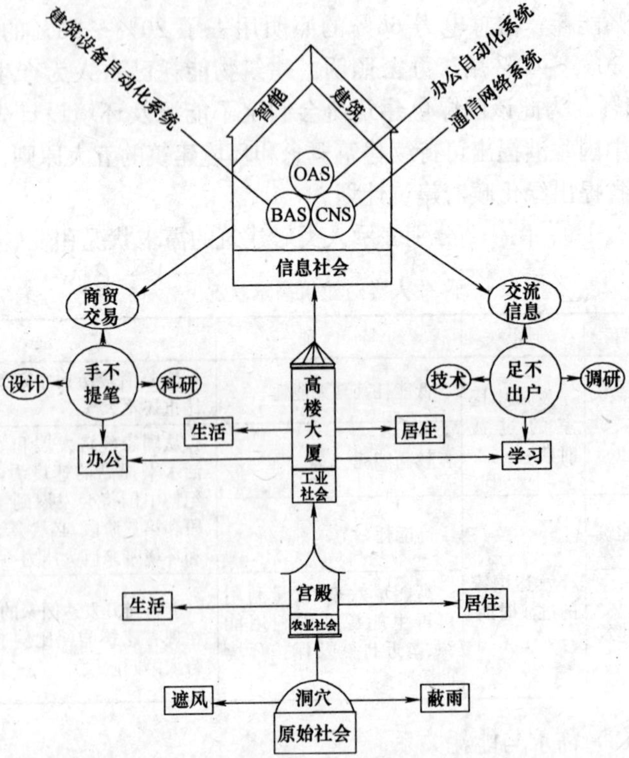

图 1-2　住宅的演变过程

电梯等）在“待机”（即非运行）状态下耗能，这一部分纯属无谓能耗，需要尽量减少（消除）。

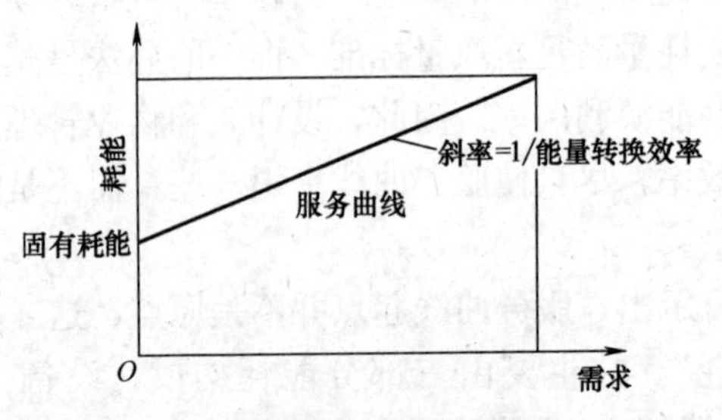

图 1-3　需求与能耗间关系

因此，当代建筑节能观，应提高能量效率，以有限资源和最小能源消费来取得最大的经济效益和社会效益，以满足增长需求为目标。同时应尽力减少（消除）建筑物固有能耗，但这并不意味着限制发展、降低建筑物的服务标准，而是建筑节能的宗旨，也是能源需求侧管理的重要思想。表1-10为美国公共建筑能耗和CO_2排放量，以及不同地区建筑能耗的占有率。

美国公共建筑能耗和CO_2排放量　　表1-10

时间 名称	1997年	2010年		
		当前技术	节能技术	低碳技术
一次能耗/Gt	31.68	35.04	37.44	32.4
CO_2排放量/Mtc	209	225	252	225

注：1Gt=10^9t。

为了拯救人类家园的地球，1997年12月，联合国气候变化框架公约缔约方第三次大会经过艰苦的谈判，终于通过《京都议定书》，确定缔约方到2010年所承担的任务，包括CO_2在内的6种温室气体的减排量，虽未对中国提出要求，但随着占1/5世界人口的中国国力和生活水平的提高，其排放的有害气体会大幅度上升，对环境造成的危害不可小视。

从100W能量分配（表1-11）得知，仅照明一项的人均耗电量就不小，占总量比例<20%。国际照明委员会推测世界各国的比例集中在10%～13%。日本家庭照明用电占30%。表1-12为发达国家、发展中国家及我国上海建筑能耗占有率。

照明电能消耗量　　表1-11

序号	名　称	人均耗电/(W/人)
1	白炽灯	13.8
2	荧光灯	11.9
3	其他灯	4
4	生产照明装置用电	6
5	发光能量	共36
6	石油变电能效率/%	30～35
7	发光需要一次电能	共100

注：表中为世界平均值。

建筑能耗占有率 表 1-12

序号	类型	建筑能耗占总能耗百分比/%	备注
1	发达国家	30～40	反映了一个国家的经济发展和人民的生活水平
2	发展中国家	11.7	我国是最大的发展中国家
3	上海	13.2	经济腾飞和气候变化，致使能耗比例不断攀升。虽然该市无大面积集中供暖，仍是国内经济发展水平最高地区之一

注：反映了人们对建筑节能的认识从单纯地抑制需求、减少耗能量，发展成为用相同少许能耗，满足人们增加的健康、舒适需求，进而提高工作效率和生活质量。国内有关人士提出，应将“建筑节能”更准确地表达为“建筑合理用能”。

(3) 几项节能措施

建筑节能领域政府的宏观调控如表 1-13 所示。

建筑节能领域政府宏观调控 表 1-13

序号	措施	内容	备注
1	理顺能源价格	使价格真实反映能源生产的长期成本。从价格政策上实行对建筑节能的项目补贴	峰谷电价比应加大到发达国家的 5.5：1，采取大幅度降低谷价、适度提高峰价的原则
2	强化节能标准	40 多个国家和地区不同限度地用新建筑节能标准。北美照明工程学会制定节能设计标准	发达国家建筑节能标准具有明确目标。他们均将建筑能耗单列，数据比较准确，提出节能相对值、绝对值并采取有针对性的措施
3	开展节能科研	美、日投入大，研究水平领先，注重建筑节能软课题、普及性措施的研究。5 大国实验室联合发表建筑、工业和交通耗能，并预测 2010 年该国能耗和 CO_2 排放量	实验室研究适于家庭用的建筑节能技术，并出版实用手册和指南，引导他们节省能源开支
4	制定节能政策	将大部分固定资产投向终端节能，可保持其利润率在 8.5%～12.5%，并将其对终端节能项目投资计入电力公司固定资产。业主可以按计划改造建筑，从节省能源费支出得到实惠	能源部门和用户共同关注建筑节能的法规。电力公司利润率控制在 8.2%，对低于规定指标者以重税罚款。是该绿色照明建筑调整、降低空调负荷、风机改造等有效方法。公共建筑业主能源费由 0.11～0.33 减至 0.065～0.16/m²。制造商也积极拓展建筑节能市场

续表

序号	措施	内容	备注
5	设立节能基金	为建筑节能项目提供优惠贷款，并按能源利用率提高程序办理	分别给予相应地优惠，利率贷款期>10年
6	优选节能设备	采用以旧换新、折扣率、补贴、分期付款、先用后付和减免税等办法	吸引用户积极购买（更换）其优质节能设备
7	提倡研究开发	政府制定指导性研究计划，开发有市场潜力、节能显著项目。扶持产业化项目，通过减税和提供低息贷款，使之形成生产规模。引进节能技术、合作（消化）吸收方式实现产业化	全国和地方性建筑节能标准和规范亟待研究，实现专业化建筑节能咨询而从事节能方案、设计、评审和改造等技术服务。专业化节能系统调试，从事大楼设备系统调试和开通，在最佳状态下运转达到节能效果

3.1.3 建筑外部节能理念

1. 国内状况

(1) 差距比较明显

以往北京市路灯间距大、光源灯具陈旧和街道广场灯光微弱。为此，北京从20世纪70年代末开始，逐步从灯杆式样、光源、灯具和启动设备入手，有了较大改进。经过多年的努力，北京的街头可以看到五光十色的霓虹灯、广告灯箱、宫灯和彩灯流光溢彩。城市道路照明最大限度地满足车辆、行人的出行，节约用电更是必不可少。实行有效的时控夜灯，节假日照明与平时照明分开的原则等，既节能又营造节日气氛。

综上所述，目前国内的路灯形式还处在国际上20世纪80年代初的水平，防尘防水的等级较低，有许多厂还不懂IP概念。因此在风沙较大的京城索性使用不透明灯罩，无论是国内同行、国外朋友，对此都疑惑不解。原京昌公路的灯具带玻璃透明罩，一场雨后灯具均有进水，严重影响照明效果。

西欧各国路灯都采用双密封措施，防护等级达到IP55（IP66）的水平。作为首都的路灯，制定了“九五”发展规划，今后凡是新装（更换）路灯，均要求防护等级在IP55或以上，因此要从国内的灯具生产厂选购较高水平的照明器具，或者引进与国外厂商合作开发质高、价优新灯具。

(2) 道路照明节能措施

城市街道（厂区道路）照明宜采用高压钠灯代替荧光高压汞灯，住宅（小区）路灯选用小功率（35、50、70W）高压钠灯，不应使用白炽灯。路灯在腐蚀性不严重地区，宜选用开启式照明器，不应使用利用系数很低的灯具；使用微机定时（光电控制）自动开闭路灯以节能。推广后半夜灯光节能控制方式：两排路灯半夜关掉一排。一排路灯时，半夜隔灯点燃，关掉一半。选用双光源灯具，半夜关掉其中一个灯。组合灯，半夜保留一部分点燃。

2. 国外状况

(1) 英国

石油危机时，许多地方削减（缩短）照明，产生了各种各样问题。以英国为例，削减照明，结果使交通事故和社会犯罪率增加。如果考虑人们在同一时间做同样工作，在暗处工作的人们就需要格外多的能量，否则会损害眼睛和身体健康，进而降低劳动生产率。因此简单地削减照明是要付出可观代价的。

(2) 日本

1) 从道路公团调查获悉20世纪70年代初名神高速公路丰中路口至茨木路口之间的照明设施已经安装完毕。如果比较一下安装前交通事故，就会看到安装后夜间交通事故减少了56%，见表1-14。

名神高速公路道路照明设施安装前后交通事故　表1-14

名称 \ 照明设施		安装前	安装后	对比值
事故次数/次	白天	109(B)	135(A)	1.24
	夜间	95(b)	52(a)	0.55
年平均日交通量/台		51376	56546	

注：设置照明设施后，夜间事故减少率（1—a/b/A/B）=56%。

2）建设省土木研究所调查表明，从 1969 年全国 1013 处交叉路口发生交通事故结果看，发现交叉路口及汽车驶入道有无照明设施，和事故率之间关系密切。有照明设施的地方事故率减少 20%～30%；从 1971～1973 年，各地国道 1825km 无平面交叉路段，交通事故 14329 起，如果有道路照明，夜间事故可减少 12%。

将上述调查结果归纳得出结论：即使道路种类和调查方法不同，都有一个共同点，即道路照明对夜间交通安全的影响很大。其事故减少率：汽车专用道为 50%～60%；乡间一般公路为 30%～60%；城市一般道路为 20%～40%。还可以看出，在步行者和死亡两类事故中，即所谓严重事故多的地方，道路照明对夜间重大事故减少的作用大。

国外道路照明设计节能改造技术及参数，见表 1-15。

国外道路照明设计节能措施　　表 1-15

序号	名称	节能方式	改进措施
1	英国	冬季道路照明取消 50%灯具，与前一年同期相比，白天交通事故率减少 6%，夜间增加 20%，损失金额超过减少能源节省费用	节能通告中指出，要确保以安全和防止犯罪为目的的道路照明的能量
2	美国	州道 60 号线关掉 10 只 400W 高压水银灯，该道 4km 的区间内，高 8.5m、间隔 30m 相对配置灯中，每一个间隔关掉一只，其照度标准下降为 9～9.5lx。和前一年对照，夜间交通事故明显增加，事故率增至 36%	通告指出，既要保持道路照明的标准，还要采取各种措施节能，即将灯具换成高压钠灯及其节能镇流器共 282 000 只灯，节电 3 亿～5 亿 kWh。 道路改装费的 90%由政府补助，换用高效光源后，道路既符合照度标准又节电。1979 年夏 90%换用高效光源，其费用在 5～7 年内回收
3	德国	汉堡市内 35%～40%的道路减少路灯，由过去 23：30 开始提前到 21：00～2：30，致使 21：00～23：00 时间段内交通事故增加 0.2%	原来以延长道路照明减灯时间节能。恢复原先灯具数量，将其逐步改成节能型灯后，事故率方显下降趋势

续表

序号	名称	节能方式	改进措施
4	日本	和其他国家有同样的倾向为了改用高压钠灯光源、镇流器和照明灯具,部分配线需要更改和检查,全国投资在10年内节约的电费就能回收	道路照明节电既要考虑节电又不能忽视夜间交通安全,两者必须兼顾。现有高压汞灯换用高压钠灯,在亮度相同的条件下,灯的功率减少180W。全国更换一年可节约1.8亿kWh

注:1. 石油危机时,世界各国道路照明有的取消,有的采取关灯办法。后来担心交通事故增加,又恢复了道路照明。
2. 正确的照明节能,是在不损害照明本来目的,即在使人们的生活、活动更加丰富和活跃的前提下,减小能耗。
3. 日本照明学会的照明合理化委员会制定的合理设计是节能照明的基础。

3.2 寻找电气节能途径

多项资料及分析表明,我国有着巨大的节电潜力。节电工作法制化、标准化、规范化是节电工作有序进行及相关措施落实的保证;微电子技术等为节电提供了物质基础;最迫切的是知道我们与发达国家产品能耗高、电能利用率低的差距。

一项节电百分比变化很说明问题。若将一般灯具利用能源作为100%,改进后,则能耗逐步递减:光源更新为90%,灯具改良为70%,改用电子镇流器为50%,合理控灯为20%。导致下述几个国家的单位面积功率的降低:新加坡20W/m^2,泰国18W/m^2,日本22W/m^2,美国15W/m^2,我国将出台的电能评审标准也不会太高。

可以设想,既要达到节电指标,又要满足工程照度水平,由此的难度增加提示人们,不能依照老经验进行工程设计,只有对光源、灯具、启动设备等节能产品,对布灯、控灯方式进行深入研究、慎重选取,才能挖掘节能潜力。对照节电法规制定相应地有效措施;加强产品单位耗电量管理;淘汰耗能、落后工艺,以先进的生产方法替代;加速机电设备的更新改造;积极投入专项节能资金,采用节电新技术、新产品来提高效率。

3.2.1 电源节能

20世纪90年代，全国装机容量以年均500万kW的速度增长，发电量增加300亿kWh。但电力工业仍满足不了工农业生产和人民生活用电的需要，为了缓和电力供应紧张局面，一方面加快电力建设速度，增加新的电源；另一方面提高运行的发（变）电设备效率，实行计划用电、节约用电。近年来，由于实行全面的电网改、扩、新建机组，仍然不能解决供需矛盾，这里不但存在合理用能，还应挖掘新能源的潜力。

在电网运行中，电能输变电设备和线路中传输会有损耗，它一般占系统有功功率的15%～20%，线损与电网输入量的百分率是衡量供用电部门经济效益的一个重要指标，它反映了电网输送和分配电能效率，是电网经济技术性能的一个重要参数。我国的线损率比一些发达国家高。据有关统计数字，1994年我国发电量为9090亿kWh，线损为1491亿kWh，线损率为16.4%。如果线损率能够降低10%～20%，就可节电90.9～181.8亿kWh，因此，采取措施降低线损具有十分重要的意义。

3.2.2 动力节能

电能是由一次能源（煤、油、核、太阳）经过精炼的二次能源。目前电力主要是由煤、水力和石油等资源转化而成，转化效率很低。即使现代化火力发电转化效率也仅有40%，若把输电损耗考虑在内，则只有35%。与其他能源相比，可以说电是高价贵重能源。油价上涨，电费也随之增加。但是就应用来说，与其他能源相比，电能具有稳定、清洁、高效、便于输送、控制和准确度高等优点。因此，现代能源使用范围很广，如动力、照明、电热、化学和电子等工矿企业，它们对电的需要如同空气和水一样。其中，在采光和动力方面，电的应用独占鳌头，其用电量占总量的70%～80%。商店或办公楼采暖制冷动力设备节能占电气节能的一半以上。

3.2.3 照明节能

绿色照明是一项系统工程，主要是提高系统（光源、灯具、启动设备、照明控制）总效率，照明方式、控制、天然光利用及加强维护管理等方面综合考虑。采用光效高、寿命长的气体放电光源，重点推广细管和各种紧凑型荧光灯，尽量减少白炽灯使用量。逐步减少自镇流高压汞灯使用量。大力推广高压钠灯和金属卤化物灯，多将小功率灯用于公共场所和室内照明。优选高效、配光合理的直接型灯，尽力推荐电子镇流器和低功耗电感镇流器。

选择合理的照明方式，一般照明、重点照明、装饰照明及混合照明相结合。选用多种控灯方式，如分区控制、适当增加开关点及各类节电开关等措施。在公共场所和室外照明，以集中控制、遥控（自控）光装置，并按不同工作区域确定适宜的照度。

中国照明学会 1990 年组织对照明节能技术的分析研究，提出一些相应措施。2000 年 4 月，中国照明电器协会和中国照明学会相继召开技术交流会，大会强调人口、资源和环境是当前经济活动中全球共同关注的三大问题，进一步阐述绿色照明工程的含义：在保证照明质量的前提下，大力节约照明用电，降低因发电而产生的废气排放和漂浮尘埃，达到保护全球环境的目的。国际照明委员会报告中关于欧美 16 个发达国家 1960～2000 年的一组数字很说明问题：平均照明用电占总用电的比例（13%～11%）呈逐年下降趋势，而照明能量效率（26～65lm/W）呈上升趋势，人均总用电量（2000～10000kWh）在增加，年人均照明用电量（246～1200kWh）的绝对值在逐年上升，可见照明节能将是长期的战略方针。

第2章　电源节能及工程应用

1　变压器节能

当前，国内用电作为热能的来源越来越普通，如电热水器、电取暖设施、电热炊具和空调器等，电能的广泛应用，提高了生活质量，减轻了环境污染。在生产（活）领域中，人们对电能的依赖性越来越强。虽然我国的发电装机容量很大，但人口众多，按人均占有量排序仍然落后。因此，在当前电力供应不足的情况下，始终坚持实行“开发与节约并重，近期把节约放在优先地位的方针。”电源节能包含尽可能地减少在输送、转换和运行过程的损耗及使用中的节约。这些都需要改善生产环节的管理，以先进科学技术提高转换效率和工艺水平，降低产品能源消耗，优化社会能源消耗结构，最大限度地节约能源。

1.1　节能变压器及其特点

1. 节能变压器

节能型变压器是性能参数空载、负载损耗均比 GB/T 6451 平均下降＞10％的三相油浸式电力变压器（10、35kV 电压等级）；产品性能参数空载、负载损耗比 GB/T 10228（组Ⅰ）平均＜10％的干式变压器：节能型变压器目前有 S9、S10、S11 型等系列油浸变压器和 S9、S10 型等系列干式变压器，其中有叠铁心、卷铁心和非晶合金铁心等。

2. 节能型变压器特点

（1）卷铁心配电变压器。

早在 20 世纪 60 年代卷铁芯变压器已被一些发达国家所采

用，我国现已在逐渐推广应用。该变压器主要优点：降低变压器空载损耗10%～25%；降低空载电流为叠片铁心的50%；变压器噪声水平显著降低，小型变压器可做到37～42dB，减少其对城镇环境的污染。

（2）单相配电变压器。

该变压器多为柱上式，便于安装并靠近负荷中心，通常为少维护密封式。与同容量的三相变压器相比，空载损耗和负载损耗都较小。因有效材料用量少，价格低20%～30%。

（3）非晶合金配电变压器。

非晶合金配电变压器它的空载损耗比硅钢片的下降70%～80%，影响全面推广使用的根本原因是价格较高。

（4）干式配电变压器。

由于干式结构简单、维护方便、防火阻燃和防尘等特点，被广泛应用于对安全运行有较高要求的场合。主要有环氧树脂干式变压器和浸渍式干式变压器。

（5）箱式变压器。

它又称高低压预制式变电站，变压器身与大部分部件均置入箱内，全部由制造厂生产。变电站靠近负荷中心，可降低线损，属于节能配电变压器之列。

1.2　降低线路能耗

电力从生产、传输到应用是能量从一种形式转换成另一种形式的过程。发电厂通过化石燃料的燃烧，产生蒸汽推动发电机发出电能，转换中具有能量损耗。

1.2.1　线路损耗

电能在传输中要经过各种电压等级线路，由于电流和电阻的作用，产生一定的能量损耗；传输中还需要经过多次的升压、降压等变换过程，变压器及各种电气设施都要有能量损耗。这些损耗在行业中统称线路损耗。表现形式多为发热，而且是无法利用。

1. 线路电压损失及其计算

当电流沿线路通过时，由于线路存在电阻和电抗，出现了线路始端电压与终端电压的差值即线路电压损失。其计算式为

$$\Delta U=\sqrt{3}(IR\cos\phi+Ix\sin\phi) \quad (2\text{-}1)$$

在三相电路中分别为 $P=\sqrt{3}\ U_{e}I\cos\phi$，$Q=\sqrt{3}\ U_{e}I\sin\phi$

如果将式（2-1）乘以 U_e/U_e 得

$$\Delta U=(PR+QX)/U_{e} \quad (2\text{-}2)$$

式中，ΔU 为线路的电压损失，V；P 为线路中的有功功率，kW；Q 为线路中的无功功率，kvar；R 为线路的导线电阻，Ω；X 为线路的导线电抗，Ω；U_e 为线路的额定电压，kV。

如有一条 10kV 架空电力线路 LJ—70，排列为三角形，线间距离 1m，线路长度 10km，输送有功功率 1 000kW、无功功率 400kvar 时，线路中的电压损失为

已知 $P=1000$kW、$Q=400$kvar、$U_e=10$kV，查表得 LJ—70 线的电阻和电抗为

$$R_0=0.45\Omega/\text{km}、X_0=0.345\Omega/\text{km}$$

线路总电阻和电抗为

$$R=0.45\times10=4.5\Omega$$

$$X=0.345\times10=3.45\Omega$$

代入式（2-2）的线路中的电压损失

$$\Delta U=(PR+QX)/U=(1000\times4.5+400\times3.45)/10=588\text{V}$$

如果用额定电压的百分数表示

$$\Delta U\%=\Delta U/U_{e}\times100\%=588/10000\times100\%=5.88\%$$

2. 线损率及其计算

线损率是指供电系统在传输电能过程中，在线路和变压器中的损耗电量占总供电量的百分数。为计算线损率，应掌握总供电量，同时还要分别计算线路与变压器中的损失电量。

（1）电力线路有功功率损耗计算。

$$\Delta P=3I^{2}R\times10^{-3}=3(I_{P}^{2}+I_{Q}^{2})R\times10^{-3}$$

式中，I 为线路中的总电流，A；I_P 为电流的有功分量，A；I_Q 为电流的无功分量，A；R 为线路中每相导线的电阻，Ω。如果用功率表示

$$\Delta P=S^2/U^2R=[(P^2+Q^2)R/U^2]\times10^{-3} \tag{2-3}$$

式中，U 为电路网的线电压，kV；S 为线路中通过的视在功率，kVA；P 为线路中通过的有功功率，kW；Q 为线路中通过的无功功率，kvra。

$$\Delta Q=3I^2X\times10^3=3(I_P^2+I_Q^2)X\times10^{-3} \tag{2-4}$$

式中，ΔQ 为无功功率损耗，kvar。

（2）电力变压器功率损耗计算。

$$\Delta P=\Delta P_0+\Delta P_{dL}(S_{fz}/S_e) \tag{2-5}$$

式中，ΔP_0 为变压器的空载损耗，kW；ΔP_{dL} 为变压器的短路损耗，kW；S_{fz} 为变压器实际负荷或取平均负荷，kVA；S_e 为变压器额定容量，kVA。

计算线损率通常是采用一定时间内损失电量和对应总供电量的比值。所以一般是以一个月（年）内的线损电量和全月（年）供电量比值的百分数来表示

$$\text{线损率}=(\text{全月线损电量}/\text{全月总供电量})\times100\% \tag{2-6}$$

3. 降低线损的具体措施

线损主要与电网结构、运行方式和负荷性质有关。降低线损主要措施是：

（1）减少变压次数是由于每经过一次变压要消耗一部分功率，大约为1%～2%的有功功率，所以变压次数越多，损失也就越大。

（2）合理调整运行变压器台数是由用电负荷情况决定。例如，周休日负荷较轻，就可停掉大容量变压器，改投小容量可以降低变压器空载损耗。

（3）结合规划调整不合理的线路布局中应尽量减少线路迂回，缩短电力线路，以减少线路中功率损耗。

（4）提高负荷功率因数指就地平衡无功功率，以减少线路和

变压器的损耗。

(5) 合理运行调度方面应及时掌握有功和无功负荷，做到经济运行。

1.2.2 提高效率

1. 电能应用过程

各种电动机和电气分别将电能转换为机械能和热（化学）能供人们利用。而在转化过程中，有不同限度和以不同形式出现的能量损耗。尽管损耗是不可避免的，然而还存在一个转换效率问题。应当采取措施降低损耗，提高效率。如发电厂的高温高压锅炉，在降低原煤和原油消耗的同时还可以提高热效率，降低损耗；供电系统采用优质导线、加大截面和合理规划路径和网络运行，也可以降低线路损耗；采用优质材料和合理运行降低变压器能耗；在电力机械和电器生产中，采用新技术、新工艺及科学运行方式可降低转换损耗；在电能生产、传输应用的全过程中，仍可降低电能损耗而节能。

2. 保证供电可靠性、电源质量

力求提高变压器的运行效率，实现经济运行（减少 10%）。按经济负载率选择变压器，使其运行于高效率点；变压器并联运行；均衡变压器负荷；防止变压器过载运行；保持变压器三相负载平衡和双绕组变压器的削峰填谷等，按实际需要调整变压器运行方式。为减少冷却装置消耗功率，将冷却剂分组和辅机变速控制运行，减少变压级次，开发直降式变压产品，等级的减少可大量节省变压器能耗以提高经济输送容量和距离。我国采用电压等级一般是 500、220、110、35、10 和 0.4kV。如果取消一些电压等级便可以节能。

3. 发展方面

箱式变电站、高压电气设备、装设过电压保护装置及开发蒸发式冷却变压器等措施，均可降低变压器能耗。特别是改造和更新现有高能耗变压器，即利用旧变压器的铁心和外壳，重新缠制绕组，改变接线方式；采用新材料、新工艺制造变压器等均可节能降耗。

1.2.3 降低线路损耗

1. 采用单（三）相变压器混合线路

大部分线路损耗是＞10kV 的配电上。在线路上采用单（三）相变压器混合供电方式，即高压进户从而缩短低压线路长度，使配电线路线损有了较大幅度的降低，提高了供电可靠率和电压合格率。

单相卷铁心变压器比传统的单相变压器具有明显的优势，应优先选用这类铁心变压器。单相、三相混合供电方案在国外已应用，其原则是：单相供电用户采用单相变压器直接供到用户，最大限度地缩短低压线路的长度；需要用三相供电的用户，用三相挂杆式变压器直接供电到户。选用变压器的原则是小容量密布点，最大限度地缩小低压线路。由于采用了计量点离变压器很近原则，西方国家配电线路线损率一般＜4%，低于我国目前的损率水平。

(1) 节能原理。

由于它采用了优质的硅钢片，卷铁心结构，加上退火等工艺基本达到降低空载损耗和短路损耗的目的。表 2-1 是新系列单相变压器与 S9 型传统型三相变压器的比较，由表中可见，以 50kVA 为例，采用单相变压器与 S9 型变压器一年可节省电能

$$\begin{aligned}\Delta A &= [(P_{02}-P_{01})\times 8760+(P_{K2}-P_{K1})\times 8760\times K^2]\times 10^{-3}\\ &= [(170-72)\times 8760+(870-660)\times 8760\times 0.3^2]\times 10^{-3}\\ &= 1024\text{kWh}\end{aligned}$$

式中，P_0 为空载损耗 kW；P_K 为负载损耗 kW；K 为变压器负载系数。如将 S9 型 50kVA 变压器更换为单项变压器一年可节约电能为 1000kWh。

单相变压器与 S9 型三相变压器指标比较　　表 2-1

容量/kVA	空载损耗			负载损耗			空载电流		阻抗	
	单相/A	S9/W	空载损耗降低/%	单相/A	S9/W	空载损耗降低/%	单相/A	S9/A	单相/%	S9/%
30	50	130	61.5	490	600	18.33	0.50	2.5	3	4.5
50	72	170	58.8	660	870	24.14	0.35	2.2	3	4.5

（2）可靠近用户。

由于单相变压器可最大限度地降低低压线损，某居民小区低压线损的实测值可达1%，远低于一般使用大容量配电变压器的6%～8%。

（3）安装原则。

三相变压器只要做到低压平衡就可实现三项平衡，单项变压器原则上与其相同。三相之间接相同容量的变压器即可。经过多次实测，在单相和三相混合的配电线路上，三相电流值相差值≤5%，远低于国家规定的15%的范围。

（4）盘点经济效益。

苏州某社区用单相、三相混合线路，使高低压线路直接进入居民社区。由于高压采用了绝缘导线，故对绿化和安全并无影响。改造后经计算10kV地区综合线损率下降许多，为7.13%～3.28%。变压器的改造费用6～7年可以全部收回。表2-2是该社区线损计算比较。

线损计算比较 **表2-2**

项目名称	原方案/(kWh/b)	新方案/(kWh/b)
高压损耗	130	193
变压器损耗	10380	9690
低压线损	15966	0
接户线损失	4320	4320
总计	30840	14203
每月供电量	43200	43200
线损率/%	7.13	3.28

注：1. 原方案为6×315kVA三相变压器。
2. 新方案为56×50kVA单相变压器。

（5）其他优点。

由于降低了低压线损，供电户数减少，窃电情况有所改善，从而进一步降低线损；减少低压线路，电压合格率和供电可靠性进一步提高；采用单杆挂杆式变压器，防盗改进，保证了电力设施的安全；由于空载电流下降70%，使上一级一次系统供应的无功功率也相应地降低，也进一步降低了线损。

(6) 降损措施。

做好挂杆式小型三相变压器改造，在小区改造过程中，有个别用户已经安装了三相用电设备，在这种情况下要设置三相变压器，同样使用卷铁心技术，空载损耗较 S9 变压器有了一定的下降；制成小型单相、三相箱式变电以供给新建小区电缆使用；最大限度地节约投资费用，采用原有三相变压器的方式，在低压回路末端增加单相（挂钩式三相）变压器以切割低压回路，降低低压供电半径达到降低线损，提高电压合格率。

2. 线路节能

(1) 采用架空绝缘配电线路。

主要优点提高线路安全供电可靠性，采用绝缘导线可以防止外来因素引起的相间短路，减少合杆线路作业时的停电次数和维修工作量，提高了线路的配电利用率。据国外报导，法国的绝缘导线线路的事故率为裸导线线路事故的 16.6%，日本为 50%；甚至可以沿墙敷设，即节约了电缆，又美化了道路环境；便于架空线路在狭小通道内穿越，节约了架空线路所占的空间；降低电压损失，特别是架空成束绝缘导线，由于其线间距离较小，线路电抗仅为普通裸导线路电抗的 33%；由于提高线路技术的状况，减小维修工作量和因检修而停电的时间；因延缓了导线腐蚀，加长了使用寿命。

(2) 推广单心可分裂组合型防老化绝缘导线。

即由 4 条单心导线经聚氯乙烯绝缘层相互连接在一起使其成为一体的绝缘线。这是一种新型的低压分裂导线，其端面结构如图 2-1 所示。具有以下优点：

图 2-1 分裂导线断面结构

1) 减小电抗方面一条分裂导线供单相负荷时电抗为 0.0786Ω/km，与常规线相比降低了 79.3%；一条分裂导线供三相负荷时，每相电抗为 0.143Ω/km，电抗降低了 64.3%；3 条分裂导线供三相负荷时，每相电抗为 0.29Ω/km，降低了 27.5%。

2）增大电纳的计算表明，一条分裂导线供单相负荷时，其电纳是常规线的 10.94 倍；供三相负荷时电纳是常规线的 3.08 倍；3 条分裂导线供三相负荷时是常规线的 1.36 倍。

3）增大载流量上在相同截面下分裂导线的载流量比常规单根相线载流量增大 19%。

4）安全可靠是由于是完全绝缘，即使在电杆折断时也能保障供电；通用性强，根据负荷电流的大小可分裂组合使用；施工简便；避免漏电损失和窃电；减少火灾危险；抗张强度增大；受环境影响小。

目前世界上已有许多国家采用低压分裂导线。随着单心可分裂组合型防老化绝缘电线在我国配电网建设和改造中实施，对低压电网电压合格率、供电质量和绝缘水平的提高有积极的推动作用。

（3）推广耐热铝合金线。

在高温达 150℃情况下，能够传输电力的铝合金线称为耐热铝合金线。其最大特点是载流量大且能在高于＋70℃时传输电能。表 2-3 列出了普通线和耐热线的载流量。

普通线和耐热线载流量比较 **表 2-3**

型　号		LGJ－240			LGJQ－300			LGJQ－400		
普通线载流量 /A		610			690			825		
耐热线	温度/℃	90	110	150	90	110	150	90	110	150
	载流量/A	639	780	995	719	875	1113	847	1024	1305

由表中数据可见，耐热线 150℃时的载流量是同型号线载流量的 1.60 倍。LGJ－240 耐热线 150℃时的载流量比 LGJQ－400 普通线的载流量还要大，所以在满足一定载流量的条件下，采用耐热线可以降低导线的截面积而节能。目前，我国一些大中城市已将耐热线用于配网改造中，并取得可观的经济效益。

1.2.4 选择导线

1. 导线截面选择

1）线路电压损失应满足用电设备正常启动及运行时端电压的要求。

2）按敷设方式及环境条件确定的导线载流量，不应小于计算电流值。

3）导线应满足动稳定与热稳定要求。

4）导线最小截面应满足机械强度要求，固定敷设的导线最小芯线截面应符合有关规定。

2. 按经济电流密度选择导线截面

电流密度与导线截面有关，其截面越大，功率损耗越小，但线路投资和耗用有色金属却增多。综合考虑各方因素后，确定符合经济利益的导线截面，称为经济截面。对应于经济截面的电流密度，称为经济电流密度。经济电流密度与导线材料及线路最大利用小时数有关。线路的最大负荷利用时数，一般是根据线路输送的负荷性质而定，其数值可参考表2-4的数值。

已知计算年限内的最大负荷电流和相应地最大负荷利用时数后，可按表2-5查得不同材料的导线经济电流密度的 j 值。按经济电流密度选择导线截面

$$S=I_{zd}/j \tag{2-7}$$

式中，I_{zd}为最大负荷电流，A；j 为经济电流密度，A/mm^2。

各类用户最大负荷利用时数　　**表2-4**

负荷种类	时间/h	负荷种类	时间/h
照明和家用电器	2000～3000	二班制工业	3000～4800
一班制工业	1500～2200	三班制工业	5000～7000

架空线路的经济电流密度 j 值　(A/mm^2)　　**表2-5**

导线材料	最大负荷利用小时数/h		
	<3000	3000～5000	>5000
铜	3.0	2.25	1.75
铝	1.65	1.15	0.9

1.3 变压器经济运行

1.3.1 变压器经济运行要求

变压器经济运行是在确保变压器安全、满足供电质量和可靠性基础上，充分利用变电所设备条件，选择变压器最佳运行方式，降低变压器自身能量损耗，提高其电源侧功率因数，实现降损节能的目标。实施其经济运行与变电所内变压器的台数、容量和性能参数密切相关，是建立在确保安全可靠供电前提下的一项综合经济技术指标，贯穿于变压器设计选型、运行检测直至退役的全过程。在变电所建设、扩建及其增容时就要考虑到与之相关的因素和条件，确保变压器经济运行。变压器设计选型时应充分重视：

1）新建变电所分期建设时要考虑负荷的增长，结合其最终规模确定变压器的容量，负载率应贴近最佳经济运行区域，一般<75%为好，若短期内不予扩建，变压器不应满负荷运行。

2）多台变压器并列运行应满足各项并列条款。诸如联结组别与相位、电压和电压比、允许偏差、调压范围内的每级电压和短路阻抗均相同。允许偏差控制在10%的范围内、容量比在0.5～2之间，以保证负荷分配均匀，防止短路阻抗小（大）和容量小（大）的变压器超（欠）额定值运行。

3）变压器技术参数的选择应关注合理性、安全性和技术先进性，并兼顾系统安全。充分考虑变压器自身固有的综合损耗。在负载损耗基本相同时，尽量选用空载损耗小的变压器，负载损耗满足国标《三相油浸式电力变压器技术参数和要求》。

4）变压器带负载运行时，其各部件温度不宜过高，防止高温下工作造成绝缘老化加快而缩短其寿命和引发事故。

5）装有备用变压器的变电站要按负载变化规律，合理选择最佳组合方式。要通过调整负载，提高负荷率和功率因数，使变压器在经济运行区的优选段内工作。

6）单台变压器经济运行区优选段的平均负载系数 β 的上限

为0.75，下限为1.33。

7）变压器经济运行必须安全可靠，备用者应用可靠的自动投入装置相配套，保证在相邻变压器停止运行时备用变压器能自动投入，确保正常供电。

8）变压器并列运行时，坚持对联络开关额定遮断容量的核算，避免系统短路因故障开关遮断容量不足而损坏设备，进而影响故障点的自动隔离。

1.3.2　变压器经济运行方式

1. 经济运行及其电能损耗

在几台变压器并列运行中，负荷的变化需要经常调整变压器的运行方式，使其总功率损耗最小，则称之为变压器的经济运行方式。图2-2定性地表示变压器中功率损耗与负荷的关系曲线，横轴表示变电所的负荷，纵轴表示变压器中的功率损耗。图中显示，当变电所负荷处于曲线1和曲线2交点A处的P_A时，无论接入一台（两台）变压器，它们所产生的功率损耗是一样的。当负荷＞P_A时，以接入两台变压器较为经济。当负荷＞P_B时，则接入3台变压器较为经济。

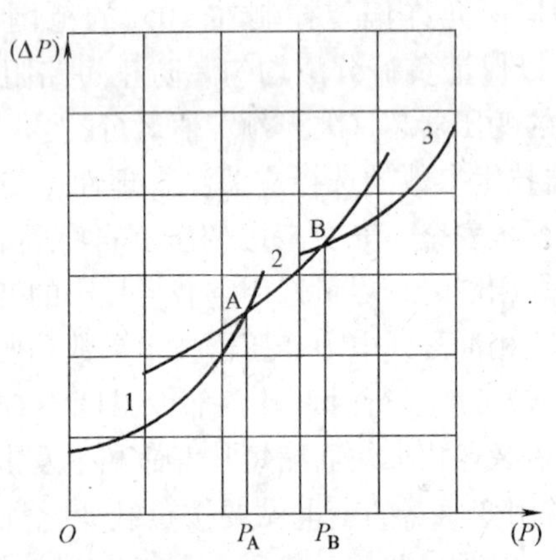

图2-2　变压器功率损耗与接入台数的关系

1—单台　2—两台　3—三台

变压器在额定负荷时的有功损耗由空载损耗和短路损耗组成。它在额定负荷时的无功损耗也是由激磁电流 I_0 引起的无功损耗 ΔQ_0 和消耗在变压器线圈漏抗上的无功损耗 ΔQ_1 两部分组成。其公式表示为

$$\Delta Q_0 = I_0\%/100 \cdot S_e$$

和

$$\Delta Q_1 = U_{dl}\%/100 \cdot S_e \tag{2-8}$$

式中，$U_{dl}\%$为变压器阻抗电压占额定电压的百分数；S_e 为变压器的额定容量。计算变压器的电能损耗可用下式

$$\Delta A = (\Delta P_0 + C\Delta Q_0)t + (\Delta P_{t0} + C\Delta Q_1)(S_{max}/S_e)^2\tau \tag{2-9}$$

式中，ΔA 为全年变压器电能的总损耗量，kWh；S_{max}为相当于年最大负荷的容量，即 $S_{max} = P_{max}/\cos\phi$，其中，$P_{max}$为年最大负荷，kW；$\cos\phi$ 为年最大负荷所对应的年平均功率因数；t 为变压器年运行小时数，h；τ 为最大功率损耗时间，h；C 为无功经济当量（每增加或减少 1kvar 无功功率所引起的有功功率损耗变化值）。

若 n 台参数相同的变压器并列运行时，可用下式计算变压器的电能损耗

$$\Delta A = n(\Delta P_0 + C\Delta Q_0)t + [(\Delta P_{t0} + C\Delta Q_1)/n](S_{max}/S_e)^2\tau \tag{2-10}$$

2. 经济运行措施

变压器运行中的能耗（铁损、铜损、杂散损耗）是固有的，为降低能耗水平，除了从自身材质、结构等方面着手外，还应重视变压器运行中的降损。在节能的同时，还能降低运行费用，取得经济效益。变压器运行费用包括设备折旧、正常维护和能耗。铁损对变压器来说虽为常数，但可通过合理选型与运行而达到节能的目的；变压器铜损是随负载率平方而变化的。合理地确定最佳运行方式，保持变压器在正常条件下，选择最大效率点以达到经济运行的目的。

(1) 变压器运行于高效率点。

它为 75%的负载率，应避免长时间过负荷或过低负荷下运

行。当设有两（多）台变压器时，应根据负荷情况及时停机或投入，以保持合理的负载率。譬如，在负荷允许的条件下，停用一台 800kVA 变压器，每停 1h，仅铁损可节电 1.4kWh（S9）、1.6kWh（S7）、3.1kWh（73-Ⅱ）。如每天停运 8h，全年即可节电 4000kWh（S9）、4672kWh（S7）、9052kWh（73-Ⅱ）。据分析，变压器的损耗可占电力系统损耗的 20%～25%，因此，积极推广和采用低损耗变压器，是降低损耗、节约能源的重要措施。

低损耗变压器损耗降低率　　表 2-6

电压等级/kW	空载损耗降低率/%	负载损耗降低率/%	总损耗降低率/%
10	41.5	13.97	19.36
35	38.9	15.01	19.74

1）变压器的铁损和铜损是体现产品性能水平的主要指标，低耗变压器与 JB 1300～1303－1973 标准相比，其损耗大大降低见表 2-6。由于中小型变压器年负载小时低，10kV 级为 2500h，35kV 级为 4000h，所以大幅度降低铁损。低损耗变压器的标准损耗及同国内同类产品的对比见表 2-7。

中小型低损耗电力变压器损耗指标对比　　表 2-7

额定容量/kVA	10kV				35kV			
	铁损/kW		铜损/kW		铁损/kW		铜损/kW	
	低损耗标准值	JB 1300—1973	低损耗标准值	JB 1300—1973	低损耗标准值	JB 1301—1973	低损耗标准值	JB 1301—1973
30 50 63	0.15 0.19 0.22	0.24 0.35 0.39	0.8 1.15 1.4	0.81 1.2 1.42	0.265	0.45	1.35	1.2
80	0.27	0.47	1.65	1.7				
100	0.32	0.54	2	2.1	0.37	0.65	2.25	2.5
125	0.37	0.65	2.45	2.5	0.42	0.76	2.65	3

续表

额定容量/kVA	10kV				35kV			
	铁损/kW		铜损/kW		铁损/kW		铜损/kW	
	低损耗标准值	JB 1300—1973	低损耗标准值	JB 1300—1973	低损耗标准值	JB 1301—1973	低损耗标准值	JB 1301—1973
160	0.46	0.77	2.85	3	1.47	0.92	3.15	3.6
200	0.54	0.9	3.4	3.6	0.55	1.08	3.7	4.2
250	0.64	1.06	4	4.3	0.64	1.25	4.4	4.95
315	0.76	1.26	4.8	5.2	0.76	1.5	5.3	5.9
400	0.92	1.5	5.8	6.3	0.92	1.78	6.4	7
500	1.08	1.78	6.9	7.7	1.08	2.05	7.7	8.2
630	1.3	2.16	8.1	9.2	1.3	2.45	9.2	9.7
800	1.54	2.7	9.9	11.2	1.54	3.1	11	11.5
1000	1.8	3.25	11.6	13.7	1.8	3.6	13.5	13.7
1250	2.2	3.8	13.8	16.2	2.2	4.2	16.3	16.2
1600	2.65	4.6	16.5	19	2.65	1.05	19.5	19
2000	3.4	5.3	1.98	22.5	3.4	5.8	19.8	22.5
2500	3.65	6.4	23	26.4	4	6.8	23	26.4
3150	4.4	7.7	27	31	4.75	8	27	31

2）调整负荷曲线可以降低变压器的铜损及上级电力网的线损，同时还可以节省用户的配电变压器容量，如表2-8所示。

降低运行电压以减少配电线路电能损耗　　表2-8

铁损占总损耗比例/%	不同运行电压时总损耗增加或减少百分数/%							
	$1.07U_e$	$1.05U_e$	$1.03U_e$	$1.01U_e$	$1U_e$	$0.99U_e$	$0.97U_e$	$0.95U_e$
50	+0.925	+0.36	+0.15	0	0	0	+0.21	+0.5
60	+3.64	+2.28	+1.32	+0.4	0	−0.4	−1.02	−1.56
70	+6.35	+4.2	+2.49	+0.8	0	−0.8	−2.24	−3.64
80	+9.07	+6.14	+3.66	+1.2	0	−1.2	−3.46	−5.68

注：“+”为增加，“—”为减少。

减小最大负荷需量，提高负荷率，从而减少用户电费支出。调整负荷曲线可使其形状系数k值减小，在供电量相同的情况下等效功率减小，从而线损也降低。当$k=1$时，变压器的铜损为100％；则当$k=1.05$时增加10％；当$k=1.1$时增加21％；$k=1.2$时增加44％。因此，搞好调整负荷工作是降低变压器铜损的有效措施。在电力用户中，应当重视负荷调整，实行高峰让电、限电、有计划地安排中午、后夜填谷负荷。在用户内部也可以实行峰谷电价，曾经有报道采用这种方法效果很好。据统计分析，目前变压器负荷曲线形状系数概值见表2-9。从表中可见，变压器调整负荷节电的潜力很大。

变压器负荷曲线形状系数概值　　　　表2-9

负荷类别	农业		工业		
用电特征	纯农业	含乡镇工业	单班制	二班制	三班制
平均负荷率/％	0.15～0.3	0.45～0.6	0.35～0.5	0.55～0.7	0.70～0.85
曲线形状系数	1.5～1.23	1.13～1	1.19～1.11	1.09～1.05	1.05～1.02
年平均负荷率/％	0.05～0.2	0.35～0.5	0.30～0.45	0.45～0.6	0.6～0.75
曲线形状系数	2.28～1.37	1.19～1.1	1.23～1.13	1.13～1.07	1.07～1.04

(2) 变压器并联运行。

应避免因并列条件控制不当产生环流现象而增加变压器铜损。

1) 并联运行必要性是在变电站中，常由两台变压器并联运行供给总负荷。原因是：站供负荷一般是在若干年内逐步发展的，必须相应的增加变压器台数；当负荷随着季节、昼夜变化时，根据需要调节投入变压器的台数，以提高运行效率。当一台变压器检修、故障退出并联时，其余变压器仍可供给。所以将几台变压器并联运行体现其优越性，但也不宜台数过多，避免每台变压器容量过小而增加总投资，造成运行复杂化的后果。

2) 并联运行条件是不同容量变压器并联时，其一次绕组接至一共同电压，二次绕组并联连接，因而有共同二次电压。

也就是说，它们的一次、二次都有相同的电压。理想并联应满足下列条件：空载时，各变压器相应的二次电压相位相同。并联的各个变压器内部不产生环流；负载时，各变压器负载电流与它们的容量成正比例。各变压器同时达到满载状态，使全部装置容量获得最大限度利用。各变压器负载电流同相位，总负载电流为分负载电流代数和。当总负载电流一定，每台变压器所分担的负载电流均为最小，因而每台变压器的铜损也最小，运行较为经济。

3）满足并联运行指并联的各变压器必须有相同的电压等级，且属于相同连接组，不同连接组变压器不能并联。例如 Y，Y_0 联结的变压器决不容许与 Yd11 连接的并联，因为它们的二次侧线电压之间有 30°相位差。Dy11 连接的变压器却可以和 Yd11 的变压器并联，因为它们的二次侧线电压同相位。其次，各变压器都应有相同的线电压变压比。

（3）变压器分接开关。

对两（多）台变压器有备用的运行方式时，应认真了解变压器技术参数择优选取，即铁损低、空载电流小和阻抗电压低；反之为备用。电网电压对变压器的损耗影响很大，过电压 5%时，一般铁损将增加 15%，过电压 10%时，铁损增加大于 50%，且过电压运行还会使空载电流大幅度增加，冷轧硅钢片的铁芯若过电压 5%运行时，空载电流将增加一倍。空载电流的增加将加大电网的无功损耗。

变压器在运行时，应随时观察电网运行电压水平，及时调整分接开关，避免过电压运行而降低铁损和励磁损耗。对于 35/10～3kV 电网，由于配电变压器负载率低（0.1～0.3），其铁损占配电网总损耗 50%以上，可以将 35kV 变压器的分接开关再提高一档，使 10kV 配电网运行电压降低 5%，可以有效地降低配电网的线损。实践证明，在日负荷曲线低谷时刻（年负荷曲线的非高峰季节），接受端用户电压过高时，采用调整变压器分接开关降压，不仅改善电压质量，而且节约用电。据分析电动机在 0.95

的额定电压下运行最经济，所以适当降低运行电压对电动机是有利的。

(4) 均衡变压器负荷。

对于两台以上变压器的用户，当它们的负载率相等时，变压器的铜损最小。所以均衡变压器负荷，尽量使其负载率相同，是一种有效的节电措施。

(5) 防止变压器过载。

虽然变压器运行规程中规定，在一定条件下，允许变压器超载运行，但过负荷运行不符合经济运行要求，应严格掌握。因为，过负荷大大增加变压器的铜损，造成温度升高，影响绝缘介质寿命。根据有机绝缘物温度法则，运行温度每升高 8℃，其寿命将降低 50%。经常过负荷，变压器处在高温情况下运行，会缩短其使用寿命，那是最大的浪费。变压器正常工作寿命＞25 年，但有些运行 10 年后，吊芯检查发现绝缘物严重老化、失去弹性，无法使用，不得不更换绕组，甚至整体报废。

(6) 保持变压器三相负荷平衡。

若负荷不平衡会造成三相压差过大，产生负序电压，影响电压质量和电网安全运行。因为某相绕组过负荷，铜损增大；三相不平衡还会形成变压器的磁路不平衡，会有大量的漏磁通流经桶皮、铁芯夹件，使其严重发热，增大了杂散损耗。所以应采取相应的措施，保持三相负荷平衡。通过运行监视，及时调整；对大容量单相用电设备，应设专用变压器，并接在高压侧网络上；对于大容量三相不对称、不平衡，可采用具有快速响应特性的自动平衡装置。此外，还应采取有关谐波治理及无功功率补偿，有利降低变压器损耗。

(7) 双绕组变压器削峰填谷。

指将负载曲线高峰部分负载调到低谷时段，即要求用户按负载变化规律，用电设备躲过高峰，而在低谷段运行。其主要作用合理利用电力资源，充分利用发、供电设备能力，提高用电部门经济效益；缓和电力供需矛盾，实现均衡用电；减少线路、变压器有功和无功损耗。削峰填谷并非不用电、少用电，而是改变用电时间，所以这也是调整负载曲线，提高负载率的一种措施。

1.3.3 电源质量

1. 提高电源质量

（1）必要性及重要性。

社会的不断进步使微电子技术得以迅猛发展，其中，半导体电路在集成、运行速度和可靠性等方面得到广泛提高，使得以大规模集成电路为主要元器件的电子计算机、通信领域、自动控制和测量系统、精密电子设备的体积越来越小，功能越来越强，在人们的生活和各行各业中，得到了迅速普及并发挥重要作用。

半导体元器件存在着自身绝缘度低、抗干扰能力差和性能不稳定等缺陷，以其为核心的电子设备（产品）对电源的质量要求相当高，若达不到技术要求直接影响电子设备的正常工作，严重的会造成重大设备损坏、人身伤亡事故，给人民生命、国家财产造成重大损失。报道中曾经显示世界上由于电源质量所引起的故障，损失＞300 亿美元，澳大利亚计算机和通信设备的故障由电源质量引起的＞70％；法国＞90％的计算机和＞65％的通信设备故障由电源质量引起。上海、广州、深圳每年因瞬态浪涌所造成的经济损失分别达到 1 亿元、和 5000 万～6000 万元。

由于信息、通信、电子建筑业等产业在现代化社会中占有主导位置，尤其建筑行业正朝着多功能、多系统、智能化和自动化方向发展，且负荷种类越来越多，大量的非线性负载设备、大容量设备和频繁启动的设备出现，使供配电系统变得日趋复杂，出现电源质量问题的可能性增大，这就对楼宇内诸如自动化管理、安防、消防、通信和服务等弱电系统的正常运行造成了不良影响，因此，必须对电源进行监测和治理，以保证其工作的安全可靠。

（2）电源质量差影响大。

1）电压波动是由于用电负荷发生较大的变化（大功率电机的起停、功率因数补偿电容投切和双电源切换等）使电源正弦波的幅值受到影响产生高（低）电压，可能对数据处理、通信传输和参数监测等设备造成影响以致无法正常工作，有时甚至导致设备自动停止（启动），造成运算错误、数据丢失和测量不连续（跳跃）等故障。

2）频率波动指供电电源的频率波动主要由于电网超负荷运行而引起发电机组转速变化所致。它对计算机中心、控制中心、管理中心、通信中心和消防中心内的大多数采用同步电动机驱动的周边设备影响大。

3）波形失真是导致供配电系统中的整流器、变频器和UPS等非线性设备电源波形失真的重要原因，对电子设备的相位控制产生不利因素。

4）瞬间浪涌和瞬间下跌严重是由于供配电系统故障、电源的切换（雷电）造成电源电压突升、突降，都会造成运行工作故障，乃至对设备本身造成破坏。

5）电压闪变叠加在电源正弦波上的窄脉冲，主要由辅助电源（设备）切换以及雷电等现象引起，对绝缘强度低的半导体期间造成严重损坏。

目前，为了满足电子仪器设备的正常运行，对电源的指标有严格规定，我国也有相应的要求，广大的工程技术人员、设计和生产人员应采取积极的态度根据电网实际情况，通过各种切实可行的措施保证电源的质量。

2. 提高供电可靠性

（1）供电负荷。

在讨论供电方案时，首先关注电源的分级。根据系统性质，确定其断电持续时间，再依照当地电网质量并参考投资情况，才能设计出技术先进、性能合格和经济合理的方案。

（2）净化电源。

受到污染后的电源向精密电子设备供电时，对设备运行有害：产生电压波动、频率波动、电源波形失真、高压电涌、瞬变脉冲、电磁干扰和断电等现象。还会导致其逻辑电路的误动作，程序运行错误造成设备的永久性损坏，使经济上蒙受较大的损失。

若城市电网的电源质量不能满足要求，故应根据其负荷等级，采用合理供电系统等必要措施，有针对性地予以消除：采用隔离变压器、滤波器、稳压设备、不间断电源和瞬态电涌保护器等。它们分别可以滤掉持续时间很短地高频瞬变信号、高频噪声，稳定电压与城市电网隔离，除去电压和频率的偏差及吸收电涌等各种干扰，从而获得理想电源。

1）直接供电系统是将市电三相 380V、50Hz 直接连到配电柜，然后再分送给电气设备。其优点是供电系统简单，设备少、投资低、运行费用少和维修方便等。不足的是对电网质量要求高，不允许电源污染无防护，否则易受电网负荷变化的影响。直接供电系统应用范围为三类负荷。

2）组合系统。隔离变压器、稳压器和滤波器是办公自动化系统电脑机房多采用的一种配电形式，图 2-3 能够减弱电网中的瞬变、电磁干扰及大负荷启动和制动及电压波动等。优点是价廉，运行可靠、维修方便和运行费用低等。缺点是对电网频率波动和突然停电等无防护。它多用于三类负荷，也可用于二类负荷，但需要增加备用电源。下面简介隔离变压器、稳压器和滤波器组合系统中的电力设备。

隔离变压器与一般变压器相似，区别在于一次、二次绕组间增设静电屏蔽层，它们各引出接头与中性线相连，并使其经耦合电容作可靠接地。功能是利用两绕组间静电屏蔽层，来防止由于它们之间分布电容的耦合和静电感应而引入电网的瞬变干扰，以保证系统正常运行；滤波器在交流电网中，由于许多非线性电气设备运行，其电压、电流波形是不同限度畸变的非正弦波。原因是电网中含有

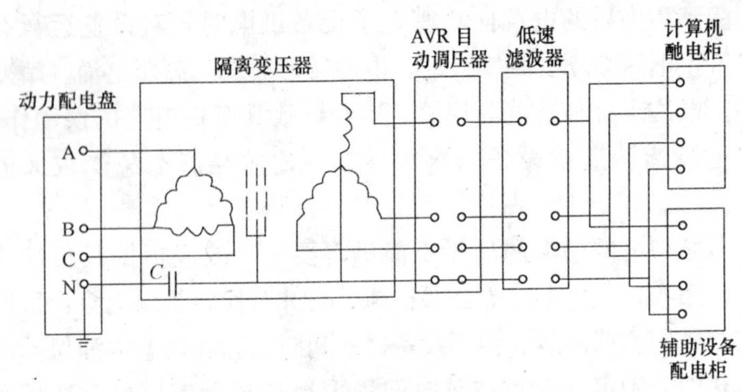

图 2-3　隔离变压器、滤波器、稳压器组合

晶闸管等电力、电子设备，以及大型设备启动、制动时对电网产生的干扰。室外架空线路，接收各种频率的电磁波而对电网产生干扰。家用电器等非线性用电设备的接入，产生谐波电流大量注入电网。其危害是电机等设备谐波电流产生附加损耗，从而引起过热介质加速老化，导致绝缘损坏。变压器、电抗器和异步电动机产生磁滞伸缩和噪声引起振动和转速周期变化，某些继电器误（拒）动作，使弱电、通信回路噪声，甚至酿成故障。

由于电网中的噪声和瞬变电压常是一些高频信号，为了消除其各种频率段的谐波，则应在供给电脑等设备电源处加入低通滤波器，其基本形式是π、T 和 r 型，常用的是π型。目前该滤波器已有许多成品，如 DLS—A、DLS—B、DLS—C 型及国内研制的干扰抑制器，可将干扰的瞬变能量转换成多种频率能量的均衡，有很强的抗电网瞬变干扰能力；稳压设备是用于稳定电网电压，以保证电脑设备的交流电源稳定。常用的有交流电子和晶闸管自动调压器、稳压电动机、发电机组、调压器和稳压变压器等。典型稳压设备允许输入电压 190～240V，频率（50±5）Hz，输出电压 210～230V 可调，输出功率＜5kVA，稳定度为±0.2%，电压调整率为±0.5%，相应时间为 0.2s。

3）不间断供电电源是由电力变压器、储能装置和开关组合成一种电源设备。它具有稳压、稳频、抗干扰和防止电涌等功能。停电时，及时对设备继续供电（即刻启动设备用电源）而继续工作。该电源适用于国防、科研、卫星通信、财政金融、邮电、交通运输和大型自动化生产线等一类负荷。

不间断供电电源可分为回转式和静止式两种，前者主要有一直流电动机交流发电机组，蓄电池和一套断电切换、控制、充电电路等。后者无转动部分而是静止的，有后备式、线交互式和在线式。后备式，只起到断电保护作用，对各种电源污染治理能力有限，它适用于对电源要求不高的场所；线交互式，由于增加了稳压器，可实现对电源污染中的低电压、高压电涌和断电的治理，其电源效果不尽理想；在线式，做到负荷与市电网的隔离，可以使负荷真正达到无污染、无中断的电源。上述不间断供电电源消除电源污染能力详见表 2-10。

不间断供电电源消除电源污染能力对照　　表 2-10

名称 \ 抑制能力 \ 类型	后备式	线交互式	在线式
断电	有	有	有
瞬态脉冲	有限	有限	有
高压电涌	无	有	有
低压	无	有	有
频率偏差	无	无	有
电磁干扰	无	无	有
畸变	无	无	有

4）瞬态电涌保护器是由于天线遭到雷电直击（耦合）形成暂态过电压、过电流，并沿天线进入机房损坏仪器和设备。而暂态过电压是系统中常见的干扰形式（雷电仅是一种），譬如主开关操作、无功补偿和电梯等重负荷的投、切都会产生，且大部分

带有随机性和重复性。上述供电系统，因其不能及时反应稳压和不间断电源对快速脉冲过电压，甚至将其损坏。因此，必须采用瞬态电涌保护器来保障电子设备免受干扰和侵害。

1.4 非晶合金变压器

1. 发展状况

我国非晶合金材料的研制工作始于20世纪80年代初，现已生产非晶带材供配电变压器和互感器使用。

由不间断非晶合金带材卷制而成的干式变压器（干式变压器简称干变）由于无间隙，所以铁磁损失很小，一般只有硅钢片的20%。再加上它的电阻率很高，是硅钢片的3～6倍，大大降低了涡流损耗，所以总损耗比硅钢片小；而且无油、无污染、难（阻）燃和自熄防火；绝缘等级高，H级绝缘，在环境温度为40℃时，线圈温升限制在<125℃，极限温度为180℃；损耗低，只有干式变压器的30%；噪声小，通常控制在<50dB。磁畴伸缩比硅钢片大得多，是硅钢片的7～8倍，直接影响非晶变压器噪声。该材料在一定磁场强度下，经过退火处理，使磁畴沿外磁场方向呈条带状，冷却后磁畴被保留下来，它只沿带宽方向变化，而不发生磁畴转动。如果磁场退火效果很好，再次磁化时不再显示磁畴伸缩。

实际上退火效果不可能达到100%，还存在一定的磁畴伸缩。因此，非晶变压器铁芯在良好的退火条件下噪声低于硅钢片变压器；防潮性能好，可在100%湿度下正常运行，停止后不需干燥处理即可投入使用；机械强度高，抗干裂、抗温度变化和抗突发短路能力强，非晶合金硬度是硅钢片的5倍，加工剪切很困难；体积小、重量轻，与油变相比，外形尺寸可减少50%；不需单独变压器室，安装便捷和免维护；局部放电量小，可靠性高以保证长期安全运行。

2. 主要参数

（1）技术数据。

从非晶合金干变与硅钢干变的主要性能参数（表 2-11）中可以看出，非晶合金式的空载损耗和空载电流都很小。

315～1000kV 非晶合金与硅钢干式变压器主要参数比较

表 2-11

额定容量/kVA	产品型号	绝缘耐热等级	参考温度/℃	空载损耗/W	负载损耗/W	空载电流 I_0%	阻抗电压 U_k%
315	SG10	H	145	880	5610	1.8	4
	SCB10	F	120	880	3468	1.8	
	SCBH8	F	120	280	4080	0.6	
400	SG10	H	145	1040	6630	1.8	
	SCB10	F	120	976	3987	1.8	
	SCBH8	F	120	300	4690	0.6	
500	SG10	H	145	1200	7948	1.8	
	SCB10	F	120	1160	4879	1.8	
	SCBH8	F	120	360	5740	0.6	
630	SG10	H	145	1400	9265	1.6	
	SCB10	F	120	1344	5874	1.6	
	SCBH8	F	120	420	6910	0.5	
800	SG10	H	145	1696	11560	1.6	
	SCB10	F	120	1520	6953	1.6	6
	SCBH8	F	120	480	8180	0.5	
1000	SG10	H	145	1984	13345	1.4	
	SCB10	F	120	1768	8126	1.4	
	SCBH8	F	120	550	9560	0.4	

注：SH 为干式变压器（H 级），SCB 为干式变压器（F），SCBH 为非晶合金干式变压器（F）。

（2）经济性能。

变压器运行总损耗由空载损耗和负载损耗两部分组成。年运行能耗为总损耗乘以年运行时间。现将非晶合金干变与硅钢干变在年平均负载系数为 0.6 时，运行经济性能分析计算列于表

2-14。从表中所列数据可见，3 种典型的干变在实际运行中，非晶合金式节能及经济性能显著。虽然其价格比 10 型 F 级干变高 20%，但超过部分的投资完全可由节省的电费来补偿。

以 800kVA 干变为例，SCB10 型为 16 万元，而 SCBH10 型为 19.2 万元，差价为 3.2 万元。若变压器年平均负载系数为 0.6，电价为 0.6 元/kWh，查表 2-12 知，非晶合金干变年节约电费为［(61592－48643)×0.6］＝7769 元。若不计银行利息，4 年多一点时间即可补偿非晶合金干变的初期投资差价。而变压器的使用寿命为 30 年，经济效益非常可观。此外，选用非晶合金还可带来节煤和减少 CO_2 排放的社会效益。

315～1000kVA 非晶合金与硅钢干式变压器经济性能比较

表 2-12

额定容量/kVA	产品型号	运行总损耗 Pt/W	年运行时/t	负载率 L/%	年耗电量 D/kWh	非晶干变年节电/kWh	年节电费/元
315	SG10	3920	8760	60	34341	13392	8035
	SCB10	3149	8760	60	27586	6637	3982
	SCBH8	2391	8760	60	20949		
400	SG10	4723	8760	60	41372	16805	10083
	SCB10	3707	8760	60	32476	7909	4745
	SCBH8	2804	8760	60	24567		
500	SG10	5681	8760	60	49768	19578	11747
	SCB10	4536	8760	60	39739	9549	5729
	SCBH8	3446	8760	60	30190		
630	SG10	6651	8760	60	58259	22082	13249
	SCB10	5374	8760	60	47075	10898	6539
	SCBH8	4130	8760	60	36177		
800	SG10	8866	8760	60	77663	29020	17412
	SCB10	7031	8760	60	61592	12949	7769
	SCBH8	5553	8760	60	48643		

续表

额定容量/kVA	产品型号	运行总损耗 Pt/W	年运行时/t	负载率 L/%	年耗电量 D/kWh	非晶干变年节电/kWh	年节电费/元
1000	SG10	10348	8760	60	90650	33258	19955
	SCB10	8253	8760	60	72299	14907	8944
	SCBH8	6552	8760	60	57392		

3. 高效节能

如果说 20 世纪 50 年代冷轧晶粒取向硅钢片问世，对变压器制造业是一次大飞跃，那么 90 年代非晶合金在变压器上应用是一场革命。若以热轧硅钢片单位损耗定为 100%，则常用冷轧硅钢片单位损耗是 32%、非晶合金仅为 7%，所以国际公认非晶合金变压器是一个高效节能变压器，唯价格略高。目前经合组织国家，配电变压器装用 6000 多万台中，我国有 350 万台，并且年生产配电变压器 35 万台。可见，配电变压器不仅使用量大，而且增长迅速；据欧共体统计配电变压器损耗约占发电量的 3%，按照我国发电量统计，配电变压器的损耗相当于近 10 个百万千瓦级的发电厂所发的电能。火力发电的原料主要是煤，燃烧煤炭产生 CO_2 气体严重污染环境。因此，提高配电变压器的效率、降低其损耗很有必要，既节约能源又防止污染。

将我国制定 S9、S10、S11 的损耗标准用一台 200kVA 配变在 $\cos\phi=0.889$，以不同负载率 β 代入常用公式，可以取得一组不同负载率 β 与其效率 η 的曲线，和非晶合金相比见图 2-4。曲线示出当非晶合金配变在负载率 $<60\%$ 时，其效率 $\eta>99\%$。我国在运行中的配变年负荷率平均都 $<60\%$。故选用非晶合金制造的配变，可以获得高效运行。

(1) 铁芯损耗控制。

变压器损耗中的空载损耗，主要发生在变压器铁芯叠片内，是因交变磁场的磁力线通过铁芯产生磁滞及涡流而带来的损耗。

最早用于变压器铁芯材料是易于磁化和退磁的软熟铁，为了

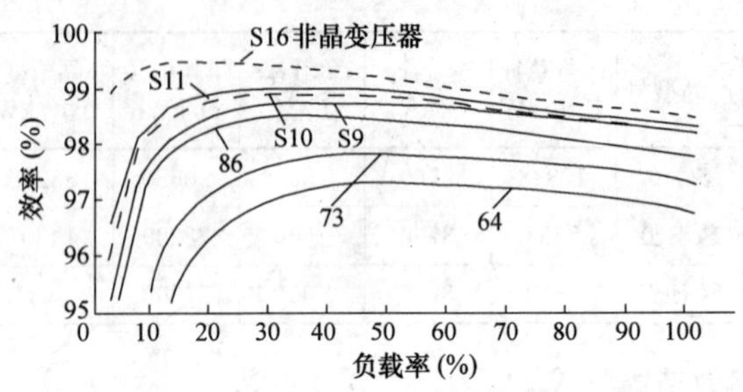

图 2-4　变压器负载率与效率的关系

克服磁路中由周期性磁化所产生的磁滞损失和铁芯由于受交变磁通切割而产生的涡流。用线束制作的铁芯可有效减少涡流路径的截面积。

早期经研究发现在铁中加入少量的硅（铝）可大大降低磁路损耗，增大导磁率，且使电阻率增大，涡流损耗降低。经多次改进，用厚为 0.35mm 的硅钢片来代替铁线制作变压器铁芯。

近年来世界各国都在积极研究生产节能材料，变压器的铁芯材料已发展到现在最新型节能的非晶态磁性材料 2605S2，非晶合金铁芯变压器便应运而生。使用 2605S2 制作的变压器，其铁损仅为硅钢变压器的 20%，铁损大幅度降低。

(2) 非晶合金变压器节能效果。

非晶合金变压器具有低噪声、低损耗、全密封免维护和运行费用低等特点。回顾变压器铁芯材料的演变过程，S7 系列变压器是 1980 年后推出的，其效率较 SJ、SJL、SL、SL7 系列的变压器高，其负载损耗也较高。20 世纪 80 年代中期又设计生产出 S9 系列变压器，其价格较 S7 系列平均高出 20%，空载损耗较 S7 系列平均降低 8%，负载损耗平均降低 24%，并且国家已明令在 1998 年底前淘汰 S7、SL7 系列，推广应用 S9 系列。非晶合金变压器 SH12 系列的空载损耗较 S9 系列降低 75%，但其价格仅比 S9 系列平均高出 30%，其负载损耗与 S9 系列变压器相等。下面仅对其节能效果与投资效益做一实例计算。

（3）计算实例。

根据计算公式及计算条件，变压器空载损耗 P_0、负载损耗 P_k、$I_0\%$、$U_k\%$详见表 2-13 所示。按 $\beta=20\%$和 $\beta=75\%$两种情况分析，计算结果见表 2-14 所示。

非晶合金变压器 SH12 与硅钢变压器 S7、S9 参数比较

表 2-13

容量/kVA	空载损耗/kW			负载损耗/kW			空载电流/%			阻抗电压/%		
	S7	S9	SH12	S7	S9	SH12	S7	S9	SH12	S7	S9	SH12
315	0.68	0.67	0.17	4.80	3.65	3.65	1.6	1.1	0.5	4	4	4
400	0.81	0.80	0.20	5.00	4.30	4.30	1.5	1.0	0.5	4	4	4
500	0.97	0.96	0.24	6.90	5.10	5.10	1.4	1.0	0.4	4	4	4
630	1.15	1.20	0.30	8.10	6.20	6.20	1.3	0.9	0.4	4.5	4.5	4.5
800	1.40	1.40	0.35	9.90	7.50	7.50	1.2	0.8	0.4	4.5	4.5	4.5
1000	1.65	1.70	0.42	11.60	10.30	10.30	1.1	0.7	0.3	4.5	4.5	4.5
1250	1.95	1.95	0.49	13.80	12.00	12.80	1.0	0.6	0.3	4.5	4.5	4.5
1600	2.35	2.40	0.60	16.50	14.50	14.50	0.9	0.6	0.3	4.5	4.5	4.5

（4）初步结论。

根据以上计算结果，可得出如下几点：SH12 较 S7，S9 多投资的部分均在政策规定的年限内收回，因此目前推广应用 SH12 符合节约能源的国家政策导向；在农村一般情况下平均负载率为 15%～20%，SH12 较 S7 多投资回收年限稍长，但较 S9 多投资的回收年限较短，说明在农村地区权衡 SH12、S9 的投资及节能效益时，应做出推广应用 SH12 代替 S9 的决策；在工矿企业实行 3 班制，负载率一般在 50%～80%，SH12 多投资的回收年限较农村地区短，其投资效益更加显著。推广应用非晶合金变压器，无论是在农村的农网改造，还是在厂矿企业，尤其是在新建的变电站中，建议采用 SH12，如一次性投资到位，可避免短期的重复投资。

S7、S9、SH12 变压器节能效果计算 **表 2-14**

名称 \ β值	变压器	20%时 功率	20%时 算式	20%时 答案	75%时 功率	75%时 算式	75%时 答案
有功损耗/kW	S7	ΔP_1	$1.4+1.05\times0.2^2\times9.9$	1.8158	ΔP_2	$1.40+1.05\times0.75^2\times9.9$	7.2472
	S9		$1.4+1.05\times0.2^2\times7.5$	1.715		$1.40+1.05\times0.75^2\times7.5$	5.8297
	SH12		$0.35+1.05\times0.2^2\times7.5$	0.665		$0.35+1.05\times0.75^2\times7.5$	4.7797
无功损耗/kvar	S7	ΔQ_1	$1.2\times800\times10^{-2}+1.05\times0.2^2\times4.5\times10^{-2}\times800$	11.112	ΔQ_2	$1.2\times800\times10^{-2}+1.05\times0.75^2\times4.5\times10^{-2}\times800$	30.8265
	S9		$0.8\times800\times10^{-2}+1.05\times0.2^2\times4.5\times10^{-2}\times800$	7.912		$0.8\times800\times10^{-2}+1.05\times0.75^2\times4.5\times10^{-2}\times800$	27.6625
	SH12		$0.4\times800\times10^{-2}+1.05\times0.2^2\times4.5\times10^{-2}\times800$	4.712		$0.4\times800\times10^{-2}+1.05\times0.752\times4.5\times10^{-2}\times800$	24.4625
综合功率损耗/kW	S7	ΔP_{z1}	$1.8158+0.1\times11.112$	2.927	ΔP_{z2}	$7.2472+0.1\times30.8625$	10.3335
	S9		$1.715+0.1\times7.912$	2.5062		$5.8297+0.1\times27.6625$	8.5960
	SH12		$0.665+0.1\times4.712$	1.1362		$4.7797+0.1\times24.4625$	7.226
SH12 较 S7、S9 节约的综合功率/kW	S7	$\Delta P'_z$	$2.927-1.1362$	1.7908	$\Delta P'_z$	$10.3335-7.226$	3.1075
	S9		$2.506\ 2-1.1362$	1.37		$8.596-7.226$	1.37
SH12 较 S7、S9 节约的综合能耗/kW	S7	ΔA	1.7908×8760	15687.4	$\Delta A'$	3.1075×8760	27221.7
	S9		1.37×8760	12001.2		1.37×8760	12001.20
SH12 较 S7、S9 每年节约的电费/(元/a)	S7	ΔB	15687.4×0.6	9412.44	$\Delta B'$	27221.7×0.6	16333.02
	S9		12001.2×0.6	7200.72		12001.2×0.6	7200.72

4. 设备选型及应用

(1) 节能选型。

鉴于国内配电变压器普遍存在负载低的现状，应选用非晶变压器更有利。非晶合金型在负载率<60%，效果更明显，负载率越低效率越高。要使变压器经济运行，需了解运行中的负载情况、最大负载使用小时（T_m）和年最大负载损耗小时（τ_m）。从近年来上海地区变压器的负载调查资料看，居民用电的负荷较低。在一年 8760h 中，T_m=2216.7h，τ_m=231.3h，最高峰在夏季晚上空调开起时。2003 年夏季遭遇 40 天持续高温，居民区只有少数达到 90%的额定负载，年负载季节性差别很大。

(2) 应用推广。

非晶合金干式变压器不仅节能，而且由于其铁芯和高低压线圈都不浸泡在绝缘油中，线圈经过树脂处理，其包封层与玻璃钢一样坚固，其力学强度、承受短路能力、对冷热交变的适应性和防火阻燃性能都比较好。据分析，一台 1000kVA 的非晶合金干式变压器完全燃烧后产生的热量仅为同容量油浸变压器的 5%。所以它广泛用于防火要求高、负荷波动大和污染、潮湿的恶劣环境中。

据统计，近 20 年来非晶合金干变得到了迅猛发展，特别在配电变压器中，干变所占比例越来越大，如发达国家占有率>50%。我国 20 世纪 80 年代中期逐步推广，从 90 年代开始，其产销量逐年增加，年增长率达 20%。

国内应用上 1998 年上海置信电气公司引进美国 GE 和联信公司的设计、工艺和制造技术，成为国内专业生产非晶合金系列企业。2000 年置信电气又与美国霍尼韦尔公司合作在上海建立制造非晶合金铁芯工厂，供全国的需要。现今国内有近 30 余家制造厂在生产非晶变压器。

这种推广除节能外，还能降低对环境的污染并获得可喜的社会效益。近几年来我国新增和更新的配电变压器有 35 万台，如果全部采用非晶合金型，则每年可节约铁损 126 亿 kWh，相当于一座 240 万 kW 发电厂的年发电量，经济效益亦相当可观。由于其发电量的减少，每年还可以少向大气排放CO_2、SO_2、NO_x分别为1820万、13.67万和22.39万t，从而大大减轻对大气的污染，环保效益也非常明显。

1.5 干式变压器

干式变压器具有结构简单、维护方便、防火阻燃和能深入负荷中心等优点，被广泛应用在高层建筑、地下建筑、机场、市政设施和商业大厦等处。在我国大中城市干变平均占有配变的20%～50%，达到发达国家水平。目前干变产量已占配变的50%，并已行销世界各地。

干变有环氧树脂浇注、加填料浇注、绕包和浸渍式。浇注式生产有35kV、1.6/2.4万kVA电力变压器及地铁牵引用10～35kV、800～4400kVA变压器。目前，国内通过短路试验大容量干变有2500kVA、10/0.4kV和16000kVA、35/10kV。可以说国内干变设计制造能力已达到世界先进水平。

1.5.1 工艺与功能

变压器种类繁多，目前使用的干变有浸渍式、敞开通风和环氧树脂式。在环氧树脂干式变压器中又可分为树脂浇注和缠绕式树脂干式变压器：前者分为厚层有填料环氧树脂浇注和薄层无填料树脂浇注；后者有箔绕式和线绕式，而箔绕方式又分为高低压线圈都采用箔绕和高压线圈采用线绕而低压线圈采用箔绕方式。

1. 制造工艺

变压器浇注方式的不同是干式变压器的制造工艺的差别，工艺水平是随科学技术的发展、新材料的应用而提高的。

我国已经开始利用Nomex纸作绝缘生产干式变压器。主要是该纸具有非常稳定的化学性能和良好的耐热性，起火时具有自熄的能力，不会产生烟雾和有毒气体；有较好的耐潮、耐碱和耐污秽能力；它过载能力强，在110%额定功率时，可连续安全运行；电气、机械性能良好，高压绕组采用分层式结构，低压绕组采用铜箔绕制层式结构。因此，整个变压器电场分布比较均匀，局部放电小。

2. 系统功能

变压器结构主要有高压线圈、硅钢片铁芯、低压线圈、风冷系统、温度显示系统和保护系统。

1.5.2 节能与环保

干变在节能降噪、向多领域多用途和智能化等方面发展迅速。

1. 降低损耗

干变主要集中在节能、环保和性能参数的优化等方面。特别是在变压器的损耗及声级水平课题的研究上，我国已经取得可喜的成绩。

为了降低损耗，采取了一系列措施：选购优质低耗的晶粒取向冷轧硅钢片、先进的硅钢片剪切、阶梯步进铁芯接缝、合理的铁芯、线圈结构和不迭上轭等先进工艺，以及计算机三维优化设计等，使其新系列产品损耗值达到世界先进水平。比较有效的SC（B）10新系列，比现行国标《干式变压器技术参数和要求》(GB/T 10228）空载损耗、负载损耗和总损耗分别下降33%、15%和19%。表2-15列出西门子（志亨）SCLB9、ABB（上海）SCR9和顺特SC（B）9、10的空载损耗、负载损耗值，并与我国GB/T 10228—1997国标值相对照。

变压器损耗比较 **表2-15**

损耗	名称	主要参数							
空载	容量/kVA	250	500	800	1000	1250	1600	2000	2500
	ABB(上海)SCR9	750	1180	1600	1800	2200	2500	3100	3700
	西门子(志亨)SCLB9	810	1160	1450	1700	2000	2300	3100	3650
	GB/T 10228国标	900	1450	1900	2210	2610	3060	4150	5000
	SC(B)9产品值	650	1100	1350	1550	2000	2300	2700	3200
	SC(B)10产品值	630	1020	1330	1550	1830	2140	2400	2850

续表

损耗	名称	主要参数							
负载	容量/kVA	250	500	800	1000	1250	1600	2000	2500
	ABB(上海)SCR9	2540	4500	6430	7500	9000	10840	13360	15870
	西门子(志亨)SCLB9	2600	4500	6400	7600	8900	10800	13300	16000
	顺特电气 SC(B)9	2410	4300	6600	7600	9100	11000	13300	15800
	GB/T 10228 国标	3240	5740	81800	9560	11400	13800	17000	20200
	顺特电气 SC(B)10	2750	4880	6950	8130	9690	11730	14450	17170

注：GB/T 10228—1997 国标及顺特电气 SC（B）10 系按包封线圈配电变压器、F 级绝缘耐热等级 120℃下的负载损耗值，而其余各栏均按 75℃值，比较时应注意换算。

可知我国干变新系列产品损耗值已达到世界先进水平，其空载损耗具有明显的品质优势（国际性招标中，每 1kWP_0 损耗折合 5～6k$；每 1kW$P_k$ 损耗折合 1～2k$）。值得注意的是，空载损耗的降低将导致用铁（硅钢片）量增加，负载损耗的降低将导致用铜量增加。其利弊需要权衡比较。

2. 声级水平

我国现代化进程的加快，环保显得日益重要，变压器的噪声危害已提到日程。干变制造厂与科研院校密切合作，更新换代产品，使干变噪声大幅度下降。新系列配电变压器已将其噪声比现行国标降低达 10～20dB：2500kVA 及以下容量的配电变压器，噪声一般可控制在 50dB 以内；35kV 特大容量如 1.6 万 kVA 电力变压器通常可控制在 60dB。可见中国制造的干变，已经基本上解决了变压器噪声扰民问题。如表 2-16 所示。

声级水平比较 **表 2-16**

名称	参数							
容量/kVA	250	500	800	1000	1250	1600	2000	2500
ABB(上海)SCR9	50	52	53	54	55	56	57	57
西门子(志亨)SCLB9	47	48	50	51	51	52	53	54
GB/T10228 国标	58	62	64	64	65	66	66	67
SC(B)9	50	52	52	52	52	52	52	52
SC(B)10	48	48	48	48	48	48	48	50

3. 多领域发展

(1) 整流励磁变压器在发电厂励磁方面，已逐渐由传统的动态励磁发电机系统转变为静态，亦逐步用干式变压器。其电压等级有 10～22kV，单相额定容量 315～3000kVA。发电厂高压通常采用离相封闭母线进线，相间距离较大，故励磁变压器通常采用单相结构。已经在水电站、火电厂广泛应用。

目前，世界上最大的 700MW 水轮发电机组之励磁变压器，单相容量达 3MVA、三相 9MVA，4 台机组之 12 台励磁变压器已经设计、制造以确保三峡发电使用。

(2) 牵引整流变压器适用于城市地铁及轨道交通。电压等级通常有 10、35kV；整流脉波数有 12、24 脉波，24 脉波整流可省去该处的滤波装置。容量有 800、2000、2500、3300、4400kVA。国内地铁及轻轨工程，多选用了国产牵引整流变压器，运行良好。

(3) 桥整流变压器适用于电机交-交变频供电系统。额定容量 315～2500kVA，电压等级通常有 3、6kV，每台每相 3～9 个绕组，可以两台组合，通过移相联结成 H 桥整流。此外，还有三相五柱式的整流、冶金电炉、核电站用、船舶、柴油平台、铁路系统和自耦变压器等。

4. 干变类型

当前，存在着以欧洲为代表的树脂浇注干变（GRDT）及以美国为代表的浸漆型干变（OVDT）两种类型。我国及一些新兴工业国家（日、韩等）与欧洲相似，由早期采用浸漆式发展到树脂真空浇注干变，并得以迅速推广，国内市场占有率>90%。

H 级绝缘与 F 级绝缘的环氧树脂浇注干变，在外形、基本结构方面很相近。不同之处是前者和导线匝绝缘和部分线圈绝缘件要用 NOMEX 纸板制造；由于采用 H 级绝缘、按 F 级进行温升考核，变压器不但具有环氧树脂浇注式结构的优点（抗短路能力强、免维护和难燃阻燃等），而且具有较高的运行能力；相对于其他类型 H 级绝缘的干式变压器，环氧树脂浇注式技术更为成熟、可靠。

5. 智能终端

配电变压器智能终端是对变压器数据采集与控制的自动化终端设备，它能为供电部门实时了解配网运行状态，进行线损分析和负荷预测，以提高电压合格率，优化供电方案、配网规划及用户接电等业务提供科学依据，对提高配网供电可靠性、系统运行管理水平具有重要意义。它的主要功能有：

（1）实时检测并采集变压器的三相电压、电流、有功功率、无功功率、功率因数、电网频率及温度。

（2）14路实时遥信，可检测变压器高低压侧开关和有载调压开关档位等状态量。

（3）温控功能可根据变压器的温度值控制变压器风机、高温报警和超温跳闸的继电器触点。

（4）具有RS232和RS485的通信功能，它是通过主站可进行远方控制，实现遥测、遥信和遥控。通信接口，可通过主台监测管理系统采集、分析数据，生成各种曲线和报表，真正实现远方监测。

6. 干变前景

干变的不断开拓创新和大面积推广，国内的设计制造技术已进入一流水平，未来的干式变压器预计将获得进一步发展。

（1）节能低噪是变压器研发的长期课题，还有诸多问题值得研究。低损耗硅钢片、阶梯步迭铁芯接缝、箔式绕组结构、噪声研究的深入、环境保护要求、计算机优化设计等新材料、新工艺和新技术的引入及其发展，将使未来的干式变压器更加宁静、节能。

（2）提高可靠性对变压器运行至关重要。我国现已生产了数以万计的干变，运行在多个领域、重点工程和特殊项目上，其可靠性的要求相当严格。

当今我国干变的大量选用，基本上未出现大事故，其可靠性较高。在电磁场理论及其计算、浇注工艺、热点温升、局放机理、质保体系和可靠性工程等方面进行大量的基础研究，进行质量认证，进一步提高干变的可靠性。

(3) 环保特性认证上，环氧树脂浇注干式变压器是一种清洁环保的电力设备，其设计制造、运行、最终处置全过程均符合ISO 14001及有关环保标准和法规的要求。寿命终结后拆解回收价值>90%。

干变企业通过了ISO 14001环境认证，以IEC及欧洲标准HD464为基础，开展干变的承受热冲击能力（C0、C1、C2)、适应环境能力（E0、E1、E2)、耐火能力（F0、F1、F2）的试验研究与认证。

(4) 生产大容量干变是随着用电负荷不断增加，城市电网区域性变电所多，并深入城市中心区、居民社区和大中型厂矿等负荷中心，35kV大容量的区域供电干变将获得广泛应用。目前，我国已经生产了35kV、1.6万kVA和2万kVA等超大容量产品。

(5) 多功能组合及智能化方面，是从单一变电功能的变压器，向带有强迫风冷、保护外壳、功率计量、封闭母线、各种低压侧向出线和计算机接口等多功能组合式变压器发展。直到引入智能化终端，具有数据处理、状态控制和显示等功能，从而使变压器成为一种多功能智能化、处于最佳运行状态的电气设备。信息化技术的发展进步，变压器将进一步完善智能化进程。

1.6 卷铁芯箱式变压器

卷铁芯配电变压器的磁通方向与硅钢片晶粒取向一致，且基本上存在接缝，所以与叠铁芯相比，其空载性能水平有较大提高。正在推广的S11系列10kV卷铁芯配电变压器与新S9型叠铁芯配电变压器相比，空载损耗下降70%～80%，噪声下降30～40dB，其性能价格比有较大提高。我国已将该系列配电变压器作为近期电网改造工程中优选品之一；但其缺点也有待改进，如对铁芯淬火工艺要求较高；铁芯和绕组绕制均需要专用设备；变压器铁芯维修比较困难；三相卷铁芯变压器每个柱中都会有3次谐波磁通。以上种种在制造的过程中应加以考虑。

卷铁芯变压器的生产，目前主要集中在10kV级，容量

<800kVA，也试制了1600kVA，适合用于农网。现有的同类厂很多，其生产能力为1600万kVA，但实际上产量较低。

（1）卷绕式铁芯。

在降低变压器能耗研究中，铁损与负载无关，即使负载率为0也无妨，它只决定于铁芯材质、分子结构、形式和加工工艺。为了充分发挥冷轧钢片磁分子排列的方向性，铁芯叠装方式由直接接缝式改进为斜缝搭接式如图2-5所示。铁芯片间绝缘在硅钢片轧制时涂以耐热绝缘漆以提高生产效率。铁芯柱的紧固方式也相应的由空心螺栓式改进为扎式。上述变压器制造工艺的改进，降低了变压器铁芯损耗。利用其连接卷绕无接缝特点，可以进一步改进变压器磁路特征和卷绕铁芯的结构。后经多次试验发现薄型硅钢片采用卷绕式，同样可降低变压器铁芯损耗。

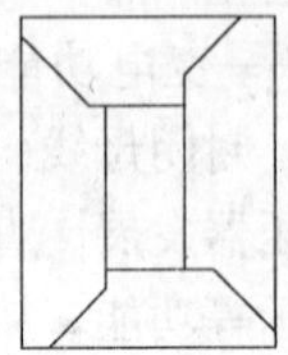
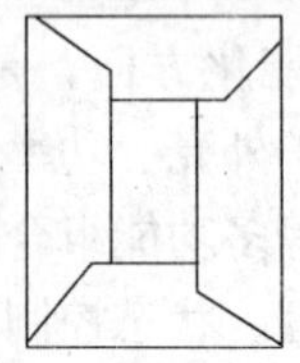
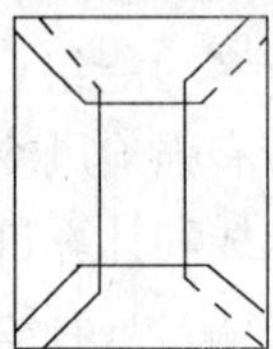

图2-5 斜缝搭接铁芯示意

（2）铁芯结构。

采用框式卷绕铁芯其边缘漏磁通和励磁电流小，无级圆形截面可提高空间系数到0.99，缩小绕组导线长度、减小其电阻，可降低铜损。采用薄型冷轧硅合金钢片电磁，性能好，有利于降低铁芯损耗，比S9系列低30%～35%。将套入线圈改为锯开铁芯来降低磁路磁阻，提高其导磁率。由于磁路中无气隙，铁芯和绕组紧固性良好，变压器噪声比叠片式低8～10dB；全密封结构桶皮，隔绝了油与空气接触，提高了运行可靠性及使用寿命。

（3）节能效果。

如S11型卷绕铁芯的铁损较同容量S9变压器降低30%，空载电流降低70%，噪声下降8dB，具有很好的节能效果。S11—M、S9（R型）变压器技术参数分别见表2-17。

S11—M 系列（R 型）变压器技术参数　　表 2-17

型　号	额定容量/kVA	额定电压			连接组标号	铁损/kW	铜损/kW	空载电流/%	阻抗电压/%	噪声/dB
		高压/kV	高压分接范围/%	低压/kV						
S11—M—30/10	30					90	600	0.6		
S11—M—50/10	50	6				120	870	0.6		36
S11—M—63/10	63					140	1040	0.57		
S11—M—80/10	80	6.3				175	1250	0.54		40
S11—M—100/10	100					200	1500	0.48		
S11—M—125/10	125					235	1800	0.45		41
S11—M—160/10	160	10	±2×2.5%或±5%	0.4	Yyn0或Dyn11	280	2200	0.42	4	
S11—M—200/10	200					335	2600	0.39		43
S11—M—250/10	250	10.5				390	3050	0.36		
S11—M—315/10	315					465	3650	0.33		45
S11—M—400/10	400					560	4300	0.3		
S11—M—500/10	500	11				670	5100	0.3		46
S11—M—630/10	630					840	6200	0.27	4.5	

(4) SVR系列。

该产品适应现代化城市建筑物防灾要求，而且应用越来越广泛。利用美国先进技术和杜邦公司的优良材料，采用整体工艺制造。在绕制前处理成具有高绝缘水平的导线，卷绕于铁芯柱上。绝缘耐热等级可达F（H）级。SVR系列干变不采用整体浇注线圈，利于运行中散热。其特点是电气性能优良，绝缘稳定，局部放电值为5pC；耐热性能优良，过载能力强，达30%时仍可安全运行；阻燃性能好，且具有自熄性；不会产生有毒、有害气体，变压器辅助材料可回收，属于环保型产品；散热条件极佳，热点差异小；气候适应性强，耐潮湿、耐烟雾和抗辐射，在恶劣条件下绝缘稳定；价格低，比同容量树脂型干式变压器价格低30%。

1.7 变压器市场

1. 市场竞争形势严峻

在世界范围内变压器行业已形成几个集团：乌克兰扎布罗什、俄罗斯陶里亚蒂、ABB公司、日本各厂和德国TU集团变压器厂，年生产能力分别达到1亿、4000万、1亿、6500万和4000万kVA。总之是供大于求。然而中国有巨大的变压器市场，鉴于今后重大招投标都要求有合作生产和国产化比例的控制性条款，且中国有优惠的涉外税收政策，又拥有廉价而又熟练的员工。国外来中国寻找商机的如ABB、西门子、东芝、富士和三菱建立合资企业，或是向中国出口产品和建立独资企业，在国内市场上取得了一定份额，赚得了优厚的利润。

合资企业带来了充足的资金和先进的装备与技术，有力地促进了行业进步，生产高档产品，满足用户要求，有些工厂已成为产品出口东南亚地生产基地，为其出口创汇作出了贡献；能传授跨国公司的管理方法、思维观念和营销策略。同时，合资企业控制着核心进口件和出口销售网络，赚取超额利润。

看来虽然中国的变压器市场巨大，但目前中、低档产品生产能力过剩，高档产品本土企业又面临制造经验不足，市场竞争十分激烈。各类企业只有提高产品质量、革新技术、改善经营、降低成本和做好售后服务，组成集团而分工协作，走集约化生产的道路。创建中国特色的变压器市场。

2. 未来我国变压器市场

(1) 电力供不应求。

我国在全国范围内进行了城乡电网改造。仅农网一期改造就投资近 2000 亿元；2003 年又投资 334 亿元。城网改造截止到 2001 年共投入 1331 亿元，此后我国经济又一次加速增长，电力需求旺盛；从 2002 年起，全国有 12 个省市电网在夏季用电高峰和冬季枯水期出现了供电紧张现象，2003 年进一步加剧。为此国家对“十五”电力建设作了相应调整，将 2005 年全国发电设备装机调整到 4.3 亿 kW；2004 年是电力缺口较为严重的一年，即使关停部分高耗能工业设备，各地政府当作头等大事来抓，当年投产 5055 万 kW，至此中国发电机组总装机容量＞4.4 亿 kW，其中水电装机 1 亿 kW，居世界第一位；到 2005 年末全国总装机容量达到 5.1 亿 kW；预计 2010 年装机容量将达 7.3 亿 kW。到 2010 年将新增发电装机总容量 2.2 亿 kW，年均增长 4400 万 kW。未来几年中变压器的需求量是很大的。

(2) 变压器需求加大。

根据国家电网公司初步规划，“十一五”期间安排变电容量 1.96 亿 kVA，平均每年新增 4000 万 kVA。随着国家电网的电压等级提升，对百万伏级变压器提出了如何提高绝缘可靠性、降低损耗、降低噪声、降低局部放电量、防止油流带电而引起的油流放电、降低运输重量和提高承受短路机械能力等要求，这是发展中应解决的问题；随着 60 万、100 万 kW 火电机组、70 万 kW 水电机组和 100 万 kW 核电机组的不断增加，应研制和生产相应容量的变压器与之配套。

1.8 老旧变压器更新改造

1. 配电变压器损耗比较

目前运行的配电变压器有不同时期的产品，“64”标准（GB 500—1964)、“73”标准（GB 1300～1301-1973）和“86”标准。其损耗对比如下：

(1) 空载损耗比较如表2-18所示。由表可见，“64”标准的配电空载损耗最大，其次为“73”标准，“86”标准最小。例如“86”比“64”对200kVA配电节约百分率为（10512—4730）/4730=122.24%。以100kVA配电为例，“64”标准的空载损耗为1，则三种标准配电空载损耗比为1∶0.85∶0.44。

不同标准配电变压器损耗对比　　　表2-18

配变标准	50/kVA		100/kVA		200(180)/kVA		315(320)/kVA		500/kVA	
	损耗电量/kWh	比“64”降低百分率%	损耗电量/kWh	比“64”降低百分率%	损耗电量/kWh	比“64”降低百分率%	损耗电量/kWh	比“64”降低百分率%	损耗电量/kWh	比“64”降低百分率%
“64”	3854		6395		10512		16644		21900	
“73”	3329	15.77	5431	17.50	8760	20	12702	31.03	17958	21.95
“86”	1664	131.61	2803	128.15	4730	122.24	6658	149.98	9461	131.47

(2) 负载损耗比较由于配变负载损耗随用电负荷变化而变化，为了便于比较，若将100kVA配变电变压器在不同负载时损耗绘制成损耗曲线见图2-6。

2. 节电潜力与经济效益

(1) 老旧变压器更新换代。

选择S9型和非晶硅变压器。该老旧变压器更新的计算，是以节能型的非晶态和S9型变压器取代20世纪50、60和70年代产品，而新型变压器选型的计算则以非晶态和S9取代S7变压器。由于配电变压器应用量大面广，故选取10/0.4kVA配电变

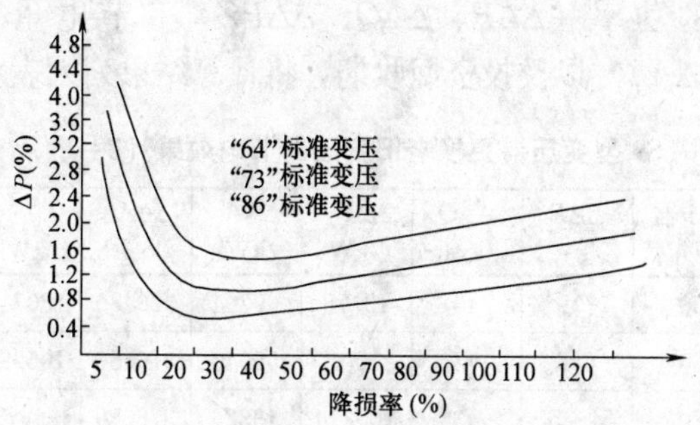

图 2-6 损耗曲线

压器做典型实例加以说明。

1）变压器技术参数见表 2-19。

不同型号变压器技术参数 **表 2-19**

变压器型号	SN/kVA	P_0/kW	P_K/kW	I_0/%	U_K/%
非晶态	1000	0.42	5.626	0.11	4.5
S9	1000	1.7	10.3	0.7	4.5
S7	1000	1.8	11.6	1.2	4.5

2）有关价格选取方面，由于变压器的价格根据收集到的数据提出的，与其原价格有些出入，如 S7 型 100kVA 变压器为 8.85 万元，S9 型 1000kVA 为 10.76 万元，非晶态按 S9 型变压器的 1.65 倍，取 ZG＝17.75 万元。

节约电容器的投资费上，由于高效变压器代替老旧变压器可节约的无功功率（ΔΔQ），即节约电容器的投资（ZC）。自动无功补偿每千乏电容器投资若为 300 余元，而一般无功补偿每千乏为 100 余元，计算时取中间值为 200 元/kvar；所节约电费上，高效变压器全年节约有功电量（ΔΔAP），时取 0.55 元/kW，计算综合电量节约时取 $K_Q=0.1$、$K_P=0.2$。

（2）S9 型变压器更新换代。

老旧变压器的节电效果和经济效益分别计算负载 $\beta=1$ 和 $\beta=$

0.5节约的功率（$\Delta\Delta P$、$\Delta\Delta Q$、$\Delta\Delta PZ$）和节电量（$\Delta\Delta AP$、$\Delta\Delta AQ$、$\Delta\Delta AZ$）以及投资回收期，将计算结果列入表2-20中。

S9型变压器更换老旧变压器节电效果（$\beta=1$）　表2-20

负载 β	变压器生产年代	$\Delta\Delta P$ /kW	$\Delta\Delta Q$ /kvar	$\Delta\Delta P_Z$ /kW	$\Delta\Delta A_P$ /kWh	$\Delta\Delta A_Q$ /kvarh	$\Delta\Delta A_Z$ /kWh	T_B/a
1	50	7.9	43	13.78	69204	376680	120713	1.49
	60	6.5	43	12.1	56940	376680	105996	1.69
	70	4.95	43	10.214	43326	376680	89475	2.01
0.5	50	6.08	43	11.569	53219	376680	101581	1.77
	60	5.06	43	10.372	44356	376680	90859	1.98
	70	3.63	43	8.605	31798	376680	75827	2.37

3. 高能耗变压器节能改造

根据国家对制定变压器能耗标准的要求，对高能耗变压器进行节能技术改造，应达到下列技术指标：

1）空载损耗比改造前要降低45%～65%，优于JB 1300—1973标准Ⅰ组的数据，接近或达到SL7系列变压器同容量的空载损耗值。

2）空载电流比改造前要降低70%。

3）短路损耗达到JB 1300—1973标准规定，或SL7系列变压器同容量的短路损耗值。

4）阻抗电压在4%～4.9%范围之内。

4. 变压器改造方法

国内一些重点变压器企业和电力修造厂对高能耗变压器进行节能技术改造做了大量工作，取得了良好的效果。可分为降容、保容和增容3种形式。

（1）中、小型变压器降容式

这是企业目前采用的一种对高能耗变压器进行节能技术改造的主要方法。其工作原理主要是通过增加线圈匝数、减少铁芯磁通密度和单位损耗来实现。

(2) 中、小型变压器保容式

这是无力更新变压器的企业，对高能耗变压器进行保容改造则是一个即可节约资金，又能达到节能降耗目的的好办法。变压器保容改造通常有以下 4 种方法：

1) 更换铁芯和绕组，是在大修中，利用原变压器本身的旧料、通过补充选用部分新材料（硅钢片、铜线）、并按照先进的工艺方法进行改制。为了降低铁损，首先采取提高心柱级数，使铁芯柱净面积增加 2.5%～4%，以减少铁芯磁通密度；其次采用晶转取向的 Q10 型冷轧硅钢片，减少铁芯重量；再就是适当增加绕组匝数和降低磁通密度。

在降低变压器铜损方面可采取以下措施：依照经验公式 $D=\sqrt{S/3}$（式中，D 为铁芯直径；S 为变压器容量）缩小心柱直径；高压绕组的层间绝缘用分级绝缘垫法；配合阻抗要求，适当加大心柱的窗高，以达到减少绕组层数的效果；为缩小装备公差和避免套装，在绕线时待二次绕组绕好后，一次绕组直接绕在二次绕组上。这样就可以减少绕组长度以增加线径，从而达到减少铜损的目的。

对 SJ1 型高能耗变压器保容改造，其损耗可降至低损耗变压器规定的标准值，则改造所需费用只为新购同容量节能变压器的 39%～48%。

2) 铝线换铜线，是改造 SL1 和 SJL 型高能耗变压器一种较好的方法，SL7 系列变压器主要是利用冷轧硅钢片，增加绕组匝数、降低匝间电势和磁通密度来实现节能降损的。若把 SL1 高能耗变压器的铝线换成铜线，则同样可使其变压器绕组的电流密度控制在 3.1A/mm^2，使磁通密度降低，损耗降低于 SL7 的系列标准。

3) 更换铁芯，也是改造 SL1 系列高能耗变压器的一种有效方法，由于该系列变压器损耗产生的主要原因是铁芯为热轧硅钢片。改造时，可将原铁芯用日产 Z10—0.35（国产 Q10—0.35）冷轧优质硅钢片替代，铁芯选用低损耗变压器标准级数，并采用

45°全斜不冲孔铁芯，在保持原磁通密度、容量和铁芯尺寸的情况下，利用质量较好的原绕组和绝缘老化轻微的绕组进行保容改造；改造后，可使铁芯单位损耗降低到 2.84～0.85W/kg，变压器平均损耗可降至 59.62%，完全低于 SL7 系列节能变压器同容量等级的标准数据；改造所需费用也只相当于购置一台同容量同系列节能变压器费用的 36%～40%，在 2～3 年内即可收回改造投资。

4）更换铁芯改制方案，对原铁芯及其制造质量差、绕组已老化需大修的变压器进行改造较为适用，但需要专用冲剪设备。方法是按照低损耗变压器标准的技术要求，重新设计铁芯和绕组，只利用原变压器的部分零部件，铁芯体则进行全部改制，其费用比单换铁芯法要高 20%。

2 变压器设计选型

变压器容量选择是集技术、设备、运行和管理于一体的综合性问题，无一简单公式表达。概括起来它与负荷性质、种类、运行特点、用户要求、负荷率自身有（无）功损耗、功率因数和效率等参数有关，还要考虑变压器服务年限、折旧费、维护费、造价、土建费和电价等因素。变压器容量初算方法有 3 种：计算负荷与增容之和；经济运行时，其容量为实际负荷量除以变压器最高效率时负荷率；按年电耗量最小法。

降低变压器各种损耗，提高工作效率，做好变压器节能工作是制造和使用部门共同关心的大事。近年来，各国众多相关的科研、设计、生产和运行部门都在从在不同角度开展研究试验，力求将变压器的能耗降至最低限度。

2.1 变压器选型

1. 变压器容量选择原则

变电站内变压器容量和台数是影响电网结构、供电安全可靠性和经济性的重要因素，而容量大小的确定，一般取决于区域内用电负荷现状和增长速度，上一级电网（厂）提供负载的能力、与之相联结的配电装置技术，还有性能指标、负荷性质和对供电可靠性的要求、变压器单位容量造价、系统短路容量和运输安装条件等。在电站建设、扩建和增容时，变压器台数和容量的选择，在国内尚无明确规定，通常是按相关规程、制度并结合经验进行。大体上应考虑以下方便：

1）变压器额定容量应能满足负荷的需要。新建变电站容量应有 5～10 年的规划负荷，防止不必要的扩建和增容。

2）应考虑一台变压器故障停电检修，其他变压器可以保证用户的一级和二级负荷，对一般负荷变电站，应能供应总负荷的 70％～80％。

3）在高负荷密度供电区域建设大容量变电站能够节省投资，且容量越大，效果就越明显。为保证供电运行方式灵活，应考虑采用多台变压器。单台变压器容量不宜过大（小），要预留负荷发展而扩建的可能，即实现变电站容量由小变大，变压器的台数由少到多。

4）减少和方便备用容量储备，便于与相联结配电装置的配合和检修维护，达到变电站整体规范统一。选择变压器容量种类应尽量减少，一般小于 2 台，即在一个变电站应统一变压器的容量等级。

5）节约电费可能难以补偿投资费用的增加，故变压器容量要考虑变压器及配套装置的一次性投资，执行国家降损节能政策，必要时应对变压器经济运行方式计算。

6）变压器容量的选择还要考虑事故和检修状况下，减少供电引起的经济损失和对社会的影响。一台变压器停电后，部分负荷调至周围变电站，应满足用户的正常用电的需求。

7）对于密集区域，电站之间的联络可以互供。可使变压器的容量适当减小，正常条件下分区域各自供电。当不能满足供电输出时，可以通过周边的变电站通过联络线承担部分负荷。

8）对低压侧有发电机组并网的变电站，变压器容量也可以适当减小，但容量选择时要注意满足发电机组的额定容量在区域负荷最小时，能够通过变压器向电力系统正常输出；变压器和发电机组的额定容量之和大于该地区的最大负荷；发电机组停运，变压器应保证全部负荷的70%～80%电力供应不受影响，并保证一级和二级负荷正常用电。

2. 决策变压器容量注意事项

要考虑诸如《电力变压器运行规程》，符合《工矿企业电力变压器经济运行导则》，满足安全连续供电需求，方便设备管理和运行维护、与相联结的设备配套。应做好以下工作：

（1）兼顾经济运行安全可靠。

投产初期，变压器的负载率尽量接近最佳经济运行负载系数。由于变压器制造技术的不断提高，其效率较高和空载损耗降低，所以变压器的最佳经济运行负载系数较低，为今后负荷增长留有容量裕度。

（2）遵循容量选择基本原则。

尽量满足变电站及变压器经济运行的条件和要求，它是随着对供电可靠性指标要求的不断提高，负载集中地区，应尽量采用两台或多台变压器供电的运行方式，防止变压器故障或停电检修而影响生产。

（3）坚持因地制宜综合考虑。

既要考虑一次性投资的节约，又要实现变压器长期运行中的功率损耗，且重视安全供电，可以设多电压等级多种供电方式，并进行比较分析。

（4）慎重改造增容变电所站。

要求可操作性强的时候，还应对限改造施工的安全、方便和增容。更换变压器停电时，对供电用户和社会可能带来的不良后果，原场地是否充足、需要增加新的配电装置时，了解是否满足新设备安装的要求等。

（5）引导变电产生稳步发展。

市场提供多系列多类型变压器时，为使用变压器提供较多的选择空间。在选择时，除考虑价格因素外，要重视变压器的制造工艺、运行质量、经济运行参数和性能价格比等，以方便长期运行和维护检修。

2.2 变压器设计研究过程

1. 研制新型铁芯材料

铁芯是变压器电磁感应的磁路。磁通在铁芯中交变，会因其材质结构产生磁滞和涡流损耗。原始的变压器铁芯用软铁制作，使用中损耗过高发热现象严重。后来在铁芯中加入3%～4%的硅元素，而成为硅钢合金，提高了导磁率和磁饱和密度，明显减少铁芯截面、降低其损耗；截面变小后就降低了涡流损耗。于是将硅钢轧为厚度0.27～0.35mm薄片，叠装使用；后来采用冷轧方式，其磁分子排列有序，在相同磁通密度下，其铁芯损耗减小50%。组装时再改进叠装方式，又进一步提高铁芯的可利用磁通密度，从而达到小铁芯截面目的。

2. 树立全面节能观念

1）在设计中，除满足变压器工作特性节约原材料、降低造价等因素外，还应考虑变压器寿命期内的运行费用和初始投资的关系。同时，还考虑节能、环保等诸多因素。变压器铁芯设计选用优质材料适当增加铁芯的有效截面积，选用较低的工作磁通密度；工作磁通密度远离磁饱和点，可避免在变压器中产生谐波电流而导致的损耗。另一方面，通过降低铁芯工作磁通密度，而降低变压器的运行噪声；改进铁芯的叠装方式以降低其磁路磁阻等措施，会起到降低铁芯损耗达到节能的效果。

2）变压器的铜损是在绕组中产生的。过去变压器多采用铝导线，其主要缺点为电阻率高，同容量变压器铝线比铜线截面大1.65倍，大截面加大铁芯总体尺寸，注油量也增加；另一个弱点是机械强度差，变压器发生短路故障时，绕组承受很大的应力，绕组绝缘被破坏而扩大为变压器绕组的短路事故，为此，代之以铜线；此外，设计时适当降低绕组的电流密度，加大导线截面，以降低变压器的铜损。我国设计的S9系列电力变压器按上述要求设计，其铜损平均降低25%，取得了节能效果。

3）在变压器结构设计中，采用非晶态合金铁芯时，厚度薄、质地脆和不宜裁剪成片再叠装，而采用了卷绕式铁芯。它无片间接缝，大大降低了铁芯损耗，且加工可以实现自动化生产，提高工作效率。

3. 减小其他损耗及噪声

改进铁芯叠装，直接降低流过变压器桶皮的漏磁通，从而控制漏磁在外皮的涡流损耗。还有一些杂散损耗是附加在设备排风扇中。为此改进散热设计，适当增大其桶皮散热面积，充分利用自然对流散热，尽量少启动散热风扇、油泵等散热设备次数，达到节能的目的。室内变压器要改善空气对流条件，加大其出风口与进风口的高差和进风口面积，以利用自然对流散热。

4. 选用新S9系列变压器

表2-21按照IEC标准开发的变压器，比SL7空载损耗降低8%、短路损耗降低24%、油重降低17%和总重量降低20%，是目前国内的领先产品。

5. 新S9系列变压器比较

表2-21是新型和老型比较，材料成本平均降低18%。由此可见，采用低损耗变压器比老产品可有大幅度降损，尤其是新型S9系列降损外，主要材料成本也降下来了，因此，应积极推广节能变压器。除了上面提到的传统铁芯钢材变压器之外，一种全新电工钢材即非晶态钢为铁芯制成的配电变压器，其损耗只有传统的10%。由于这种非晶态钢加工很困难，因此，在使用上也受到了一定的限制。通常，非晶态钢特别薄容易破，加工难度大，但是这种晶态钢片在降低变压器铁芯损耗方面，有着广泛的应用领域。

新、老 S9 变压器技术参数比较　　表 2-21

型号	老 S9							新 S9 比老 S9 指标下降值		
容量/kVA	硅钢片重量/kg	铜线重量/kg	油重量/kg	油箱及附件重量/kg	器身重量/kg	总重量/kg	主要材料成本/元	器身重量/kg	总重量/kg	主要材料成本/元
30	91.5	52.6	90	85	165	340	3472.5	15.15	17.65	16.67
50	139	85.2	100	95	260	455	5148	21.15	17.58	21.13
63	157	90.2	115	110	280	505	5652	16.07	14.85	16.76
80	193	102.2	130	120	340	590	6585	17.65	16.95	18.15
100	215	114	140	130	380	650	7305	14.47	17.72	17.43
125	245	135	175	175	440	790	8635	14.77	17.72	17.43
160	298.8	159	195	205	530	930	10244.4	15.09	18.27	19.14
200	351	137.7	215	225	605	1045	11524	13.22	16.27	17.32
250	426	207.6	255	260	730	1245	13821	14.38	16.47	17.32
315	502.5	242	280	295	855	1430	16077.5	12.87	14.34	15.6
400	591	287	320	315	1010	1645	18838	10.4	10.94	12.83
500	684	320.6	360	375	1155	1890	21435	9.09	9.26	10.91
630	999	496	605	500	1720	2825	32392	25.58	25.31	26.09
800	1136	572.8	680	570	1965	3215	37062	23.16	19.91	24.88
1000	1313	582	870	895	2180	3845	41564	23.17	27.5	25.46
1250	1551	720.3	980	1055	2615	4650	49867	25.24	28.39	27.99
1600	1739	835.6	1115	1130	2960	5205	56628	19.26	23.73	23.46

注：老 S9 型与新 S9 型变压器联结组均为 Yyn0；高压分接为－5％～＋5％。

2.3 合理选型

我国变压器制造业发展的历程大致有4代。第1、2代属于淘汰产品，今后不再选用。第3、4代应进行技术经济比较。第4代产品是20世纪90年代出现的非晶态变压器，是一种新型软磁材料，代替硅钢作为变压器铁芯，可大幅度降低其铁损和铜损。非晶态变压器铁损较S7系列下降75%～80%，铜损下降25%～40%，空载电流下降>50%。价格较高，应根据使用条件计算回收期，即要考虑一次性投资，又要了解损耗降低带来资金的节约。下面简述选型要点。

1. 变压器形式

可根据其制造材质、结构、工作条件和方式等，选用低损耗、高效率的几个系列节能型变压器：S9低损耗型普通油浸式变压器；SC8、SC9环氧树脂浇注干式变压器；S11卷铁芯密封型油浸变压器；SH系列非晶态铁芯密封型变压器等。其中，S9系列为参照国际先进损耗水平全国统一设计的节能型变压器，其铁损铜损比S7降低8%和25%。目前S9变压器的价格比S7系列高20%，购买S9型系列变压器增加的投资，但运行2.5～5年节约电费即可收回。按变压器正常使用寿命20年计，S9系列变压器在使用寿命期内收回增加的投资后，余下的寿命期内还可获得可观的经济效益。

同容量非晶态合金比硅钢片铁芯损耗降低75%～80%，因此该变压器用于峰谷差异大的负载（纯照明、间歇性负载），其节能效果更为明显。只是价格较S9高30%，增加投资的收回年限也较长。地上变电站变压器选用S9—M系列的低损耗全密封电力变压器，地下变电站选用SCB9系列环氧树脂浇注于干式电力变压器。

2. 变压器容量台数

根据负荷的性质（工业、农业、商服、市政、住宅等）预测正常负荷、最大、季节性、突发性和可能发展的负荷，掌握其负荷曲线，确定变压器的容量和台数。一般变压器容量>200kVA，<630kVA。因<800kVA变压器不需装设瓦斯继电器和测温装置，变压器的高压控制柜不需装设继电保护装置，只采用高压熔断器保护即可，以减少变压器维护量，便于故障恢复，也降低了维护费用。

1）正常负荷值应保持变压器额定负载75%的负载率，使变压器运行在最高效率点。

2）变压器容量应能满足最大负荷或可能发生的临时（应急）负荷。对短时突发性负荷、临时负荷可按额定负荷运行，甚至在温升许可条件下，根据有关规程规定过负荷运行。

3）年负荷曲线对季节性负荷，可设两（多）台变压器。按负荷曲线规律确定运行方式（备用台数）。多台变压器可分别根据基本负荷和可能增加的季节性（临时性）负荷确定的容量。

4）容量相等变压器同时供电为每台变压器的负载率在正常条件下，应保持65%以达到经济运行的目的。同时，当其中一台发生故障（检修）停运时，另一台可以根据过负荷运行规定，承担起全部负荷。

5）不同性质负荷混合供电可根据负荷性质（曲线）设置专用变压器。与公建或工业用电混用供电的居民生活用电；容量比较大的季节性负荷，如大型空调机组、取暖锅炉等；大容量的单相负荷；如电焊、试验设备等冲击性负荷。

3. 变压器应用

1）额定容量能够满足全部用电负荷的需要，即达到总计算负荷的要求，不能使变压器长期处于过负荷运行状态。

2）容量适中不宜过大或过小，对于两台及以上变压器的变配电所，应考虑其中任何一台变压器故障时，其余变压器的容量应能满足一、二类用电负荷的需要。

3）负荷种类应尽量少，则可运行灵活，维修方便，减少备用。

4. 变压器设计

（1）新型变压器技术特性好效率高。一般对长期稳定运行的重负荷变压器选择技术特性更趋优越；对短期运行轻负荷、而波动大的变压器选择技术特性良好。

（2）变压器容量选用要进行经济运行方式的演算，余量多造成运行费用增大，回收年限增长。

（3）节能型变压器是为逐步提高企业供电设备的先进限度和技术等级，选用节能型变压器S11型卷铁芯变压器，具有绕制工艺简单、重量轻、体积小、空载损耗较S9降低25%～30%、维护方便、运行费用节省和节能效果明显等优点，比较适合我国农村电网的负荷特性和技术要求，农村电网建设和改造工程中应积极推广使用该产品。

S9系列10kV电力变压器是我国目前生产的低损耗产品，其损耗值与S7系列对比，空载损耗可降低10%，负载损耗可降低10%，节能效果较为显著，是目前农网改造的通用产品；而非晶合金铁芯变压器是当前损耗最少的节能变压器，空载损耗可比同容量的S9变压器平均下降75%，比S7变压器降低78%，但价格高于S9系列变压器，但两种变压器的价差，可在5～7年内有所降低损耗少付的电费来抵偿，所以有条件的地方应优先考虑。详见表2-22。

（4）节能审计工作。

开展变压器设计选型中的比较，特别是国家重点工程和企业大宗设备选型时，聘请权威节能审计机构介入，对选用的电气产品进行评估认证。总之，供配电变压器的设计选型是技术性较强的工作，即要保证其投入运行后的安全可靠，又要达到一次投资、运行费用合理。

2.4　按经济容量选择变压器

在设计计算费用法选择变压器，通常是根据其负荷来考虑。在招标时，要分析比较投标价格，是处于经济因素的考虑，便于选择厂家。争取变压器功率损耗最小，运行费用最低。从经济观

节能变压器技术参数　　表 2-22

<table>
<tr><th rowspan="2">名称</th><th colspan="5">技术参数</th><th rowspan="2">经济效益</th><th rowspan="2">可替代产品型号规格</th></tr>
<tr><th>产品型号</th><th>P_0 /W</th><th>P_k /W</th><th>U_k /%</th><th>I_0 /%</th></tr>
<tr><td rowspan="4">SN7、SN8 三相农用系列变压器</td><td>SN7—100/10</td><td>320</td><td>2150</td><td>4</td><td>1</td><td rowspan="4">与 JB—1964 产品相比，主要材料消耗每 kVA 减少 22%，年节电 24.5kWh/kVA</td><td rowspan="4">JB—1964 产品
JB—1972 产品</td></tr>
<tr><td>SN7—160/10</td><td>460</td><td>3100</td><td>4</td><td>1.9</td></tr>
<tr><td>SN7—315/10</td><td>680</td><td>5100</td><td>4.5</td><td>1.6</td></tr>
<tr><td>SN7—500/10</td><td>960</td><td>7150</td><td>4.5</td><td>1.4</td></tr>
<tr><td>SGB8 系列浇注干式变压器(10～35kV)</td><td colspan="5">容量 50～2000kVA
铁损 270～3200W
铜损 950～15000W</td><td>铁损比 ZBK41003—1988 标准低 20%～30%，铜损耗下降 10%，节电 7kWh/kVA。按年需量 900 万计，一年节电 6300 万 kWh。由于低压绕组为箔式结构且不浇注，生产效率较高，适用于高层建筑、城市负荷中心等要求噪声低、不燃烧和安全可靠的场所</td><td>是城市电网改造中更新换代产品</td></tr>
<tr><td rowspan="3">110kV、S8 型油浸式电力变压器</td><td colspan="2">容量 /kVA</td><td colspan="2">铁损 /kW</td><td>铜损 /kW</td><td rowspan="3">比 GB 651.4—1986 标准铁损平均下降 22.6% 节电 0.322kWh/kVA，每台平均年节电 75489kWh，空载电流平均下降 33.7%，变压器总质量与 S7 型比较平均下降 28%，性能与指标和国外产品相同</td><td rowspan="3"></td></tr>
<tr><td colspan="2">20000</td><td colspan="2">24.5</td><td>126.3</td></tr>
<tr><td colspan="2">31500</td><td colspan="2">35.05</td><td>169.05</td></tr>
</table>

续表

名称	技术参数	经济效益	可替代产品型号规格
S10—Mb[a]—250—500/6—10全密封膨胀散热器节能变压器	额定容量 250～500kVA 电压组合 6～10/0.4kV 连接组标号 Yyn0、Dyn11 阻抗电压 4%	结构特征为全密封，本系列产品与S7型同容量产品相比：空载损耗平均降低29.4%；负载损耗平均降低20.56%；总损耗平均降低21.8%；年平均节电8130kWh/台	SJ1、S7变压器
S10—Mb[a]—630—1600/6—10全密封膨胀散热器节能变压器	额定容量 630～1600kVA 电压组合 6～10/0.4kV 连接组标号 Yyn0、Dyn11 阻抗电压 4.5%		
SZ8—8000—16000/35型低噪声、有载调压电力变压器	额定容量 800～16000kVA 额定电压 35±3×2.5%/10.5kV 铁损 11.1～16.6kW 铜损 4.7～78.8kW	铁损比SL7降低9.8%～18.2% 铜损比SL7降低1.1%～3.1%	SZ7系列电力变压器
SZ8—40000/110型电力变压器	额定容量 40000kVA 额定电压 110±8×1.25%/10.5kV 额定电流 210/2200A 铁损 35kW 铜损 155kW 阻抗电压 14% 噪声 63dB 总质量 69t	为低损耗、高阻抗、低噪声电力变压器，与标准相比空载损耗下降30.7%，负载损耗下降10.9%，空载电流下降50%，噪声下降13dB，节约降噪声投资12万元，节约电抗器投资14万余元，每年节约运行费用8.3万元	SFZ7—40000/110型电力变压器

续表

名称	技术参数	经济效益	可替代产品型号规格
SC8系列环氧浇注式电力变压器	SC8—30/10～SC8—2500/10多种规格 铁损0.182～4.45kW 铜损0.643～11.18kW	换S7型年节电1095～87705kWh	S7系列油浸式变压器
S8系列阶梯叠铁心变压器	额定容量30～1600kVA 额定电压10±85%/0.4kV 以代表产品S8—400/10为例： $P_0=1342W$ $P_k=9725W$ $I_0=0.37\%$	铁心叠积采用了最先进的阶梯接缝工艺，空载性能改善，与传统铁心变压器相比，P_0降低5%～6%，P_k降低20%～30%，I_0降低6%	S7系列变压器
壳式铁心电炉变压器系列：HKS120、HKSSP20、HCD-SPZ20	额定容量500～15000kVA 额定电压10～35kV 铁损3.02～30kW 铜损6.21～130kW 空载电流0.35%～2.8%	铁损比标准低40%。日产量比同类产品＞15%，节能效益高10%	芯式电炉变压器的更新换代产品

点出发，确定变压器有利工作状态。综上所述，既要技术合理保证安全可靠，又要考虑初期投资。

1. 不考虑经济运行条件弊端多

在选择变压器时，仅考虑负载大小，不注重经济运行是一种片面做法。例如当变压器的铜损为1000kW，最大负荷利用小时数为5000h，电价0.5元/kWh，每年的铜损1000×5000×0.5=250万元，也就是3～4年的损耗费可购买一台变压器。假设把容量选的略大一点（5%），最大负荷也只到新选变压器的95%，铜损按平方比例下降，每年可节省损耗费用：250－(1000×0.95²×5000×0.5)≈25万元。如果按还本期10年计算，回收250万元，足以抵偿因加大容量增加的初投资。

上例说明变压器按最大负荷选择，平时满载运行并不经济。铜损大，要选择低损耗变压器。选择变压器经济容量，充分满足运行条件。

2. 只按变压器最高效率运行条件选择不经济

变压器运行中的损耗主要由铁损和铜损构成，并且当两种损耗相等时，变压器的效率最高

$$P_0=(S_Z/S_N)^2P_d \tag{2-11}$$

式中，P_0为空载损耗，kW；P_d为变压器在额定容量下的负载损耗，kW；S_Z为变压器的负载容量，kVA。

由此，变压器最有利的经济负荷为

$$S_Z/S_N=P_0/P_d \tag{2-12}$$

同样，以300MW机组的500kV、360MVA主变压器为例，$P_0=225$kW，$P_d=1060$kW，则$S_Z/S_N=0.46$。也就是最佳运行状态发生在不到50%负载时。若按此条件，应选择750MVA变压器。其特点只追求年损耗费用最小，没有考虑初投资。从经济学角度看，这种投资的投资收益为0，即投资不能还本。

3. 按总拥有费用（TQC）法选购变压器

此法是把生产过程所发生的费用全部计算，包括初投资和运

行费用，在预定还本期内，求其最小值。此法很经济详“3 变压器经济效益评价”部分。

2.5 工程节能方式

1）负荷波动较大时，合理调配或装备容量不等的变压器交替运行。

2）技术性能方面，以优质变压器及时替换技术参数差的变压器投入运行。

3）相邻分列供电变压器，应按负荷变化规律选择共用变压器。

4）优选变压器，应根据变压器技术参数优良者运行，低劣者备用。

5）变压器运行方式，按其组合技术参数的优劣选取最佳运行。

6）负荷波动很大时，则按照常年运行的变压器，可增设一台容量较小者轻负载时运行。

7）调整负载提高负荷率，为使变压器工作于最佳经济运行区。

8）变压器技术特性和负载变化规律，需调节变压器运行位置，实现优化组合，从而最大限度地降低变压器总损耗。

9）负荷波动较大的变压器，在运行方式上是通过调整负荷，提高负荷率，使负荷曲线趋于平稳，以提高变压器的总效率。

10）选择综合功耗较小损耗的变压器运行，变压器综合功耗与变压器有（无）功功耗成正比，与负荷系数、功率因数等综合参数有关。当有多台变压器分列供电时，可按其技术特性合理地分配负荷，使总有功和无功消耗降到最低。

11）降低变压器运行温度，不仅提高其功率因数，还使变压器运行于最佳工作状态。变压器绕组电阻温度升高、阻值加大，因此对同一台变压器在同一负荷下，变压器温度，在绕组中引起的功耗也不同。当变压器运行温度<75℃时，每降低1℃，功耗下降0.32%，所以减小变压器环境温度意义重大。在负荷有功功率不变的情况下，不同的功率因数引起变压器有功和无功损耗也不相同。随着功率因数的提高，变压器的有功和无功损耗都要下降。

12）变压器及其运行中，选择系统技术改造和设计充分考虑变压器经济运行条件。

第3章 动力节能及工程应用

1 合理选用电动机与节能

1.1 选用电动机的基本原则

为生产机械合理选用电动机，是保证生产工艺、产品质量、安全运行、经济效益的重要前提。为了适应各种不同用途和生产工艺条件，电机制造行业相应的生产了不同种类、形式及容量的标准系列电动机。在选用电动机时，要充分考虑它们的特性，在仔细研究了被拖动机械的特性后，选择适合生产机械负载特性的电动机，发挥其特长，使其达到安全经济运行的目标。

选择电动机应参考以下基本原则：

1）根据负载的启动特性及运行特性，选出最适于这些特性的电动机，满足生产机械工作过程中的各种要求；

2）选择具有与使用场所的环境相适应的防护方式及冷却方式的电动机，在结构上应能适合电动机所处环境条件；

3）计算和确定合适的电动机容量。通常设计制造的电动机，在75%～100%额定负载率时，效率最佳。因此应使设备需求的容量与被选电机的容量差值为最小。电机的功率被充分利用，避免出现“大马拉小车”的现象；

4）所选电动机可靠性高并且便于维护；

5）考虑到互换性能要好，一般情况尽量选择国家标准型节能系列电动机产品，如标准型电机无法满足生产工艺的特殊要求时，可以选用非标准型；

6）为了整个系统高效率运行，要综合考虑电机的速度和电压等级。

1.2 电动机选用的主要步骤

1）根据生产机械性能及使用条件的要求，参照表3-1选择电动机的种类；

不同系列电动机的结构、性能特点及应用对照　　表3-1

系列		性能或结构特点	应用
一般用途异步电动机（基本系列电机）		适用一般传动要求，使用面广的系列产品	驱动水泵、风机、压缩机、机床等一般机械设备
电气派生系列	高效电动机	降低电机运行损耗，提高效率	驱动长期连续高负载率运行的设备，如纺织机械及年运行时间长的机械设备
	高转差率电动机	较高的转差率、较高的启动转矩、较低的启动电流和较软的机械特性	驱动转动惯量大且具有冲击性负载的机械，如冲床、剪床、压力机、锻压机械
	多速电动机	改变定子绕组接线方法以改变极对数，得到多种转速	驱动要求有级变速的设备
	变频调速电动机	适应变频器供电的要求，通过调节变频器频率，以改变电动机供电频率而调速	驱动要求无级调速的机械设备
结构派生系列	电磁调速电动机	由异步电动机和电磁转差离合器组成，通过调节离合器的励磁电流而调速	驱动恒转矩或风机型负载要求无级调速的设备
	齿轮减速电动机	由异步电动机和圆柱齿轮减速机组成	驱动低速大转矩的机械设备
	电磁制动电动机	由异步电动机和电磁制动器组成电动机定子断电时，转子迅速被制动停转	驱动要求快速准确停机的设备，如启动运输机械、输送机械
	低振动低噪声电动机	提高转子动平衡精度及关键部位加工精度，降低电动机振动噪声	驱动精密机床设备及要求低噪声的设备

续表

系　列		性能或结构特点	应　用
特殊环境派生系列	户外防腐蚀电动机	防护等级为IP54或IP55，结构、材料、工艺采用防腐蚀措施及密封措施	用于有腐蚀性气体或粉尘的户内、户外场所
	隔爆型电动机	加强外壳机械强度，并严格保证各接合面上具有一定的间隙参数	用于石油、化工、煤矿井下有爆炸危险的场所
	增安型电动机	正常运行不产生火花、电弧或危险温度，并提高其防爆安全型	用于仅在不正常情况下才能形成爆炸性混合物的场所
	船用电动机	加强外壳机械强度，绝缘处理能防凝露、盐雾及霉菌的侵蚀	驱动船舶上一般机械设备
专用系列	辊道用电动机	高启动转矩，能频繁启动及正反转	驱动轧钢辊道
	电梯电动机	短时工作制的变频调速电动机或变极双速电动机	驱动电梯
	力矩电动机	机械特性软，能在堵转到接近同步转速范围内稳定运行	驱动恒张力、恒线速（卷绕）和恒转矩（导辊）的机械
	电动阀门用电动机	短时工作制，高启动转矩及低转动惯量，电动机与阀门组成一体	用于自动开闭输油、输气管线上的阀门
	起重及冶金用电动机	断续定额。启动转矩较高，并能频繁启动，过载能力大	驱动冶金辅助设备及一般起重机械
	振动电动机	电动机带偏心块，使其本身整体产生振动	传送带上物料传输及用作建筑机械
	木工电动机	转动惯量小，且过载能力大	驱动各种木工机械
	井用潜水电动机	外形细长，内腔充水或充油密封与潜水泵配套组成潜水电泵	潜入井下供灌溉提水用
	浅水潜水电动机	电动机内腔充水、充油或干式，与潜水泵配套组成一体	潜入0.5～3m浅水中提水，用于农田、城市建设
	井用潜油电动机	电动机细长，内腔充油密封，与深井油泵配套组成潜油电泵	潜入油井中直接提油

续表

	系　列	性能或结构特点	应　用
新技术电机	开关磁阻调速电动机	机电一体化可调速电机，具有宽调速性能，与Y系列同机座号同功率，可互换	可用于需要调速的机械。用于风机水泵类设备，与异步电机相比，可节电20%左右
	稀土永磁高效电动机	转子衔有高效永磁磁极，形成正弦磁动势，定子采用三相交流电驱动转子旋转	
	变频调速异步电动机	交流电动机与变频电源组成的机电一体化产品，具有优良的调速和节能特性	

2）根据生产环境的电源的情况，选择电动机额定电压；

3）根据生产机械所要求的转速以及传动设备的情况，选择电动机额定转速；

4）根据电动机和生产机械安装的位置和场所环境，选择电动机的结构和防护形式；

5）根据生产机械所需要的功率和电动机的运行方式，决定电动机的额定功率；

6）综合以上因素，根据电动机的产品目录，选定一台合适的国家推荐的新标准型系列电动机，见表3-2；

7）对所选电机进行必要的验算，确保所选电机能保证生产机械的工作要求。

国家推荐的新标准系列电动机和淘汰的老旧系列电动机对照

表3-2

序号	节能产品名称	主要技术规格	相对应的老产品型号规格
1	三相异步电动机Y系列	共11个机座号，19个功率等级，65个规格	J02、J03
2	三相异步电动机Y2系(IP54)	机座号63～355、功率0.12～315kW	

续表

序号	节能产品名称	主要技术规格	相对应的老产品型号规格
3	三相异步电动机 Y3 系列(IP55)	机座号 63～355、117 个规格	J02、J03
4	冶金起重电机 YZR、YZ 系列	共 11 个机座号，43 个规格	JZR2、JZ2、JZ、JZR、JZB、JZRB
5	小功率电动机	共 8 个机座号，7 档中心高，64 个规格	AO、BO、CO、DO、JW、JX、JY
6	隔爆型三相异步电动机 YB 系列	共 11 个机座号，65 个规格	JB3　BJ02
7	防护式绕线型三相异步电动机	共 37 个规格，功率 4～132kW，B 级绝缘	JR、JR2、JR3
8	封闭式绕线型三相异步电动	共 34 个规格，B 级绝缘	JR02
9	H315 三相异步电动机 Y 系列(IP44)	H315S、H315M1、IBl5M2、H315M3	
10	高效率三相异步电动机	共 43 个规格，功率 1.5～90kW	
11	高效率三相异步电动机	机座号 80-280，功率 1.1～90kW	
12	深井泵用三相异步电动机 YLB 系列	共 6 个机座号，20 个规格，功率 5.5～132kW	DM、JIB、JIB2、JTB2、JD
13	YVF2 系列变频调速异步电动机	机座号 H80～H315，功率 0.55～200kW 恒转矩变频范围为 3～50Hz，恒功率变频范围为 50～100Hz	
14	变极多速三相异步电动机	共 7 个机座号，65 个规格，功率 0.35～22kW	JD02 系列，99 规格

续表

序号	节能产品名称	主要技术规格	相对应的老产品型号规格
15	电磁调速电动机 YCY 系列	共10个机座号,19个规格,功率0.55~90kW，H315	JZT、JZl2、JZ、IT、JZ、IS
16	户外防腐电动机 Y—W、Y—WF 系列,化工防腐电动机 Y—F 系列	IP54,共83个规格 IP54,共83个规格	J02-WF 系列67个规格 J02-F 系列63个规格
17	电磁制动三相异步电动机 YEJ 系列	共95个机座号,53个规格,功率0.55~45kW	JZ02 系列,12个规格 JZD3-112S-4
18	旁磁制动三相异步电动机 YEP 系列	共18个规格,功率0.55~11kW	JPZ2 系列
19	高滑差三相异步电动机 YH 系列(IP44)	共36个规格,功率0.75~18.5kW，S3工作制	JH02、JH03 系列
20	低振动、低噪声三相异步电动机 YZC 系列(IP44)	共15个规格,功率0.55~18.5kW	DP90S—2/MO1,JJ02,J02—O,JJ,JJD 精密机床用电动机
21	木工用三相异步电动机 YM 系列	共4个机座号,9个规格,功率0.55~7.5kW	JM2、Jm、JDM2 系列
22	开关磁阻调速电动机	暂无国标系列,仅有企标产品	
23	稀土永磁高效电动机	暂无国标系列,仅有企标产品	
24	变频调速异步电动机	暂无国标系列,仅有企标产品	

1.3　电动机额定转速选择

电动机额定转速的选择，以能适应生产机械的工艺要求为原则，选择适当与否不仅影响生产机械的效率和产品质量，也会影响电动机的力能指标，而且影响系统的电能利用率。因此 GB

12497—1995 原则规定：

(1) 在满足传动要求的前提下。

选择电动机转速时应尽量减少机械传动级数。

(2) 对需要调速的负载机械。

应根据调速范围、效率、对转矩的影响以及投资等诸因素，选择下列调速措施：变频调速、变极调速、串级调速、转子串电阻调速、定子调压调速、滑差或其他机、电调速器调速。

1) 额定功率相同的条件，额定转速愈高（极数愈少），电动机的尺寸、重量和成本将愈小，效率和功率因数也较高，因此选用 2.4 极电动机，特别是选用 4 极电动机较为经济。但又要考虑减速机构的合理性，综合考虑选择合理的电动机转速。通常：泵选用 2 极或 4 极电动机；风机选用 2 极或 4 极电动机；压缩机选用 4、6 或 8 极电动机；轧机、粉碎机采用 6、8 或 10 极电动机；电梯、起重机应选用电梯、起重机专用电机；

2) 需要频繁启动、制动的断续周期工作制的机械，在选择电动机转速时，除保证机械所需的最高稳定工作速度之外，还应按式（3-1）选择合适的传动比

$$i=n_N/n_L \tag{3-1}$$

式中，i 传动比；n_N电动机转速；n_L工作机械转速；

3) 需要分级（有级）调速的场合，应优先考虑采用变极多速电动机 YD 系列和 YTD 系列。控制简单，维护工作少、力能指标优良；

4) 电动机经常启动、制动和反转，而过渡过程的持续时间对生产率影响不大（不要求快速正反转控制），除考虑初期投资外，主要根据过渡过程能量损耗最小的条件来选择电动机的额定转速；

5) 电动机经常启动、制动和反转，且过渡过程的持续时间对生产率影响较大，则主要根据过渡过程持续时间为最短的条件来选择电动机的额定转速；

6) 需要调速的连续工作机械，应选用可调速的电动机，其

调速范围应与机械的要求相符，调速精度应满足机械的静转差率要求，调速方式要与机械类型相符；一般工业机械的调速范围：车床（10∶1～20∶1）；铣床（20∶1～30∶1）；龙门刨（10∶1～40∶1）；印染（3∶1～10∶1）；造纸机、塑料生产机（3∶1～20∶1）；轧钢机（3∶1－120∶1）；风机、水泵（3∶1）之内。

1.4 电动机转矩的选择

电动机转矩——转速特性应与负载的机械特性匹配，以确保驱动系统的运行安全和提高系统电能利用率。为此 GB 12497—1995 对电动机转矩——转速特性选择作出了相关规定：

（1）电动机应满足负载机械的堵转转矩和最大转矩的需要。

（2）对有频繁启动和高启动转矩特殊要求的负载机械应选用相应的专用电动机并进行转矩校验。

电动机的转矩——转速特性，亦称电动机的机械特性。一般来说，转矩的增加将导致电动机转速的下降，不同的电动机下降限度不同，电动机机械特性的变化限度一般用机械特性硬度来评价。

所谓机械特性硬度，是指在机械特性曲线的工作范围内某一点转矩对该点转速的变化率。按照机械特性硬度概念，所有电动机的机械特性可以分为三类：绝对硬特性、硬特性、软特性。恒转矩和变转矩负载特性的机械，选用机械特性为硬特性的电动机较为合适。恒功率负载特性的机械，选用带有机械变速的异步电动机较适宜。电动机应满足生产机械所要求的堵转转矩和最大转矩，电动机启动转矩应不小于机械启动转矩的 1.3 倍。

1.5 根据工作环境选择电动机

根据电机的工作环境，选择相应的普通型、增安型、防爆型和相应的外壳防护等级和绝缘等级的电动机。GB 4208—1993 对外壳防护等级作了规定。电动机外壳有开启式（电动机的转动部分和导电部分无专用的防护装置）、防护式（电动机对滴水、溅水、杂物进入有不同限度的防护能力)、封闭式(电动机具有封闭的外壳)、防爆式(具有专门的防爆结构)等不同结构。

机械的工作环境千差万别，有的长期工作在粉尘四处飞扬的环境；有的长期工作在露天环境；有的使用在有滴水和溅水的环境；有的工作在有爆炸气体的环境；有的工作在有化学腐蚀物质的环境……为了保证安全作业，必须按照工作环境选择适当的防护形式。如在恶劣环境下或户外，宜选用封闭式电动机；易燃易爆的环境，宜选用防爆式电动机；在有滴水、溅水的环境，宜选用防护式电动机。

2 高效电动机及其选用

2.1 高效率三相异步电动机与节电

随着技术进步，设计水平、制造工艺和电工材料性能的不断提高，新系列的电机的性能也得到了提高。提高电动机本身的效率和功率因数是减少电动机用电能耗的一项基本措施。对用户来说，主要是如何选用性能好、效率高的电动机，并对现在运行中的低效耗能的老旧型电动机按经济原则进行合理的更换和改造。

(1) 高效率三相异步电动机的特点。

Y 系列和 YX 系列电动机是全国统一设计的新系列高效率电动机，是 J 系列的换代产品。效率提高 3%左右。新系列高效率三相异步电动机具有以下显著特点

1) 效率高，Y 系列电机比 J02 电机效率提高 1%～3%；

2) 高效率三相异步电动机效率曲线平坦，额定转差率小，减少运行损耗；

3) 高效率三相异步电动机功率因数也有所提高；

4) 高效率三相异步电动机启动力矩提高 30%，噪声小，振动小，温升低，寿命长；

5) 结构先进，几何尺寸与标准 Y 电机相同，互换性强，符

合国际 IEC 标准；

6) 新标准电机成本和售价比原有标准电机都有所提高，但综合使用性价比也有提高。

(2) 高效率电动机节电费用计算。

设低效能电机的效率为 η_1%；高效率电机效率 η_2%；年运行时间 H 小时；电费为 C（元/kWh)；电机额定功率 P_N；负载率 $\beta=P_2/P_N$

则采用高效率电机年节电费用可按式 (3-2) 计算。

$$S=\beta P_N HC(\eta_2-\eta_1)/\eta_1\eta_2(\text{元}) \tag{3-2}$$

举例：一台三相异步电动机功率为 300kW，效率 $\eta_1=94\%$，现改为高效电机 $\eta_2=96.2\%$，负载率 80%，年运行 6000h。电价取 0.50 元/kWh。试计算年节电费用 S。

$$S=80\%\times300\times[(0.962-0.94)/0.962\times0.94]\times6000\times0.5$$
$$=17516.7\text{元}$$

由本例可见，使用高效电机即使效率仅高出两个百分点，就会有非常显著的节电效果。高效率电动机价格要高于标准电动机，但着眼于高效电机合理的性价比，应优先选用高效电动机。一般情况下，增加的投资费用能在 1～3 年内回收。

2.2　高效三相异步电动机

2.2.1　Y3 系列高效电动机

1. 电动机简介

Y3 系列高效电动机是 Y 系列电机的第三次改进设计。是根据国家节能政策，推广采用冷轧硅钢片设计制造的新一代 Y 系列的三相异步电动机，目前已经完成了中小型电动机的系列产品的设计和制造（机座号 63～355)。

2. 特点和性能

(1) 特点。

1) 采用冷扎硅钢片，Y3 系列电动机是为了贯彻国家“以冷代热”产业政策而开发出来的国内第一个全系列采用冷扎硅钢片为导磁材料的基本系列电动机，填补了国内在这一领域内的空白。

2）满足最低效能标准；

3）采用优化设计；

4）采用F级绝缘；

5）防护等级达IP55与目前国外先进国家水平一致，扩大了电动机的适用范围。

（2）性能

Y3系列电动机的性能指标优于Y、Y2系列。Y3系列电动机的效率试验平均值为85.2734%，功率因数试验平均值为0.8332，堵转转矩试验平均值为2.3257。

3. 产品型号说明

Y3系列型号命名符合电机型号命名法标准，见图3-1说明。

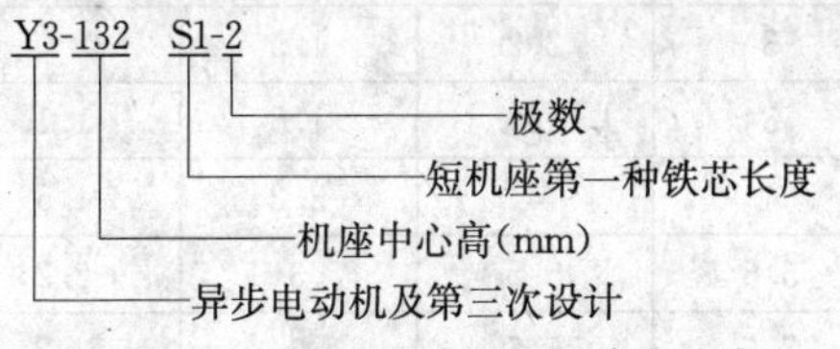

图3-1 Y3系列电动机型号命名举例

4. Y3系列电动机产品结构安装形式与Y系列相同

5. Y3系列电动机技术指标

Y3系列电动机功率等级及机座号见表3-3。

Y3系列电动机主要性能指标见表3-4。

6. Y3系列电动机效益

Y3系列的效率指标达到欧洲能效标准eff2要求，其电阻基准温度符合IEC 60034—2标准，不但适应国内节电市场的需求，也有利于扩大出口。

采用冷扎硅钢片开发的Y3系列三相异步电动机，其效率指标完全达到国家标准GB 18613—2002《中小型三相异步电动机能效限定值及节能评价值》中能效限定值的规定，因此，Y3系列三相异步电动机是节约能源、保护环境的绿色产品。在Y系列标准电机中，Y3系列是最节能的。

Y3 系列电动机功率等级及机座号 **表 3-3**

机座号	同步转速（r/min）				
	3000	1500	1000	750	600
	功率(kW)				
63M1	0.18	0.12	—	—	
63M2	0.25	0.18	—	—	
71M1	0.37	0.25	0.18	—	
71M2	0.55	0.37	0.25	—	
80M1	0.75	0.55	0.37	0.18	
80M2	1.1	0.75	0.55	0.25	
90S	1.5	1.1	0.75	0.37	
90L	2.2	1.5	1.1	0.55	
100L1	3	2.2	1.5	0.75	
100L2	3	3	1.5	1.1	
112M	4	4	2.2	1.5	
132S1	5.5	5.5	3	2.2	
132S2	7,5	5.5	3	2.2	
132M1	—	7.5	4	3	—
132M2			5.5		
160M1	11	11	7.5	4	
160M2	15	11	7.5	5.5	
160L	18.5	15	11	7.5	
180M	22	18.5			
180L	—	22	15	11	
200Lt	30	30	18.5	15	
200L2	37	30	22	15	
225S	—	37	—	18.5	
225M	45	45	30	22	
250M	55	55	37	30	
280S	75	75	45	37	
280M	90	90	55	45	

续表

机座号	同步转速(r/min)				
	3000	1500	1000	750	600
	功率(kW)				
315S	110	L10	75	55	45
315M	132	132	90	75	55
315L1	160	160	L10	90	75
315L2	200	200	132	110	90
355M1	250	250	160	132	110
355M2	250	250	200	160	132
355L	315	315	250	200	160

Y3 系列电动机主要性能指标　　表 3-4

功率(kW)	同步转速(r/min)									
	3000	1500	1000	750	600	3000	1500	1000	750	600
	效率(%)					功率因数(COS)				
0.12	—	57.0	—	—		—	0.72	—	—	
0.18	65.0	60.0	56.0	51.0		0.80	0.73	0.66	0.61	
0.25	68.0	65.0	59.0	54.0		0.81	0.74	0.68	0.61	
0.37	69.0	67.0	62.0	62.0		0.81	0.75	0.70	0.61	
0.55	74.0	71.0	65.0	63.0		0.82	0.75	0.72	0.61	
0.75	75.0	73.0	69.0	70.0		0.83	0.76	0.72	0.67	
1.1	76.2	76.2	72.0	72.0		0.84	0.77	0.73	0.69	
1.5	78.5	78.5	76.0	74.0		0.84	0.78	0.75	0.70	
2.2	81.0	81.0	79.0	79.0		0.85	0.81	0.76	0.71	
3	82.6	82.6	81.0	80.0	—	0.87	0.82	0.76	0.73	—
4	84.2	84.2	82.0	81.0		0.88	0.82	0.76	0.73	
5.5	85.7	85.7	84.0	83.0		0.88	0.83	0.77	0.74	
7.5	87.0	87.0	86.0	85.5		0.88	0.84	0.77	0.75	
11	88.4	88.4	87.5	87.5		0.89	0.84	0.78	0.75	
15	89.4	89.4	89.0	88.0		0.89	0.85	0.81	0.76	
18.5	90.0	90.0	90.0	90.0		0.90	0.86	0.81	0.76	
22	90.5	90.5	90.0	90.5		0.90	0.86	0.83	0.78	
30	91.4	91.4	91.5	91.0		0.90	0.86	0.84	0.79	
37	92.0	92.0	92.0	91.5		0.90	0.87	0.86	0.79	

续表

功率(kW)	同步转速(r/min)									
	3000	1500	1000	750	600	3000	1500	1000	750	600
	效率%					功率因数(COS)				
45	92.5	92.5	92.5	92.0	91.5	0.90	0.87	0.86	0.79	0.75
55	93.0	93.0	92.8	92.8	92.0	0.90	0.87	0.86	0.81	0.75
75	93.6	96.6	93.5	93.5	92.5	0.90	0.88	0.86	0.81	0.76
90	93.9	93.9	93.8	93.8	93.0	0.91	0.88	0.86	0.82	0.77
110	94.0	94.5	94.0	94.0	93.2	0.91	0.88	0.86	0.82	0.78
132	94.5	94.8	94.2	93.7	93.5	0.91	0.88	0.87	0.82	0.78
160	94.6	94.9	94.5	94.2	93.5	0.91	0.89	0.88	0.82	0.78
200	94.8	94.9	94.5	94.5	—	0.92	0.89	0.88	0.83	—
250	95.2	95.2	94.5	—	—	0.92	0.90	0.88	—	
315	95.4	95.2	—	—	—	0.92	0.90	—	—	—

Y3 系列电动机采用 F 级绝缘，提高了电动机的可靠性；提高了电动机的防护等级，使 Y3 系列的总体水平有较大提高，达到了国外同类产品的先进水平。Y3 系列电动机的推广应用将会有明显的社会效益和经济效益。

2.2.2 Y2-E 高效电动机

1）国产的 Y2-E 系列高效电动机机座号 80～280，功率 1.1～90kW，50%～100%负载下较 Y 系列效率提高 0.58%～1.27%较 Y2 基本系列提高效率 1.5%～2%。

2）我国的 Y2-E 系列与欧洲的 eff2 系列的效率水平基本相当。Y2-E 系列 80～160 机座的效率低于 effl 电动机，180～280 机座的效率略高于 effl 电动机，平均效率 2 极电动机低 0.94%，4 极电动机低 1.65%。造成此差别的原因是 Y2-E 系列按年运行 3000h 设计，effl 电动机按年运行 4000h 设计。

3）Y2-E 高效电动机的效率指标符合 GB 18613—2002 中节能评价值的要求。

Y2-E 系列提高效率设计功率范围为 0.55～90kW，2、4、6 极电动机总共 53 个规格的效率平均值为 87.67%，而 GB 18613 中节能评价值相应的 53 个规格的效率平均值为 89.14%，Y2-E 系列效率比节能评价值低 1.47%。两者效率的差异是由于设计目标不同而产生的，Y2-E 系列电动机设计用于年运行时间 3000h 左右，而节能评价值按欧洲 effl 效率指标适用于年运行时间在 4000h 以上。

2.2.3 节能型高压三相异步电动机

国产节能型高电压三相异步电动机主要是 Y、YR、YKK、YRKK、YKS、YRKS 系列的产品（H355-630mm）。

1. 节能型高压三相异步电动机

(1) 基本特性。

Y、YR 系列、YKK、YRKK、YKS、YRKS 系列高压三相异步电动机（中心高 355～630mm）是高效节能产品。电动机采用了高导磁、低损耗冷轧无取向硅钢片，因而损耗低，效率高。电动机性能接近或达到国外先进水平。具有高效、节能、低振动、低噪声、性能可靠、安装维护方便等特点。本系列电动机为一般用途的三相异步电动机，可用于驱动各种通用机械设备，如压缩机、风机、水泵、破碎机等机械设备。基本特征如下：

1) 电动机供电电源为三相工频 50 或 60Hz，电压等级 3、6、10kV；

2) 额定功率：185～1600kW 运行定额为连续（S1）；

3) 防护等级为 IP23、IP44 或 IP54。本系列电动机性能和安装尺寸符合 IEC 标准和国家标准；

4) 该系列电动机的基本设计是卧式带底脚的安装方式，为 IMB3 或 IMB35 或 IMV1 安装方式。机座号为 355～500；

5) 电动机采用可靠的 F 级绝缘结构和真空压力（VPI）浸漆，温升按 B 级考核，延长了绝缘老化寿命；电动机基本冷却方式为 IC01、IC611，冷却散热条件比较成熟；

6) 电动机允许在额定电压和频率下直接启动和降压启动

(>85%额定电压)；从 H355～H630 共六个中心高；完全符合 GB 755《旋转电机定额与性能》与相关的 IEC 标准，电机的噪声水平符合 GB 10069《旋转电机振动测定方法及振动极限值》。振动水平符合 GB 10068《旋转电机振动测定方法及振动限值》。

(2) 结构简介。

本系列电机的机座采用钢板焊接结构，这使电机具有刚度好、重量轻的优点，电机的结构优化设计也使得系列电机有便于安装和维护的优点。定、转子冲片采用整张优质低损耗冷轧硅钢片冲制而成，减小了铁耗，提高了效率。

定子线圈为双层成型线圈，定子铁芯压装后，在机座外部嵌线、线圈端部的外圆有箍固定，端部之间的间隙用填充物塞紧，这增加了线圈的整体刚度。线圈的端部接线完成之后，整个定子嵌线部分采取真空压力浸渍无溶剂漆处理。处理好的定子嵌线最后装入定子机座并与之固定。

标准设计的转子为铜排结构，根据启动条件，转子导条为铜或铜合金。先进的焊接技术保证了导条与端环结合处的良好连接，使导条与端环整体机械性能优良，导电性好。转子导条与转子槽进行胀紧处理，消除了由于电磁力与离心力造成的转子导条在槽内的振动，延长了电机的寿命。

中心高 500mm 以下的电机转子也可采用铸铝结构，这种转子结构的转子导条与槽壁紧密结合，更有利于转子散热，延长了电机允许堵转时间，增大了允许拖动负载的转动惯量值。

所有标准设计的 4～12 级电机及 H335—H450 的 2 极电机均采用滚动轴承结构，根据电机中心高及转速选用油脂或稀油润滑方式，不需要强迫供油系统。H500～H630 的 2P 电机可由用户指定采用滑动轴承或采用滚动轴承结构，根据负载情况采用油环自润滑或强迫供油方式润滑。

本类型高压节能型电机按照转子类型、防护等级及冷却方式的差别分为六个系列 Y、YR、YKK、YRKK、YKS、YRKS 系列，见表 3-5。

按照转子类型、防护等级及冷却方式可分为六个系列　　表 3-5

型　式	防护等级	冷却方式	转子类型	
			鼠笼转子型	绕线转子型
防滴式	IP23	IC01	Y 系列	YR 系列
空-水冷却封闭式	IP44	IC81W	YKS 系列	YRKS 系列
空-空冷却封闭式	IP44	IC611	YKK 系列	YRKK 系列

(3) 启动性能。

节能型高压三相异步电机可以用于驱动各种通用机械。如果被驱动机械为水泵或风机，并且满足以下条件：

1) 启动过程中电机的端电压不低于 85%的额定电压；

2) 电机额定转速时风机的阻转矩不大于 35%电机的额定转矩；

3) 风机的转动惯量（折算至电机的额定转速时）不大于技术数据表中规定的 J 负载值，则标准设计的系列电机可以被选作驱动电机，这意味着后面技术数据表中的机座号及技术数据可以直接被选用。

一般情况下，电动机允许冷态连续启动两次（两次启动之间为自然停机），或热态状况下启动一次。额外的再次启动需要间隔 1h 以后。

如果负载情况超出了以上规定，或者电机被用于驱动其他电器设备，如磨煤机、破碎机、皮带机、轧钢机、卷扬机等，则详细的技术要求，包括电机启动过程中的端电压、负载的阻力矩曲线及负载的转动惯量（折算至电机转速）等，需要对设计校核并确定是否采用特殊设计来满足负载要求。

2. 节能型高压三相异步电机基本型谱

高压节能型异步电机按电压等级分，有 3、6、10kV 三种主要等级的产品，按冷却方式分为空冷和水冷式，有 6 种速度等级，功率从 220～4000kW，数十种规格。详细资料均可在产品样本中查得；节能型高压电机系列外形图和安装尺寸均可在产品样本中查得，不同冷却方式、不同防护方式、不同容量的电机外形及安装尺寸均有所差别。

2.3 高效电机新品种

随着电机制造业技术进步，我国电机新产品研发能力的提高，近几年推出了开关磁阻调速电动机系列产品、永磁电动机系列产品、变频调速电动机系列产品。这些新品种的电机以其优良的性能和运行节能效果，逐渐被社会所认识和接纳。

2.3.1 开关磁阻调速电动机系统（SRD）

1. SRD概述

（1）开关磁阻调速电动机系统（Switched Reluctance Drive 简称SRD）。

磁阻电动机（Switched Reluctance Motor 简称SRM）和电力电子技术相结合而产生的一种机电一体化动力装置，主要由SRM开关磁阻电动机、功率变换器、单片机（或DSP芯片）、电流及位置检测器等几大部分组成。开关磁阻电动机是通过电子电路轮流接通和断开各相绕组使电机旋转的磁阻式电动机。转子位置传感器以类似于无刷直流电动机的方法进行控制，可以实现调速。因绕组为单方向通电，其电子电路简单可靠。

1）该调速电动机系统具有效率高、动态响应好、调速范围广、启动转矩大、无冲击电流、结构简单、易于操作、坚固可靠的优良品质。同时具有自适应能力强、外围接口齐全、可扩展性强以及制造成本低、节能效果好等优点，是机电一体化高科技产品。在风机、水泵、空气压缩机、塑料机械等调速场合应用效果良好，达到国际先进水平。目前已形成1.1～4000kW的系列产品。更大容量的机型也在研发之中。开关磁阻调速电动机被发改委列为我国“十一五”期间重点推荐的节能型产品。

2）调速电动机是推广应用SR系列开关磁阻电动机的基础上，推出的第二代新系列产品。与SR系列电机相比，性能指标明显提高，特别是噪声振动的改进有了重大突破，达到了Y系列异步电动机的噪声水平。其优良的调速特性可适用于各种调速机械，特别是其低启动电流、大启动转矩的特点，使其真正具有了频繁正反转运行的优点，每小时正反转次数大于1000次以上，在提升机械、油田新型电气换向式抽油机、龙门刨铣床、可逆轧机、等往复式机械上应用，取消了原有的机械换向机构，显示了无比的优越性。在球磨机、空气压缩机、插齿机、锻压机械、塑料挤出机、皮带输送机、造纸机械等场合使用，与现有的调速电机相比全负荷段均有明显的节电效果。

(2) 用在电动汽车上。

不仅可以满足汽车启动时的大转矩要求，而且由于启动电流小对供电电源的冲击小，可以延长汽车蓄电池使用寿命。

1) SRD系统中，由于控制器的功率变换器与电机绕组串联，不会出现功率变换器直通故障，即使缺相或堵转时仍可工作，不会烧电机或控制器，所以运行可靠性高，能适用于各种恶劣、高温甚至强振动环境，可以适用于航空航天、军事等场合。

2) 可实现四象限运行，既可以用做电动机，也可以用做发电机。在高炉料车、曳引机、提升机等应用场合可以将重物的势能转换为电能回馈给电网或储存起来以备停电时用。

3) 调速范围广，可以实现大范围内无级调速，快速响应，平滑过渡，调速比达到20倍以上。运行中稳速精度高：无论空载、满载运行，实际转速与预置转速误差≤±0.3%；用此特点可以对传统的机床、塑料机械等设备进行改造，简化变速箱结构，用电机调速代替变速箱调速，提高传统机械设备的技术含量。

4) 控制方法灵活直观；调节电位器旋钮可在显示屏上看到电机的实测转速；可接受自动控制系统给出的模拟或数字的指令信号，方便地实现总系统控制下的多台电动机同步运行。

(3) SRM电动机。

结构坚固，无换相器，可免维护；产品结构设计及安装尺寸均与我国现行Y系列异步感应电动机同机座号、同功率等级，安装尺寸互换性好。

1) 开关磁阻调速电动机调速系统应用在水泵上，替换原来水泵上的交流异步电动机，方便的实现恒压供水。利用其内部的闭环控制，压力可稳定的维持在设定值，并可根据实际情况随时调整设定值，满足实际用水需求；达到了节能降耗的目的，在相同供水量的前提下，开关磁阻调速电动机调速系统比普通交流异步电机节电 20%以上；

2）开关磁阻调速电动机调速系统应用在空压机上，可方便的实现恒压供气。利用其内部的闭环控制，使压力维持在设定的水平，并可根据实际情况随时调整。实现了节能降耗。在相同供气量的前提下，开关磁阻调速电动机调速系统比普通交流异步电机节电 20%以上。

综上所述，开关磁阻调速电机系统（SRD）可广泛应用于风机、水泵、压缩机、塑料机械、油田机械、轧钢机械、造纸机械及机床等各种调速场合，具有广阔的市场发展前景。

2. 开关磁阻调速电动机产品简介

(1) DT 系列通用型 SRD

DT 系列通用 SRD 主要特点：

采用国际最新技术，如 32 位 DSP 核心芯片进行全数字控制，控制板采用了多层板表面贴装技术；

采用了多种控制方式并进行优化，电机和控制器发热大大降低，节能效果显著提高；

具有转速转矩两种给定方式；电动制动两种运行方式，可以满足各种应用要求；

全新的系统设计和结构设计，控制器更可靠更美观；

具有 CAN 总线和 485 通信功能，便于构成智能网络控制系统；

具有丰富的用户参数设置、运行状态记录和故障症断保护，控制更灵活，使用更放心；

丰富的多功能输入输出端功能设定，使用户可通过简单的设置满足不同应用场合；

通过了严酷的高低温循环试验、抗干扰试验和振动试验，可适应恶劣的工作环境；

可开发各种专用的全数字开关磁阻调速电动机调速系统，如中压（660V、1140V），大功率（400K）系统、矿用隔爆系统、多单元同步系统。

(2) H系列开关磁阻电动机。

H系列产品是较早见于市场的产品，规格较少，2006年检索仅有电压380/50Hz，功率2.2～30kW的数种产品，该产品的主要特点为：采用第三代IGBT功率模块为功率开关，采用单片机和模拟电路混合控制，动态响应较快。H系列［输入电压3相AC 380/50Hz，额定转速1500rpm，电机防护等级（IP44）］，其电动机的外形及安装尺寸与同容量Y系列三相异步电机相同。

(3) L系列开关磁阻电动机。

L系列产品是在H系列的基础上，推出的更新一代产品，据2006年资料，其功率范围为7.5～132kW。该产品的主要特点为：对电机进行了优化设计，极大地降低了电机的噪声，其噪声水平与普通异步电机相当。另外，该系列部分规格开发了高压（660V，1140V）及防爆产品，适用于特殊场合。该系列的推出使我国的开关磁阻调速电动机调速系统产品技术达到了国际先进水平。其电动机的外形及安装尺寸与同容量Y系列三相异步电机相同。

(4) KCT系列开关磁阻电动机。

KCT系列SRD目前生产功率4～55K，两种速度（1000、1500r/min），21种规格的产品。

2.3.2 电梯用节能型三相异步电动机

(1) 电梯用三相异步电动机。

电梯用节能型三相异步电动机主要用作电力升降机的原动力，要求具有运行平稳、停车准确、起停无冲击、振动小、噪声低、能频繁起停和正反转控制等特性。国产产品有YTD系列、YTD调压调速系列；YYTD系列；YTDP、YTVF、YTVF-G、YTVF-6HD、YTUF-FT、YBT等数种变频调速电梯用三相异步电动机系列。

(2) YTVF 系列电梯专用变频调速电动机。

与一般电动机相比，该系列电动机采用了特殊的定、转子槽形及定子绕组设计，能更好地与变频器匹配，使系统发挥出最佳性能。本系列电动机与变频器配套使用，由电梯的控制系统实现闭环无级调速控制。电动机基本安装方式为 IMB5，即端盖上有凸缘，机座无底脚，卧式安装，电动机非主轴伸端用于安装测速装置。电动机绝缘等级为 F 级，防护分级为 IP00～IP22，冷却方式 IC00 自通风方式。本系列电动定子机壳采用铸铁件，转子采用铸铝结构，因而结构上简单可靠。此外，电动机采用了优质轴承，而且转子装配前均经过严格的动平衡校验，因此本系列电动机的噪声和振动均被控制在较低的水平上。

3 机械的调速与节电

3.1 电动机功率与机械负荷的矛盾

(1)“最高限负荷”设计与经常性负荷运行的矛盾。

在设计中，都要根据“最高限负荷”的需要确定设备的生产能力，比如：空调系统要保证在夏天最高环境温度下，能使所有房间的制冷效果达到舒适的温度要求（26～28℃）；起重机械要保证起吊设计能力允许的最重的物料；电梯和电动扶梯要保证“满乘”的正常运行；输送带也要保证最大载物量的正常运行；水泵运行要保证最高扬程下的最大排水量；……然而任何设备，工作在“最高限负荷”的时间都不会是很多的。更多是运行在较低的负荷下。所以，几乎对所有设备，都有必要配备速度调节装备，以适应不同负荷情况下的调节需求。

(2)“就近偏大”选型设计与“大马拉小车”运行的矛盾。

在设备选配电动机的设计中，是以机械负荷为依据计算，再乘以储备系数，然后查阅电机手册，“就近偏大”选择一个标准规格的容量。然而在设计计算时的负荷与运行中的实际负荷总会有差距。造成所选配的电动机的功率往往都比较偏大。当机械投入生产运行后，多数情况都是设备能力大于生产需求能力，电动机处于“大马拉小车”的运行状态。弥补由设计造成的“大马拉小车”的运行浪费，配备调速节电是很好的措施。

3.2 合理的选择速度调节系统

在生活和生产中，使用着大量的以电能为动力的电器和机械。驱动各种机械的多为交流异步电动机。而电动机的能耗，又与它的负荷率和运行速度有着密切的关系。以风机和泵类设备为例，风机与水泵运行中的流量 Q、压力 H、转速 n、转矩 M 与轴功率 P 之间的关系是：$Q \propto n$，$H \propto M \propto n^2$，$P \propto Mn \propto n^3$。

以上关系揭示了风机与泵类设备调速节能的原理，即流量与转速成正比，压力与转速的 2 次方成正比，而轴功率与转速的 3 次方成正比。在运行中，根据需求的流量和压力，适时地采用调速运行，当风量或水量需求下降到 80％时，将转速也下降到 80％，而轴功率将下降到额定功率的 51.2％ 。当负荷量下降到 60％时，将转速也调低到 60％，轴功率将下降到 21.6％，可以实现节能运行。

以风机泵类的分析可以得知：根据实际负荷的需求，适时地对机械设备进行速度调节，对节能降耗是具有重大作用的。所以在机械设备的设计中，应根据生产机械的特点，合理的选择速度调节系统，为经济运行管理奠定基础。

在诸多的调速方法中，变极调速、变频调速，无论转速高低，转差功率的消耗基本不变，因此，效率最高。其中变极调速只能有级调速，应用场合有局限性，而变频调速可以构成高动态性能的交流无级调速系统，是效率最高且最方便的调速系统。无级调速变化均匀、适应性强，并且容易实现控制自动化。可方便的实现双向调速。是理想的节能调速方法。

3.3 各种调速方法特性比较

各种调速方法有不同的特性和优缺点，概略比较如表 3-6 所示。

三相异步电动机各种调速方法特性比较 表 3-6

调速方式名称	调速原理	可靠性	转差损耗	估计节能率（%）	维修难易程度	应用场合	传递功率限制	优点	缺点	参考价
变极调速	改变极对数P	决定于换极开关	小	20	易	笼形转子有级调速且转换不频繁场合		价廉	有级调节开关易坏	<50元/kW
变频调速	改变频率	决定于元器件的质量	小	30	难要求技术水平高	笼形转子电动机适于高精度高转速调速	目前用于中小功率	高效，高精度，改造时不换电机	价高，维修难，有高次谐波	150kW时8万元 30kW时2万元
变压调速	改变电压	较高	有，不能回收	20	较易	笼形转子电动机，<5kW；绕线转子电动机，<40kW	小功率	价廉	有高次谐波调速范围0.8	100元/kW
转子串电阻调速	改变转差率	高	有，不能回收	25	易	绕线型电动机	无限制	价廉，维修易	效率较低	斩波200元/kW 电阻30元/kW
串级调速	改变转差率	较高	有能回收	30	要求技术水平较高	绕线式电动机	无限制	逆变器是静止的	有高次谐波	500kW7万元 30kW7000元
电磁滑差离合器	改变转差率	高	有，不能回收	25	易	用于笼形电动机	小功率	结构简单、可靠，易维护	存在不可控区	
调速液力偶合器	改变偶合器转差	高	有，不能回收	25	易	用于高速大功率的笼形电动机	无限制	坚固耐用，很少维修	有油水系统	100元/kW左右
调速离合器	改变离合器转差	高	有，不能回收	25	较易	用于高速大功率的笼形电动机	无限制	坚固耐用	有油水系统	120元/kW左右
无级变速器	各种机械方式	高	无	30	较易	用于各型电动机	目前200kW以下	高效、高精度、坚固耐用	用少量油、水	250元/kW左右

3.4 调速装置选择

在选择调速方案时，不但要考虑电动机的类型、功率，而且还要考虑调速方式技术成熟限度，与负荷性质的配合问题，投资水平和节能效果。只有这样，才能既满足生产的需要，又满足节能的要求。

(1) 技术成熟限度。

根据国内交流调速装置的科研、生产和使用情况，目前技术成熟并具有一定规模系列化生产能力的交流调速装置有：适配鼠笼形电动机的变极调速装置（双速或多速电机）、电磁调速电机、液力耦合器与液体调速离合器、低压中小容量变频调速装置、高一低压中大容量变频调速集成系统；适配绕线型电动机的串级调速装置、双馈电机、变压和变阻调速装置；大功率变频调速装置、开关磁阻电动机、稀土永磁无刷直流电动机技术也逐渐成熟，企标级产品已逐步系列化和规模化。

(2) 调速参数要求。

调速装置应能满足功率、负荷变化规律、调速范围、调速精度、速度稳定性等参数要求。

变频方式对负荷适应性最好，可以较其他调速装置获得较大的节能效果。表 3-7 列出了几种技术成熟的交流调速方式所适宜的负荷量变化范围。

几种交流调速方式适宜负荷变量范围　　表 3-7

序号	负荷变量范围/%	调速方法
1	100 以上	变频(交—直—交),双馈(绕线电机)
2	90～100	不宜调速
3	85～100	变频(交—直—交),双馈,串调(绕线电机)
4	80～100	变频,双馈,串级,液粘,液力(高速大功率),电磁(1200r/min 以下中小功率),变压(小功率笼形),变阻(绕线电机,水电阻大功率,斩波 200kW 以下)

续表

序号	负荷变量范围/%	调速方法
5	75/100	变极(双速)
6	70～100	变频(交—直—交),双馈,串级,液粘,液力,电磁,变压(中功率绕线电机),变阻
7	67/100	变极(双速)
8	50～100	变频(交—直—交),双馈,串级,液粘,液力,电磁
9	50/100 50/67/100	变极(双速) (三速)
10	33～50	变频(交—交或交—直—交),双馈
11	33/100 30/50/67/100	变极(双速) (四速)
12	≤33	变频(交—交大功率),双馈
13	33～100	变频(交—直—交),双馈,液粘,液力,电磁
14	20～100	变频(交—直—交),双馈,液粘,液力,电磁
15	10～100	变频(交—直—交)

(3) 经济效益分析。

对于技术成熟且又适合生产工艺要求的交流调速方式，可能有几种选择的情况下，还要做经济效益分析，视其投入产出是否合算。这就要比较不同调速方式的节能效益、运行效率及功率因数、环境影响投资回收期诸方面的因数做综合判断。

1) 调速装置的节电率与调速系统的运行效率：调速装置的节电率与调速系统的运行效率有关，图 3-2 给出了几种不同的技术成熟的调速方式在其适宜调速范围内的系统效率。

由图 3-2 显而易见，变频调速、无换向器电机、双馈电机和串级调速效率最高，同属于高效调速方式；而交流整流子电机、变阻调速、液力耦合器、液粘离合器、电磁调速电机和变压调速方式，因均有转差损耗，效率较低，尤其是低速时效率更低。这

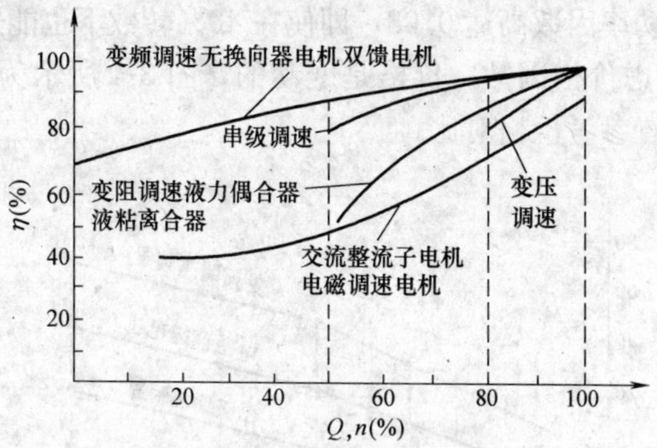

图 3-2 不同调速系统效率对比

两大类调速方式以有无转差功耗为标志，高效调速方式的节电率要比有转差功耗的调速方式高出 10%～30%。

2）无功功率对节电率的影响：节电率的计算一般只考虑有功功率，但也不能忽视无功功率。如图 3-3 所示。其中，属 PWM 型变频调速装置的功率因数最高，在 40%～100%调速范围内，均可高达 0.9～0.98 以上；有转差功耗的调速方式的功率因数较高，对比节流方式有节电效益；而高效调速方式的功率因数多偏低，特别是低速时更低。一方面要从内部找措施，如在串调装置中加斩波器，功率因数可提高到 0.8 以上；另一方面可从外电路上补偿，如安装补偿电容器；但 PWM 变频装置勿需电容

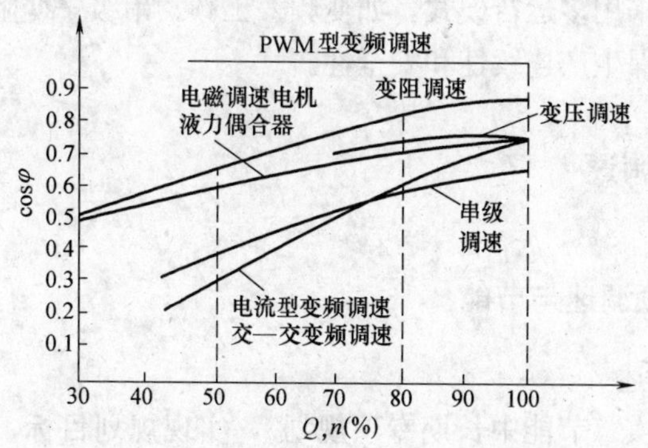

图 3-3 几种调速系统功率因数对比

器补偿，功率因数高达0.98，即使在40%转数下也能达0.97。

3）考虑价格因数。价格是变动的，图3-4所示为近几年各种调速装置参考价格对比。

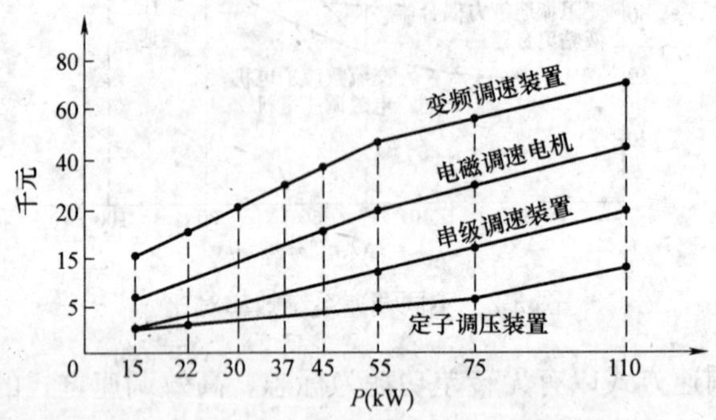

图3-4　各种调速装置参考价格对比

（4）安装与维护条件。

选择调速方式还应考虑环境温度、湿度、粉尘、燃气、面积及空间等条件。如纺织行业的空调机调速装置和电机，均应有防护棉花绒措施，或采用密封形式；在有可燃气体的场合，调速装置和电机应选用防爆式；水泵的调速装置应进行三防处理，电机最低限应是防滴式；在不允许停歇的场合，调速装置应有切换全速措施，以备调速装置一旦发生故障，及时全速运行，保留节流方式；或采用多运行模式，如变频—工频、串级—变阻—全速节流等，确保生产连续性和安全性。

4　变频调速

4.1　变频调速与节能

1. 概述

为落实《节能中长期专项规划》，实现规划目标，国家发展改革委启动规划提出的十大重点节能工程，实施十大重点节能工程重点内容之一为“电机系统节能工程推广变频调速节能技术，风机、水泵、压缩机等通用机械系统采用变频调速节能措施，工业机械采用交流电动机变频工艺调速技术”。实践表明，采用变频调速单机平均节电率为30%～60%。

(1) 我国对建筑节能的规定。

由于建筑能耗在整个社会总能耗中所占的比重非常大，重视建筑节能已经成为业界的共识。通过对建筑运行的优化管理，对于提高建筑运行水平、节约建筑的运行成本、降低社会的能源浪费、进一步地提高对环境的保护能力，都有不可估量的贡献。针对民用建筑（指居住建筑和公共建筑），2005 年 10 月 28 日经原建设部第 76 次常务会议讨论通过了《民用建筑节能管理规定》，自 2006 年 1 月 1 日起施行。《建筑节能管理条例》正在审定中。

(2) 大型建筑运行能耗的构成。

据相关文献对办公楼、大型楼堂会馆的能源（电能）消费的构成做了统计分析，在建筑运行过程中，其能源消耗的途径是建筑内的各类机电设备，而其中大部分又是照明部分和空调部分的能耗。因此，建筑节能需要针对建筑物使用过程中的供暖、通风、空调、照明、提运、供水的能耗进行控制，特别是其中的暖通空调和建筑照明的节能潜力最大。利用大型建筑中的智能化系统，不但能够实现原有传统建筑所采用的节能方法，更重要的是可以通过智能化系统中的各种先进的管理理念来实现优化的控制和调整。建筑物的节能具有巨大的经济效益和社会效益。

2. 建筑设备系统的设计和运行特点

(1) 满足“高限需求的设计”。

在建筑设备工程的设计与建设时，为了能满足最不利条件下的负荷要求，即“高限需求”，往往对设备预留了足够的容量。例如，空调系统设计时，要考虑到在极端的气候条件下，例如夏季环境气温大于35℃高温时的制冷要求，或冬季寒冷低温时的供热要求，提供满员时的舒适环境（26℃）。为此，冷量、热量、水量及风量都必须保证这一目标的实现。

(2) 常态运行的管理。

在大多数情况下，设备系统并不需要在高限下运行，而高限状态运行不仅过多地消耗能量，而且还降低了运行质量，使得末端设备与管道的承压增高，寿命降低，噪声增加。因此，在设计中应提供可供调节的装备，能根据负荷的动态变化，自动调节设备运行状态达到合理与最优化最经济的运行状况。

(3) 建筑设备的种类及重点调节对象。

建筑设备中，空调系统和电梯及自动扶梯使用居多（如冷却塔风机、空调箱的送风机，排风机、新风机、排烟风机、冷却水泵、冷冻水泵、生活水泵、排水泵、补水泵、消防泵，喷淋泵等），驱动风机水泵和电梯的多为异步电动机。

风机与水泵运行中的流量与转速成正比，压力与转速的 2 次方成正比，而轴功率与转速的 3 次方成正比 $P \propto Mn \propto n^3$。所以在建筑设备中，风机、泵类是重点调节对象。在设计中应合理的选择速度调节系统，为经济运行管理奠定基础。保证在运行中能适时地、方便地进行速度进行调节，做到既满足运行要求又能最大限度地节电。

3. 交流电机变频器调速系统在建筑设备中的推广应用

在 30 年前，需要调速的场合大多采用调速性能良好的直流电动机，但是由于直流电动机结构复杂、制造成本高、带有机械式换向器，其可靠性与维护成本一直存在较大的问题。随着电子技术与微电子技术的发展，交流主开关器件的自关断技术的突破与 PWM 数字控制的实现，大容量变频器的性能与功能有了突飞猛进的发展，其生产成本在规模化的生产下得以降低，因而交流调速的变频器应用从数百瓦的家用电器到数万千瓦的大型生产设备可以说是无所不包。交流电机变频器调速系统是成熟而普通的技术，进入 21 世纪，在建筑设备中应大力推广应用“交流电机变频器调速系统”。

4.2　通用变频器的基本原理及一般功能

4.2.1　结构及基本环节

1. 通用变频器的基本结构

变频器的基本结构如图 3-5 所示，由整流器、直流环节、逆变器和控制电路组成。

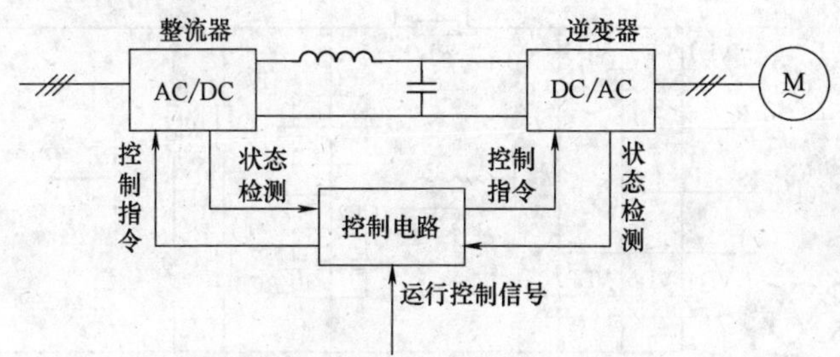

图 3-5　变频器的基本原理结构框图

整流器——接入电网的三相交流电，整流输出为脉动直流。

直流环节——由储能元件（由电容器与电抗器）构成，缓冲异步电动机的无功功率交换。

逆变器——通过有规律地控制三相桥式逆变电路中晶体主开关器件的通断，向负荷输出可调变的频率与电压的交流输出。

控制电路——控制电路由主回路状态检测电路、运算电路、控制信号输入电路、控制驱动输出电路等组成。运算电路接受控制信号输入与主回路状态检测信号进行运算，产生准确的输出信号完成对整流器的电压控制、对逆变器的开关控制和各项保护功能。目前新颖的变频器大多采用高性能的微处理器来完成控制功能。

2. 通用变频器中的整流环节

(1) 变频器中的整流器电路，担负着交—直变换的功能。

交—直变换电路就是整流和滤波电路的组合，其任务是把电源的三相（或单相）交流电变换成平稳的直流电。由于整流后的直流电压较高，且不允许再降低，因此，在电路结构上具有一定特殊性。

在SPWM变频器中，大多采用桥式全波整流电路。在中、小容量的变频器中，整流器件采用不可控的整流二极管或二极管模块，如图3-6中的VD1～VD6所示。当三相线电压为380V时，整流后的峰值电压为537V，平均电压为515V。

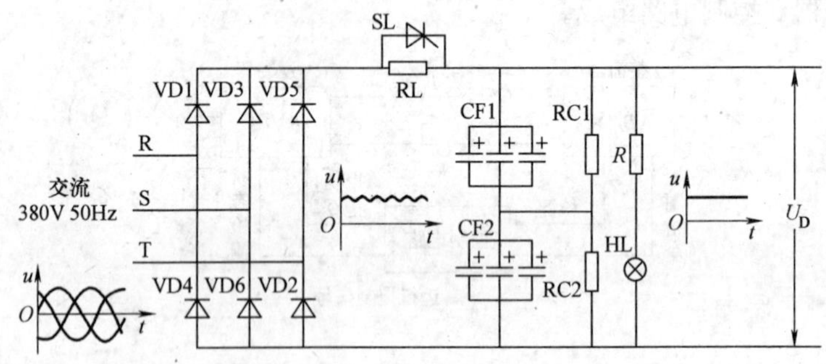

图3-6 变频器中的整流及滤波环节原理

(2) 滤波及限流电路

滤波电路：即图3-6中的CF1和CF2。由于受到电解电容的电容量和耐压能力的限制，滤波电路通常由若干个电容器并联成一组，又由两个电容器组CF1和CF2串联而成。因为电解电容器的电容量有较大的离散性，故电容器组CF1和CF2的电容量常不能完全相等。其结果是各电容器组承受的电压UD1和UD2不相等，使承受电压较高一侧的电容器组容易损坏。

为了使UD1和UD2相等，在CF1和CF2旁各并联一个阻值相等的均压电阻RC1和RC2。

限流电路：即图3-6中，串接在整流桥和滤波电容器之间，由限流电阻RL和短路开关SL组成的并联电路。

限流电阻RL的作用：变频器在接入电源之前，滤波电容CF上的直流电压为0。因此，当变频器刚接入电源的瞬间，将有一个很大的冲击电流经整流桥流向滤波电容，使整流桥可能因此而受到损坏。如果电容器的容量很大，还会使电源电压瞬间下降而形成对电网的干扰。限流电阻RL就是为了削弱该冲击电流而串接在整流桥和滤波电容之间的。

短路开关 SL 的作用：限流电阻 RL 如长期接在电路内，会影响直流电压 U_D 和变频器输出电压的大小。所以，当 U_D 增大到一定限度时，令短路开关 SL 接通，把 RL 切出电路。SL 大多由晶闸管构成，在容量较小的变频器中，也常由接触器或继电器的触点构成。

（3）电源指示。

电源指示灯 HL 除了表示电源是否接通外，还有一个十分重要的功能，即在变频器切断电源后，表示滤波电容器 CF 上的电荷是否已经释放完毕。由于 CF 的容量较大，而切断电源又必须在逆变电路停止工作的状态下进行，所以 CF 没有快速放电的回路，其放电时间往往长达数分钟。又由于 CF 上的电压较高，如不放完，对人身安全将构成威胁。故在维修变频器时，必须等 HL 完全熄灭后才能接触变频器内部的导电部分，所以，HL 也具有提示保护的作用。

3. 通用变频器中的逆变器环节

通用变频器中的逆变器是将整流器输出的直流电源经晶闸管开关电路的交替通断的工作，向负荷送出连续的交流电。为抑制交流电的波动，设置滤波电路。根据滤波电路的不同，分电压型和电流型两种类型。采用电容器滤波的称为电压型；采用电抗器滤波的称为电流型。

电压型变频器与电流型变频器的性能比较列于表 3-8。

电压型变频器与电流型变频器的性能比较　　表 3-8

特点名称	电压型变频器	电流型变频器
储能元件	电容器	电抗器
输出电压波形	电压波形为矩形波 电流波形近似正弦波	决定于负载，当负载为异步电动机时，电压波形为近似正弦波
输出电流波形	取决于逆变器电压与负载电动机的电动势，近似为正弦波，有较大的谐波分量	矩形

续表

特点名称	电压型变频器	电流型变频器
输出动态阻抗	小	大
动态特性	较慢,如用 PWM 则动态响应快	快
过流与短路保护	较困难	容易
对晶闸管的要求	耐压一般可较低,关断时间要求短	耐压高,对关断时间无严格要求
回路构成的特点	有反馈二极管 直流电源并联大容量电容(低阻抗电压源) 电动机四象限运转需要再生用变流器	无反馈二极管 直流电源串联大电感(高阻抗电流源) 电动机四象限运转容易
特性上的特点	负载短路时产生过电流 开环电动机也可能稳定运转	负载短路时能抑制过电流 电动机运转不稳定需要反馈控制
适用范围	适用于单机或作为多台电机同步运行时的供电电源,不要求频繁起停和换向运行的场合	适用于一台变频器给一台电机供电的单电机传动,可以满足快速起制动和可逆运行的要求

4. 逆变器控制环节

(1) 逆变器主回路的控制。

逆变器主回路的控制方式分两种：电压控制及电流控制。

1) 电压控制方式：与输出频率成比例地控制输出电压，协调控制电压及频率，这一控制方式叫电压控制。在变频器的电压控制方式中，不管逆变器采用晶闸管还是晶体管 GTO 作主开关元件，都在逆变器部分对电压及频率进行控制。也有些情况下，可在变流器部分控制电压，在逆变器部分控制频率。

2) 电流控制方式：当某些控制场合，需要电机具有快速响应特性，此时可采用电流控制方式。在电流控制方式中，一般在变流器部分控制电流，在逆变器部分控制频率。

(2) 逆变器输出控制方式。

输出电压与输出电流的控制手段有 PAM 与 PWM 两种方式。

1) PAM 控制方式：PAM 是英文 Pulse Amplitude Modulation 的缩写，意即脉冲幅度调节。PAM 是改变电压源幅值 E_d 或电流源幅值 I_d 的一种控制输出方式。

2) PWM 控制方式：PWM 是英文 Pulse Width Modulation 的缩写，意即脉宽调节。PWM 控制方式是输出波形的半个周期内发生多个脉冲，使各脉冲的等值电压为正弦波形，使输出的波形含各次谐波成分较少。

(3) 逆变器的控制回路。

控制回路包括以下部分：运算单元、驱动单元、保护单元、电压和电流检测单元、速度检测单元。控制回路的作用是向主回路提供和发出控制指令信号，控制主回路进行调频、调压后，为异步电动机供电。

当控制回路中的速度检测单元不工作时，在回路的输出路径上没有速度检测量反馈给系统，此时称系统工作在开环状态。当速度检测单元工作，速度检测量反馈回系统，进而精确控制速度，称调速系统工作在闭环状态。

将电机速度，转矩及系统中有关电压、电流检测量送到运算单元，与设定参考值比较，按照一定协调规律来控制频率、电压。主回路开关元件需要控制信号指令去导通与关断，驱动单元即提供这样的控制指令。

为使系统主回路及整个逆变器和调速系统不因过载、过流而损坏，设置了自动保护单元。在电路出现上述故障时，能够对整个系统进行安全保护，或停机或自动消除或减轻过载、过流、过压等。

控制方法可以采用模拟控制或数字控制。目前高性能的变频器采用微型计算机进行全数字控制，配之以简单实用的集成硬件电路，整个控制主要靠软件来完成。由于软件的灵活性和计算功能的强大，数字控制方式常可以完成模拟控制方式难以完成的功能。

5. 逆变器的保护回路

保护回路有两大功能：对逆变器进行保护和对其供电的异步电动机进行保护。

(1) 对逆变器的保护功能。

过载保护：逆变器输出电流超过额定值，并在额定值以上联续流通超过规定时间，这种情况叫过载。出现过载时，保护环节动作，防止逆变器元件等损坏。

瞬时过流保护：当逆变器负载侧发生异常，如短路或电流异常，该保护环节立刻停止逆变器的工作，实现保护。

再生过电压保护：当逆变器控制电机迅速减速时，系统会将一部分机械能转换成的电能回馈电网，这样就导致直流电路电压升高并可能超过规定值，保护环节动作，使逆变器停止工作或瞬间停止继续减速，来进行过电压保护。

瞬时停电保护：极短时间如几个毫秒内的停电，控制回路还能正常工作，但停电时间再长一些，控制回路就会发生误操作，调速系统工作会出现问题，应立即进行保护。

冷却风机异常保护：当冷却风机异常时，如不采取措施，时间一长，被风冷部分将发生热损坏，所以当冷却风机异常时，保护环节动作，切断相应电源，使逆变器停止工作。

(2) 对异步电动机的保护功能。

对异步电动机设有以下保护功能：过载保护；超速保护；防失速过电流保护；防止失速再生过电压保护。

6. 微机在逆变器中的使用

现在的变频调速系统普遍地使用微机或简单功能的单片机。由于微机的使用，变频调速系统的自动化限度大大提高，同时操作简易限度提高。启动顺序与停车顺序、保护顺序、运算顺序及控制指令发出顺序、控制参数设定，都可由微机自动进行。使用微机带来的优点是：调试容易；可进行故障自诊断；实现人机对话。

4.2.2 功能及其主要参数

1. 通用变频器的类型

在工程上应用的产品大体分为三类：一类普通功能型 U/f 控制。二类高功能型 U/f 控制。三类为高动态性能矢量控制。

其中第二类已具有转矩控制功能，第三类采用矢量控制方式，可以实现高精度的调整。

对于一般设备中应用变频器调整的场合，基本上没有严格的精度与动态要求，因而可以合理地选择普通功能型以达到较高的性价比。对于要求较高调速性能的设备，则可选择二、三类型的变频器。

2. 通用变频器的功能模式

通用变频器以微处理器为控制核心，适用于各种不同的交流调速设备，因此设有数以百计的功能来满足用户的需求。主要使用的工作模式有 5 种。

1）运行模式，其中有可供用户选择的状态监视、故障记录、故障历史查询等功能。

2）初始化设定模式，其中有用户设定的初始化内容，输入密码，用户参数设定，控制方式选择，显示屏文字语种选择设定等。

3）编程模式，通用变频器的大多数功能都在该模式下设定与读取。如控制指令的来源、控制率参数设定，加减速的设定与补偿，频率设定，电动机参数输入，控制回路端设定，保护参数设定，操作键功能设定等。

4）自学习模式，在采用矢量控制方式时可以采用自学习模式获得电动机参数。

5）修正参数模式，变频器厂商在提供产品时对变频器进行出厂参数设定，一般并不完全满足各类用户的具体情况，可在该模式下进行局部修改。

3. 通用变频器的主要参数

选择通用变频器时，除了根据设备控制要求确定控制模式外，主要考虑以下三项内容：

(1) 变频器的容量。

与变频器容量相关的参数有以下几项：

1) 额定输出电流（A）。由于晶体管开关器件不允许连续过电流，因而连续输出的电流不得超过此值。

2) 可驱动电动机的功率（kW）。通用变频器一般是与标准4极电动机相配的。

3) 额定容量（kVA）。这是一个参考的参量，由于电源电压等级的差异，厂商的产品往往并不一致。例如，富士电机的变频器 FRN30G9S 额定容量为 46kVA，适配电动机 30kW。施耐德的变频器 ATV71HD30MAX 额定容量为 40kVA，适配电动机也为 30kW。

(2) 变频器输出电压。

变频器的最大输出电压一般与电动机的额定电压相当。

(3) 变频器过载能力。

变频器由于采用晶体管电力器件，因此过载能力较小，允许过载时间也较短，瞬时过载电流一般为 1.5 倍额定电流（1min）或 1.2 倍额定电流（1min）。

风机、泵类设备的电机一般没有瞬时过载问题，在低速时虽有散热性能变差的情况，但由于调速的深度有限，影响不大。但是对于非变频器厂商规定的电动机，不能直接套用厂商提供的变频器容量所对应的电动机容量。

4.3 变频调速系统的节能运行

4.3.1 节能运行分析

在交流变频调速系统中，由于控制对象和系统的要求不同，变频器的运行方式也不一样。对于不同的运行方式，应选择不同的外围设备，附加不同的控制回路，以满足负载的要求。通用变频器能适应各种运行要求构成多种运行方式。生产中常见的运行方式有正转运行；正反转运行；寸动运行；远距离操作运行；多速选择运行；自动运行；并联运行；比例运行；同步运行；同速运行；带制动器的电机运行；变极电机的运行；变频器异常时工频电源自动切换运行；工频电源—逆变器相五切换运行；瞬停再启动运行等在各种运行方案中，变频器可实现对电动机的升、降速设定，启动和制动控制功能。在各种运行方式中，既可实现调速，又可实现节能运行。

变频器采用U/f控制的方式中，在输出某一频率，负载一定时，存在着一个最佳工作点。负载变化时，最佳工作点也转移。针对这一特点，大部分变频器设置了节能运行的功能。选择此功能，变频器能够自动搜索最佳工作点，使电动机总是在最佳工作点上运行，从而实现节能的目的。

1. 设定节能运行功能时，应注意以下两个问题

(1) 变频器在搜索最佳工作点时。

需要结合配用电动机的参数进行计算。变频器在出厂时，已经将它所配用的标准电动机的参数设定好了。因此，只有当变频器的容量和电动机的容量相吻合时，搜索的结果才是准确的。当电动机的容量比变频器容量小得多时，必须重新设定电动机的相关参数，变频器才能节能运行。

(2) 当电动机的工作点偏离最佳工作点时。

变频器对输出电压进行调整的过程是：进行一次搜索，调整一个规定的电压增量；稍后再进行下一次搜索，再调整一个电压增量。因此，其搜索周期不可能很短，通常为0.1～10s，同时，每次调整的电压增量也不宜太大（一般在工作电压的10%以内）。所以，当变频器在节能方式下运行时，其动态响应性能是较差的。当遇到突变的冲击负载时，拖动系统可能因电压来不及增加到必要的值而堵转。因此，节能运行方式主要应用在转矩较稳定的负载。

2. 选择变频器的节能运行方式。

有的只需将运行模式设定为节能运行模式即可。有的还要由用户设定许多内容，主要有搜索范围、搜索周期（每两次搜索开始时刻之间的时间间隔)。电压增量（每次对电压进行调整时的调整量)。如果电动机容量和变频器容量不匹配，则还须输入电动机的各种参数，如定、转子绕组的电阻、漏磁电抗、铁损的等效电阻等。

4.3.2　节能运行的具体应用

变频器的节能运行是以泵类、风机等大容量机械为重点的，而且不断推广，目前，家用空调压缩机也已采用该技术。

1. 在泵类机械中的应用

由于使用泵的目的不同，所以对泵的控制方式也不一样，主要有流量控制、压力控制、水平控制等。泵的自动控制方式如表3-9所示。

泵类的自动控制方式　　表3-9

控制方式	目的	控制流程	用途
流量控制	流量一定(流量模式控制)	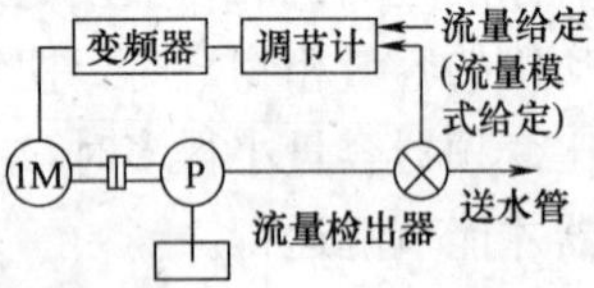 变频器 调节计 ← 流量给定(流量模式给定) 1M P 流量检出器 → 送水管	自来水、工业用水等取水导入泵，各种工艺过程用泵
压力控制	出口压力一定(压力模式控制)	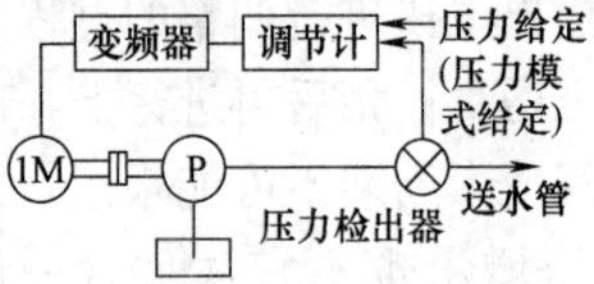 变频器 调节计 ← 压力给定(压力模式给定) 1M P 压力检出器 → 送水管	自来水、工业用水等给水、配水泵、各种工艺过程用泵
水平控制	水平一定	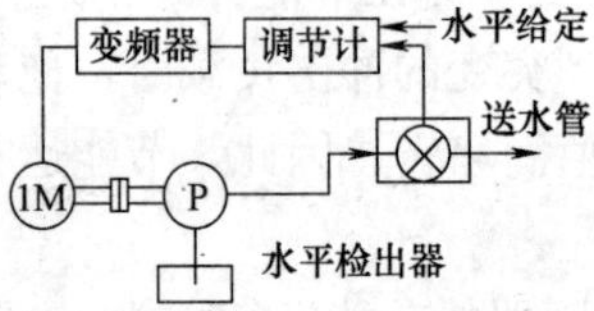 变频器 调节计 ← 水平给定 1M P 水平检出器 送水管	给水、配水泵

泵的压力控制，即通过传感器检测出口压力，再根据压力调节器的信号，用变频器对泵的传动电机进行转速控制，从而控制压力，达到节能的目的。

进行压力控制时，根据给定出口压力和泵停止运转时的出口压力，泵的调速范围可以达到80%左右。有关转速的经验计算公式见式（3-3）。

$$N_{min}=\sqrt{P_s/P_c}\times 100\% \tag{3-3}$$

式中，N_{min}为泵的最低转速百分比；P_C为给定出口压力（恒值）（Pa）；P_S为给定压力（Pa）。

在最低转速时，电动机的轴功率可用式（3-4）计算。

$$P=(P_S/P_C)^{\frac{3}{2}}\times P_{OC}(\text{kW}) \tag{3-4}$$

式中，P为轴功率（kW）；P_{OC}为100%转速运转时的轴功率（kW）。

如果最低转速约为额定转速的80%，则轴功率约为电机额定功率的50%。

对于配管损耗较大的系统（如横向配管长、管道弯头较多等），采用推算末端压力一定的控制方式，可以得到较好的控制效果。这种方式利用流量计检测出使用流量，再参考计算所得的配管损耗，成比例地改变出口给定压力。即出口压力的改变与流量的改变成一定比例关系。这样可以在较大的范围内选取泵的转速，大幅度节省功率。图3-7给出了出口压力一定的控制方式下，和推算末端压力一定的控制方式下，泵的压力控制特性和轴功率变化。

图3-7中，曲线①表示泵的扬程曲线（Q—H），H_0和Q_0分别为泵的额定全扬程和额定流量。此外，用H'和Q'，分别表示使用时实际的最大扬程和最大流量。采用出口压力一定（恒出口压）控制方式时，选择最大流量Q'时的压力作为出口压力给定信号，使流量从零到Q'变化，用变频器控制泵的转速，维持泵的出口压力为一定值。

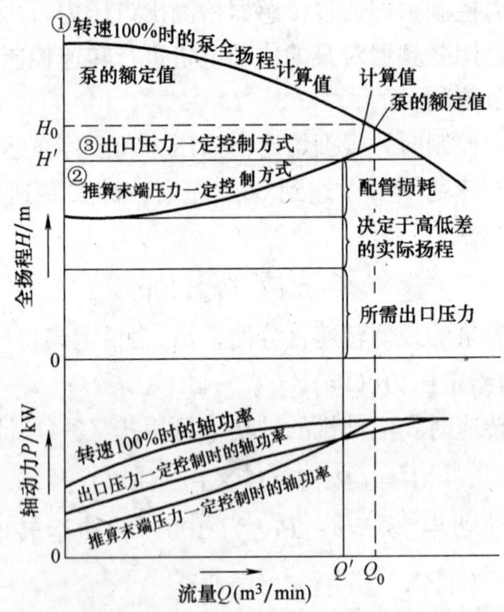

图 3-7　泵的压力控制特性及轴功率的变化

采用推算末端压力一定的控制方式时，要预先掌握配管损耗阻抗曲线（曲线②），根据流量进行控制，使出口压力沿着阻抗曲线变化。由轴功率特性（$P-Q$）曲线可以看出，采用推算末端压力一定的控制方式所组成的变频控制系统，其无功功率小得多，变频器可以很容易工作于最佳点（节能运行），可以获得很大的节电效果。

2. 运行的具体应用

送风机从工作原理上可分为涡轮式和容积式，与泵相同，其轴功率与转速的立方成正比，但它不像泵类机械那样，因扬程高低差而产生损耗。在这类调速系统中，只要改变变频器的运行模式，即可节约大量功率。表 3-10 为送风机典型的风量模式。

表中模式（d）的节能运行情况。送风机为大惯性负载，模式（d）中大容量电机的频繁启动电流所产生的电磁力，对电机

送风机典型的风量模式　　表 3-10

项目 \ 模式	(a)连续低风量型	(b)全风量变化型	(c)低风量变化型	(d)间歇运转型
时间-风量特性	(70%) 风量(%) 100 70 4 4 4 4 4 4 时间/h	(平均60%) 风量(%) 30 80 100 80 40 0 4 8 12 16 20 24 时间/h	(平均48.3%) 风量(%) 100 30 40 100 50 40 30 6 8 12 16 22 24 时间/h	(平均51.25%) 风量(%) 100 100 100 35 35 35 2 6 2 6 2 6 时间/h
入口挡板控制(---) 和逆变器控制(—) 时所需功率(P)比较 (30kW4 极)	P/kW 30 20 10 4 4 4 4 4 4 时间/h	P/kW 30 20 10 0 4 8 12 16 20 24 时间/h	P/kW 30 20 10 6 8 12 16 22 24 时间/h	P/kW 30 20 10 2 6 2 6 2 6 时间/h
适用例	气体输送机 环境集尘 排烟脱硫装置	建筑物冷气房	工厂空调(暖气房)	焦炭炉焦尘 铸造集尘

绝缘材料具有很大的破坏力。对于这种设备，可以采用变频器→工频电网切换控制方式，即用变频器将电动机从零加速到额定转速，在额定转速下，使变频器的输出电压同工频电网的相位、频率等一致后，进行切换。采用这种方式，加速时电动机的转差频率可以限制在很小的范围，所以电源容量变小，启动时的损耗和电磁力也变小。另外，切换时变频器与工频电网为同步切换，因此冲击转矩小，可以频繁加减速。送风机负载采用变频器进行节能运行控制，可以取得很明显的节能效果。

4.4　水泵、风机的变频调速与节电运行

4.4.1　水泵的基本特性和节能原理

1. 水泵供水的基本模型与主要参数

(1) 基本模型。

如图 3-8 所示，是一个生活小区供水系统的基本模型。水泵将水池中的水抽出，并上扬至所需高度，以便向生活小区供水。

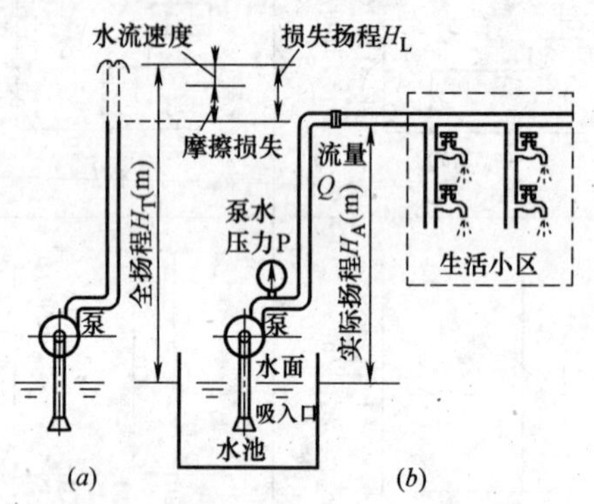

图 3-8　水泵供水的基本模型
(a) 全扬程的概念；(b) 基本模型

(2) 供水系统的主要参数。

1) 流量：是单位时间内流过管道内某一截面的水量，符号是 Q，常用单位是 m^3/s、m^3/min、m^3/h 等。供水系统的基本任务，就是要满足用户对流量的需求。

2）扬程：是单位质量的水被水泵上扬时所获得的能量，称为扬程。符号是 H，常用单位是 m。扬程主要包括三个方面：提高水位所需的能量；克服水在管路中的流动阻力（管阻）所需的能量；使水流具有一定的流速所需的能量。

由于在同一个管路中，上述的 2）和 3）是基本不变的，在数值上也相对较小。可以认为，提高水位所需的能量是扬程的主体部分。因此，在同一管路内进行分析时，常简略地把水从一个位置“上扬”到另一位置时，水位的变化量（即对应的水位差），用来代表扬程。

3）全扬程：称总扬程，或水泵的扬程。是说明水泵的泵水能力的物理量。包括把水从水池的水面上扬到最高水位所需的能量，以及克服管阻所需的能量和保持流速所需的能量，符号是 H_T。在数值上等于：在管路没有阻力，也不计流速的情况下，水泵能够上扬水的最大高度，如图 3-8（*a*）所示。

4）实际扬程：即通过水泵实际提高的水位所需的能量，符号是 H_A。在不计损失和流速的情况下，其主体部分正比于实际的最高水位与水池水面之间的水位差，如图 3-8（*b*）所示。

5）损失扬程：全扬程与实际扬程之差，即为损失扬程，符号是 H_L。

H_T、H_A、H_L之间的关系如式（3-5）所示

$$H_T = H_A + H_L \tag{3-5}$$

6）管阻：即表示管道系统（包括水管、阀门、弯头等）对水流阻力的物理量，符号是 R_0 因为不是常数，难以简单地用公式来定量地计算，通常用扬程与流量间的关系曲线来描述，故对其单位常不提及。

7）压力：是表明供水系统中某个位置（某一点）水压的物理量，符号是 P。其大小在静态时主要取决于管路的结构和所处的位置，而在动态情况下，还与供水流量和用水流量之间的平衡情况有关。

2. 供水系统的特性与工作点

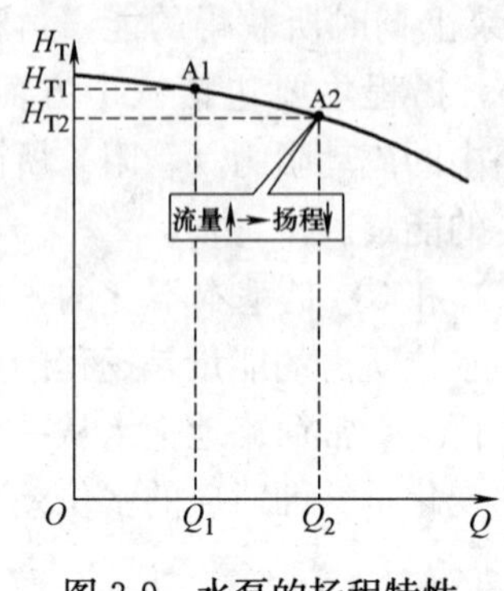

图 3-9 水泵的扬程特性

(1) 供水系统的特性。

1) 扬程特性是在管路中阀门完全打开的情况下，表明全扬程 H_T 随流量 Q_U 变化的曲线，其关系如式（3-6）所示，称为扬程特性曲线，如图 3-9 所示。

$$Q_T = f(Q_U) \tag{3-6}$$

图中，A1 点是流量较小（等于 Q_1）时的情形，这时，全扬程较大，为 H_{T1}；A2 点是流量较大（等于 Q_2）时的情形，这时全扬程较小，为 H_{T2}。

在供水系统中，水泵是供水的“源”，因此，扬程特性可以看成是“水源特性”，或者说，是“水源”（即水泵）的外特性。意思是说，用户用水越多（流量越大），管道中的摩擦损失以及保持一定的流速所需的能量也越大，故供水系统的全扬程就越小。在这里，流量的大小取决于用户，因此，扬程特性反映了用户的用水需求对全扬程的影响。这里所说的流量，可以称为“用水流量”，用 Q_U 表示。

2) 管阻特性：称管路特性，是反映为了维持一定的流量而必须克服管阻所需的能量，它和阀门的开度有关。实际上是表明当阀门开度一定时，为了提供一定流量的水所需要的扬程，因此，这里的流量，可以理解为“供水流量”，用 Q_G 表示。所以，式（3-7）表达了管阻特性的函数关系。

$$H = f(Q_G) \tag{3-7}$$

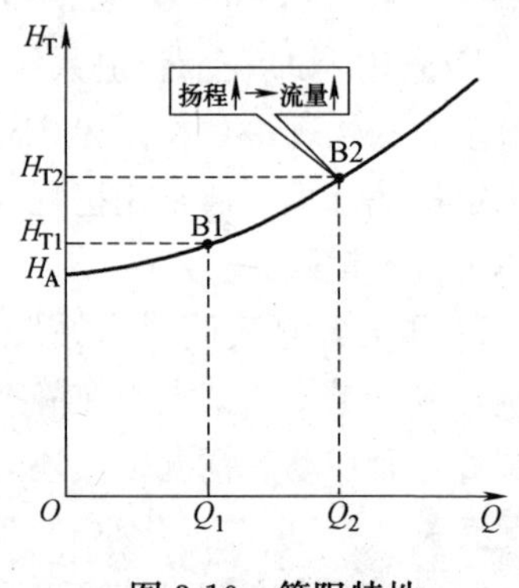

图 3-10 管阻特性

如图 3-10 所示为管阻特性的函数关系。显然，当全扬程不大于实际扬程（$H_T \leqslant H_A$）

时，是不可能供水（$Q_G=0$）的。因此，实际扬程也是能够供水的“基本扬程”。

在实际的供水管道中，流量具有连续性，并不存在“供水流量”与“用水流量”的差别。这里的 Q_G 和 Q_U，是为了便于说明供水能力和用水需求之间的关系而假设的量。

图中表明，在供水流量较小时，所需扬程也较小，如 B1（H_{T1}、Q_1）点；反之，在供水流量较大时，所需扬程也较大，如 B2（H_{T2}、Q_2）点。

(2) 供水系统的工作点。

1）工作点为扬程特性曲线和管阻特性曲线的交点，称为供水系统的工作点，如图 3-11 中的 A 点所示。在这一点：供水系统既满足了扬程特性①，也符合了管阻特性②。供水系统处于平衡状态，系统稳定运行。

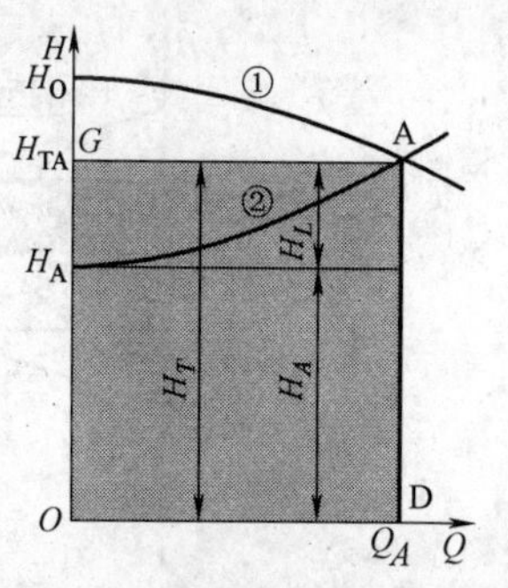

图 3-11 供水系统的工作点

如阀门开度为 100%、转速也为 100%（与额定转速之比），则系统处于额定状态，这时的工作点称为额定工作点，或自然工作点。

2）供水功率：供水系统向用户供水时所消耗的功率 P_G（kW）称为供水功率，供水功率与流量 Q 和扬程 H_T 的乘积成正比，如式（3-8）所示

$$P_G=C_P H_T Q \tag{3-8}$$

式中，C_P 比例常数。

由图 3-11 可以看出：供水系统的额定功率与图中阴影面积 ODAG 成正比。

3. 供水系统的节能原理

(1) 调节流量的方法。

在供水系统中，最根本的控制对象是流量。因此，要讨论节能问题，必须从考察调节流量的方法入手。常见的方法有阀门控

制法和转速控制法两种。

1）阀门控制法是通过关小或开大阀门来调节流量，而转速则保持不变（通常为额定转速）。阀门控制法的实质是：水泵本身的供水能力不变，而是通过改变水路中的阻力大小来改变供水的能力（反映为供水流量），以适应用户对流量的需求。这时，管阻特性将随阀门开度的改变而改变，但扬程特性则不变。

如图3-12所示，设用户所需流量从 Q_A 减小为 Q_B，当通过关小阀门来实现时，管阻特性将改变为曲线③，而扬程特性则仍为曲线①，故供水系统的工作点由A点移至B点。这时：流量减小了，但扬程却从 H_{TA} 增大为 H_{TB}。

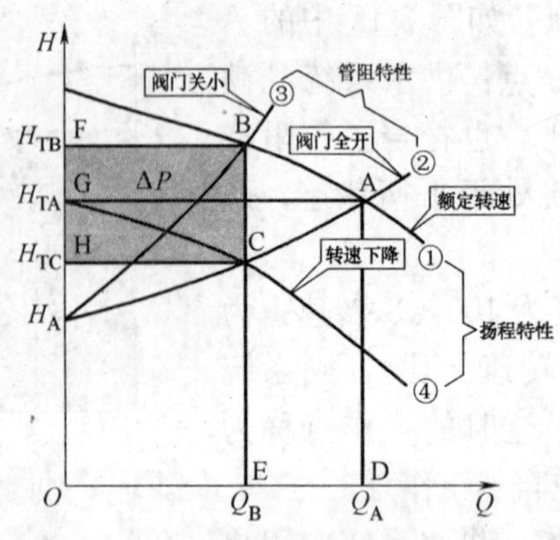

图3-12 调节流量的方法与比较

2）转速控制法 即通过改变水泵的转速来调节流量，而阀门开度则保持不变（通常为最大开度）。转速控制法的实质是通过改变水泵的全扬程来适应用户对流量的需求。当水泵的转速改变时，扬程特性将随之改变，而管阻特性则不变。

仍以用户所需流量从 Q_A 减小为 Q_B 为例，当转速下降时，扬程特性下降为曲线④，管阻特性则仍为曲线②，故工作点移至C点。可见：在流量减小为 Q_B 的同时，扬程减小为 H_{TC}；

由上述比较，采用调节水泵速度控制流量，比调节管道阀门控制流量，要有较好的节能效果。

(2) 转速控制法节能的几个方面。

1) 供水功率的比较指上述两种调节流量的方法，可以看出：在所需流量小于额定流量的情况下，转速控制时的扬程比阀门控制时的小得多，所以转速控制方式所需的供水功率也比阀门控制方式小得多。两者之差 ΔP 便是转速控制方式节约的供水功率，它与面积 HCBF（图中的阴影部分）成正比。这是变频调速供水系统具有节能效果的最基本的方面。

2) 从水泵的工作效率看节能。

① 工作效率的定义。水泵的供水功率 P_G 与轴功率 P_P 之比，即为水泵的工作效率 η_P，可以式（3-9）表达

$$\eta_P = P_G / P_P \tag{3-9}$$

水泵的轴功率 P_P，是指水泵轴上的输入功率（即电动机的输出功率），或者说，是水泵取用的功率。而水泵的供水功率 P_G 是根据实际供水的扬程和流量算得的功率，是供水系统的输出功率。因此，这里所说的水泵工作效率，实际上包含了水泵本身的效率和供水系统的效率。

② 水泵工作效率的近似计算公式。据有关资料介绍，水泵工作效率相对值 η^* 的近似计算公式见式（3-10）

$$\eta_P^* = C_1(Q^*/n^*) - C_2(Q^*/n^*)^2 \tag{3-10}$$

式中，η_P^*、Q^*、n^* 为效率、流量和转速的相对值（即实际值与额定值之比的百分数）；C_1、C_2 为常数，由制造厂家提供。C_1 与 C_2 之间，通常遵循如下规律 $C_1 - C_2 = 1$。

式（3-10）表明，水泵的工作效率主要取决于流量与转速之比。

③ 不同控制方式下的工作效率。由式（3-10）可知，当通过关小阀门来减小流量时，由于转速不变，$n^* = 1$，比值 $Q^*/n^* = Q^*$，其效率曲线如图 3-13 中的曲线①所示。当流量 $Q^* = 60\%$ 时，其效率将降至 B 点。可见，随着流量的减小，水泵工作效率的降低是十分显著的。

而在转速控制方式下，由于在阀门开度不变的情况下，流量

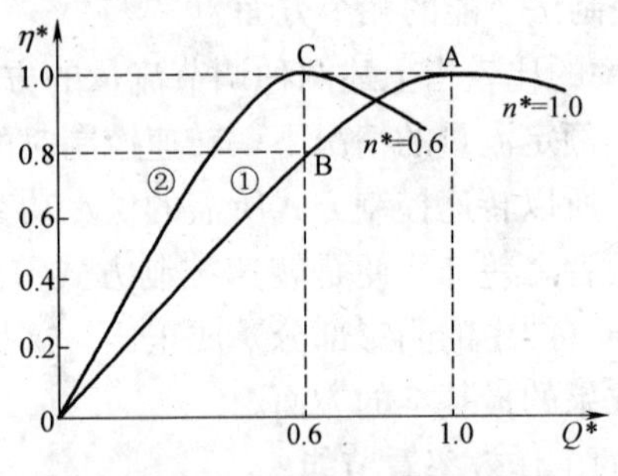

图 3-13　水泵的效率曲线

Q^* 和转速 n^* 是成正比的，比值 Q^*/n^* 不变。其效率曲线因转速而变化；在 60％n_N 时的效率曲线如图 3-13 中的曲线 ② 所示。当流量 Q^*＝60％时，效率由 C 点决定，它和 Q^*＝100％时的效率（A 点）是相等的。就是说，采用转速控制方式时，水泵的工作效率总是处于最佳状态。所以，转速控制方式与阀门控制方式相比，水泵的工作效率要大得多。这是变频调速供水系统具有节能效果的第二个方面。

④ 从电动机的效率看节能，水泵厂在生产水泵时，由于对用户的管路情况无法预测；管阻特性难以准确计算；必须对用户的需求留有足够的余地。因此，在决定额定扬程和额定流量时，通常裕量较大，所选电动机的裕量也较大。所以，在实际的运行过程中，即使在用水流量的高峰期，电动机也常常并不处于满载状态，其效率和功率因数都较低。采用了转速控制方式后，可将排水阀完全打开而适当降低转速。由于电动机在低频运行时，变频器的输出电压也将下降，从而提高了电动机的工作效率。这是变频调速供水系统具有节能效果的第三个方面。

综合起来，水泵的轴功率与流量间的关系如图 3-14 所示。

图中，曲线①是调节阀门开度时的功率曲线，当流量 Q^*＝60％时，所消耗的功率由 B 点决定；曲线②是调节转速时的功率曲线，当 Q^*＝60％时，所消耗的功率由 C 点决定。由图可知，与调节阀门开度相比，调节转速时所节约的功率 ΔP 是相当

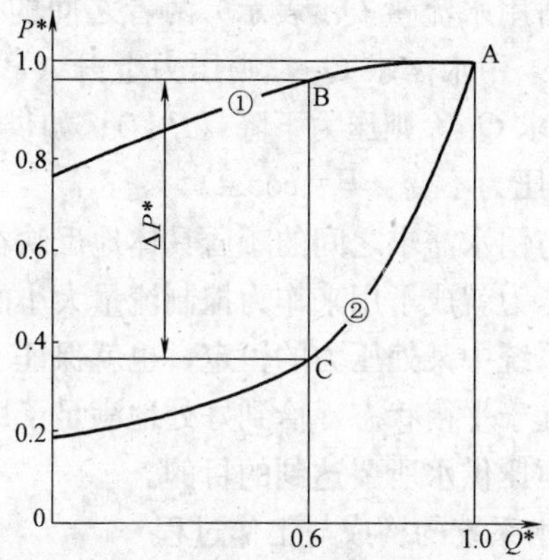

图 3-14 水泵的轴功率曲线

可观的。

4. 采用变频调速消除水泵的水锤效应

水泵直接启动时，在启动过程中的动态转矩是很大的，从而使加速过程十分急剧，这是产生水锤效应的根本原因。采用了变频调速后，可以通过对升速时间的预置来延长启动过程，使动态转矩大为减小，水锤效应的消除。在停机过程中，同样可以通过对降速时间的预置来延长停机过程，使动态转矩大为减小，从而彻底消除停机时产生乱水锤效应。

水锤效应的消除，无疑可大大延长水泵及管道系统的寿命。除此以外，由于水泵平均转速下降、工作过程中平均转矩的减小等原因，可以使叶片承受的应力大为减小；轴承的磨损也大为减小。所以，采用了变频调速以后，水泵的工作寿命将大大延长。

4.4.2 变频调速恒压供水系统

1. 恒压供水的目的

对供水系统进行的控制，归根结底，是为了满足用户对流量的需求。所以，流量是供水系统的基本控制对象。而流量的大小又取决于扬程，但扬程难以进行具体测量和控制。考虑到在动态情况下，管道中水压的大小与供水能力（由供水流量 Q_G 表示）

和用水需求（由用水流量 Q_U 表示）两者之间的平衡情况有关：如供水能力 Q_G＞用水需求 Q_U，则压力上升（$P\uparrow$）；如供水能力 Q_G＜用水需求 Q_U，则压力下降（$P\downarrow$）；如供水能力 Q_G＝用水需求 Q_U，则压力不变（P＝const）。

供水能力与用水需求之间的矛盾具体地反映在流体压力的变化上。从而，压力就成了用来作为控制流量大小的参变量。就是说，保持供水系统中某处压力的恒定，也就保证了该处的供水能力和用水流量处于平衡状态，恰到好处地满足了用户所需的用水流量，这就是恒压供水所要达到的目的。

2. 恒压供水系统的构成与工作过程

(1) 恒压供水系统框图。

恒压供水系统框图如图 3-15 所示。由图可知，变频器有两个控制信号：目标信号 X_T 和反馈信号 X_F。

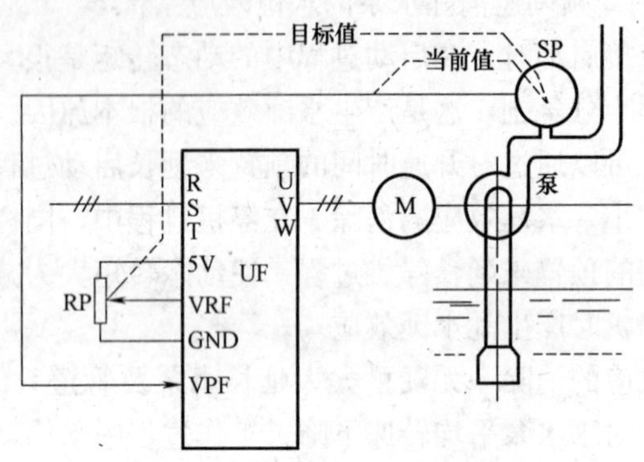

图 3-15　恒压供水系统框图

1) 目标信号 X_T：即给定端 VRF 上得到的信号，该信号是一个与压力的控制目标相对应的值，通常用百分数表示。目标信号也可以由键盘直接给定，而不必通过外接电路来给定。

2) 反馈信号 X_F：是压力变送器 SP 反馈回来的信号，该信号是一个反映实际压力的信号。

(2) 系统的工作过程。

现代的变频器一般都具有 PID 调节功能，其内部框图如图

3-16中的虚线框所示。由图可知，X_T 和 X_F 两者是相减的，其合成信号 $X_D=(X_T-X_F)$ 经过PID调节处理后得到频率给定信号，决定变频器的输出频率 f_X。

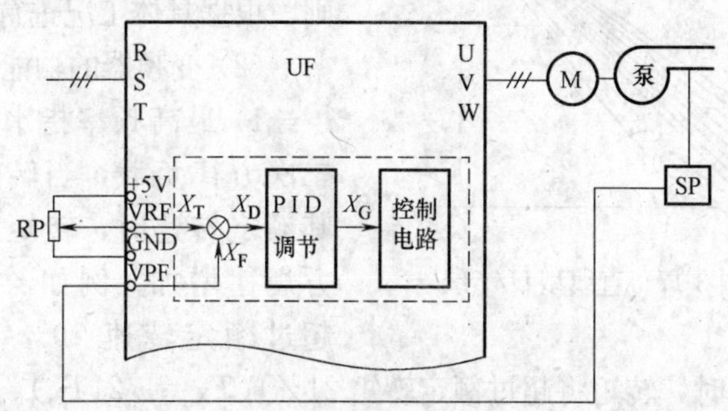

图3-16 变频器内部的控制框图

当用水流量减小时，供水能力 Q_G 大于用水流量 Q_U，则压力上升，$X_F\uparrow$，合成信号 $(X_T-X_F)\downarrow$，变频器输出频率 $f_X\downarrow$，电动机转速 $n_X\downarrow$，供水能力 $Q_G\downarrow$，直至压力大小回复到目标值、供水能力与用水流量重又平衡时为止；反之，当用水流量增加，使 $Q_G<Q_U$ 时，则 $X_F\downarrow$，$(X_T-X_F)\uparrow$，$f_X\uparrow$，$n_X\uparrow$ 又达到新的平衡。

3. 变频器的选型及功能预置

(1) 变频器的选型与控制方式。

1) 变频器的选型中大部分制造厂都专门生产了“风机、水泵专用型”的变频器系列，一般情况下可直接选用。

但对于用在杂质或泥沙较多场合的水泵，应根据其对过载能力的要求，考虑选用通用型变频器。

此外，齿轮泵属于恒转矩负载，应选用通用型变频器。

2) 控制方式与 U/f 设定则以选用V/F控制方式为宜。大部分变频器都给出两条“负补偿”的 U/f 线，如图3-17所示。对于水泵来说，宜选用负补偿限度较轻的 U/f 线（图中的曲线01、02）。

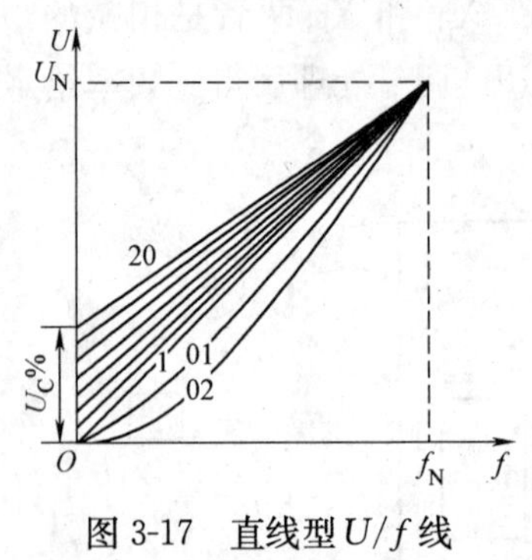

图 3-17　直线型 U/f 线

对于具有恒转矩特性的齿轮泵以及应用在特殊场合的水泵，则应以带得动为原则，根据具体工况进行设定。

(2) 变频器的功能预置。

1) 最高频率指水泵属于二次方律负载，当转速超过其额定转速时，转矩将按平方规律增加。例如，当转速超过额定转速 10%（$n_X=1.1n_N$）时，转矩将超过额定转矩 21%（$T_X=1.21T_N$）。导致电动机严重过载。因此，变频器的工作频率是不允许超过额定频率的，其最高频率只能与额定频率相等，即 $f_{max}=f_N=50$Hz

2) 上限频率一般来说，上限频率也以等于额定频率为宜。但有时也可预置得略低一些，将上限频率预置为 49 或 50Hz 是适宜的。

3) 下限频率是在供水系统中，转速过低，会出现水泵的全扬程小于基本扬程（实际扬程），形成水泵“空转”的现象。所以，在多数情况下，下限频率应定为 30～35Hz。在其他场合，根据具体情况，也有定得更低的。

4) 启动频率为水泵在启动前，其叶轮全部在水中，启动时，存在着一定的阻力，在从 0Hz 开始启动的一段频率内，实际上转不起来。因此，应适当预置启动频率，使其在启动瞬间有一点冲力。

5) 升速与降速时间：一般来说，水泵不属于频繁地启动与制动的负载，其升速时间与降速时间的长短并不涉及生产效率的问题。因此，升速时间和降速时间可以适当地预置得长一些。通常，决定升速时间的原则是：在启动过程中，其最大启动电流接近或略大于电动机的额定电流。降速时间只需和升速时间相等即可。

6）暂停（睡眠与苏醒）功能是在生活供水系统中，夜间的用水量常常是很少的，即使水泵在下限频率下运行，供水压力仍可能超过目标值，这时，可使主水泵暂停运行。如图 3-18 所示，以森兰 BTl2S 系列变频器为例说明其功能。

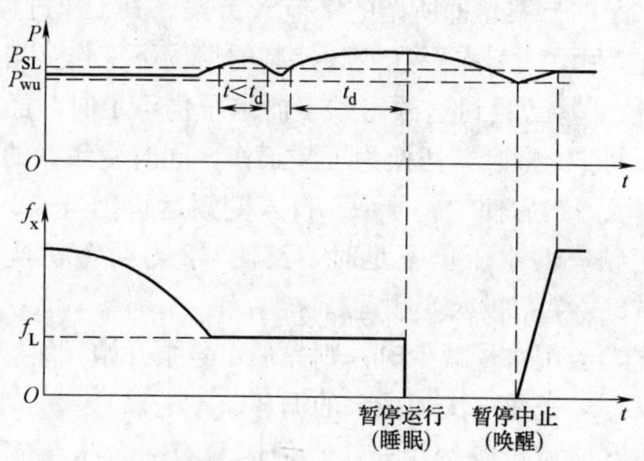

图 3-18 水泵的暂停运行功能

暂停运行（睡眠）功能　在恒压供水系统中，当由于用水流量太小而使压力超过某预置值（如图中的 PSL 所示）时，便开始计时，如在预置的时间 t_d 内压力又低于预置值 P_{SL}时，则不必暂停；但如压力大于预置值的时间超过了 t_d 时，则令主水泵暂停（习惯称为睡眠）。

在主水泵停机期间，为了不影响个别用户的用水，应启动附加的小泵，以保证供水。也有采用气压罐来保持一定的供水压力的。

暂停中止（唤醒）功能：当由于用水流量增大，使供水压力低于压力下限值 P_{wu}时，暂停中止（唤醒）。重又进入正常的恒压供水运行状态。

4.4.3　多台水泵变频调速时的切换控制

1. 多台水泵的切换

当使用若干台水泵同时供水时，由于在不同时间（如白天和夜晚）、不同季节（如冬季和夏季），用水流量的变化是很大的，为了节约能源，本着多用多开、少用少开的原则，常常需要进行水泵运行的切换。可以有多种运行方式的选择。

(1)“1控X”的切换（X为水泵台数）

由于变频器的价格偏高，故许多用户常采用由一台变频器控制多台水泵的方案，即所谓的1拖X方案。其工作过程如下：

首先，由“1号泵”在变频控制的情况下工作。当用水量增大，“1号泵”已经到达额定频率而水压仍不足时，经过短暂的延时后，将“1号泵”切换为工频工作，同时变频器的输出频率迅速降为0，然后使“2号泵”投入变频运行。当“2号泵”也到达额定频率而水压仍不足时，又使“2号泵”切换为工频工作，而“3号泵”投入变频运行。

反之，当用水量减少时，则先从1号泵开始，然后2号泵依次退出工作，完成一次加减泵的循环。

此方案所需设备费用较少，但因只有一台水泵实行变频调速，故节能效果较差。

(2)“1控1”的切换

即每台水泵都由一台变频器来控制。这时，须指定一台作为主泵，系统的工作过程如下：

首先启动“1号泵”（主泵），进行变频控制。当“1号泵”变频器的输出频率已经上升到50Hz，而水压仍不足时，“2号泵”启动并升速，使“1号泵”、“2号泵”同时进行变频控制。当“1号泵”变频器的输出频率又上升到50Hz，水压还不足时，“3号泵”启动并升速，使3台泵同时进行变频控制。多台泵的控制方式以此类推。

当“1号泵”变频器的输出频率下降到下限频率（如30Hz)，而水压仍偏高时，“2号泵”减速并停止，进入“1号泵”、“3号泵”同时进行变频控制的状态。当“1号泵”变频器的输出频率再次下降到下限频率，而水压仍偏高时，“3号泵”也减速并停止，又进入“1号泵”单独工作的状态。

为了均衡3台泵的工作情况，可以进行切换，使3台泵轮流担任主泵，但主控变频器则不变。此方案的一次性投入费用较高，但节能效果十分显著，可以很快回收设备费用。

我国在初期大多采用“1 控 x”方案，经济较发达地区采用“1 控 1”方案的也不少。但总的趋势是采用“2 控 3”、“2 控 4”、“3 控 5”等多种方案。

2. 变频与工频切换时必须注意的问题

变频运行的电动机切换成工频运行的主电路如图 3-19 所示。切换的第一步，是先把电动机接到变频器的接触器 KM2 断开。KM2 断开后的短时间内，电动机的定子绕组中将会产生感应电动势。如果在定子绕组中的互感电动势尚未消失的情况下，接通工频电源（KM3 闭合），则互感电动势与外加的工频电压相叠加，有可能产生较大的过电流。这是变频与工频切换时必须注意的问题。

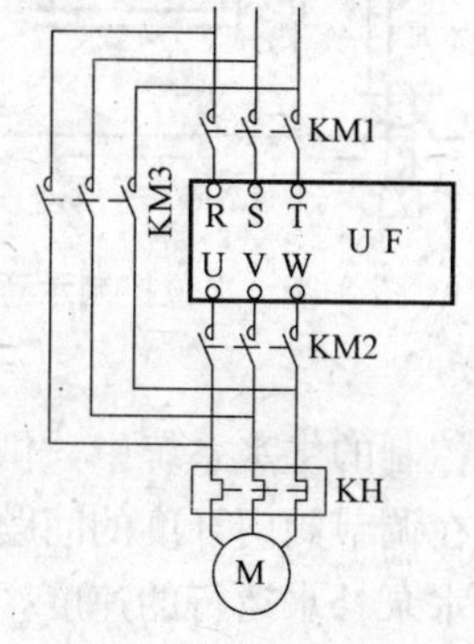

图 3-19　变频与工频切换控制的主电路

4.4.4　水位控制的变频调速系统

1. 水位控制与节能

所谓水位控制，就是将水面（或液面）的位置限制在一定范围内的控制。其应用范围较广，例如，水塔、高位水池或高位水箱等，然后向低水位的用户供水。这时，须对高位水塔中的水位进行控制。在排水系统中，也常常有类似的控制；在锅炉及许多其他的工业设备中，也常常需要对水位或其他液位进行控制。现以水塔供水为例说明。

（1）水塔供水的基本工作方式。

通常，在水塔中设定一个上限水位 L_H 和一个下限水位 L_L。当水位低于下限水位时，启动水泵，向水塔内供水；当水位达到上限水位时则关闭水泵，停止供水。因此，水泵每次启动后的任务便是向储水器内提供一定容积（下限水位与上限水位之间）的

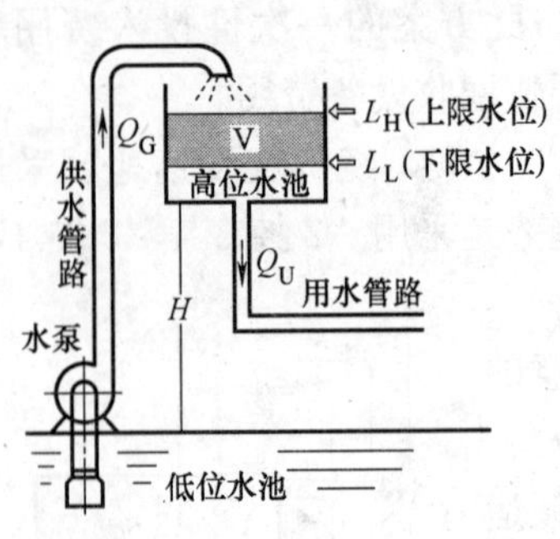

图 3-20　水位控制示意图

水，如图 3-20 中阴影所示的容积。

(2) 工作特点与节能。

水位控制时，供水管路与用水管路之间并无直接联系，从而供水流量 Q_G 与用水流量 Q_U 也没有直接联系。用水流量 Q_U 的大小只能间接地影响泵水系统的工作时间，而不影响供水流量 Q_G 的大小。此外，在水位控制的供水系统中，供水管阀门通常是完全打开的。所以，不存在调节阀门开度的问题。水位控制采用变频调速后，选择适当的水泵补水运行的速度，节能效果也是相当可观的。

水位控制时水位的定位与检测可以有多种方法，如电极式水位传感器、液位变送器等元件可选用。

2. 水源水位变化时的控制与节能

许多自来水厂是以大江大河水井湖泊为水源的，而这些水源的水位是随季节而变化的。枯水季与丰水季水位之间，相差很大。此外，自来水厂因为需要进行水处理，所以，必须首先把水源的水抽到一个水池里，然后再进行处理。每逢丰水季，由于水位高，进水的流量大，同时，用户的用水量也大，故进水泵启动频繁，耗能大，其节能措施与恒压供水时的情形类似。如果通过变频调速，随水源水位的变化，及时恰当的调节电机速度节能效果是相当可观的。

4.5　风机的变频调速与节能

(1) 风机的机械特性。

风机是一种压缩和输送气体的机械。通过风机后排出风的压力较小者为通风机，较大者为鼓风机，统称风机。除罗茨风机的机械特性具有恒转矩的特点外。所有风机的机械特性具有二次方律负载的特点，属于这种类型的有：离心式风机、混流式风机、轴流式风机等。风机的机械特性和水泵十分类似，但其空载转矩比水泵小得多，因而在低速运行时，其节能效果也比水泵更加显著。

(2) 风量的调节方法与节能效果。

1) 调节风门的开度与节能在调节风门的开度时可以达到改变风量的效果。此时风机转速不变，故风压特性也不变；风阻特性则随风门开度的改变而改变，由于风机消耗的功率与风压和风量的乘积成正比，在通过关小风门来减小风量时，消耗的电功率虽然也有所减少，但减少得不多；所以，通过调节风门的开度改变风量节电效果甚微。

2) 调节转速与节能在调节风机转速时不但可以达到改变风量的效果，同时可以有效地节能。此时风门开度不变，故风阻特性也不变；风压特性则随转速的改变而改变，由于风机属于 2 次方律负载，消耗的电功率与转速的 3 次方成比例。在所需风量相同的情况下，调节转速的方法所消耗的功率比调节风门要小得多。因此，其节能效果是十分显著的。所以风机采用变频调速既能方便的调节风量又能达到显著的节能的效果。

4.6 中央空调的节能运行

1. 系统的构成

(1) 构成系统如图 3-21 所示。

(2) 冷冻主机与冷却水塔。

1) 冷冻主机水系统。主机是中央空调的“制冷源”，生产低温冷冻水，由冷冻水泵将冷冻水送往各个房间的交换器机进行“内部热交换”，使房间降温，经房间交换器流出的“冷冻水”带走了房间的热量，温度有所升高，再循环制冷冻主机的输入端，实现循环制冷。

2) 冷却水系统。冷却塔用于为冷冻主机提供“冷却水”，吸收冷冻系统工作中的热量。由冷却水塔经自流管道进入冷冻主机

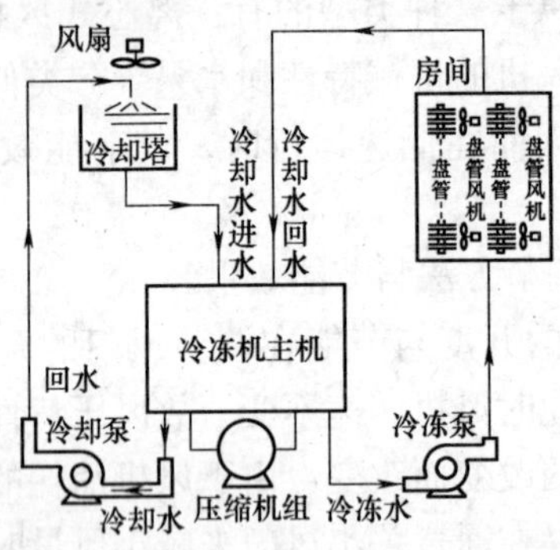

图 3-21 中央空调系统构成示意图

的冷却系统，将冷冻主机在制冷过程中，所释放的热量带走。冷却水在流过冷冻主机后温度升高，再由冷却水泵送制冷却塔由风机冷却。

2. 冷却塔风机的变频调速与节与节能

(1) 基本要求。

中央空调中冷却塔风机用于降低冷却塔泵回水的水温，加速将“回水”带回的热量散发到大气中。其具体要求如下：冷却水温达到 30℃风机启动；$30<\theta_A<35$℃时风机调频运行，其工作频率 f_X应随水温的升高自动调整；当 $\theta_A\geqslant35$℃时工作频率 f_X应为 50Hz。当水温 $\theta_A\leqslant30$℃时自动停止。

(2) 存在的问题。

针对上述要求，控制中存在两个问题：一是变频器的运行频率对应的温度区间为 30～35℃，因此，f_X并不和 θ_A相对应，而是和 $\Delta\theta_A$相对应。$\Delta\theta_A=\theta_A-30$ 。另一问题是必须防止系统的振荡。即当水温达到 30℃时，风机开始工作，而由于风机的工作，水温又下降为低于 30℃，使风机停止。形成风机在 30℃处忽开忽停地振荡。

(3) 解决的方法。

解决上述问题的途径是采用温差控制的方法。如图 3-22 所示，图中用了两个电位器 RPl 和 RP2，分别对应于 30、27℃相对应的信号。电位器 RPl 提供一个与 30℃相对应的信号，信号大小根据所选的温度变送器而定。这样，温差变送器输出的将是和 $\Delta\theta_A$ 相对应的信号，使变频器的输出频率按照 $f_X = f(\Delta\theta_A)$ 的规律变化。

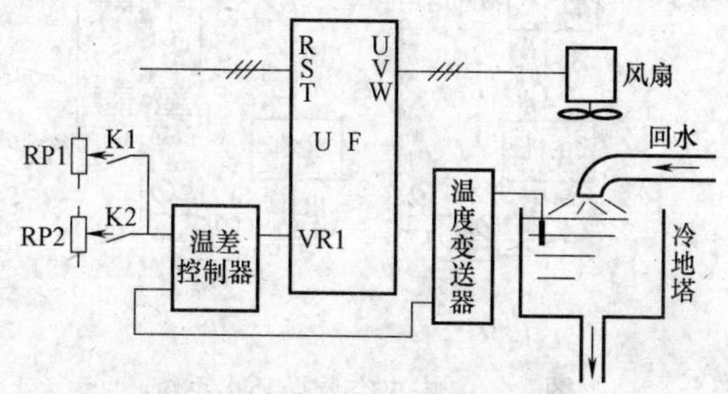

图 3-22 冷却塔风机采用温差控制的方法的变频调速

另外，令上升时的 $f_X = f(\Delta\theta_A)$ 曲线和下降时的曲线不一致，如图 3-23 所示。

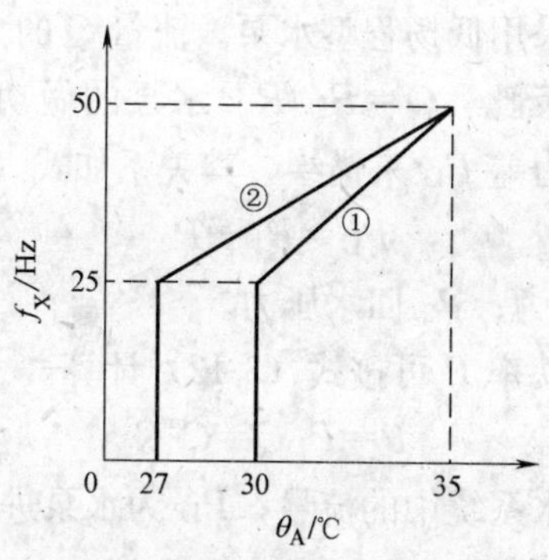

图 3-23 频率与温度的关系

图中，曲线①是上升时的曲线；曲线②是下降时的曲线。就是说，当风机已经启动之后，只有在水温低于 27℃时才停机。

3. 中央空调系统中水泵的节能

(1) 循环水系统。

如图 3-24 所示，在中央空调的循环水系统中，所用的水一般是不消耗的。从水泵流出的水又将流回水泵的进口处，并且，回水本身具有一定的动能和位能，将反馈到水泵的进水口。

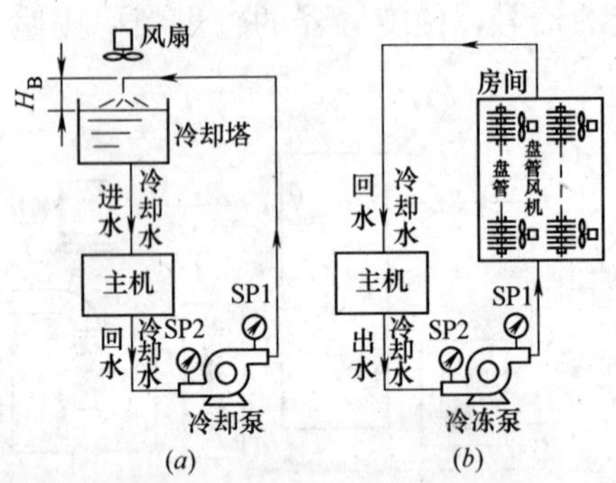

图 3-24　中央空调循环水系统
(a) 冷却水系统；(b) 冷冻水系统

(2) 循环水系统中水泵的调速特点。

在循环水系统中，当通过改变转速来调节流量时，与扬程无关。所以循环泵采用低扬程型水泵。流量 Q 的大小与压差 P_D 成正比，与管阻成反比，$Q=P_D/R$。水泵的做功情形可通过水泵出水与回水的压力差 P_D 来描绘，其关系如式 (3-11) 所示。

$$P_D=P_1-P_2 \tag{3-11}$$

式中，P_1 出水压力；P_2 回水压力。

水泵做功的功率 P 可按式 (3-12) 计算。

$$P=P_DQ=Q^2R \tag{3-12}$$

式中，Q 为循环水系统中的流量；P_D 为水泵进出口间的压力差；R 为循环水路的管阻。

由于流量和转速成正比，所以，在循环水系统里，水泵的功率与转速的二次方成正比，其关系如式 (3-13) 所示。

$$P_1/P_2=n_1^2/n_2^2 \tag{3-13}$$

可见，在循环水系统中，当通过改变转速来调节流量时，其节能效果与供水系统相比，虽略有逊色仍然具有节能效果。

4. 中央空调冷却水系统的变频调速

冷却水系统虽然并不如冷冻水系统那样是一个完全的闭合回路，但在计算节能效果方面和闭合回路是基本一致的。

(1) 控制的主要依据。

1) 基本情况为冷却水的进水温度也就是冷却水塔内水的温度，它取决于环境温度和冷却风机的工作情况；回水温度主要取决于冷冻主机的发热情况，但还和进水温度有关。

2) 温度控制是在进行温度控制时，需要注意两点：一是如果回水温度太高，将影响冷冻主机的冷却效果。为了保护冷冻主机，当回水的温度超过一定值后，整个空调系统必须进行保护性跳闸。一般规定，回水温度不得超过37℃。因此，根据回水温度来决定冷却水的流量是可取的。二是即使进水和回水的温度很低，也不允许冷却水断流。因此，在实行变频调速时，应预置一个下限工作频率。当回水温度较低时，冷却泵以下限转速运行；当回水温度渐高时，冷却泵的转速也逐渐升高，而当回水温度升高到某一设定值（如35℃）时，应该采取进一步措施：或增加冷却泵的运行台数，或增加水塔冷却风机的运行台数。

3) 温差控制　最能反映冷冻主机的发热情况、体现冷却效果的是回水温度 t_0 与进水温度 t_1 之间的“温差” Δt，因为温差的大小反映了冷却水从冷冻主机带走的热量。所以，把温差 Δt 作为控制的主要依据，通过变频调速实现恒温差控制是可取的，如图3-25所示。即：温差大，说明主机产生的热量多，应提高冷却泵的转速、加快冷却水的循环；反之，温差小，说明主机产生的热量少，可以适当降低冷却泵的转速、减缓冷却水的循环。

4) 温差与进水温度的综合控制则是由于进水温度是随环境温度而改变的，因此，把温差恒定为某值并非上策。因为，当采用变频调速系统时，所考虑的不仅仅是冷却效果，还必须考虑节能效果。具体地说，温差值定低了，水泵的平均转速上升，影响节能效果；温差值定高了，在进水温度偏高时，又会影响冷却效果。实践表明，根据进水温度来随时调整温差的大小是可取的。即：进水温度低时，应主要着眼于节能效果，温差的目标值可适

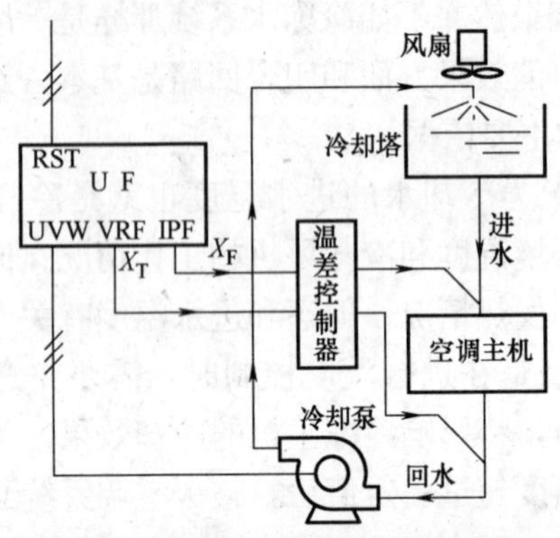

图 3-25　冷却水的温差控制系统框图

当地高一点；而在进水温度高时，则必须保证冷却效果，温差的目标值应低一些。

(2) 控制方案。

冷却泵采用变频调速的控制方案可以有许多种。这里介绍的是利用变频器内置的 PID 调节功能、兼顾节能效果和冷却效果的控制方案。

1) 反馈信号是由温差控制器得到的与温差 $\Delta\theta$ 成正比的电流或电压信号。

2) 目标信号是一个与进水温度 θ_A 有关的，并与目标温差成正比的值，如图 3-26 所示。其基本考虑是：当进水温度高于 32℃时，温差的目标值定为 3℃；当进水温度<24℃时，温差的目标值定为 5℃。当进水温度在 24～32℃之间变化时，温差的目标值将按此曲线自动调整。

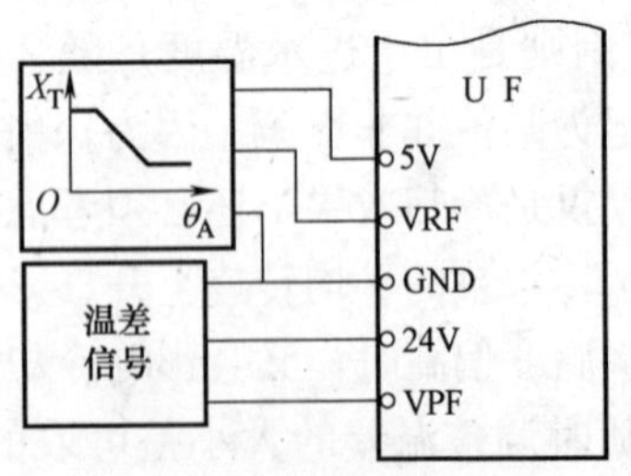

图 3-26　温差控制方案

5. 中央空调冷冻水系统的变频调速

(1) 控制的主要依据。

在中央空调冷冻水系统的变频调速方案中，控制依据主要有两种。

1）压差控制：即以出水压力和回水压力之间的压差作为控制依据，系统构成如图 3-27 所示。其基本考虑是：使最高楼层用户的冷冻水能够保持足够的压力。

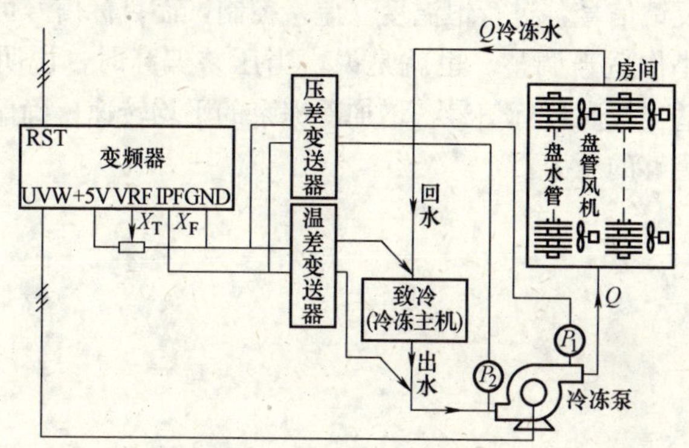

图 3-27 冷冻水的控制

这种方案存在着两个问题：一是没有把环境温度变化的因素考虑进去，就是说，冷冻水所带走的热量与房间温度无关，这明显是不大合理。另外，由于压差 P_D 不变，循环水消耗功率的大小将只和流量 Q 和转速 n 的一次方成正比。在平均转速低于额定转速的情况下，其节能效果与供水系统相比，将更为逊色。

2）温度或温差控制：严格地说，冷冻主机的回水温度和出水温度之差表明了冷冻水从房间带走的热量，应该作为控制依据，如图 3-26 所示。但由于冷冻主机的出水温度一般较为稳定，故实际上，只需根据回水温度进行控制就可以了。为了确保最高楼层具有足够的压力，在回水管上接一个压力表，如果回水压力低于规定值，电动机的转速将不再下降。

(2) 控制方案。

综合上述分析，可以改进的控制方案有两种：

1）压差为主、温度为辅的控制：以压差信号为反馈信号，进行恒压差控制。而压差的目标值可以在一定范围内根据回水温度进行适当调整。就是说，当房间温度较低时，使压差的目标值适当下降一些，减小冷冻泵的平均转速，提高节能效果。这样一来，既考虑到了环境温度的因素，又改善了节能效果。

2）温度（差）为主、压差为辅的控制是以温度（或温差）信号为反馈信号，进行恒温度（差）控制，而目标信号可以根据压差大小作适当调整。也就是说，当压差偏高时，说明负荷较重，应适当提高目标信号，增加冷冻泵的平均转速，确保最高楼层具有足够的压力。

第 4 章　照明节能及工程应用

光是引起视觉的电磁波。其波长范围约 380～780nm（即紫外线和红外线之间的波长）；光源是能发出一定波长范围电磁波的物体，它包括可见光及不可见光，一般光源系指能发出可见光的发光体。

照明是能发出光线的一种电气装置，又称照明器。主要由照明光源、灯具、启动设备和控制等部分构成。其中光源和灯具为主体。电光源是将电能转换为光能的器件（装置）。它广泛应用于工农业生产、国防科学研究和人们日常生活等各个领域。

1　照明光源

光源是由于能量转换而发光的物体。灯是为产生光辐射而人为制作的光源。

照明光源是以照明为目的，发出为人眼睛所感觉到的光谱。电光源品种、规格很多，通常按发光原理分为，热辐射光源、气体放电光源、固体发光光源和其他光源。热辐射光源即把物体加热到白炽状态而发光，如钨丝灯、卤钨灯等；气体放电光源，是利用电流经过时使之放电而产生光现象，如荧光灯、钠灯等；固体发光，则是利用固体发光材料在电场作用下发光，如半导体发光二极管，场致发光体等；其他光源，为利用上述内容以外的新生材料而制成的产品。

1.1　热辐射光源

电能将物体加热到白炽状态而发光的光源。光源向外辐射能量，是靠其内部的消耗而产生。它在辐射过程中不改变内能，只要以加热来维持其温度，辐射就可以持续不断地进行，这就是热辐射。

热辐射光源使被照物逼真、便于调光，且寿命不受开关次数影响，灯泡造型美观价格低廉。综合起来有以下优点：其丰富的黄光、红光成分显色性优越；照射到食物上色泽鲜艳增加食欲，适用于餐厅照明；辐射光谱连续、显色性好，暖色调能增进面部肌肤美容，适于梳妆盥洗照明；在低照度区域暖色光令人感觉舒适、环境亲切、温馨，适于卧室照明；灯的体积小、易于控光，适于各类装饰照明；有良好的调光特性，多用于剧院、商店和宾（旅）馆照明等。可改变环境照度和气氛，实现多功能照明，如看电视、欣赏音乐和娱乐活动等。还具有高度的集光性，便于光的再分配与照明频繁开关场所，如厨房、厕浴、走廊、门厅、楼梯间和储藏室等。只是光效较低。

1.1.1　白炽灯

它是用电流加热玻壳内的灯丝，导致灯丝产生热辐射而发光的光源。白炽灯丝包围在一个密封的泡壳里，与外界的空气隔绝，避免因氧化而烧毁，泡壳通常采用玻璃，大功率灯用耐热性良好的硼硅酸盐玻璃。除普通照明灯泡以外，还根据不同的应用情况，对泡壳进行一些处理，以防止产生眩光，用彩色玻璃或内、外涂层的方法使泡壳着色发出彩色光。

为了减少灯丝的蒸发，提高其光效，在泡中充入惰性气体，在普通白炽灯中充氩氮混合气。氮的主要作用是防止灯泡产生放电，灯工作时气压为 1.5×10^5 Pa，提高其光效和寿命。

1. 灯型种类

一般照明是常用的白炽灯，其泡壳有明泡、磨砂或乳白色。灯的功率范围主要在 25～200W。除传统梨形灯外，还有如蘑菇、蜡烛等形状。

1）反射形灯泡的加工可分为吹制灯泡、压制泡壳反射型白炽灯。图 4-1 是吹制灯泡反射型白炽灯的结构示意，即泡壳是吹制而成的。反射灯泡是采用抛物面形状的反射镜面；压制灯泡反射型白炽灯是封闭光束灯，其抛物线反射镜玻璃和前面的玻璃透镜面都是压制成型的。在玻璃反射镜内表面一般以真空蒸镀铝作为反射材料，灯丝仅于反射镜的焦点上。反射镜和透镜面封装成为一体。灯内充以惰性气体，镀铝层以保持良好的反射性能。

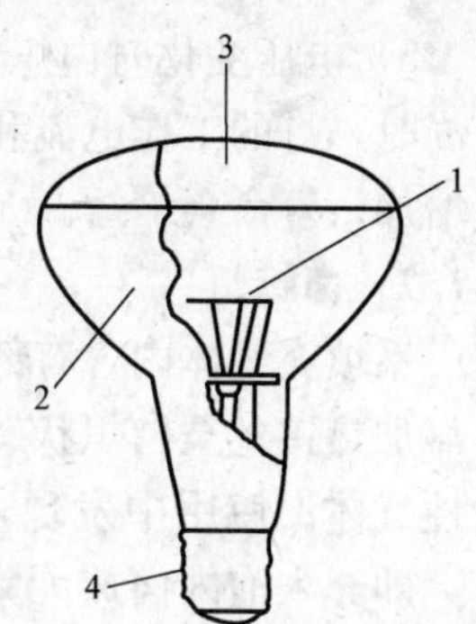

图 4-1　吹制泡壳反射型白炽灯结构示意
1—灯丝　2—反射面
3—泡壳　4—灯头

2）其他白炽灯有单端引出来的，采用螺口灯头或插口灯头，有一个灯头的，也有两个灯头的。发光体都是单螺旋灯丝。

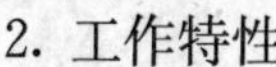

2. 工作特性

1）光效方面工作在钨的熔点（3653K）白炽灯，如果无热导和对流的损失，理论上光效可达到 53lm/W。实际灯的光效远比该值低。以现今额定寿命为 1000h 普通白炽灯为例，其光效为 8～21.5lm/W，这是因其白炽灯的大部分能量都变成红外辐射，可见辐射所占的比例很小，一般<10%。

2）色温、显色性方面普通白炽灯色温较低为 2800K。其光线为黄色显得温暖。该灯的辐射覆盖了整个可见光区，在人造光源中它的显色性很好。一般显色指数 $Ra=100$。

3）在正常情况下灯的开关并不影响灯的寿命，开灯时，启动瞬间电流很大，这是由于钨有正的电阻特性，在工作温度时的电阻远大于冷态电阻。一般热电阻是冷电阻的 12～16 倍。因此，当使用大量白炽灯时，由于开关造成的快速的温度变化而产生的机械应力，会使灯丝损坏，所以要分批启动。

4）普通白炽灯也可以进行调光。调光灯的灯丝工作温度降低，从而使灯的色温降低，灯的光效降低，但寿命延长。它是以牺牲光效为代价的。在灯连续调光时，一般说来采用功率较小的白炽灯为好。

5）电压变化时白炽灯的工作特性要发生改变。如电源电压升高时，灯的工作电流和功率增大，灯丝温度升高，光效和光通量增加，寿命会缩短。

1.1.2　卤钨灯

系填充气体内含有部分卤族元素或卤化物的充气白炽灯。它是靠加热钨丝至白炽状态而发光，为防止钨丝蒸发，在泡内充入惰性气体。使用中发现，光通值下降得很快，便应运而生卤钨灯，即充入泡内卤族元素（碘、溴、氟、氯）。灯丝在高温作用下分解成卤素和钨，因而在钨丝周围形成一层钨蒸气，一部分钨又重新回到灯丝上，有效地抑制了钨的蒸发尤其增加了辐射的可见光，光色和显色性也得到改善。

白炽光源极富凝聚性，显色性优越，老化时不会变黑；尺寸比较紧凑，可作射灯、导轨灯，调节起来比较灵活，使用方便，适于需调光的场所。它比白炽灯效率高、寿命长，用作重点照明、一般照明以及装饰照明，如照射壁画、展示品等。

1. 灯型种类

（1）普通型卤钨灯

有双端、单端和双泡壳之分。双端卤钨灯的典型结构如图4-2（*a*）所示。外形呈管状，功率为0.1～2kW，灯管直径为ϕ8～10mm，长为80～330mm。两端采用磁接头，需要时在磁管内还有熔丝。该灯主要用于室内外的泛光照明和一般照明，色温在＜2500K的红外线卤钨灯则用于油漆、涂料和木材等红外干燥、加热；单端卤钨灯功率有75、100、150、250W等规格。灯的泡壳有磨砂型，能产生柔和的照明效果；明泡型用于橱窗或展示照明等需控光的场合，作为一般照明之用；将小型卤钨灯装在灯头为E26/27的外泡壳内，做成双泡壳卤钨灯；还可以将卤钨灯封入抛物反射面泡壳内做成卤钨PAR灯，其效率比普通灯高，可节电40%，该灯应用于舞台、影视、橱窗、展厅等处的照明。由于应用红外反射膜，使卤钨灯的红外辐射大为减少，使其灯的光效提高15%～20%。

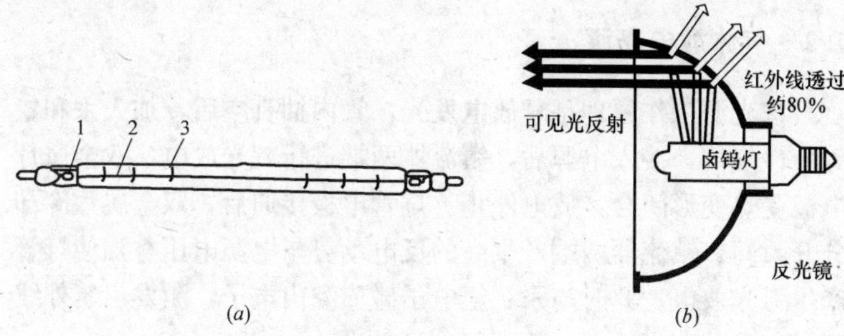

图 4-2 卤钨灯

(*a*) 管状；(*b*) MR 型

1—钼箔；2—钨丝；3—支架

(2) 低电压的 MR 型

是低电压卤钨灯的代表。它由灯泡和反射镜在一起构成见图 4-2 (*b*)，抛物面是由玻璃压制而成，内表面涂有多层介质。这层膜是反射可见光而透射红外线的。因此，它的可见光反射到需要照明的物体上，而所发射的红外线绝大部分透过反射镜被滤掉。根据不同场合的需要，MR 灯有宽、中、窄三种光束型号，工作在 6、12、24V 低电压，功率为 10～75W。该灯在室内照明，与普通 FMR 灯相比，其光强增加 70%、节电 40%和灯的色温为 3200K。

(3) 工作特性。

1) 光效方面卤钨灯与相应的普通白炽灯相比，光效要高出很多。在卤钨灯中由于卤钨循环有效地防止了灯泡发黑，它的光维持率几乎达到 100%。

2) 色温为 2800～3200K，与一般白炽灯相比，光色更白一些，色调稍冷一点。它的显色性较好，一般显色指数 $Ra=100$。

3) 卤钨灯可进行调光，当灯的功率下调到某一值时，由于泡壳温度降得太多，卤钨循环不能进行，于是卤钨灯变成了普通白炽灯，这时，由于泡壳小，泡壳易于发黑；一般卤钨灯不宜调光。

1.2 气体放电光源

该光源工作原理是靠放电发光，管内抽真空后，加入汞和氩等惰性气体，接入电源后，镇流器两端进行辉光放电，双金属片电极受热变形闭合，放电停止。灯管电极接通后，双金属片冷却分开瞬间，镇流器两端产生高的反电动势与电源电压叠加使灯管产生弧光放电。此时与汞、氩电子碰撞溢出电子，激发出紫外线照射到管壁荧光粉上，从而发出可见光。

气体放电光源种类繁多，根据气体压强大小可分为低压放电光源、高压放电光源和超高压放电光源。

低压放电光源灯管内的气体压强小于几百帕斯卡，工作电流1～2A。它包括普通管型荧光灯、紧凑型荧光灯和低压钠灯等；荧光灯，又称低压汞灯，其光色分日光色、冷白色和暖白色，相应色温为6500、4300、2900K。按启动形式分有一般启动、快速启动和瞬时启动。常用于家庭、机关和学校等处所作室内照明；低压钠灯，是利用低压钠蒸气放电产生可见光的光源。因其辐射单色黄光，显色性差。但透雾性强，用于照度要求高而对显色性无要求的照明场所，如高速公路、隧道、桥梁、港口、货场和多雾区域的照明；管型荧光灯，是我国目前最常见的一种低压汞蒸气放电灯，适合用50Hz交流电和相应镇流器配合工作，能在90％额定电压和10～35℃温度下正常启动，并可在90％～110％的额定电压和10～50℃的环境下运行。

一般气体放电灯的结构可用图4-3（*a*）加以说明：B是灯的泡壳，由玻璃加工而成。A、C是灯的电极，泡壳B真空密封，其中A是阳极，C是阴极。这样的区分是对直流灯而言的，对交流灯两极交替作为阴极、阳极之用。G为灯中所充的惰性气体和金属化合物的蒸气。将灯如图4-3（*b*）那样接到电路中去，灯就会放电发光。

1.2.1 低压气体放电灯

1. 荧光灯

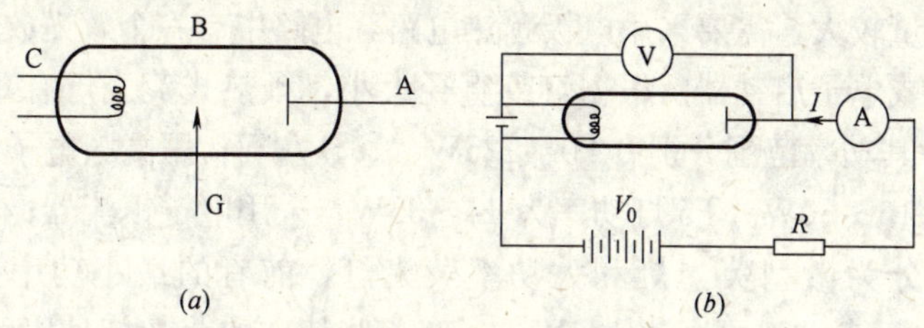

图 4-3 气体放电灯
(a) 结构形式；(b) 工作电路

它主要由放电产生的紫外辐射激发荧光粉层而发光的放电灯。真空管内涂荧光粉，并封入汞蒸气和稀有气体。通过启动过程，使管内汞汽化，灯工作在弧光放电区，靠汞蒸气放电，发出可见光和紫外线。紫外线又激发管内壁的荧光粉而发光。二者混合产生的光色接近白色，其光效一般为 25lm/W。显色指数可达 60～96。当玻璃管内充以不同种类光质的荧光粉时，可制成日光色、白光色、蓝色、绿色和粉色荧光灯。荧光灯的工作原理见图 4-4。

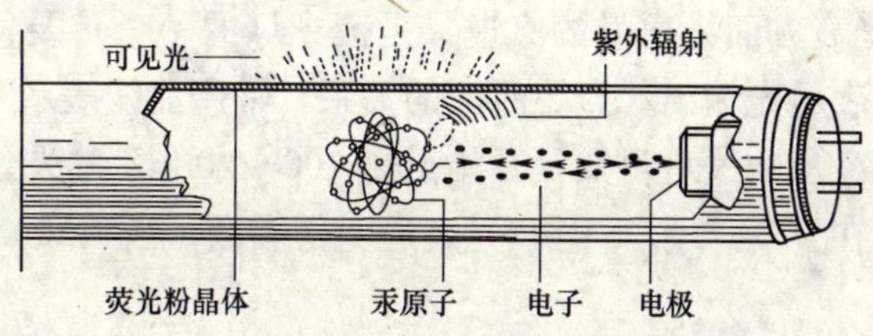

图 4-4 普通荧光灯结构和工作原理示意

(1) 灯体构成

1) 普通荧光灯泡壳由钠钙玻璃制成，灯管直径 ϕ11～38mm，长度为 150～2400mm，灯功率为 4～125W。常见的荧光灯是直管状，根据需要，灯管也可以成环形或其他形状。

2) 荧光粉涂层是决定灯的重要因素，包含灯的色温、显色性和光效。不同的荧光粉产生不同的颜色。

(2) 灯型种类

荧光灯有预热启动式、快速启动式和瞬时启动式。目前预热式用量较大，需要采用电极预热电路，电路中有一个辉光放电启动器或电子启动器。根据灯管直径大小，预热式荧光灯有 T12、T8，其功率范围分别有 20～125W、15～70W；用高频电子的功率为 16～50W。T5 灯功率为 14～35W，采用电子镇流器；根据功率分为微型荧光灯和大功率荧光灯，前者的最小功率只有 4W，后者功率可高达 125W；还有一些特殊的荧光灯，如环形、U 形荧光灯、彩色荧光灯和反射型荧光灯等。

当前直管灯广泛地应用于大开间的一般照明中。而选用灯型时，多用 36W 的细管荧光灯。若采用 26mm 的细管型，其光效较高，可节能 10%，并且推荐使用电子镇流器。

(3) 工作特性

1) 光效方面荧光灯光效除采用的荧光粉外，还与环境温度有关。当环境温度为 25℃时，40W 荧光灯的光输出量大。为 15℃时，灯的光输出随温度的降低而快速减少。温度高于最佳温度时，光输出也要减少。

2) 光衰方面光通量的衰退，是荧光灯的一个重要特性。荧光灯光衰表示光输出与点燃时间的关系，常用曲线表示（图4-5）光衰特性。从曲线可得知，开始点燃 100～200h，发光效率便衰退较快；在 200～2000h 时，光衰退变得缓慢；当＞2000h 以后，

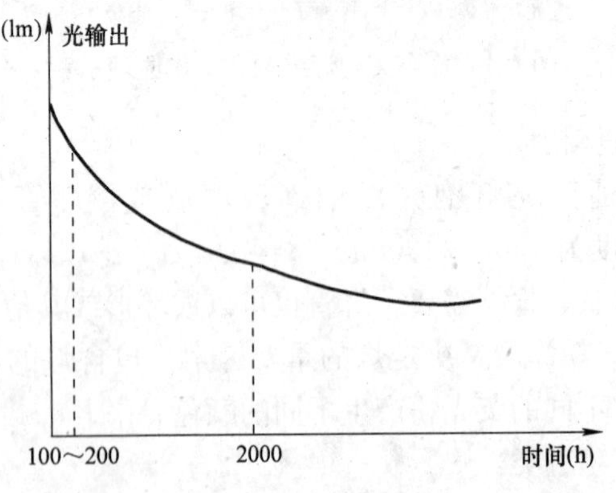

图 4-5　光衰特性

光衰接近平坦的直线。如果发光效率衰退得很快，即使发光效率较高，总的光输出还是较小的，光源经济效果差。

(4) 替换白炽灯

以 OSRAM T28W 节能灯为例进行上述比较。某酒店使用灯泡，主要从灯泡的费用、尺寸和美观等方面考虑。将选择光通量相当的两种光源在这些参数方面的对比。

1) 两种灯电费使用对比

某房间使用 14 只 40W 白炽灯泡，每天点灯 6h。对比 OSRAM T28W 节能灯，其一年内每月的费用比较，见表 4-1 和图 4-6。

普通型与节能型电费使用对比 （元） **表 4-1**

时间/月份 名称	1	2	3	4	5	6
白炽灯 40W 灯泡	108.6	189.2	269.9	350.5	431.2	511.8
节能型 8W 灯	338	354.2	370.3	386.5	402.6	418.7
时间/月份 名称	**7**	**8**	**9**	**10**	**11**	**12**
白炽灯 40W 灯泡	592.4	673.1	753.7	834.4	915	995.6
节能型 8W 灯	434.8	451.0	467.1	483.2	499.4	515.5

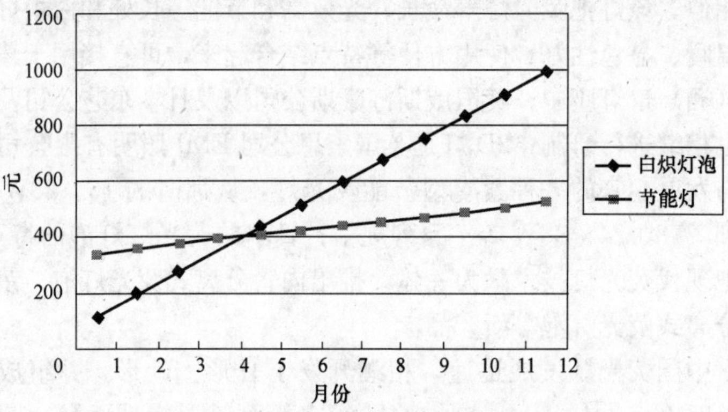

图 4-6 两种灯电费对比

2）结论性意见是：一只白炽灯购买价格为2元/只，节能灯的购买价格为23元/只；房间每天点灯6h，每月点灯30d，每年点灯1960h。电费0.8元/kWh；白炽灯泡寿命1000h，节能灯寿命6000h。所以，白炽灯一年需要更换2次。而节能灯则3年更换一次。

从报告可以看出，在不计算人工成本的情况下，把一个房间的白炽灯替换为节能灯，一年节省的费用为[995.6+(2+2×2)−(515.5+23×1/3)]=478.5元。因为寿命的延长，更换周期也将大大延长，这样在很大程度上减少电工的维修次数，也将大幅度降低成本。

2. 紧凑型荧光灯

(1) 发光原理

与荧光灯相同，区别在于以三基色荧光粉代替卤粉，从而改善了灯的显色性，提高了光效；灯与镇流器、启辉器一体化，结构紧凑，故可直接替代白炽灯。紧凑型荧光灯被称为20世纪80年代的新光源，越来越广泛地应用于宾馆、商店和家庭照明。荷兰飞利浦公司1979年试制成功SL型灯，是一种整体型的小功率荧光灯，外形类似普通白炽灯泡，体积较普通泡略大，光色则与白炽灯近似，而发光效率为其4倍，寿命长其5倍多，与荧光灯相似。该灯把荧光灯寿命长、光效高和节能等长处和白炽灯光色温暖、显色性好、使用方便等特点结合起来，可直接用于普通螺（插）口灯座中；美国威斯汀豪斯公司以及日本东芝公司及我国也相继进行研制；2D灯是英国索恩公司EMI照明有限公司研制与发展起来的一种紧凑型节能荧光灯，从那时的16、28W发展到 18、24、38W等一系列规格；日本的荧光灯灯泡的特点，是把现代荧光灯技术融为一体，推出内管分离式荧光灯泡、镇流器分离式荧光灯泡等新产品。

中国荧光灯发展迅速，相继开发了Ⅱ形、U形，并组成双Ⅱ、双U、3Ⅱ、3U、4Ⅱ、4U等多管型，形成平面形、圆筒形、柱形等形式，还有螺旋形等等，形状各异。产品多样化、标准化、系列化，其紧凑型节能荧光灯大量出口、已遍及世界各地。

(2) 灯型种类

在20世纪80年代初，荷兰飞利浦公司首先将H形和双曲形紧凑型荧光灯投放市场，随后各国设计出许多不同结构的灯。现在市场上灯的品种可归纳为H、U、Ⅱ、2H、2U、2Ⅱ、2D、3H、3Ⅱ、3U、4Ⅱ、UH、W等形状，还有四边形、六边形等平面行及环形、双曲形、球形、螺旋形等多种形状系列产品。

3. 三基色荧光灯

(1) 工作特点

它是在卤粉荧光灯基础上发展起来的，具有显色性好、发光效率高等特点，改善了荧光灯的特性，实现了高光效和高显色性的较好统一。该灯适合于商场、宾馆和家庭等场所的照明。

三基色荧光灯是用3种相应峰值位于450、540、610nm荧光粉制成的低气压汞蒸气放电灯。它比卤粉荧光灯有更高的光效和更好的显色性。红、绿、蓝具有代表性的荧光粉激发光谱和发射光谱。用这些荧光粉按一定的比例配制而成的40W直管型荧光灯与卤粉荧光灯。典型的三基色荧光灯色温4200K的光谱能量分布如图4-7所示。

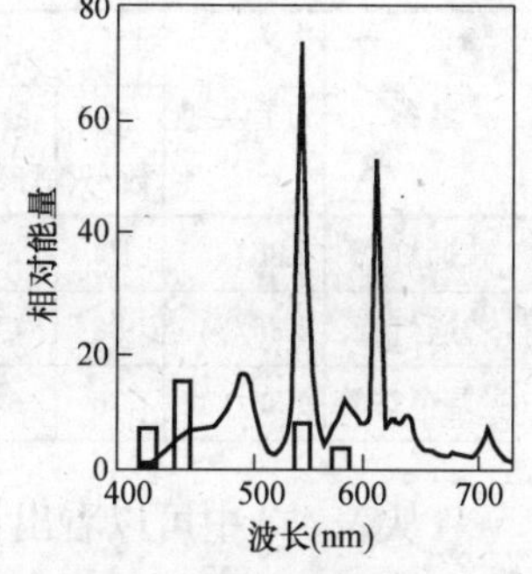

图4-7 典型三基色荧光灯光谱能量分布

该灯工作特性好，其光效＞100lm/W，是中国绿色照明工程重点推广的节能光源之一，近年来，国产T8、T5等节能型细管径荧光灯的产量快速增长，灯管生产已采用自动化生产设备，有品质保证。现在正继续开发更细管径节能型荧光灯，使节能光源获得更广泛的应用。高效率T5超细管径荧光灯已达国际先进水平，其光线清澈稳定、显色性与天然光十分接近，光效比T8荧光灯提高值＞30％。

（2）节能优势

三基色荧光灯节能比较详见表 4-2 和表 4-3。以 OSRAM（欧司朗）三基色灯管使用三基色荧光粉，对比传统的荧光灯管，在各种性能上有着明显的优势：耗电量比 T12 荧光灯少 10%；光通量比标准光色的荧光灯高 17%～30%；光通量维持率更佳，点灯 10000h 后光通量仅减少 10%；显色性 $Ra>80$；寿命可达 20000h。

普通管与三基色管技术参数对比 **表 4-2**

名称	灯管类型	含电子镇流器功率/W	光通量/lm	色温/K	显色指数 *Ra*	平均寿命/h	相同照度下使用灯数/只
普通灯管	L36/765	40	2500	6500	70	13000	100
普通灯管	L36/640	40	2850	4000	60	13000	88
三基色灯管	L36/840	40	3350	4000	80	20000	76

普通管与三基色管投资费用对比 **表 4-3**

名称	灯管类型	光源			灯具		年电费/元	年费用合计/元	年费用比较/元
		灯管数/只	年更换灯数/只	年费用/元	数量/只	年折旧率/元			
普通灯管	L36/765	100	50	450	50	1750	9600	11800	100
普通灯管	L36/640	88	44	396	44	1540	8448	10384	88
三基色灯管	L36/840	76	26	546	38	1330	7296	9172	77.7

从表 4-3 中可以看出，一个使用 100 只普通灯管的房间，替换成为使用 OSRAM 三基色灯管一年节省的费用为 11800－9172＝2628 元，节能 22.3%。

4. 低压钠灯

它是一种气体放电灯，钠的共振辐射谱线 589.0～589.6nm 位于可见区，比汞灯有更高的发光效率。钠的蒸气压、激发电位和电离电位均比汞低，因此钠蒸气放电和汞蒸气放电各有其特殊的性质。钠蒸气放电有低压放电和高压放电之分，可制成低压钠灯和高压钠灯。

(1) 结构原理

该灯是一种低压蒸气放电灯。放电管直径为 ϕ16mm，并制成U形，封在一个管状的外玻壳中。放电管采用抗钠腐蚀的玻璃管制成：外管为普通真空玻璃，在放电管的外层每隔一段长度吹制有一个凸出的小窝；内管中除钠以外，还充入气压为 700～1000Pa、Ne 含量 99％、Ar 含量为 1％的潘宁混合气。管的每一端都封接有一个电极，电极多数为双螺旋双绞钨丝，并涂敷三元碳酸盐，经分解激活后便具有电子发射能力。

(2) 工作特性

低压钠灯是照明中发光效率最高（可达 200lm/W）的一种光源，其常用参数如表 4-4 所示。

常用低压钠灯参数　　表 4-4

型号	功率/W	启动电压/V	灯电压/V	灯电流/A	光通量/lm	外形尺寸/mm		灯头型号
						最大直径 ϕ	最大长度	
ND18	18	190	55	0.35	1800	54	216	BY22d
ND35	35	390	70	0.6	4800	54	311	BY22d
ND55	55	410	109	0.59	8000	54	425	BY22d
ND90	90	420	112	0.94	12500	68	528	BY22d
ND135	135	540	164	0.95	21500	68	775	BY22d
ND180	180	575	240	0.91	31500	68	1120	BY22d

注：1. 电源电压均为 220V。
2. 额定寿命均为 3000h。

1.2.2 高压气体放电灯

由于管壁温度而建立发光电弧，其发光管表面负载＞3W/cm^2 的放电灯为高压气体放电灯，如金属卤化物灯（简称金卤灯）、高压钠灯和应用趋势不广的高压汞灯等。

1. 金属卤化物灯

该灯是 20 世纪 60 年代在高压汞灯基础上发展起来的一种新型高效光源。它是在高压汞灯内添加某些金属卤化物，而达到提高光效、改善光色的目的。目前多采用Na－TI－In系和Sc－Na系金属卤化物，可提高灯的光效；采用Sn系卤化物可获得最佳显色性；若既要有很好的显色性，又要有较高的发光效率可采用La系卤化物。

经研究发现，采用金属卤化物形式，可以大大提高所需要的金属蒸气压，防止活泼金属对石英电弧管的侵蚀。当金属卤化物的蒸气扩散到电弧弧心时，在高温作用下分解成金属原子和卤素原子，金属原子辐射出所需要的光谱。

（1）结构原理

它的结构与高压汞灯类似，在放电管中除充入汞和稀有气体外，还充入以碘化物为主的金属卤化物。它不仅蒸气压比金属单体高，而且可以抑制高温下金属与石英玻璃起化学反应。电极为钍和稀土金属氧化物，并在放电管内充入氖、氩潘宁混合气。为了控制最冷点的温度，在管的端部涂以保温膜。管内还设有帮助启动用的辅助电极或在外玻壳内设有双金属片。

（2）工作特性

1）启动特性表现为金卤灯的初始启动时间和高压汞灯大体相同，但由于它的电极采用钍和稀土金属氧化物，又因制作时有可能将水分带入发光管内，因此启动电压比高压汞灯高，再启动时间也长。

2）电源电压变化的影响使金卤灯需串联感抗型镇流器来限制灯管电流，启动电压较高，因此通常附加电子触发器点灯，或者采用漏磁式变压器点灯。

3）发光特性是金卤灯的光效介于高压汞灯和高压钠灯之间，但显色指数 Ra 远远高于它们。表4-5列出了系列照明用金卤灯光效、色温和平均显色指数。

（3）灯型种类

按灯的结构大体可分为带外壳和不带外壳；按充填物质分为钪钠系列、镝铊系列、锡系列和钠铊铟系列等。

金属卤化物灯的光效、色温和平均显色指数　　表 4-5

灯的种类	光效 lm/W	色温/K	平均显色指数 Ra
钪钠系列	110	3000～4500	60～70
钠铊铟系列	90	4200～6000	60～70
镝铊系列	75	5000～7000	75～90
锡系列	60～80	4500～5500	85～95

（4）灯的优势

1）以 FSL 金卤灯为例分析，光色一致性好，电弧管精心设计，有利于改善热量传递，使灯工作时管壁温度均匀，灯的颜色一致性好。

2）高光效优异的电弧管结构，使得卤化物的效率高，灯有更高的光效。配上优质的镇流器和触发器，减少弧管的变暗，提高了灯的发光效率。

3）长寿命体现在比普通市售金卤灯寿命长 50%。FSL 的弧管设计使得电极损耗减少，减少弧管的变黑，提高了光通维持率，使灯寿命达到 20000h。

4）高光通维持率为灯配套合适的电器，组成最优系统。在灯的寿命期内，自始至终都能有更高的持续的光通输出，从而使得平均光通量有极大地提高。

（5）陶瓷金卤灯

陶瓷金卤灯（HCI）优于石英金卤灯（HQI）。陶瓷金卤灯在其内胆上采用球形设计，可以使光线输出更加均匀。内胆使用陶瓷，其耐高温性能又可大幅度提高，进而延长光源的寿命，陶瓷金卤灯有着卓越的性能。

2. 高压钠灯

它是在氧化铝陶瓷放电管内充入钠和氩。灯经镇流器接入后，经过预热及镇流器电路产生的反电势使灯点燃。放电管内的钠蒸气通过电极放电，其辐射波长主要集中在人眼感受较灵敏的范围区，光效达 80～140lm/W。该灯的发光特性与灯内钠蒸气有关，光效最高时，灯内钠蒸气为 10kPa，发出的光呈现金黄色，色温为1950K，显色指数为23。可知增加灯内钠蒸气，可以提高灯的色温，但同时，灯的光效下降。采用增加钠蒸气的方法，开发出一种显色改善型，灯内钠的气压为40kPa，灯的相关色温为2200K，显色指数为60；另一种是白光高压钠灯蒸气压高达95kPa，相关色温升到2500K，显色性指数高达85。但与标准高压钠灯相比，它们的光效明显有所下降。

（1）工作特性

高压钠灯通常采用电感镇流器进行工作。由于该灯的电弧管细而长，又没有可以帮助启动的辅助电极，因此需要一个能产生高压脉冲的启动器。目前钠灯启动器有外壳内装和外置启动器。根据启动器的连接方式，灯的工作电路主要有两种。

（2）结构原理

灯的电弧管是采用半透明的多晶氧化铝陶瓷管。该陶瓷管的透光率高达97%。之所以采用陶瓷作为电弧管材料，主要是能承受更高的工作温度，能抵抗高温钠的腐蚀。高压钠灯的电弧管呈细长形，它与高压汞灯电弧管明显不同的另一方面，是为了减少光辐射的自吸收损失。

在电弧管的两端各封入一个电极，在钨电极的螺旋中有电子发射材料，电极和陶瓷的封接是通过金属铌（化学性质稳定，膨胀系数与多晶氧化铝陶瓷非常接近）来过渡的。而且和陶瓷之间采用玻璃焊料封接。在高温下铌易与氧（氢）气发生化学反应而发硬变脆，故必须将电弧管封入抽成真空的外壳内，或者在外泡壳中充氩气等惰性气体。前者用消气剂来维持真空。高压钠灯一般采用透明的管型外壳，有时为了获得柔光，采用内涂二氧化钛等材料的椭球形外壳。

在高压钠灯电弧管中，充入氩（氙）气作为启动气体，光效稍高些，但启动比较困难，在电弧管中除了充钠之外，还要充入汞可以提高灯的电场强度，减少热导损失，提高灯的光效。

（3）工作特性

1）高压钠灯是在饱和钠蒸气压状态下工作的，灯管电压、功率随电源电压变化的影响比其他放电灯大，因此要求电网电压变化小。

2）发光效率是因功率不同而有差异，通常为100～120lm/W。灯的发光效率主要决定于钠和汞的蒸气压、放电管的几何尺寸和管壁负载，同时还与缓冲气体的成分和气压、多晶氧化铝陶瓷放电管的透光率和电极损耗等因素有关。

3. 氙灯

氙灯是利用高压、超高压惰性气体放电制成的光源。氙气原子激发放电在适当的条件下会产生电离，发出可见光。低气压氙气放电发光效率低。而氙气在高压、超高压下放电时，原子被激发到更高的能级，并被大量的电离，在可见光区域发射连接光谱，与日光接近，发光效率亦高，所以可使用氙灯作为照明光源。适用于广场、城市主要广场、车站、码头、大型工地、厂房、体育场馆和其他需要大面积高照度的照明场所。

1.3 固体发光光源

1.3.1 发光二极管（LED灯）

它是一种将电能直接转换为光能的固体元件，可作为有效的辐射光源。与所有半导体二极管一样，具有体积小、寿命长、可靠性高和在低电压下工作等优点。还能与集成电路等配合实现控制。随着新型半导体材料的不断涌现，加工工艺和封装技术的进一步提高，人们不仅可以得到高亮度和红、黄、绿发光二极管，而且还能制造出高亮度蓝色和白色二极管。

1. 结构原理

(1) 半导体的特征十分明显

当它受到外界光和热的激发，其导电能力会发生显著的变化；如使用最多的半导体硅和锗最外层电子都是4个，当其原子组成晶体时，相邻的原子相互影响，使外侧电子变成两个原子共有的，即形成晶体中的共价键结构（图4-8），成为一种约束能力很小的分子结构。在室温条件下，由于受到热激发就会使一些最外层电子获得足够的能量，从而脱离共价键束缚变成自由电子，其共价键中会留下一个空位的空穴，它的出现便是半导体区别于导体的重要特征图 4-8（a）。

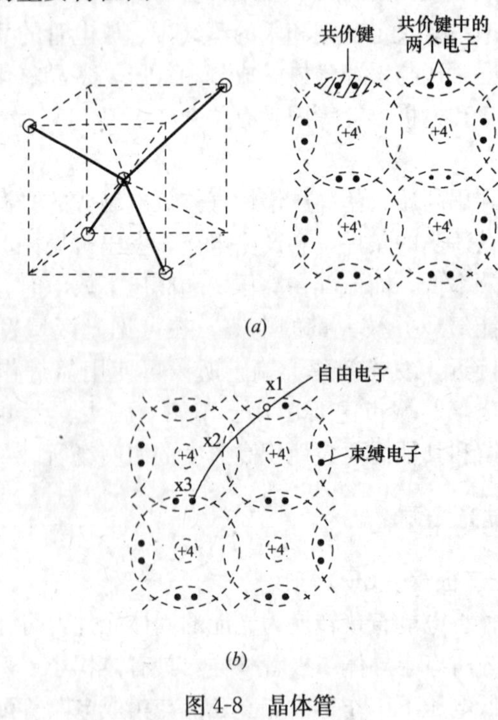

图 4-8 晶体管
（a）共价键结构；（b）自由电子的移动

由于共价键出现了空穴，在外加电场作用下，邻近的价电子就会填补这个空穴，而这个电子的原来位置上又形成新的空穴，待其他电子再转移到这个新的空穴上，这样就产生一定的电荷转移［图 4-8（b）］。

在本征半导体中加入少量的 5 价元素如杂质磷等，与其他半导体原子结成共价键以后会有一个多余的电子，该电子只需要非常小的能量就能摆脱束缚成为自由电子，这类杂质半导体被称为 N 型半导体；而在本征半导体中加入少量的 3 价元素如硼等杂质，因为其外层只有 3 个电子，在与周围的半导体原子组成共价键以后会在晶体中产生一个空位，这类杂质半导体被称为 P 型半导体；在 N 型和 P 型半导体结合后，其交界处就会出现自由电子和空穴的浓度差异，于是电子和空穴都要向浓度低的地方扩散，留下一些带电却不能移动的离子，从而破坏了 N 区和 P 区原来的中电性。集中在 N 区和 P 区交接面附近形成一个很薄的空间电荷区 PN 结。

在 PN 结的两端加上正向偏置电压（P 型一边加正电压）后，空穴和自由电子就会相互移动，形成一个内电场。随后新注入的空穴和自由电子再重新复合，与此同时，会以光子的形式释放多余能量，这就是所见到的 LED 灯发光。这样的光谱范围是比较窄的，正因为每种材料的禁带宽度不一样，所以释放出的光子波长也不同，LED 发光的颜色则由所使用的基本材料所决定。

（2）发光原理

图 4-9 是在 LED 灯结合处的一发光层，当注入电流时，电子、空穴再结合、放出与电子、空穴的能量差相对应的能量 $h\upsilon$（h 为普朗克常数，υ 为光的频率）而发出光。该能量差相当于半导体材料的带隙能量 E_g（eV），其与发光波长 λ（nm）的关系为 $\lambda=1240/E_g$。这样就可以用半导体材料制成发出各种光色的 LED 灯。

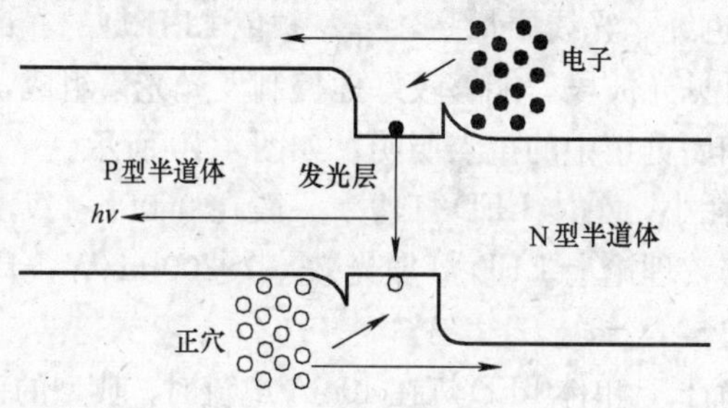

图 4-9 LED 灯发光原理

半导体 PN 结的电致发光机理决定了单只 LED 灯既不能产生两种或两种以上的高亮度单色光，也不可能产生具有连续谱线的白光。因而，LED 灯要产生白光，只能先产生蓝光，再借助于荧光物质间接产生宽带光谱来合成白光。

目前，产生蓝光的半导体材料多数采用氮铟镓材料，因此，超精细、亚微米的晶体结构对于提高光效至关重要。高强度的蓝光在周围高效荧光物质内散射时，被强烈吸收，并转化为高能较低的宽带黄色荧光；其中少部分蓝光则能透过荧光物质层，并和宽带黄光一起形成色温 6500K 的白光。此时，蓝色 LED 灯通过荧光粉就变成了单片白色微型荧光灯，它的光谱能量几乎不含红外与紫外成分，显色指数达 85。其光输出随输入电压的变化基本上呈线形，故调光简单、可靠。若将多个单片白色 LED 灯组合在一起或采用光波导板，可制成超薄白色面光源，进而形成能普通照明的半导体光源。

2. 主要优点

作为一种冷光源的 LED 灯具有很多传统光源所不能比拟的优势。

1）不需要充气和玻璃外壳，抗冲击性好、抗震性好、不易破碎、便于运输，可靠、耐用、没有传统灯泡的钨丝、玻壳等易损部件，维护费用低廉；应用灵活，体积小，便于造型，可做成点、线、面等各种形式。

2）灯源单元较小布灯灵活，夜景照明效果好。

3）光色纯、光线质量高，单一颜色 LED 灯的光谱狭窄，谱线集中在可见光波段。能够较好地控制发光光谱组成，从而应用于博物馆和展览馆中的重点照明，如图 4-10 所示。

4）能耗小，单体 LED 灯功率一般在 0.05～1W，具有更高的发光效率，理论上 LED 灯发光效率＞200lm/W，具有相当大的节能潜力。

5）寿命长，单体 LED 灯在 10mA 电流时，典型的正向偏压为 2V，通常需串联限流电阻（电流源）。它的寿命＞100000h；且光源可以频繁地亮灭，而不会影响其寿命，并且启动速度非常快。

6）可以通过控制半导体发光层的禁止带幅，从而发出各种颜色的光线，且彩度更高。

图 4-10 艺术馆重点照明

7）光源中不添加汞，无污染，由于全固态其废物不含汞，有利于保护环境。

8）LED 灯发光具有很强的方向性，控制光线以提高系统的照明效率。如美国光电产业发展协会的半导体照明研讨会上指出，15W 荧光灯的发光效能为 60lm/W，但是经过灯具的折减就变为了 35lm/W，如再考虑照射到目标区域以外的光线，则只有 30lm/W。而半导体光源在这些环节上的折减则要少很多。

9）使用低压直流电，具有轻负载、干扰小的优点。与传统光源相比，特别是白光 LED 灯在一般照明领域中的优势和节能潜力，日益受到相关部门及人员的关注，成为半导体研究领域以及照明产业中的热点话题。

10）安全运行中的单体 LED 灯工作电压为 1.5～5V，工作电流为 20～70mA；响应快，响应时间为纳秒（ns）级。白炽灯的响应时间为毫秒（ms）级。

11）控制比较灵活，通过控制电路很容易调控亮度，实现多样的动态变化效果。而高亮度 LED 灯的价格昂贵，几只组合相当于一只白炽灯的价格，而且与普通光源相比该光源所涵盖的范围小，在相同的空间与照度下，需要上百个泡子组合才能达到相同的照明质量。

该新型高效光源中，特别是白色的发展对于大幅度降低照明用电量很重要，因为它可以降低电能消耗的增长速度，进而减少新增电网容量的费用。降低能源消耗以及减少向大气中排放的有害气体及污染物。它的出现也为照明界开拓了一个全新的技术领域，并为照明节能设计提供了更多的选择。

3. LED灯优于霓虹灯

下面以中国某大饭店网球中心为例进行统计。

（1）投资回报率见表4-6。霓虹灯与LED灯费用比较见图4-11。

霓虹灯与LED灯费用比较　　　　**表4-6**

名称 \ 发光字类别		霓虹灯发光字/元	LED灯发光字/元	备　注
4年内	首次投入光源	0	33000	0指原有光源
	年维护费	6680	0	0指4年内质量保证
	年电费	4860	450	
	4年总费用	45440	34800	
	年内节省费用		10640	
4年后	首次投入光源	0	0	
	年维护费	6680	4950	
	年电费	4860	450	
	年总费用	11360	5400	
	每年节省费用		5960	

注：年电费按5h/d计。

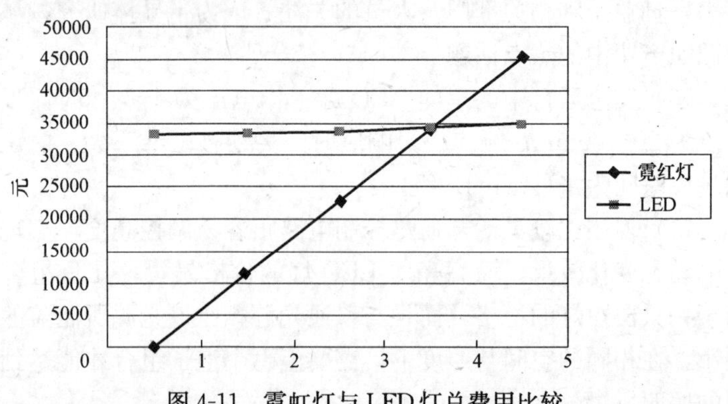

图4-11　霓虹灯与LED灯总费用比较

(2) 使用中的社会价值由分析得出 LED 灯优于霓虹灯。

它有多种不同的外形、颜色和各种方案；长寿命、低功耗确保 LED 灯有着无与伦比的经济性；在最恶劣的外部环境中，依然能确保最佳的可靠性和安全性；优异的色彩饱和度，启动时达到一定光通量且无开关损耗。

1.3.2 场致发光灯 (EL)

该灯又称为场致发光屏，是利用固体在电场作用下的发光现象所制成的光源。

1. 结构原理

场致发光是厚度<1.2mm 的平面光源，利用一种陶瓷制作而成具有釉面透明保护膜，金属为保护层，有一定的刚性；另一种塑料制成的保护层，有一定的柔性，图 4-12 为 EL 灯的结构；其外加工作电压、频率和环境温度有关，特别是与所用的荧光粉有很大关系。采用长寿命荧光粉的 EL 灯以 115V、400Hz 供电时，能连续工作 10 年以上。该灯能在−40～120℃很宽的温度范围内工作。它主要用于装饰照明、应急照明、标志、仪表板照明和液晶显示的背光照明等。

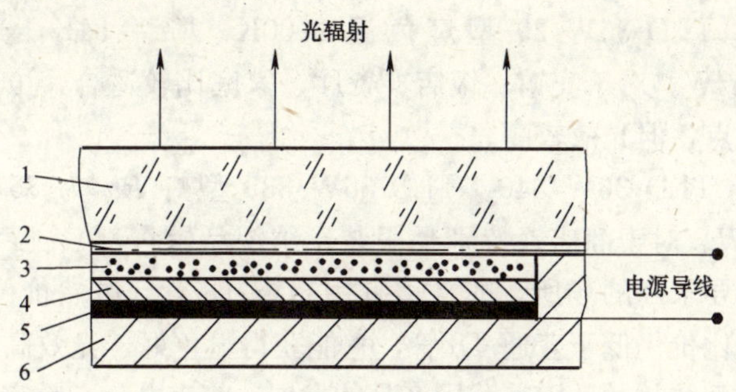

图 4-12 场致发光光源结构

1—玻璃板；2—透明导线膜电极；3—荧光粉发光层；
4—介质层；5—金属板电极；6—保护外壳

2. 工作特性

场致发光灯的光色取决于荧光粉。灯的发光亮度随灯电压的增加而增加。

1.4 光源设计选型

1. 光源选用原则

包括满足场所使用对显色性的要求；高光效以达到要求的节能、环保的效果；合适的色温；稳定的发光，限制电压波动和偏移造成的光通变化及电源交变导致的频闪；良好的启动特性；使用寿命长；性能价格比适宜。

2. 具体推广选用要求

(1) 直管荧光灯

光效高、启动快、显色性比较好，适应于层高较低的建筑，选择优质荧光灯类，应广泛推广 T8 管。一般房间及场所的荧光灯以 36W 为例，根据色温、显色性和光效。选择下面的 3 种形式灯：

1) TLD-36W/33 型灯色温 4100K，$Ra=63$，光效 79.2lm/W。对于办公、教室等生产场所，其照度多为中等水平，配以中等色温，且光效较高，只是显色性能差一点。

2) TLD-36W/29 型灯色温 2900K，$Ra=51$K，光效为 79.2lm/W。对于宾馆、饭店、餐厅、家庭比较适合，虽然显色性差一点，但光效较高。

3) TLD-36W/840、TLD-36W/835 型灯 Ra 为 85，光效 93lm/W。对于商店（特别是服装、纺织品销售部）、展览馆等显色性要求高的场所，非常适宜用超级 T8 管。虽然价位高昂，但单位比价仍低于普通 T8 管，它能获得显色好、光效高、比价低三方面的效益。随着我国产品的发展，将来办公、教室、车库等场所均可全面采用。

T8 型直管荧光灯是国际市场的新产品，比 T12 型灯管光效更高、寿命更长，由于它的管径减少到 26mm，使用荧光粉量大大减少，不仅节约了材料，而且减少了环境污染，更符合绿色照明的要求。

(2) 细管、紧凑型荧光灯

紧凑型和直管型荧光灯具有共同的特征，相比之下，后者比前者光效更高，使用寿命更长，性能价格比较好；前者更多应用三基色荧光粉，显色性好，取代白炽灯更方便，尺寸紧凑便于装饰。

目前重点推广细管径（26mm）的荧光灯和各种形状的紧凑型荧光灯以代替粗管径（38mm）荧光灯和白炽灯。美国已禁止销售40W粗管径荧光灯。如T8型灯性能较好，有18W和36W两个型号，多数是6200K、69.4lm/W。使用更多、光效更高的灯管，特别是使用三基色荧光粉的高显色性（$Ra \geqslant 80$）、高光效以及更高显色性（$Ra=95$）灯管还未有产品，只有飞利浦4种功率系列灯管（$Ra \geqslant 80$）供选用，其每种功率配有六类色温（2700、3000、3500、4000、5000、6500K），而且光效高（36W、4000K，光效93lm/W），基本满足了市场的需求。

选型时，层高小于4.5m适于低压气体放电荧光灯，可通过对直管型和紧凑型的光效、显色性、使用寿命、装饰性和费用进行比较后，择优选取。

1）光效在36W的直管型灯为70～90lm/W，15～36W紧凑型灯为55～80lm/W。前者高于后者12%～15%。

2）显色性上直管型灯$Ra=60 \sim 75$（飞利浦超级管灯Ra为85），紧凑型灯多数Ra为82，少数Ra为75～80。后者优于前者。

3）使用寿命方面T8直管型灯8000h（飞利浦超级T8直管灯10000h），紧凑型灯多为5000h（飞利浦8000～10000h）。前者优于后者。

(3) 高压钠灯和金属卤化物灯

钠灯光效>120lm/W，寿命12000h。金属卤化物灯光效可达90lm/W，寿命10000h。高强气体放电灯（HID）适于层高≥4.5m的建筑，它的3个品种可因地制宜：广场、道路等无显色性要求的选用高压钠灯；有较高显色性要求的场所，宜用金属卤化物灯和高显钠灯；至于荧光高压汞灯无多少优点，停止使用。

高大的工业厂房和其他建筑，使用金属卤化物灯、中显色型高压钠灯，可获得良好的效果，具有光效高、寿命长等特点。高压钠灯的显色指数低，可用于对辨色要求不高的厂房或建筑，如金属材料库和一般仓库等。其黄色光对道路、桥、隧道等的汽车驾驶有利。

(4) 中显钠金卤灯

在近年来使用较多，金卤灯以其显色性较好、光效高、光色好、寿命长等优点受到肯定（在单色光源中是最好的一种），只是要求电源电压波动在±5%的范围内，电源电压过高或过低，都将会影响灯泡的正常点燃及寿命。此外，金卤灯还存在显色指数及光衰较严重的不足之处，不适于对显色性要求高的场所。而中显钠金卤灯 $Ra>90$，光衰减得慢。由于在该灯中金卤灯和钠灯各占一半，虽然金卤灯有同样的光衰，但钠灯在使用中，能弥补金卤灯中钠元素的渗透减少，钠元素是红光补充了低端光谱，使整个光源光衰减少。由于光衰少，中显钠金卤灯在使用中显色性基本不变，这样就保持了优良的光环境。适用于体育场馆、候机候车大厅、工业厂房的照明。

(5) 混光光源方案选择

主要是根据使用场所对光源光度和色度的要求而定。了解与比较各种光源的光度与色度特性，是正确选择光源的前提条件。表 4-7 给出了几种常用光源各个参数性能的对比。

(6) 隧道和其他室内照明

为使被照区域内有较好的均匀度，宜选用中小功率光源。同时一般这些场合的高度有限，缩小灯具尺寸，提高灯具的控光能力，选用体积小的光源更为合适。此外，为节省能源，光源必须有高的光效。表 4-8 是目前市场上常见几种光源的几种参数。从表中可见，选择 150W 金属卤化物灯较为合适。它有较高的光效（约 90lm/W）和显色性（$Ra=80\sim95$），适合于较高质量的照

单灯混光照明源技术参数 表 4-7

参数	荧光高压汞灯	高压钠灯	金属卤化物灯	中显钠金卤混光灯	中显钠汞混光灯	钠汞混光灯	双内管金卤灯
光效/(lm/W)	50	100	90	95	85	77	90
显色指数 Ra	30	25	65	80	70	＞50	60
色温/K	5500	2000	4300	3500	3400	3100	4300
平均寿命/h	6000	2400	10000	10000	10000	10000	20000

几种常见光源主要参数 表 4-8

种　类	功率/W	总光通/klm	显色指数 Ra	色温/K	光成分/%			寿命/kh
					紫外	可见	红外	
金属卤化物灯	150	13.5	80～95	4 200	3.5	33	10	10
高压钠灯	150	14	20～39	2 000	0.2	32	25	10
卤钨灯	150	2.5	98～100	2 800		8	65	2

明；有丰富的紫外线，可用于光催化效应；较长的寿命，因为在公共场所换灯极不方便，长寿命可以降低换灯频率。

(7) 发光二极管（LED 灯）

它在最近几年有很大的发展，具有寿命长、尺寸小、使用安全可靠等优点，且具有绿、红、黄、白等多种颜色光，特别适用于各种标志灯、交通信号灯，也可以用于建筑物及庭院的夜景照明、广告照明等场合。

(8) 选用新技术产品

1）最新研制的脉冲启动型金卤灯，比普通金卤灯提高光效 15%～20%，延长寿命 50%，改善了光通维持率，配电感镇流器和触发器即可启动，我国已引进生产。

2）选用金卤灯应注意不同系列产品，一是美式金卤灯，即按美标的钪钠灯，我国已引进生产线，主要是这类产品；二是欧式金卤灯，有飞利浦的钠铊铟灯和欧司朗的金卤灯。其间，各有特点，注意启动性能不同，配套电器附件不同。

3）直管荧光灯的管径趋向小型化，有利于提高光效，节省制作材料降低汞和荧光粉用量，从 T12 到 T8 到 T5，当前主要目标是用T8取代T12，进一步再用T5；管径小便于使用稀土三基色粉，从而使 *Ra* 更高（85），光效提高了15%～20%，光衰小，寿命长达12000h，用汞量少80%，更符合节能、环保要求。

3. 光源标准

（1）确定照度值。

工程设计的照度值应满足要求。选择合适的照度，这关系到是否满足使用者的需求和实际能耗。一般针对不同的建筑，其照度值是根据国家标准、根据国际照明学会的推荐值、根据使用方对其建筑设置的标准来确定。《建筑照明设计标准》（GB 50034—2004）中所列出的照度值是法定依据，是在进行了大量的调查研究和参考国际上相关国际照明标准的基础上确定的。

（2）确定照明功率密度（LPD）值。

指《建筑照明设计标准》（GB 50034—2004）中规定了常用场所照明单位面积功率指标。如办公室照明要达到500lx的照度标准，若采用普通T8荧光灯或三基色T8荧光灯作为照明光源，两种光源的效率相差18%，因此在保证相同照度的情况下，采用三基色荧光灯的能耗也将比普通型要节约18%。光源制造技术的发展，是朝着提高光源的发光效率而努力的。因此，单位面积的功率指标值将会比现有的值要小。严格的照明功率（LPD）值，提高照明能效。标准规定了七类建筑的最常用的、量大面广的房间或场所的LPD最大限值，并作为强制性条文（不包括住宅的LPD值）发布，对建筑照明领域内提高能效，节约能源有很重大的意义。

1）LPD值的计算限值是规定一个房间或场所的照明功率密度最大允许值，设计中实际计算的LPD值不应超过标准规定值。计算式如下

$$\mathrm{LPD}=\sum\rho/S=\sum(\rho_{\mathrm{L}}+\rho_{\mathrm{B}})/S \tag{4-1}$$

式中，ρ 为单个光源的输入功率（含配套镇流器或变压器功耗），W；ρ_{L} 为单个光源的额定功率，W；ρ_{B} 为光源配套镇流器（或变压器）的功耗，W；S 为房间或场所的面积，m^2；LPD-照明

功率 W/m^2。

2）设计程序首先应逐个房间或场所按使用条件确定照度标准，初选光源、灯具、镇流器的类型、规格、计算平均照度，使之符合规定的照度标准值，并使计算照度偏差不超过±10%；在按公式计算 LPD 值和规定的 LPD 现行值对比，不超过规定即符合要求。如果超过规定，应调整方案，至达到规定为止。

3）降低 LPD 值措施为提高光源的光效 ηs 降低镇流器功耗、提高利用系数 UF；具体选用效率高的灯具和房间室形相适应的灯具配光，合理提高房间顶棚，墙壁的反射比；合理确定照度标准值，设计中，计算照度尽量控制在标准值，不要超过 110%。只要精心设计，优化方案，实现规定的 LPD 指标，即节约能源。

4）美国《建筑照明能量标准》（ASHRAE/IESNA 90.1—1999.9）用两种方法来评价，一是规定整个建筑面积能耗量（表 4-9），二是规定逐个房间能耗量（表 4-10）。

使用建筑面积法的照明功率密度　　表 4-9

建筑物类型	照明功率密度/(W/m^2)	建筑物类型	照明功率密度/(W/m^2)
汽车设施	16.68	博物馆	17.22
通信中心	15.07	办公室	13.99
法院建筑	15.07	多层停车场	3.23
进餐酒吧、起居室/休闲	16.68	监狱	12.90
自助食堂/快餐店	19.38	表演艺术剧院	16.68
家庭餐厅	20.45	警察派出所、消防站	13.99
宿舍	16.68	邮政局	17.22
运动中心	15.07	宗教建筑	23.68
体育馆	18.30	零售	20.45
医院/健康护理	17.22	学校/大学	16.68
旅馆	18.30	体育比赛	16.68
图书馆	16.68	市政厅	15.07
生产制造设施	23.68	运输	12.90
汽车旅馆	21.53	仓库	12.90
电影院	17.22	车间	18.36
公寓	10.76		

使用逐个房间法的照明功率密度　　表 4-10

类　别	工 作 场 所	照明功率密度/(W/m²)
通用场所	封闭式办公室	16.88
	开敞式办公室	13.99
	多功能会议室	16.88
	教室、讲堂、培训室	17.22
	接见区、坐席区	17.22
		19.38
	正厅、1～3 层楼	13.99
	正厅、附加层楼	2.17
	起居室、文娱室	15.07
	餐厅	15.07
	食物准备	23.68
	休息室	10.76
	走廊、过渡间	7.61
	现用楼梯	9.76
	现用储藏室	11.96
	待用储藏室	3.23
	电气室、机械室	13.99
	竞赛区	20.45
		11.96
	更衣室、衣帽间、器械室	8.70
公共建筑	法庭	22.83
	限制围栏、审判室	11.96
	公安局研究室	19.38
	火车室	9.76
	宿舍	11.96
	邮局分拣信区、市政厅	18.30
	会议中心展览场地	35.87

续表

类　别	工 作 场 所	照明功率密度/(W/m^2)
教育建筑	学校/大学图书馆的目录室	15.07
	学校/大学图书馆的书库	20.45
	学校/大学图书馆的阅览区	19.38
学校建筑	急诊室	30.43
	康复室	29.26
	护士站	19.38
	检查/治疗室	17.22
医疗建筑	药房	24.76
	病房	12.90
	手术室	82.60
	细菌室	10.76
	医疗供应室	32.61
	理疗室	16.88
	放射室	4.35
	洗衣、洗涤室	7.61
工业建筑	车间	27.17
	汽车保养/修理	15.07
	一般低车间	22.83
	一般高车间	32.61
	精细加工车间	63.22
	设备室	8.70
	控制室	5.43
住宅建筑	旅馆客房	27.17
	汽车旅馆客房	27.17
	宿舍	20.45
博览建筑	一般展厅	17.22
	修复室	27.17

续表

类　别	工 作 场 所	照明功率密度/(W/m²)
办公建筑	银行活动区	26.09
	实验室	19.38
商业建筑	一般营业厅	26.09
	购物大厅	19.38
体育建筑	比赛场跑道区	41.30
	比赛场场区	46.74
	室内运动练习	20.45
贮藏建筑	精细材料贮存	17.22
	中等/块料贮存	11.96
	多层停车场—人行道	2.17
	存车场(只有维护人员)	1.09
交通建筑	航空港中央大厅	7.61
	飞机/火车/汽车-行李区	13.99
	航站楼、售票厅	19.38

5）日本《节能法》1999年4月1日规定了6类建筑的照明功率密度W/m² 详表4-11～表4-16。

宾馆饭店照明功率密度　　　表4-11

类别	区　分	空 间 对 象	功率密度/(W/m²)
1	公共空间	入口、餐厅、宴会厅	30
2	客房、应用A	大堂、客用扶梯厅、店铺、厨房、办公室、会议室、准备室、防灾中心、管理人员室、监视室、控制室	20
		客房、客用卫生间、更衣室、控制器	15
3	应用B	布巾室、仓库、走廊、工作人员室、工作人员用卫生间、工作人员用更衣室、工作人员用通道、工作人员用楼梯	10
4	应用B(机械室等)	机械室、电气室、仓库、其他	5

办公楼照明功率密度　表 4-12

类别	分区	空间对象	功率密度/(W/m²)
1	公共空间、非常精细的视觉作业	入口、营业室、设计室	30
2	办公空间、应用 A	办公室、工作人员室、会议室、VDT/CAD 室、卫生间、更衣室、电梯厅、防灾中心、管理人员室、监视室、控制室	20
3	应用 B	开水房、走廊、通道	10
4	应用 B(机械室等)	机械室、电气室、仓库、楼梯、车库、停车场、其他	5

医院和诊所照明功率密度　表 4-13

类别	分区	空间对象	功率密度/(W/m²)
1	非常精细的视觉作业	手术室	55
		疗室、病房	30
2	处置室、应用 A	大堂、挂号、电梯厅、检查室、处置室、集中治疗室、准备室、护士站、办公室、会议室、防灾中心、管理人员室、监视室、控制室	20
		资料室、候诊室、食堂、厨房、小卖部、卫生间、休息室、值班室、更衣室	15
3	病房、应用 B	病房、布巾器材室、走廊、楼梯	10
4	应用 B(机械室等)	机械室、电气室、仓库、车道、停车场、其他	5

6）北京市《绿色照明工程技术规范》（BJ 01-607-2001）标准制定建筑的常用场所的照明单位面积安装功率（W/m^2）指标以及这些指标所对应的平均照度值（表 4-17）。并考虑到我国和北京地区的差别，又规定了如果某个场所实际所用的标准低于该标准所列照度值时，其单位面积功率指标值应相应折减，从而

教育照明功率密度 表4-14

类别	分　区	空间对象	功率密度/(W/m²)
1	讲堂、非常精细的视觉作业	讲堂、计算机教室	30
2	教室、应用A	教室、讲义室、实验室、体育馆、职员室、会议室	20
		图书馆、实习室、办公室、广播室、后勤人员室	15
3	应用B	食堂、厨房、更衣室、卫生间、走廊	10
4	应用B(机械室等)	机械室、电气室、仓库、其他	5

商厦照明功率密度 表4-15

类别	分　区	空间对象	功率密度/(W/m²)
1	公共空间	入口	55
		客用电梯	30
2	营业厅、应用A	营业厅、客用通道	20
		餐厅、客用卫生间、防灾中心、管理人员室、监视室、控制室	15
3	应用B	客用楼梯、工作人员室、工作人员更衣室、工作人员用卫生间、工作人员用通道	10
4	应用B(机械室等)	机械室、电气室、仓库、工作人员用楼梯、车道、停车场、其他	5

能更有效促使照明设计应采取最积极有效措施，使用先进的设计手段和选用更高效的照明器件，达到最佳节能效果。

4. 光源性能比较

在民用建筑中，主要应用的光源有白炽灯、荧光灯、HID灯和一些新的光源如光纤照明、LED灯等。

餐饮店照明功率密度 **表 4-16**

类别	区 分	空间对象	功率密度/(W/m²)
1	公共空间	中央部分(扶梯)、客用电梯厅、各种店铺入口、客用通道	30
2	座位、应用 A	坐席、登记、厨房、办公室、防灾中心、管理人员室、监视室、控制室	20
		等候室、客用卫生间、客用通道、客用楼梯	15
3	喝茶、应用 B	茶馆的坐席、工作人员室、工作人员更衣室、工作人员用卫生间、工作人员用楼梯	10
4	应用 B(机械室等)	机械室、电气室、仓库	5

常用场所照明单位面积功率指标 **表 4-17**

建筑类型	房间或场所名称	照明单位面积功率指标/(W/m²)	对应的平均照度值/lx
旅馆	电梯厅	12	200
	客房	15	—
	客房层走道	6	75
	宴会厅、多功能厅	25	300
	餐厅	20	200
商场	营业大厅	30	500
	门厅	15	250
办公楼	高档办公室	20	500
学校	大学教室	20	500
	中小学教室	13	300
	阅览室	20	500
医院	手术室		750
	诊室、候诊室、化验室	48	
	药房	15	300
	病房	10	150
住宅	整个住户	7	起居室 200 卧 室 75 卧 房 100 卫生间 100

注：一般建筑立面采用低值；周边环境密度较高的重要建筑采用高值。

各种光源均有其使用范围，需做到合理的选择。白炽灯是一种光效低的光源，在以往设计中，许多场所的照明均采用被其他光源所取代。

（1）特殊需要场所。

以下场所可选用<100W的白炽灯：需要经常开关、移动和调节的重点照明场所；防止电磁波干扰的场所；因频闪效应影响视觉的场所；灯的开关频繁及需要即时点燃的场所；照度不高且照明时间较短的场所以及其他特殊需要的场所。

所以，大力推广高效节能电光源，即用卤钨灯取代普通照明白炽灯，可节电50%～60%；用自镇流单端荧光灯取代白炽灯，可节电70%～80%；用直管型荧光灯取代白炽灯与直管型荧光灯的升级换代产品可节电70%～90%。表4-18为电光源的技术指标。从表中可以看出一些光源的光效有相当大的提高，可以进一步节能；有的光源随着社会的进步，从过去的大功率逐渐生产出小功率，如HID灯，更拓宽了其应用范围；有些节能光源，例如紧凑型荧光灯，是替代白炽灯的最理想光源。虽然一次性投资要高出一些，但从长远的效果来看，既从灯具的寿命、灯具的能耗比较一下，其综合效益要比白炽灯优越得多。

有关电光源的技术指标 **表4-18**

序号	光源种类	光效/(lm/W)	显色指数 *Ra*	色温/K	平均寿命/h
1	白炽灯	15	100	2800	1000
2	卤钨灯	25	100	3000	2000～5000
3	普通荧光灯	70	70	全系列	10000
4	三基色荧光灯	93	80～98	全系列	12000
5	紧凑型荧光灯	60	85	全系列	8000
6	高压汞灯	50	45	3300～4300	6000
7	金属卤化物灯	75～95	65～92	3000/4500/5600	6000～20000
8	高压钠灯	100～200	23/60/85	1950/2200/2500	24000
9	低压钠灯	200		1750	28000
10	高频无极灯	55～70	85	3000～4000	40000～80000

故在实际应用工程中，合理地选择光源，应由其具体性质、使用的场所、人员的视觉要求、照明的数量和质量来确定。选用细管径直管荧光灯、紧凑型荧光灯。充分利用国内丰富的稀土资源，选用高品质稀土三基色荧光灯。尽管其灯管的价格较高，但因其综合费用低、视觉质量高、节能、维修保养少而得到广泛的应用。

选用小功率的金属卤化物灯或高压钠灯，推广 LED 灯的应用。

(2) 光源主要适用场所。

1) 白炽灯主要适用于照明开关频繁，要求瞬时启动或要避免频闪效应的场所。例如住宅、旅馆、饭馆、办公室；需要调光的场所例如交响、舞台、剧场；局部照明、应急照明例如仓库、厂房、专用设施；识别颜色要求较高或艺术需要的场所，例如美术馆、展览馆；需要防止电磁波干扰的场所，例如剧场、办公室、计算机房。

2) 卤钨灯主要适用在照度要求较高，显色性要求较好，且无振动的场所、需要调光的场所、要求频闪效应小的场所。例如剧场、体育馆、展览馆、大礼堂、装配车间、精密精细加工车间等。

3) 荧光灯主要适用悬挂高度较低＜6m，照度＞100lx 又要求较高的场所。例如，办公室、阅览室、学校、医院；识别颜色要求较高的场所。例如，理化计量室、精密产品装配、控制室等；

4) 荧光高压汞灯主要用于照度要求较高，但对光色无特殊要求的场所。例如，厂房、仓库、动力站房；有振动的场所。例如，厂区道路或城市一般道路等。

5) 金卤灯主要用于高大厂房，要求照度较高，且光色较好的场所。例如，大型精密产品总装车间、体育馆或体育场等。

6) 高压钠灯主要适用在高大厂房，照度要求较高，但对光色无特别要求的场所、有振动的场所、多烟尘场所。例如，铸钢车间、铸铁车间、冶金车间、机加工车间、露天工作场地、厂区或城市主要道路，广场或港口等。

2 照明灯具

2.1 基本状况

灯具即人工照明器具。其主要作用是固定灯泡（光源），使电流顺利流过而产生光能。保证其照明安全、有效和合理分配光通量，以满足使用需求。同时灯具还应有光源的分配控制功能、光源的环境装饰作用和光源的数量质量保障。即传递辐射源辐射的光能，并能改变其分布，包括除光源外所有与之配套的电器附件、零部件和必须的配线器件。简单地说灯具是一种控制和分配光的器件，组成其部件包括分配光的光学部件、固定灯泡并提供电气连接的灯座、镇流器等支撑和安装的机械部件。代表性很强的灯具外观，有工业用荧光灯、办公用格栅荧光灯、影视照明、工厂照明、体育照明、路灯和庭园灯具等。包含光源的灯具总称照明器。有时也将照明器称为照明灯具或灯具。

2.1.1 灯具控光部件及其构成

1. 反射器

反射器是分配光通量的器件。当光源发出的光经反射后，投射到要求的方向。为提高效率，反射器由高反射率的材料做成，多为金属铝、镀铝的玻璃和塑料等。表4-19为灯具常用材料的反射特性。

（1）球面反射器的母线。

是圆形，光源置于球心，反射光通过球心发射，如同由光源发出来的一样，近而提高了光源的利用率。而在实际使用时，反射光和热量聚集在灯泡上造成温度升高、短寿命，因此，需将光

灯具常用反射材料特性 表 4-19

名称	材料	反射率/%	吸收率/%	特性
镜面反射	银	90～92	8～10	亮(镜)材料光入射角和反射角等同
	铬	63～66	34～37	
	铝	60～70	30～40	
	不锈钢	50～60	40～50	
定向扩散反射	铝(磨砂面,毛丝面)	55～58	42～45	磨砂(毛丝面)材料光朝反射方向扩散
	铝漆	60～70	30～40	
	铬(毛丝面)	45～55	45～55	
	亮面白漆	60～85	15～40	
漫反射	白色塑料	90～92	8～10	亮度均匀的雾面光朝多个方向反射
	雾面白漆	70～90	10～30	

源的位置偏离球心。球面反射镜是该镜光轴上与球心和底部中点等距离的点，当光源置于该点时，近轴区的反射光近似平行光，虽然光的质量要比抛物面反射镜产生的平行光差，但该反射器加工比较方便。

(2) 旋转抛物面反射器的母线。

为抛物线，绕其光轴旋转 180°后即构成，若一点光源置于抛物面反射镜的焦点上；则所有的反射光都将平行于光轴。

(3) 椭球面反射器母线。

为椭圆形，它有两个焦点，若某个小光源放置在一个焦点 F 上，则反射光将通过焦点 F′。如将椭球反射器在 AB 处切开，则所有的光线看上去都像是从焦点 F′发出的。如在 AB 处加上一盖子，中央留一个孔，则所有的光线仍然能够通过这个小孔。在某些情况下可以利用这一性质，通过一个狭小的开口发射出发散的光，这样可以很容易地隐蔽光源。

(4) 双曲面反射器的母线。

是双曲线。如将光源置于双曲面反射器的一个焦点 F_2 上，光线经双曲面反射后反射光的反向延长线都会交于另一焦点 F_1，反射器的出射光线就好像全部是从焦点 F_1 发出的。

(5) 复合式反射器。

是将以上基本形式加以变化组合，可构成符合性能要求的复合式反射器。

(6) 柱状抛物面反射器。

是以上几种反射器的旋转对称，适用于球形光源或发光体较短的光源。而对于柱状光源，如管状卤钨灯采用柱状的反射器，柱状抛物面反射器在水平方向光束较宽，而在垂直方向光束几乎平行，只略有发散。

2. 折射器

利用光的折射原理将某些透光材料做成灯具元件，用于改变原先光前进的方向，获得合理的光分布。灯具中经常使用的折射器有棱纹板和透镜，作为折射光线用的透镜至少有一个曲面。

(1) 凸镜光线定则。

是平行于轴的光线被反射，好似来自焦点，一条向着焦点前进的光被反射为平行于轴线的；一条向着曲率中心前进的光线被反射回到它本身之上。显然，当一小光源置于平凸透镜的焦点上时，由于折射作用形成平行光束。这项功能在投光灯中得到广泛的应用。

(2) 镜光线定则。

是平行于镜轴的光线经反射通过焦点；一条通过焦点的光线是平行于镜轴地反射的；一条通过曲率中心的光线反射回来到曲率中心。图 4-13 为典型折射器。

3. 漫射器

它的作用是将入射光向多方向散射出去，发生在材料内部，如在白色塑料板中；也可发生在材料的表面上，如在磨砂玻璃面上；漫射器可以使从灯具中透射出来的光线均匀漫布，能模糊发光亮点，减少眩光。

4. 遮光器

灯具在偏离垂直方向 45°～85°的范围内，出射的光要少，否

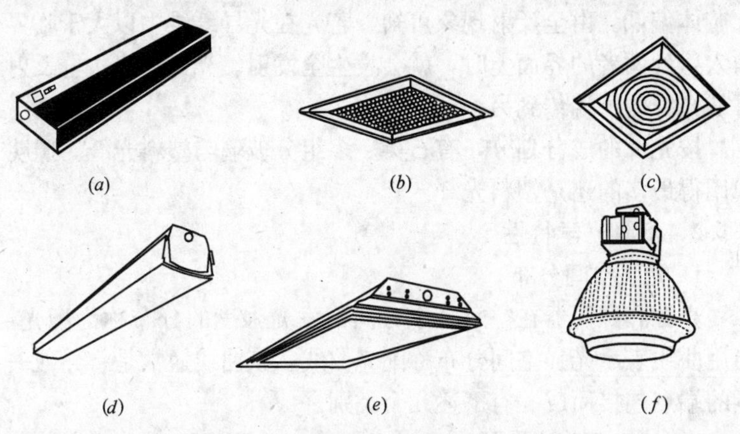

图 4-13 典型折射器

(a) 吸顶灯棱纹板；(b) 嵌入灯扩散透镜；(c) 菲涅耳透镜；(d) 荧光灯包盒式棱纹板；(e) 嵌入式荧光灯棱纹板；(f) 低天棚工矿灯棱状透镜

则会造成眩光。最好是在该角度范围内完全看不到灯具中发光的灯泡。只有通过灯具自身设计来增大保护角是可行的。然而又往往会使灯具的反射器或灯罩变得比较深。另一种解决的办法是采用一些遮光器件将之附加到灯具上，从而实现增大灯具保护角、减少眩光的效果。图 4-14 给出了 3 种常用的遮光器，其网格越密、厚度越大，则保护角范围越广，其相应地光损失也有所增大。故须全盘综合考虑。一般荧光灯具的保护角取 30°为宜。

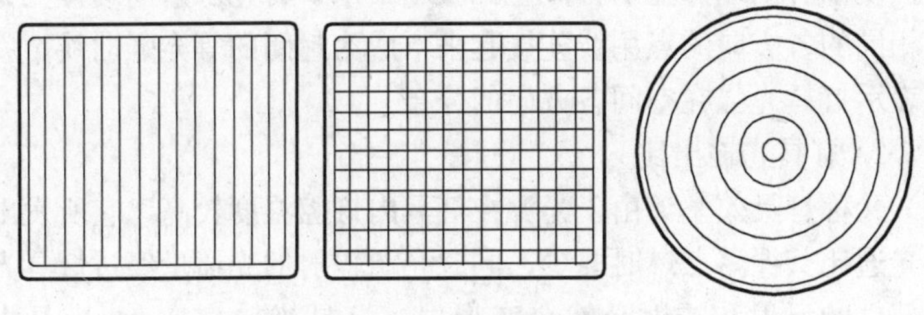

图 4-14 常用的遮光器结构

5. 光导纤维

该结构的其芯体是由透明材料制成的，外包层材料的折射率比芯体偏低。由全反射现象可知，若光在光导纤维中以大于临界角入射到两者的界面上时，就会发生全发射。光经过多次全反射可从光纤的一端传到另一端。

按光纤的成分划分，有石英、多组分玻璃与塑料光纤。照明中用得最多的还是塑料光纤。

2.1.2 灯具光学特性

1. 光强空间分布

光源和照明器在空间各个方向对发光强度的分布称为配光，当用曲线表示光强空间分布称配光曲线，该曲线通常是将光强矢量的端点连接而成。有下述几个类别。

1）极坐标配光曲线在通过光源中心的测光平面上测出灯具在该平面的各个角度的光强值。以角度为函数，连接各角度光强矢量顶端的连线即是。对于有旋转对称轴的灯具，一个测光面上的极坐标配光曲线就能说明灯具其光强在空间的分布。若灯具在空间的光分布不对称时，则需要若干测光面的配光曲线来说明其光强空间分布。

2）直角坐标配光曲线对于光束集中于狭小的立体角内的灯具，用直角坐标配光曲线即以纵轴表示光强，横轴表示光束的投射角绘制成的曲线，表示其空间光强分布。

3）等光强曲线把光源设想为球心，光源射向空间的每根光线强度都可用球体上的各点坐标表示出来，将光源射向球体上光强相同的各方向的点用线连接起来，成为封闭的等光强曲线，就能表示灯具光强在空间各方向的分布。

2. 灯具光输出比

又称灯具效率，由于光源在灯具内灯腔温度较高，它所发出的光通比其裸露点燃时要少，同时光源辐射的光通量经过灯具光学部件的反射和透射必然会有损失。灯具光输出比＝[灯具出射光道量（lm)/光源裸露点燃出射光通量（lm)]×100％。对于泛光灯又常用“有效效率”表示，它是指灯具发出的光束中，光强＞10％峰值光强范围内的光通量与光源发出的总光能量之比。通常灯具的效率与灯具的形状、材料有关。未射出的光被灯具吸收，既影响灯具的效率，又使灯具温升升高，缩短光源寿命。

3. 亮度分布和遮光角

1）亮度分布是灯具表面在不同方向上的平均亮度值。

2）灯具的遮光角以 α 表示。又称保护角。为了衡量灯具隐蔽光源的性能，引进保护角的概念。所谓保护角，是在过灯具开口面的水平线和刚能看到灯泡发光体的视线之间的夹角 α（图 4-15）。对于磨砂灯泡或外壳有荧光粉涂层的灯泡，整个灯泡都是发光体；但对透明外壳的灯泡，里面的钨丝或电弧管才是发光体。当视仰角（指水平线和视线之间的夹角）小于灯具保护角时，看不到直接发光体。因此从防眩的角度看，希望灯具的保护角大。与灯具保护角相关联的是灯具的截光角。即灯具在大于截光角的方向上没有光。由图 4-15 可以发现，保护角 α 和截光角 β 是互余的。α 的限值取决于限制直接眩光的质量等级和光源的亮度。一般灯具遮光角 $\alpha=10°\sim30°$。亮度分布及保护角直接影响到灯具的眩光。

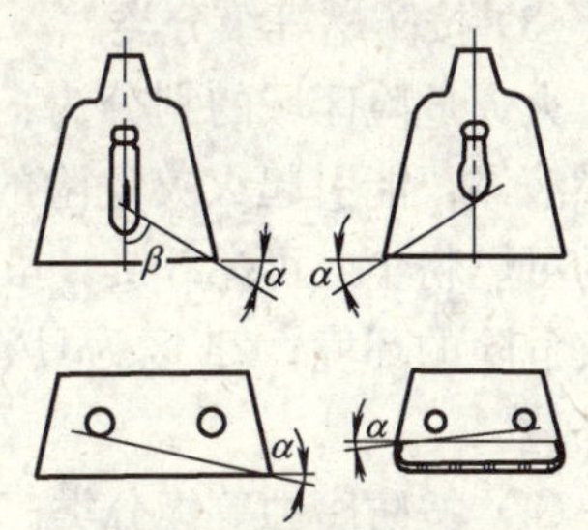

图 4-15 灯具保护角

2.1.3 灯具种类

1. 按使用的光源性质划分

对于热辐射光源，如白炽灯和卤钨灯；气体放电光源，如荧光灯具、高强气体放电灯灯具等；固体放电光源，如 LED 灯具和其他灯具等。

2. 按灯具功能划分

(1) 按外壳防护等级分类。

防止人体触及或接近外壳内部的带电部分，防止固体异物进入外壳内部；防止水进入外壳内部达到有害程度；防止潮气进入外壳内部达到有害程度。根据我国国标《灯具外壳防护等级分类》(GB 7001—1986）的规定，防护等级用 IP 表示，其分类体系是通过数字来表明外壳对抵抗外来灰尘、冲击、水入侵的保护。

(2）按防爆等级分类。

在井下、地面的不同分布及防爆措施的不同可分成三类，即Ⅰ类：矿井甲烷；Ⅱ类：爆炸性气体、蒸汽；Ⅲ类：爆炸性粉尘、可燃性粉尘。

防爆灯具的形式主要有：隔爆型、增安型、正压型、安全火花型和粉尘防爆型。其中用于气体爆炸危险场所的主要是隔爆型与增安型，用于粉尘爆炸危险场所是粉尘防爆型。

(3）按防燃等级分类。

火灾危险区域的划分为：21 区为具有闪点高于环境温度的可燃液体，能引起火灾危险的环境；22 区为具有悬浮状、堆积状的可燃粉尘或可燃纤维，虽不可能形成爆炸混合物，但能引起火灾危险的环境；23 区为具有固体可燃物质，能引起火灾危险的环境。

(4）按防腐蚀等级分类。

1）化学腐蚀环境的划分是根据化工设计标准，化学腐蚀环境可划分为 3 类：轻腐蚀环境（0 类）、中等腐蚀环境（Ⅰ类）、强腐蚀环境（Ⅱ类）。

2）防腐灯具的防护类型分类有户外防轻腐蚀型（代号为 W)；户外防中等腐蚀型（WF_1)；户外防强腐蚀型（WF_2）户内防中等腐蚀型（F_1)；户内防强腐蚀型（F_2)。

3）防腐灯具标志及选型要知道防腐灯具安装场所属于哪一类腐蚀环境，再按表 4-20 择相应的灯具。

(5）接防触电保护分类。

为了电气照明安全，灯具所有带电部分必须采用绝缘材料隔离。灯具的这种保护人身安全的措施称为防触电保护。根据防触电保护方法，灯具可分为 0、Ⅰ、Ⅱ和Ⅲ 4 类。

户内外腐蚀环境用灯具　表 4-20

名称		环境类别		
		0类	Ⅰ类	Ⅱ类
灯具(含开关、接线盒等)	户内	普通型或防水防尘型	F_1 级防腐型	F_2 级防腐型
	户外	防水防尘型	WF_1 级防腐型	WF_2 级防腐型

注：在选用防腐灯具时，必须由生产企业提供经国家确认的环境适应性检测部门所签发的试验合格文件。

3. 按灯具品种划分

(1) 常规灯具。

1) 露明式荧光灯具属半直接型灯，下半球光通多于上半球光通，灯具效率大于 80%。由于灯具上半球光有一定的比例，室内空间亮度高，光环境亮度对比小，舒适而不易疲劳，宜用于室内各面反射率较高的场所（办公室、商店、公共场所）。

2) 控照型荧光灯具是采用铁板制成反射罩，内涂白色烤漆，或采用高纯铝反射罩包括蝙蝠翼配光灯具，白漆涂装灯具配光为中照型，如要求窄配光应使用铝反射灯罩。此类灯具适用于工作面要求照度高，室内反射条件较差的场所。单管探照灯效率 84.2%，双管仅有 69.2%，因其两个灯管之间距离太近造成，所以双管灯需进一步改进。蝙蝠翼配光灯具主要用于教室照明。

3) 格栅式荧光灯具装饰与功能兼顾，由于格栅的保护角对灯具效率影响极大，因此要慎重选取。格栅的作用是减少眩光并形成类似天空光的模式，对建筑的装饰效果也十分重要。密格栅荧光灯由于效率极低，逐渐被淘汰。在选择时应注意，灯具效率小于 50%者不宜采用，应优先选用大格栅（抛物线格片），稀格栅灯具。这种灯具立体和豪华感突出，装饰性强，灯具效率高，节能效果明显；灯具内上反射罩尽量采用镜面反射，以提高灯具效率而节能。

4) 漫射式荧光灯具光线柔和，但是当选用有机塑料板衬时，因其透过率较低，灰尘污染以后光效下降严重，应用在逐渐减少。开启式荧光灯效率 82%，透明棱镜灯效率 66%，乳白玻璃板灯效率53%。

5）框架式荧光灯具是当前国际上流行的一种灯具，采用铝合金拉伸工艺制成，为单元组合形式，造型简洁明快，灵活性适应性强，对建筑物装饰效果好。灯具的光分布有少量上射光，水平方向的光较多，因此空间亮度高，适于公共场所照明。目前国内有圆形和方形两种形式框架灯，灯具有标准连接件、可以组成光带或各种图案。

6）高照度白炽灯具不用灯罩，正下方照度比传统提高50%。

7）节电型荧光灯具新装灯初期光通量与普通荧光灯相同，亮度下降少，保持率高，故所用灯数比一般要少；灯的完好率高；高光通量提高23%。

8）高显色荧光灯具平均显色指数为84，比白色荧光灯的显色性好；色温在白色和日光色之间5000K，光色清新明亮，因此亮度感提高。与一般白色灯相比，末期光通量相同。

9）高照度环形荧光灯与环形灯具组合，正下方照度比传统型提高15%。

10）球形荧光灯具亮度大致和60W白炽灯相同，但寿命提高4倍，节电50%。拧入白炽灯用灯座就能点燃。

11）新型金属卤化物灯具属于最高效率显色性光源。内装双金属开关，因为启动电压低，所以可用普通汞灯镇流器。

12）高效高压钠灯具在目前光源中，效率是最高的。内装双金属开关，启动电压低，可用普通汞灯镇流器。

（2）太阳能灯。

它是利用太阳能转化为电能后，存储在蓄电池内，当光线暗到一定程度时，光控开关会自动释放能源，启动照明设备。这种先进的节能设施将被广泛应用。

4. 按灯具出射光通分布划分

（1）国际照明委员会（CIE）建议分类。

这是一种按照明器向上、下两个半球空间发出的光通量的比例来分类的方法，按此方法将室内照明器分为五类。

1）直接照明器指光通量90%～100%直接投照下方，所以照明器光通的利用率最高。但因反射面的形状、材料与处理差异很大，或出口面上的装置不同，出射的光线分布有的很宽、有的集中，变化很多。

2）半直接照明器其60%～90%光通量是射向下半空间，少部分射向天棚或上部墙壁等上半空间，向上射的分量将减少影子的亮度并改善室内各表面的亮度比。

3）漫射型或直接—间接照明器向上向下的光通量几乎相同，各占40%～60%。

4）半间接照明器向上光通占60%～90%，向下分量往往只用来产生与天棚相称的亮度，此分量过多或分配不适当也会产生直接或间接眩光等一些缺陷。

5）间接照明器90%～100%光通向上，设计得好时，全部天棚成为一个照明光源，达到柔和无阴影的照明效果，由于照明器向下光能很少，只要布置合理直接眩光与反射眩光都很小。此类照明器的光通利用率比前四种都低。

（2）直接型照明器光强分布分类。

带有反射罩的直接型照明器使用很普遍，其光分布变化范围很大，从集中于一束到散开在整个下半空间，光束扩散程度的不同带来截然不同的照明效果。按光分布的窄宽进行分类，依次命名为特深照、深照、中照、广照、特广照5类，并用它们的最大允许距高比 s/h 来表示，见表4-21。

直接型照明器按最大允许距离比分类　　表4-21

分类名称	距高比	1/2照明角/°
特深照型	$s/h \leqslant 0.5$	$\theta \leqslant 14$
深照型（狭照型、集照型）	$0.5 < s/h \leqslant 0.7$	$14 < \theta < 19$
中照型（扩散型、余弦型）	$0.7 < s/h \leqslant 1.0$	$19 < \theta < 27$
广照型	$1.0 < s/h \leqslant 1.5$	$27 < \theta < 37$
特广照型	$1.5 < s/h$	$37 < \theta$

2.2　灯具节能设计选型

2.2.1　选择要素

在照明工程中选择合适合理的灯具十分重要。主要从需要性、经济性、技术性和节能性等方面考虑选用灯具：需要性，主要满足使用功能、环境和照明质量要求，经济性，考虑灯具的效率、初投资和长期运行费用等；技术性，主要指灯具本身的技术特征如配光特性、利用系数、保持率、使用安全等性能；节能性，主要指标系灯具效率、配光曲线特性以达到节能环保的目的。

1. 使用功能和环境要求

合理考虑功能性（良好的照明效果）、装饰性（美观、协调）和使用环境。

1）在高温度环境里应限制使用带密闭玻璃罩的灯具，而采用耐高温的气体放电灯。如果用白炽灯，应降低灯的额定功率使用。

2）在潮湿的环境里应将导线引入端密封。为提高照明技术的稳定性，采用内有反射镀层的灯泡比使用有外壳的灯具有利。

3）在有腐蚀环境下宜采用耐腐蚀材料制成的密封灯具，在有化学性质活泼的介质的环境中，选择灯具必须适应环境的要求，使用塑料、玻璃、陶瓷等能耐腐蚀的材料制成的灯具。

4）在有灰尘的环境里应根据灰尘的数量和性质选用灯具，如限制尘埃进入的灯具，或不允许灰尘通过的尘密型灯具。

5）在有水压力冲洗的场所必须采用防溅防水型灯具。

6）在有易爆易燃的环境里应根据爆炸危险的介质分类等级选择相应的防爆灯具。

7）在具有食品存在的场所必须防止灯泡从灯具内脱落，可采用带有整体扩散器的灯具、格栅灯具、带保护玻璃的灯具等。在振动较大的场所，也应采取防灯泡松脱的措施。

8）在医疗卫生场所应选用积灰少、易于清扫的灯具，如带整体扩散器的灯具等，此类灯具也适用于电子和无线电工业中的某些房间。

2. 经济实用性要求

主要考虑投资、运行和维护费用：投资费，主要包括灯具购置及其安装费用、照明灯购置费用；运行费、主要指点燃灯泡消耗的电能费用和光源附件、控制设备等费用、更换灯及附件、控制装置等消耗的人力所支付的费用。维护保养费，平日的光源灯具清洁、保养所消耗的人力费用及相关的费用。还要考虑性能价格比和能源效益的结合。

例如采用活性炭过滤器、密闭式灯具点灯时灯内温度上升，空气膨胀内压增加，常由灯具内微小间隙流出；灯具关闭后，其温度下降，内压降低，通过灯具小间隙又吸进外部空气，与此同时，外部杂质也一起吸进，使灯具遭受污染。

为了防止该现象的发生，专设通气孔并在其中安装活性炭过滤器，吸附掉外界脏物，尤其是 NO_2、SO_2 和碳氢化合物气体，以降低灯具内污染和老化。表 4-27 比较了，有无活性炭过滤的两种密封灯具的光效率在寿命期内的变化情况。经 4 年运行后换上新光源，非过滤灯具的光输出与初期值相比下降了 13%，而过滤灯具中降低了 2%。另外表中的数据也说明了在灯具使用中维护的重要性。

3. 技术性能要求

（1）高利用系数灯具。

选择灯具应使其出射光通最大限度地落到工作面上，即有较高的利用系数。它取决于灯具效率、配光、室内装修等因素。一般情况下利用系数的高低主要取决于直射光通量。其实房间高度的变化其反射光通的变化并不大。矮而宽的房间室空间比（RCR）值小，多数直射光通还是落在工作面上，利用系数较高；高而窄的房间室空间比（RCR）值大，直射光落到工作面上的部分则减少，利用系数降低了。

在照明设计时，RCR 为定值。为了提高利用系数，使灯具的光通量比较均匀地分布在工作面上，可参照表 4-22。需根据 RCR 的数值，选择合适的配光类型；此外在选择灯具配光时，还要考虑限制眩光的要求，因而采用表面亮度符合亮度限制要求、遮光角符合规定的灯具。

灯具配光选择 **表 4-22**

室空间比/RCR	选用灯具的最大允许距高比/(L/h)	配光种类
1～3	1.5～2.5	宽配光
3～6	0.8～1.5	中配光
6～10	0.5～1.0	窄配光

（2）高保持率灯具。

高保持率系指在灯具点亮期间光通量降低值较少。光通降低包括光源光通下降、灯具老化污染引起的灯具输出光通量的下降。

1）常用的照明光源中，正常使用时高压钠灯光通降低最少，寿终光通约降低 17%；金卤灯光通降低量大，寿终光通约降低 30%；高压汞灯寿终光通降低约 20%。

2）灯具用石英玻璃涂层，铝反射罩通常进行表面阳极氧化，形成 Al_2O_3 膜以防止灯具老化。高保持率灯具在灯罩表面涂一层高纯度石英玻璃，一方面可提高耐热冲击性能、增强抗弯强度，以提高表面平滑度而不易积灰，易于用水冲洗；另一方面高纯度 SiO_2 对酸碱（除氢氟酸外）具有耐腐蚀的性能，能在进入该腐蚀作业环境下长期安全使用。

如果灯具采用蒸镀银反射面，其效率会有所提高可从59%～72%；若选用蒸镀多层透明反射材料还可将效率提高到从70%～85%。以上两种材料均可达到节能的目的，它使灯的表面不易积尘及遭受腐蚀，且容易清扫。该具有防尘、防水、密封要求的灯具，应经过试验达到规定的 IP 防护等级。

（3）影响灯具性能及效率因素。

选灯时起着主导作用的是灯具效率的高低。高效灯具设计应合理、节能和降低投资。影响灯具效率的因素有以下几方面。

1）灯具反射器决定灯具能否将光线绝大部分反射到外部，并且还具减少灯内的多次反射和吸收，否则灯具光输出的效率会受到很大的制约。

2）清除灯具反射器及透射材料不得忽视。因反射罩的特性包括扩散反射和正反射，有功能要求的，应优先采用扩散性反射材料，如白色涂漆、密胺、丙烯涂装以及半镜面电化铝板等；要求集中控光的，宜采用镜面反射板如铝喷镀，铝电解研磨以及玻璃镜面等；在照明器中常用高纯铝板制作反射器，纯度为99％～99.7％。在使用＞99.7％纯度铝板并进行电抛光处理时，反射率可高达 94％。一般经过阳极化处理的铝板反射率＞玻璃反射罩因重量大、易损坏，使用越来越少。

还有一种材料是灯具经常用的透光罩，当光垂直入射时，透过的光以相同的方向穿透；斜方向入射时，由于不同密度的介质使光线的镜介面产生屈折，造成透射光的方向改变，利用该屈光制成灯具。通常有棱镜和塑料、玻璃等。透射材料不同透过状态也不同，基本可分为 3 种类型：定向透射光是按照一定方向传播的，如玻璃；漫透射光是通过散射性好的材料，透射光将均匀地分布在整个光球空间内，如乳白玻璃；定向温透射在透射方向上发光强度较大，在其他方向光强较小，如磨砂玻璃。关键一点是凡散射性好的材料透过光线较柔和，灯具内光源在透射材料外面能看到影像，同时应控制光源与透射材料的距离，保证运行的安全。

3）减少格栅影响，要注意由于格栅的作用是减小眩光。故应利用格栅就控光造成类似天空天然光照明的模式。因格栅阻挡人们是看不到光源的，而通过格栅的散射作用使光变得类似一个发光顶棚。近几年又出现了抛物线形格栅，除了起到上述作用外，还具有灯具反射罩控光的作用。因其外形美观，所以装饰作用较其他格栅突出。另外，格栅灯还具有功能、艺术的双重作用，以装饰还是以功能为主观工程需要而定。格片颜色主要用于艺术气氛照明，其减少眩光的作用了较明显。

常用格栅材料有塑料、有机玻璃、铝、铸塑成型外面真空镀铝等。镜面抛光铝、无光磨蚀铝、无光铝格栅均降低灯具亮度较少；塑料格栅和有机玻璃格栅易老化、易污染难于清扫，对灯具的效率影响也较大，几乎不使用镜面格栅限制亮度效果较差，灯管影像清晰、眩光严重不宜采用。为了减少眩光削弱灯管影像，采用波纹状格片，格片亦可为镜面、半镜面或无光片；格栅的保护角对灯具的效率和光分布有所阻碍，保护角加大灯具效率成直线变化下降、光分布随保护角加大配光变窄，曲线变化大多符合规律。保护角为 20°～30°时，灯具格栅效率为 60%～70%。当保护角在 45°～50°时，格栅效率变为 40%～50%。

还有格栅灯上部空腔也和灯具效率相关，当增加空腔厚度时，势必造成灯具效率下降。反射率对灯具效率影响极大，采用白色无光泽空腔时灯具效率下降，腔内采用镜面反射器时灯具效率提高。格栅形状有正方形、矩形、菱形、六角形、圆形、正三角形、网状等。附件引起光输出下降应予重视，电力消耗增加对节能显然不利。表 4-23 中列举了工厂扩散型灯具和嵌入式荧光灯灯具增加附件后光损失的比例。当这些具有遮光附件的灯具被污染以后会进一步减光，灯具效率还要下降 5%～6%，因此在保证光质的条件下尽量选用开启式灯罩。

由于光滑板面灯具光线反射后会回到灯泡上，灯泡阻挡光线射出。引起灯具效率下降，灯泡温度上升，寿命降低。块板的作用是使反射光改变路径，离开灯泡，增加光输出，提高灯具效率，延长灯泡寿命，并且减少眩光。块板灯具比光滑板面灯具效率提高约 5%～20%，节能效果显著。如某办公室面积为 $12\times27=324m^2$、高度 2.5m、照度为 1000lx，采用开启式、棱镜透明板和乳白玻璃嵌入式荧光灯 3 种照明方式，耗电指标见表 4-24。从表中可看出，开启式荧光灯经乳白玻璃板式荧光灯节电 40%。

灯具附件与效率关系　　表 4-23

灯具种类	附件	灯具效率/%	灯具效率之比/%
高大车间用扩散型	无	79	100
	保护罩	73	92
	格栅	59.5	75
嵌入式荧光灯	开启式	82	100
	透明棱镜板	66	80
	乳白玻璃板	53	65

所需灯具与电力比较　　表 4-24

参数	开启式荧光灯	棱镜板式荧光灯	乳白玻璃板式荧光灯
灯具效率/η	0.82	0.66	0.53
维护系数/K	0.75	0.7	0.7
所需灯具数/N	85	113	140
所需电力/kW	8.5	11.3	14
单位面积耗电指标/(W/m²)	26.2	34.9	43.2

4. 满足配光曲线选用灯具

光源或照明器各个方向光强分布为配光，若将光强用矢量表示，并将其端点连接来表示光强分布状态。灯具配光合理选择可提高光的利用率，以实现最大限度地节能。选择灯的配光时应注意：当室空间比值较小时，如果选窄配光灯具，利用系数虽然较高，但均匀度不能满足需要，所以应选用宽配光灯具；当室空间比值较大时，若选用宽配光灯具，利用系数很低，光则大部分损失在空中或落到墙上，故改用窄配光灯具才能提高利用率。

高效节能灯的发光颜色有多种多样，应根据灯具的使用场合，购置所需节能灯具。还应注意观察灯具上的标识，RR 表示日光色、RI 表示中性白色、RL 表示冷白色、RD 表示白炽灯色。家庭一般选用日光色和白炽灯光色较为适合。使用中得出结论是选节能灯，一只节能灯每年节约的电费，就可回收一只高效节能灯。

除装饰灯具外，凡与灯中垂线夹角成 60°～90°范围内的光线，较多的灯具不宜采用，因为此部分光为眩光，对视觉作业有害，降低可见度，不利节能。按照配光曲线（图 4-16）种类选择灯具的分类，在我国没有统一的规定，按照国际照明委员会（CIE）配光分为 5 种，以灯具上半球和下半球的光通比例区分不同种类配光灯具的使用场所。

(1) 直接型宽配光是下射光通 90%。

它属于节能范畴。可嵌入式安装、网格布灯，提供均匀照明，用于只考虑水平照明的工作或非工作场所。如室空间比很小的工业厂房，在深色顶棚和大房间低顶棚情况下，会造成不堪忍受的眩光，若遮光效果良好，可降低灯具亮度和顶棚之间的对比；对于中配光不对称型，其光线偏向一侧，这种不对称配光使被照面获得比较均匀的照度。可广泛用于建筑物的泛光照明。它是通过照亮一面墙的办法转移人们的注意力，可缓解出行的道路狭窄感。用于工业厂房可节约能源、便于维护，若用于体育馆照明，可提高其垂直照度；在高度太矮的室内场所不使用这类配光的灯具照亮墙面。因为投射角太大，不能显示墙面纹理而产生所需要的效果。

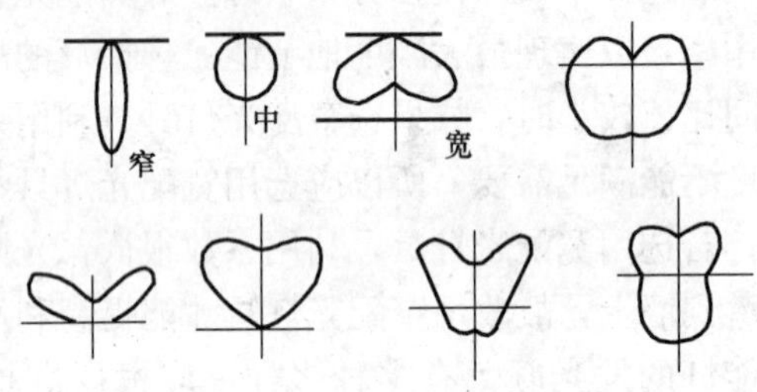

图 4-16　灯具配光曲线

(2) 半直接型是上射光通≤40%。

由于供环境照明可缓解阴影，下射光供作业照明可使室内具有适合各种活动的亮度比。因大部分光供给下作业照明，同时上射光量小，从而减轻了眩光，适于均匀作业照明灯具。现在广泛用于高级会议室、办公室；但不适用于很重视外观设计的场所。

以上两种方案的结合为直接间接型，其上射光通和下射光通相等。因灯具侧面的光输出较少，所以安装在可控制直接眩光处。适用于要求高照度的餐厅与购物等工作场所，能使空间显示得宽敞明亮。注意在展示空间处理方面要有主次场所之分。

(3) 间接型是上射光通>90%。

因顶棚明亮，反衬出了灯具的剪影。灯具出光口与顶棚距离不小于500mm。适于显示顶棚图案、2.8～5m的非工作场所照明，或者用于高度为2.8～3.6m，视觉作业涉及反光纸张、墨水等精细作业场所；顶棚无装修、管道外露，或视觉作业是以地面设施为观察目标的空间，不宜用于一般工业生产厂房。

(4) 半间接型是上射光通>60%。

由于灯的底面也发光，灯具与顶棚融为一体更趋环境明亮，既不刺眼也无剪影等。适用于增强作业面的照明；在非作业区及走动区内，其安装高度大于人眼位置，不应在楼梯中间悬挂该种灯具，以免对下楼者产生眩光。且不宜用于一般工业厂房。

(5) 漫射型的光通量全方位分布。

采用乳白玻璃等大直径漫射外壳，以控制直接眩光。适于非工作场所非均匀环境照明。灯具安装在工作区附近照亮墙体上部，以及厨房与重点作业照明结合使用。只因漫射光降低了光的方向性，因而不适于作业照明，但可用于易受眩光限制的作业，如化妆照明。

2.2.2 照明节能是选型的关键

光源虽是首要因素，灯具、电容器、镇流器等对照明节能的影响不可忽视。如带漫射罩（光栅）的直管荧光灯的高效优质产品比劣质产品的效率可以高出一个可观的数量级。还要处理好能量效率与装饰性的关系。当前，在民用建筑照明设计中出现有一种片面的做法，即重灯具的装饰性而轻视灯具效率和光通的利用曾造成相当大的能量消耗，还得不到优质的照明效果。所以采用高效节能灯、提高光通利用率，注意与新型光源配套，以及合理的照明控制是成功选型的重点。

1. 照明节能与环保并重

节约电能对保护环境具有重要意义。在火力发电的情况下，每生产 1kWh 电，对空气产生的污染物的数量分别为 SO_2 9g、NO_x 4.4g、CO_2 1.1kg；燃油发电产生 SO_2 3.7g、NO_x 1.5g、CO_2 860g；燃气发电产生 SO_2 5g、NO_x 2.4g、CO_2 640g。且 CO_2 在大气中的积累，吸收地面释放的红外辐射，形成大气的“温室效应”，导致全球变暖，冰山融化和海水膨胀，海平面升高，改变生态系统，影响人类的生产和生活。

大量节约电能，可以有效地保护环境，减少污染，提高人们的健康水平。提倡照明节能并不等于降低对视觉作业的要求和降低照明质量，照明节能基本原则是保证不降低工作场所的视觉要求，在保证照度标准和照明质量的前提下，力求减少照明系统中的能量损失，最有效地利用电能。

2. 照明节能措施

(1) 选择效率高的灯具。

既要美观又要有科学分配光的功能。关键指标是灯具效率。灯具效率是灯泡的光通量作为100时，安装在灯具里后输出光通量的百分比。它可以根据场所的需要，将光线送到不同的地方，即科学用光又视觉舒适。如学校教室最早采用的双端直管型荧光灯梯形控罩式灯具，是铁皮涂白色油漆制成，其配光不合理，灯下桌面照度高，两灯中间桌面上照度低，灯具效率约为70%。改进后，选用抛光氧化铝制作的双曲面灯具，曲面形状科学，成为蝙蝠翼形状的配光，该材料反射系数提高了，灯具效率提高到82%。由该例可知，同样数量的相同灯管，前者达不到要求，而后者采用良好的灯具既提高效率又节能。

灯具的效率对节能的作用很大。若灯具效率太低，用其他方法很难给予补救。采用高效率节能灯具，在满足眩光限制条件下，选择直接型灯具为好。其中，宽配光灯具效率为75%～85%，窄配光灯具效率为66%～75%。室内灯具效率＞70%。市场上有些灯具效率仅有30%～40%，光源发出的光能大部分被吸收，能量利用率过低。在允许的情况下尽量少采用格栅和带保护罩灯具。室外灯具的效率>55%。根据使用现场不同，采用控光合理的灯具，如多平面反光镜定向射灯、蝙蝠翼配光灯具、块板式高效灯具等。采用分相补偿方式，要提高效率，一方面要有科学的设计构思和先进的设计手段，运用计算机辅助设计（CAD）计算灯具的反射面和其他部分。选用分相无功功率自动补偿装置效果上乘。近几年来，不少厂家所研制开发的分相无功功率自动补偿装置，其特点具有同时分相补偿功能：它可以自动测量三相回路中每相负载的功率因数，并分相进行自动补偿，从而使每相的功率因数都达到最佳状态。三相同时补偿与分相补偿的区别在于，前者三相电容同时投切，在最差条件下，功率因数不平衡的三相，只有采样的那一相得到了完全补偿，其他两相空载零电流变为容性电流，线路的能耗反而增加；无功功率自动补偿装置其节能效果好。

分相补偿后的总能耗

$$\Delta An=3(I_{\mathrm{p}}/\cos\phi_1)^2R \tag{4-2}$$

式中，I_{p}——单相有功电流，A；$\cos\phi_1$ 为分相补偿后的功率因数值，0.95；R 为单相损耗电阻值，Ω；$\cos\phi_2$ 为偿前的功率因数。

其补偿前的总能耗：$\Delta Ao=3(I_{\mathrm{p}}/\cos\phi_2)^2R$

节能率：$\Delta A=[1-(\cos\phi_2/\cos\phi_1)^2]\times100\%=72.29\%$

补偿后的线路电流：

$$\Delta I=I_2-I_1=I_{\mathrm{p}}(1/\cos\phi_2-1/\cos\phi_1) \tag{4-3}$$

式中，I_2 为补偿前的线路电流，A；I_1 为补偿后的线路电流，A。

补偿后的线路功耗

$$\Delta P=3\Delta UI=0.05\times3UnI_{\mathrm{p}}(1/\cos\phi_2-1/\cos\phi_1) \tag{4-4}$$

$$\approx0.05Pn(1/\cos\phi_2-1/\cos\phi_1)$$

式中，Pn 为额定三相功率为 60kW；Un 为额定工作电压，V；ΔU 为线路压降（$=5\%Un$）。

年节约电费：

$$R_1=\Delta P0.05Pn(1/\cos\phi_2-1/\cos\phi_1)\times 12\times 300\times 0.95\text{元}$$
$$=9720\text{元。}$$

式中，每天使用时间为12h/d；每年使用时间300d/a；电费为0.95元/kWh。

由于分相无功功率自动补偿装置有显著的节能效果和良好的经济效益，已受到广泛的关注。尤其值得一提的是，该补偿装置对一些已建成或改建工程供电系统来说，在提高由于电感镇流器所带来的低功率因数的影响方面具有现实意义。

(2) 选择节电的照明配件。

在各种气体放电光源中是需要的总计。如镇流器，T12荧光灯其电感镇流器要消耗其20%的电能，40W灯镇流器自身耗电8W。而节能型电感镇流器则耗电<10%。电子镇流器则只耗电2%~3%，该项节电措施能效实出。

(3) 照明节电器在国内外大力推广使用。

系在照明系统上加装节电控制设备。国内照明节能设备很多，其中照明控制节电装置所占比例大。可分为以下几种。

1) 一是可控硅斩波形应用可控硅斩波原理，通过管子的导通角，将电网输入的正弦波电压斩掉一部分，以降低输出电压的平均值，达到控压节电的目的。该节能调控设备对照明系统的电压调节速度快、精度高，可分时段适时进行调整使其具备稳压作用；主要是电子元件具有体积小、设备轻、成本低的特点。可不足的是可控硅斩波电压无法实现正弦波输出而出现谐波，对电网造成污染及危害，不得用于有电容补偿电路中。然而气体放电灯功率因数一般在0.5以下，必须设计用电容补偿，才能满足现代照明功率因数0.9以上的技术规定。

2) 二是自耦降压式，是根据输入电压的高低，连接不同的固定变压器抽头，将电网电压降低至10、15、20V，从而达到降压节电的目的。这类产品最大的优点是电压为正弦波，结构功能简单、可靠性较高。技术缺陷是无法实时稳压输出的。原因为核心部件的一个多抽头变压器。其变比固定时，副边有 10、15、20V 三个抽头，一旦电源接线固定，降低的电压就是固定值。一旦电网电压波动时，节电产品输出电压也会上下波动，难以起到对电光源的保护作用。

3）三是智能照明调控器，采用电脑控制系统，实时采集输出、输入电压信号与最佳照明电压比较，通过计算进行自动调节，从而保证输出最佳照明系统工作电压。

智能照明调控装置既有上述两类节能产品的优点，又克服其不足，还又增加了许多实用功能以及整体的安全可靠性；实时调压稳压，以保证最佳的照明工作电压和灯具的保护功能；多段自动调整，可满足不同用户在不同时间段的节电要求；灯具软启动、软关闭可降低冲击电流，提高灯具寿命；三相独立可调，一相故障不会影响其他两相正常工作。

虽然这类照明节电产品的成本高，但由于可实现智能照明调控，有效保护电光源，降低电能消耗，经济性和可靠性好于前者，是目前国际上比较成熟的照明控制系统，国内产品也推向市场。

加装照明节电器使照明光源（气体放电灯或卤钨灯）在标准的电压条件下才能保持其额定寿命，当电压偏高或不稳时，会影响光源的寿命。加装照明节电器，除保持电压的稳定或略有所降，即节约用电又能延长光源的寿命，同时由于照明初设计时考虑维护系数的计算有 20%的照度余量，所以不会影响照度标准值的维持，更不会对视觉效果有明显的影响。

加装照明节电器还可以利用微机进行智能控制；通过内置的专用优化控制软件，随时采集、分析和计算，控制内部的综合滤波电路，控制电流波形，补偿功率因数，吸收内部失真电流并转化为有用的能量，提高整体电源效率，随负荷变化动态调整运行状态下所需的电流和电压，对功率进行自动调整，达到智能节电的目的，照明节电器大多数节电率在 25%以上。

照明节电器的优点是接入方便，自动调节无需专人维护，减少有功功率消耗，降低无功功率，多重保护安全可靠，降低启动电流延长光源寿命1倍以上。有些节电器还可以采用先进的防雷技术，经过集成优化设计防止照明电路受到雷电损害而引起事故。

3. 空调照明一体化灯具

在有空调的房间多使用荧光灯，灯的输入功率有19%转变为可见光，其余功率都变为辐射热和对流传导热散失在室内，镇流器的功率也变为热量，影响着空调的冷量。为了节能，应把这部分热量夏季挪出，冬季加以利用为此可采用空调照明一体化灯具。该灯具有以下两种运行方式：夏季应用空调降温时，采用单层壳体空调灯具，通过灯具的空气将热量带走散失在顶棚空间内，再用风机排到室外，可排出灯具发出热量的50%～60%，空调冷量可减少约20%。但从管道需补进新风，使冷负荷约需增加5%，最终约使用电消耗节省10%。这种灯具对大面积空调设施节能具有重要意义；冬季采暖时系统改变，将灯具发出的热量用于供暖系统，以减少供热量。

3 启动设备

3.1 基本状况

气体放电灯须与镇流器、启动器配合使用，才能使其启辉、点亮及稳定工作。

1. 镇流器

荧光灯、高压气体放电灯点燃时，都处于弧光放电状态。一般情况下，弧光放电具有负的伏安特性，具有该种特性的元件接入电网后，工作是不稳定的。每当电路中电流增加时，电压反而下降，会导致回路电流的增加。如此循环将使回路电流无限制地增加，直到电路中的某部分被过流毁坏为止。

只有把灯和电阻串联起来，让回路产生相对的正伏安特性，使得电路工作稳定；对于交流回路，还可以用电感或电容来代替电阻，将其串联在电路中，用以抑制不稳定的弧光放电电阻或电感等统称为镇流器。它的类型主要有电阻型、电感型、漏磁变压器型、电容型、LC型和电子型。

(1) 电阻镇流器。

常配用在直流电源放电灯电路中，设计、加工都比较简单，但功耗大、功率低。也可配用在交流电源放电灯电路中，如自镇流高压汞灯，应用钨丝作电阻的镇流器。只是会影响灯电流的波形，并使灯的发光效率下降，稳定性变差。

(2) 电感镇流器。

又称电抗器、扼流圈，属于滞后型镇流器，即灯电流相位滞后电源电压相位。它主要配用在交流电源的气体放电灯电路中，根据电源电压、灯电压和灯电流进行设计，以考虑灯的电气参数以及损耗、温升等。基本上由铁芯、线圈等有关绝缘材料组成，性能稳定可靠，只是较笨重、且有噪声。

(3) 漏磁变压器镇流器。

属于滞后型，能获得较高开路电压的镇流器。它利用变压器的漏磁特性，等效作电感镇流器。突出优点是使灯启动方便。缺点是功耗、噪声比电感镇流器大得多。

(4) 电容镇流器。

配用在交流电源的放电灯电路中，不限制灯的瞬时电流，仅限制每半周中通过电路的总电荷量。因此，在低频交流电路中很少应用。但在20～100kHz的较高频率交流电路中，电容作为镇流器用，从而获得满意的效果，如功耗较小、电流波形失真小、体积小、重量轻、且无噪声。

(5) LC镇流器有。

两种构成方式，一是由电感和电容串联组成的镇流器，属于超前型镇流器，即灯电流相位超前于电源电压的相位。与电阻镇流器、电感镇流器比较，LC镇流器具有功耗小、稳定性和灯启动时的短路特性好；二是由漏磁变压器和电容组合，同属超前型镇流器。如参数选择适当，可较好地改善功率因数，缺点是设计、加工都比较复杂。

(6) 电子镇流器。

是由电子元件组合而成的新型镇流器，其损耗、体积、重量、功率因数和闪烁等参数均优于上述各类镇流器。它实质上是一个电源变换器，使工作于电源频率 50 或 60Hz 的灯管处于 20～100kHz 工作状态。目前，实际应用的电子镇流器分为两种。一是以低压直流电源供电的电路，称为晶体管镇流器，又称逆变器；二是以交流电网供电的电路，称之为电子镇流器。

2. 启动器

(1) 一般气体放电灯的启动过程。

由弧光放电开始，需要一个比灯电源线路高得多的电压。这一高压的产生通常需要启动器和镇流器共同作用来完成。

常用的电感镇流器启辉预热式荧光灯启动电路，是利用氩气的辉光放电，其本身动、静电极接触，启动器接通预热灯丝，随后辉光放电停止，动、静电极冷却并瞬间分开。镇流器电感产生反向电压，使灯管中气体击穿，产生弧光放电，灯点燃。

低压钠灯的点燃过程是在线路中接入漏磁变压器，灯丝不必预热。只要接通电源，漏磁变压器开路产生一个高电压，灯立即点燃，但启动稳定时间约需 10min。

(2) 产生脉冲高压或脉冲高频高压使放电灯启动的附件。

称为触发器。其启动方式有：灯内辅助启动电极（或双金属启动片），这些称为内触发器；在灯外利用触发电路产生高压脉冲将灯内的气体击穿的，统称为外触发器。高压汞灯、高压钠灯的外触发器产生的脉冲电压高达 3～4kV，而金卤灯的外触发器通常会产生工频每半周 6～12 次的 2～12kV 的脉冲高电压。

当灯管启动后进入工作状态，触发器不再工作，灯依靠镇流器稳定工作。

3.1.1 启动设备特征

启动设备是目前人们较为忽视电器附件，尤其是气体放电灯的镇流器，它对照明节能影响很大。例如直管荧光灯的电感镇流器自身功耗为灯体功率的 20%～25%，有的低质产品达 30%。然而，国外一些低功耗镇流器仅为 12%～15%。实际上，镇流器的电流和波形因数直接关系到灯具的发光效率及寿命。镇流器是连接于电源和电灯之间，主要用于将灯电流控制到规定值。

1. 气体放电灯镇流器性能。

各类荧光灯镇流器性能对比详见表 4-25。

各类荧光灯镇流器性能对比　　表 4-25

参数 镇流器品种	自身功耗/W	重量比	光效比	开机浪涌电流比/倍	电磁干扰 EMI
普通电感型	9	1	0.95～0.98	1.5	无
节能电感型	4～5.5	1.5	1.02～1.05	1.5	无
国产标准型电子	≤3.5	0.3～0.4	1.1	10～15	在允许范围内
进口电子型	≤3.5	0.4～0.5	1.1	8～10	在允许范围内
国产 H 型电子型	≤3.5	0.2～0.4	1.1	15～20	明显、超标

参数 镇流器品种	电源电流谐波/%	抗电源瞬时过电压	灯电流波峰比	连续使用寿命/a
普通电感型	≤10	无问题	1.58～1.62	10
节能电感型	≤10	无问题	1.50～1.55	10～20
国产标准型电子	10～13	能承受	1.4～1.6	2～4
进口电子型	8～12	能承受	1.4～1.5	3～5
国产 H 型电子型	25～34	不能承受	1.9～2.1	1～3

注：表中为 36W/40W。

(1) 气体放电灯要求镇流器。

提供足够高的开路电压有效值和尖峰值将灯引燃，并使灯从辉光放电顺利地过渡到弧光放电；限制灯的启动电流，使其不超过灯电极允许电流值；稳定灯的工作电流，使灯电流波峰比<1.7或1.8；向配套灯提供所需的额定工作电流，并使灯功率和灯输出的总光通符合标准；在电源电压换向后，向灯提供足够高的灯再引燃电压，避免灯熄灭；满足不同灯种的特殊要求，如荧光灯的预热电流、启辉时间、金卤灯的尖峰电压、霓虹灯的引燃高压等；镇流器自身功耗尽可能降低以节约电能。

（2）电源对气体放电灯镇流器。

要求的射频干扰，含镇流器应具备有效的电磁屏蔽；线路传导干扰；限制输入电流谐波；输入功率因数应>0.85（电感镇流器采用电容补偿）；镇流器启动时的电涌电流应符合规定。

2. 气体放电灯的负阻气体特性

不同类型灯具有不同的电气特性，灯的性能标准和产品说明书中应详细列出稳态下灯的各项电气参数。分析引燃到稳定工作过程中的电气特性曲线，镇流器必须满足这一过程的电性能要求。

（1）低强气体放电灯启动后。

灯管两端电压从开路电压迅速降到接近灯的正常工作电压，灯的工作电流迅速达到灯的正常工作电流，灯的光输出在启动后即达到80%～90%，经过几分钟后达到稳定工作状态。具有该特性的放电灯有荧光灯、霓虹灯及高强气体放电灯种的交（直）流氙灯。

（2）低压钠灯在引燃后。

灯两端从开路电压迅速降下来，然后逐渐升高到正常工作电压的一倍多，5min后再缓慢降至接近灯的工作电压；灯的工作电流在引燃后迅速升到最大值，然后降至最小值，再逐步升到工作电流值；灯的光输出是伴随着启动时间而逐渐增加，最后达到稳定光输出，整个过程需要15～20min。

（3）高强气体放电灯引燃后。

灯两端电压从开路电压迅速降下来，然后缓慢上升到正常工作电压；灯的工作电流在引燃后迅速达到最大值，其后逐渐减到正常工作电流；灯的光输出在启动后即达到 80%～90%，经过几分钟后达到稳定工作状态。灯的光输出是随着灯工作电流渐渐达到正常值，其全过程需要 10～15min；高压汞灯、高压钠灯、金卤灯基本上同于上述特性曲线。

(4) 荧光灯单向导电。

会发生在寿命期后面，在两个电极中的一个不发射电子便形成单向导电；低压钠灯在引燃后，灯管电压上升中出现一个电极不发射电子的现象从而形成短时的单向导电。

(5) 气体放电灯对镇流器要求。

是能承受其输出端短路及可能出现的单向导电，同时不能产生过热而损坏。电感镇流器从结构原理上分析是完全可以达到的；电子镇流器则存在遇到质量差的产品会在异常状态下被损坏。只有质量好的产品还需增加多种保护环节，才能抵御这种冲击。

3. 镇流器市场潜力

表现在荧光灯产量在高速增长，符合建筑行业的可持续发展；景观照明、夜景照明及文化长廊亦可选用；基础设施的持续建设及出口市场的需求，具有每年以>10%的增长率发展。1995～2000 年镇流器的产量，其进出口量 2000 年比 1999 年出口量增加 31%、进口量增加 55%。

3.1.2 镇流器种类及特点

1. 电子镇流器

它已迅速崛起，现已全面进入实用阶段，其突出优点是节能 20%、无频闪、不用启辉器，电压在 110V 时就可启动，灯管寿命期得以延长和节省铜材、硅钢片。我国实施了以荧光灯电子镇流器为主体的“绿色照明工程”，作为目前的重点节能目标。

早期的电子镇流器电路多选分立元件的自激振荡技术实现高频逆变，电路曾出现过压、过流和过热问题，产品分散性大、可靠性差、容易损坏。软开关是在改善功率开关器件的运行、减少电磁干扰、提高变换效率、增加产品可靠性和减小体积重量等方面起了作用。表4-26示出了高功率因数、高性能、高性价比和可调光智能型技术参数以及无源滤波技术软启动及异常状态保护；有源滤波技术引用谐振逆变和电磁兼容等新技术；使用场效应管以控制预热、保护电路分别做成模块，实行集成化。在满足高照度的前提下，达到改善照明环境能跟随着天然光的数量自动点灭。

电子镇流器　　表4-26

名称	性能				特点	适用场合
	功率因数 $\cos\phi$	谐波含量/%	三次谐波/%	灯电流波峰系数		
普通型	≤0.6	≥130	90	1.2～1.6	高频化使之体积小重量轻有节电功能	小功率，电源电压被动小，电源容量较大处
高功率因数型	≥0.9	≤40	≤18	1.9～2.5	采用无源滤波和保护，有(无)功均有改善	中等功率、电源电压波动小及容量不大处
高性能电子型	≥0.98	≤9	≤5	1.36～1.6	采用有源滤波、完善保护，可誉为绿色电子镇流器	可用于光带，大面积作业，适用电网电压波动大，电源容量比较紧张及新建筑等
高性能价格比型	≥0.98	≤9	≤5	1.36～1.6	使用场效应管，实行集成化技术模块化	可广泛推广使用
可调光智能型					按需要调整荧光灯亮度，以达到进一步节能效果	高档次写字楼等无人值班场所选用

今后任务是提高工艺水平、大幅度降低成本；全面推广有源滤波电路，提高功率因数＞0.99，以净化电网节约电能；逐

步改变电子镇流器所对应灯管功率的现状，以做到可供多类灯具工作的集中电源；向大功率方面靠拢，以便将其应用于高压钠灯和金卤灯中；满足各种形式紧凑型荧光灯电子镇流器的质量和需求。

CDZ 系列电子镇流器是由电子元件组合而成的新型节能镇流器。它的许多参数均优于各种镇流器。电子镇流器实质上是一个电源变换器，使工作于电源频率 50（60）Hz 的灯管处于 20～100kHz 工作状态。

(1) 检测标准。

随着微电子、信息技术、现代通信等高新技术的飞速发展和广泛应用，电磁干扰问题困扰、制约着人们的生产和生活。因此，保护电磁环境成了当今各国环保中又一关注焦点。

欧洲各国间的贸易面向世界市场，含 EMC 的先后发布了 17 个指令，主要涉及安全和电磁兼容两个方面。欧洲市场从 1997 年 1 月 1 日起，正式实施电磁兼容和低电压指令。所有电工电子产品，只有在满足上述指令才能使用“CE”标志。这种保护消费者权益的做法已成为一种国际惯例。具体到对电子镇流器 CE 认证的检测内容包括传导发射、辐射发射、静电放电、辐射抗扰、瞬时电涌、脉冲、传导抗扰、电压迭落与中断、电流谐波、电压波动。特别是谐波电流干扰，电压波动和闪烁干扰的检测以及传导发射的检测频率范围在 9～30kHz 之间。

只有通过 EMC 检验的电子镇流器才是真正意义上的绿色照明产品，不仅节能且对环境不会造成污染。从 1999 年 9 月开始，中国等效采用 IEC 61000-3-2 标准，作为强制性标准实施，加强对电气产品市场的检验监督。在市场流通领域里凡不符合国家或行业标准的电气产品，有关执法部门可依据产品质量法对产品生产者和销售者依法进行处罚。

2000 年中国照明学会召开的技术交流会上，提到由于电子镇流器既有利于节能，又有利于提高照明质量，是真正符合绿色照明要求的产品，而具有很强的生命力。预计在 21 世纪前 10

年，紧凑型荧光灯将全部配套电子镇流器，直管荧光灯的大部分将使用电子镇流器，并将应用到强气体放电灯等光源里。

主要是电子镇流器质量稳定发展，水平不断提高。首先是其性能应符合国家标准和 IEC 标准，应达到以下性能要求：流明系数＞95％；电源电流谐波含量应符合 IEC 552-2 之要求；灯电流波形的峰值与均方根值之比＜1.7；线路功率因数＞0.95，最好达到 0.98；对周围的电磁干扰应符合电磁兼容标准；应能适应较大电压变动范围，最好能在额定电压的 80％～120％范围内正常工作；良好的防火性能，确保安全运行。

(2) 产品分析。

CDZ 系列电子镇流器以保护环境、不断提高产品品质，通过了欧共体 CE 认证和国家电光源检测所的 EMC 检验，与目前国内销售的同类型电子镇流器相比（表 4-27）具有功率因数高，电流谐波低，流明系数高，灯电流波峰系数小，使用温度、电压范围宽和安全可靠、防磁、防震、防火性能高等优点，以及很好的节电效益。适于消防、交通运输的照明工程及对安全、抗电磁干扰等有特殊要求的办公楼、车站、地铁等公共照明设施配套使用。

CDZ 系列电子镇流器与其他镇流器参数比较　　表 4-27

性　能		电感式	普通电子式	CDZ 系列
功率因数 cosϕ		0.54	0.6	＞0.99
功率下降百分数/％	有功	作基准	20	25
	无功	作基准	23	97
自身耗能/W		8	5	2
谐波含量/％	总值	20	130	＜15 普通失真高，对电网污染大，易造成变压器、电源线失火等后果
	3 次	15	90	＜7(L 级)

续表

性能		电感式	普通电子式	CDZ系列
灯电流波峰系数		1.8	1.7～2.5	＜1.7 该系列峰值输入电流更小
安全性能		较好	易着火	符合标准 该系列封胶防火、防潮、绝缘、防磁性能好，异常状态自动关机
启动特性		需启辉器，低温、低压难启动，故障率高	较易启动，但灯管过早发黑	预热启动性能良好，保证灯管寿命且更易于启动
寿命/h	自身	2万	5000（开关次数2万次）	2万（开关次数＞5万次），该系列更省钱
	所配灯管	3000～5000	2000	8000
影响	对电网	良好	严重（集中使用易致火灾）	可忽略
	对照明环境	有噪声、有闪烁、产生磁场干扰	对电磁波产生干扰	可忽略 已通过美国FCC CLASSB检测
工作范围	电压/V	200～240	150～240	176～264
	温度/℃	－5～＋60	0～＋50	－10～＋50
通用场合		广泛	宜少量分散安装家庭使用	可大量集中安装，适应各种建筑，用于新建筑可减少增容费
制造工艺		简单	较复杂	高技术含量，较复杂且有完整质量管理保证体系

电子镇流器是一个将工频交流电压转换为高频交流电压的电源变换器。它的生产工艺并不复杂，但要做得好，各项性能指标完全符合 IEC 928/929 及 61000-3-2 标准确实很难。电子镇流器在进行批量生产时，若能保证产品的一致性、稳定性和可靠性是非常困难的，因为其技术参数的离散性很难控制，因此，近十几年来开办的电子镇流器厂多有倒闭。

2. 节能型电感镇流器

与电子镇流器比较，它是由电感线圈和硅钢片组成的，电感镇流器结构简单得多。线圈通电后产生磁场的磁力线流经硅钢片回路。重要的是该回路做成留有很小间隙的非封闭状，使磁场处于非饱和状态，从而起到稳定灯管电流的作用。其性能可靠、价格低廉，仍是市场镇流器的主流产品。

但传统电感镇流器自身功率损耗大，以荧光灯为例，40/36W 损耗占灯功率的 20%；节能型电感镇流器自身损耗仅为灯功率的 12%左右，其节能效果接近电子镇流器，致使其工作温度明显低于传统型。一个事实很说明问题，电感镇流器工作温度每降低 10℃，工作寿命延长一倍。

故在今后相当长的一段时间内，电感镇流器不会消失，尤其是节能型电感镇流器替代传统型将不可逆转。一些具有前瞻性眼光的生产厂家已把目光锁定在这一具有巨大潜力的节能型电感镇流器市场。

(1) 主要特征。

1) 节能、安全、可靠、故障率低；长寿命、耐用，寿命>10年；无电磁干扰及谐波污染；相对于电子镇流器价格低廉；维护费用低，易替代传统电感镇流器。

2) 适用场所有室内照明的办公、居室、厂房、商场、展览馆、博物馆、宾馆饭店、教室、医院、体育馆、地铁及其他公共场所；室外照明的道路、庭院绿地、建筑物、桥梁和其他装饰照明；标志广告照明的灯箱、标志照明等；其他如应急照明的温室、园艺照明、紫外消毒、仪器仪表及机床工作台照明等。

(2) 经济效益对比。

关系到荧光灯效益的因素很多，其中一些项目又互相影响。至于选用哪种类型的镇流器，还涉及照明装置的安全及可靠性。如北京某室内一个工程，办公室面积10万m^2，安装T8型36W荧光灯3万只，用了不同种类镇流器的经济核算。

1) 照明工程设计计算，是在灯具数量、规格确定的前提下，又在镇流器经济评价期限内，该工程使用镇流器的平均年使用费用，可按如下公式计算

$$K_t = W_B n t_B E + (B + C + O) n r / t \tag{4-5}$$

式中，W_B为镇流器自身功耗，W；n为工程中使用镇流器数量，只；t_B为每年镇流器使用时间，h；E为电费价格，元/kWh；t为镇流器经济评价期，年；B为镇流器价格，元/只；C为与镇流器配套使用的电容器、启动器价格，元；O为安装或更换一只镇流器的工时费，元；r为在经济评价期内所采用镇流器数量，只。

相对于传统电感镇流器而言，该工程每年节省的电能为

$$W_e = (W_{B1} - W_{B2}) n t_B \tag{4-6}$$

式中，W_{B1}为传统电感镇流器自身功耗，W；W_{B2}为使用节能型电感镇流器或电子镇流器的自身功耗，W；n为使用节能型电感镇流器或电子镇流器数量，只；t_B为年镇流器使用时间，h。

2) 10年使用费用对比结论是年使用费最低，节能型电感镇流器较传统电感镇流器节能35.3%；合格的电子镇流器比传统电感镇流器年使用费高出21.5%～32.4%。

3) 相对于传统电感镇流器的投资回收期（以10h/日计算），节能型电感镇流器只用一年就可从节约的电费中收回初期多投资的费用；电子镇流器需要2～4年时间方能从节约的电费中收回初期多投资部分，各类荧光灯用镇流器16、10年使用期内总费

用比较。节能型价格仅为传统电感镇流器的1.8倍，加上附件、安装费则只有1.4倍。而质量合格的电子镇流器价格平均为传统电感镇流器的3.5～5.5倍以上。16年使用期的总费用仍然最低。

(3) 节能型电感镇流器与电子镇流器对比。

从上述各项对比中可知，电子镇流器除在自身功耗、光效比方面占有明显优势外，其余大多不如节能型电感镇流器。以平均每日工作10h计，前者一年时间会以节约的电费来收回初次安装多付的费用。而大多数电子镇流器无法在其有效的寿命期内收回初次安装多付的成本。

调研得知，国内用户对镇流产品属性的重要性评价见图4-17。由此可见，目前用户对镇流器产品属性重要性评价顺序为：耐用、安全、价廉、节能、照明；用户虽然认为电子镇流器是符合绿色照明的新型产品。只是初期市场上产品质量不够稳定，有一部分质量差、寿命短、性价比还较低，不适于国人的经济状况，有一些工程经使用失效后，就一度放弃使用电子镇流器。所以长寿命、安全可靠、价廉和节能效果好的品种，才是节能型电感镇流器的竞争对手。综上所述，节能型电感镇流器是荧光灯用镇流器的首选产品。

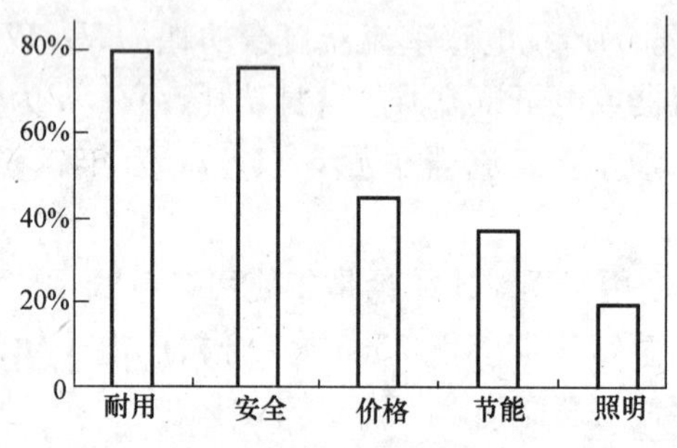

图4-17 用户对镇流器产品属性的重要性评价

(4) 市场状况。

1) 调查研究发现对节能型电感镇流器接受的限度，77.5%

的人认为很有市场前途，其中40%认为非常有前景，37.5%认为较好。

2）市场分类有传统电感镇流器，节能（低损耗）型电感镇流器，电子镇流器，H级电子镇流器，L级电子镇流器。

3）市场份额传统电感镇流器占80%，节能型电感镇流器已开始进入市场，电子镇流器占20%，其中H级占80%，L级占20%，绝大多数电子镇流器是H型，H型中多数产品达不到国家标准。

4）应用于室内照明，办公室、居室、厂房、商场、博物馆、宾馆饭店、教室、医院、体育馆、地铁及其他公共场所；室外照明，道路、建筑物等，广告照明，灯箱、标志照明等；其他照明，园艺、机床、工作台照明等。

3. 环形节能型电感镇流器

它是借鉴了环形变压器制造技术始终没有形成使用规模。与传统电感镇流器相比，前者以硅钢带盘制成环形，线圈需专用绕线机缠绕，后者则以硅钢片冲压成E形叠制而成，用一般绕线机缠绕。由于环形铁芯很大限度上降低了磁路损耗，故在同功率情况下减少了铁芯截面、线包圈数和噪声，使得环形电感镇流器的总能耗大大降低。

目前市场上产品一类是用于小功率荧光灯；另一类是用于高强气体放电灯，其突出特点概括为节能省钱、安全可靠、适合国情。

(1) 荧光灯。

以40W灯为例看镇流器自身功耗：传统电感型为9W、环形为5.5W、电子型为4W；再看寿命：传统型为3万h、环形为6万h、电子型仅1万h；从可靠性看，传统型好，环形更好，电子型是高价好，低价差；从价格上看，传统型、环形和电子型分别为2、18、50元，可见其差别。因此得出结论是：环形电感镇流器节能效果已接近电子镇流器的水平，并具有售价低、可靠性高等特点。如采用电容补偿效果更为显著。尽管环形价格比传统型高，但是，由于它可节省较多的电费，其投入很快便能回收。以电价为0.5元计、日均照明8～12h，则在8～15个月内就可收回投入。

(2) 紧凑型荧光灯。

采用环形电感镇流器组装的紧凑型节能灯，若做成插拔式具有更大的市场优势。用配套环形电感镇流器的荧光灯与白炽灯相比，效益也很明显：如1只60W的普通泡价格1.5元，寿命1000h，电价0.5元/kWh，那么4000h寿命总费用是124.5元；1只配有环形镇流器25W的直管荧光灯售价40元、寿命8000h，电价0.5元/kWh，4000h费用90元，与用普通泡相比节省34.5元；一只配有环形镇流器的27W环管荧光灯售价60元、寿命5000h，电价同是0.5元，4000h费用114元，比用普通泡节省10.5元。虽然购买配有环形镇流器的荧光灯一次性费用增多，但多于6h/d电灯时间时，多支出的费用在一年半之内便可从节省的电费中收回。

(3) 高强气体放电灯。

环形电感镇流器在我国技术比较成熟。如开发研制出400、175、100W金卤灯用和400、250、150、110W高压钠灯用环形电感镇流器已批量生产，完全符合《高强气体放电灯用节能型电感镇流器性能要求》DZT 0006—1998的要求，安全方面符合ZB/T 0001—1996标准。以一只250W金卤灯为例，如用传统型电感镇流器自身功耗为35～45W，而环形则<16W。按10h/d工作计算，一年可节电70kWh，电价按0.5元计，一年可节约35元，而且寿命>5a。

据1997年统计，我国镇流器产量为1.9亿只，其中用于直管与环形管荧光灯的传统电感镇流器6480万只，电子镇流器3000万只；用于紧凑荧光灯的电感镇流器1000万只，电子镇流器8000万只；高强气体放电灯用电感镇流器520万只。电感镇流器占总量的42%，以配套直管、环管荧光灯为主，电子镇流器以配套紧凑型荧光灯为主。目前，该电感镇流器市场，甚至更多的份额，就是将来环形镇流器的市场。可以这样认为，环形电感镇流器将成为传统电感镇流器的更新换代产品，特别是大功率高强度气体放电灯用环形镇流器。

(4) 节能型电感镇流器应用状况。

为节省电能保护环境，世界各国都在逐步推行绿色照明，采用新型节能镇流器取代传统高耗能镇流器，目前，常用的替代品是节能型电感镇流器和电子镇流器。

中国照明学会电光源专业委员会通过对目前我国市场情况和3种荧光灯用镇流器多项指标的分析，认为在国内绿色照明工程中推广应用节能型电感镇流器是完全可行的，可取得较好的经济效益和社会效益，对比情况见表4-28。表中系以40W荧光灯配用镇流器为例。

4. PS分段调光镇流器

(1) 工作原理。

该镇流器不但具有快速镇流的性能，又具调节光亮度的能力。依靠分段调光使灯的耗电减少50%，可大幅度的节电。正是由于灯的耗电量的减少，灯发光也会相应的变暗，所以要适当地选择使用。PS电路中串联一分段调光用阻抗，以工艺需求来切断、接通，就能使灯全亮或部分亮的分段调光，因此内装转换继电器。

1) 全亮图示状态是当继电器控制线的开关断开时，其触点闭合，使分段调光用阻抗短路，与PS快速镇流器电路特性相同。

2) 分段调光状态表现在控制开关接通，继电器触点开启，而使调光用阻抗串联入灯的电路中，由它来控制灯的电流，其耗电量大致减少50%～60%，光输出减少50%，从而达到大幅度节电的效果；若控制灯电流的同时使灯耗电量降低，则可降低电源电压。为达到该目标则需在灯电路中串联电阻（扼流器、电容器）。值得提示的是应避免串联不当则会增加镇流器的耗电量、启动不良和闪光等现象。故在调光镇流器内装热保护装置，当镇

国产镇流器参数对比 表4-28

比较对象	普通电感型	节能型电感型	电子型	备注
自身功耗/W	8~9	<5(5%~10%)	3~5(5%~10%)	注①
光效比	1	1	1.15	注②
价格比	1	1.4~1.7	3~7(2~5)	注③、⑦
重量比	1	1.5左右	0.3左右	
寿命/a	10	10	5~10	注④
可靠性	较好	好	差	注⑤
电子干扰或无线电干扰	几乎不存在	几乎不存在	存在	注⑥
抗瞬变电涌能力	好	好	差	
灯光闪烁度	差	差	好	
系统功率因数	0.5~0.6	0.5~0.6(未补偿)	>0.9	

注：① 电子镇流器由于采用电路不同（如简单半桥或有源电路滤波电路）而转换效率不同，一般在94%~87%，镇流器自身功耗占6%~13%。

② 采用40W电子镇流器按系统光效提高15%计算。

③ 国产普通电感镇流器售价按10~13元计，节能型电感镇流器按15~20元计，电子镇流器按30元（简单半桥）、130元（有源电路滤波）计。

④ 电感镇流器按标准要求寿命为10年，电子镇流器寿命一般设计为5~10年。

⑤ 节能型电感镇流器由于温升低，可靠性好；普通电感镇流器可靠性较好；电子镇流器由于所用元件多，电路设计、工艺复杂等问题，可靠性较差。

⑥ 电子镇流器除非增加抗瞬变电涌保护电路，一般抗瞬变电涌能力较差。

⑦ 在（）内的数据是高强度气体放电灯镇流器的数据，自身功耗项目内的数据是镇流器损耗占灯功率的百分比。

流器的温度过高（低）时自动切断（接通）电源回路，以保护镇流器。

（2）性能特点。

1）大幅度节电的调光镇流器靠的就是分段调光，使输入功率减半而节电。开灯时能节省全开时的40%~50%电量（输入电量为50%~60%）。而且，全开灯时用耗电量小的PS快速镇流器与现用的快速镇流器相比，可节电10%。详见表4-29。

PS分段调光镇流器节电效果 **表4-29**

名称	功率/W	灯数/只	电压/V	每只输入功率/W			每只节电率/%			分段调光每只年节电率/%			每只提高数/日元	分段调光回收年限/a		
				现用快速式	调光方式		时间率50%	时间率75%	时间率100%	时间率50%	时间率75%	时间率100%		时间率50%	时间率75%	时间率100%
					全开	分段										
一般灯	40	1	100	52	47	28	28	37	46	874	1154	1435	5000	5.7	4.3	3.5
			200	49	49	29	20	31	41	583	911	1205	5000	8.5	5.5	4.1
	40	2	100	92	86	49	27	37	47	1490	3042	2594	5300	3.6	2.6	2
			200	92	86	49	27	37	47	1490	2042	2594	5300	3.6	2.6	2
	110	1	100	125	119	67	26	36	46	2025	2850	3675	5500	2.7	1.9	1.5
			200	125	119	67	26	36	46	2025	2850	3675	5500	2.7	1.9	1.5
	110	2	100	240	232	122	26	38	49	3744	5328	6912	6300	1.7	1.2	0.9
			200	240	228	119	28	39	50	3888	5472	7056	6300	1.6	1.2	0.9
节能灯	37	1	100	(52)	44	27	32	40	48	998	1248	1498	5000	5	4	3.3
			200	(49)	46	28	24	34	43	706	1000	1264	5000	7.1	5	4
	37	2	100	(92)	80	47	31	40	49	1711	2208	2705	5300	3.1	2.4	2
			200	(92)	80	47	31	40	49	1711	2208	2705	5300	3.1	2.4	2
	102	1	100	(125)	111	63	30	40	50	2325	3075	3825	5500	2.4	1.8	1.4
			200	(125)	111	63	30	40	50	2325	3075	3825	5500	2.4	1.8	1.4
	102	2	100	(240)	216	114	31	42	53	4320	5904	7200	6300	1.5	1.1	0.9
			200	(240)	212	111	33	43	54	4608	6048	7488	6300	1.4	1	0.8

注：1. 带（ ）的数值，是和普通灯组合。

2. 电费按20日元/kWh，年电灯时间按3000h计算。

3. 用PS分段调光镇流器的节电效果，随分段调光（50%的亮度）的时间而变化，因此按下列三种情况进行计算，分段调光时间率100%、75%、50%。分段调光时间率=分段调光时间（50%亮度的使用时间）/全开时间（100%亮度的使用时间）+分段调光时间（50%亮度的使用时间）。

2）节电效果明显的分段调光镇流器能因时（地）制宜，获得50%～100%的亮度，容易实现。如利用墙面开关随意调光，并且还能与日光敏感器、定时器等组合，也能自动调光。与使用小型电脑的电气设备控制系统配合，亦能自动、有效地进行系统极其微小地分段调光。

3）节电对照明质量影响方面，分段调光既不像两相间电灯那样，因其照度不均匀及点灭频繁而感到不舒适，也不会发生因照度不够而难以阅读，通常是均匀的照度。

4）分段调光，提高灯的启动性能外，于运行状态时也能正常工作。

5）功率因数，在全部灯开启时得到提高。即使在调光状态下，功率因数也不会降低。

6）另外与PS快速镇流器一样，它有可靠性高、温升低和适于在特殊电源等一系列优势。

3.1.3 启动器性能

1. 电路中的应用

气体放电灯只有与启动（触发）器、镇流器接入电路，才能启动点燃和稳定工作。它可以是一个独立的器件或电路，也可以包括在灯内、电源或镇流器中；既可在电源电压作用下独立地启动灯，也可以和电源、镇流器等组合在一起共同作用使灯启动。

根据不同气体放电灯光源的种类，逐步形成了各种不同的启动器，其主要作用是启动光源将灯点亮，灯亮后启动器完成任务，待下一次点灯时再起作用，甚至可从电路中取下。各种气体放电光源的启动器，按工作原理可分为下列类型：

1）在放电灯电路（结构）中采取措施，使灯启动、点亮的特点是，某一（多个）器件都能起到启动器的作用。如荧光灯和部分高压汞灯启动器。

2）在放电灯中有一个独立的电路作为启动器，使它产生较高的脉冲电压加于放电灯两端，在电源电压的作用下使灯启动、点亮。如部分高压汞灯和高压钠灯启动器。

3）在放电灯电路中有一个独立的电路作为启动器，它产生间歇振荡的高频电压加在放电灯的两端，在电源电压的共同作用下使灯启动、点亮，又称高频高压启动器。如短弧氙灯和部分金卤灯启动器。

不同的气体放电灯可以使用同一类型的启动器，同一种气体放电灯也可使用不同类型的启动器。但它们必须十分可靠，并减少启动过程对灯的影响，以免对灯的寿命造成影响，尽可能地减少启动过程对灯的损伤。组成新型启动器有的与镇流器组成一体，有的则与电源组合成一体。荧光灯启动器是一个充有氖气的玻壳，其中置有一个固定的静触片和一个双金属片制成的U形动触片。由于启动器的作用是使电路接通和自动断开，为避免内部双金属片断开瞬间产生火花将触片烧坏，在氖气泡旁有一只纸质电容器与之并联。铝质或塑料外壳，起保护作用。

其中，高压汞灯启动器是附设在放电灯结构中的辅助电极和限流电阻构成的非独立的启动装置。在电源电压作用下该启动器产生一个峰值达数千伏、宽度为数微秒的脉冲电压，加在灯管两端，再在电源共同作用下使灯启动点亮。当灯被点亮后，由于灯电压较低，启动器停止工作；短弧氙灯启动器输入直流电压，经振子和变压器变换成一定频率的交流电压，数值达数千伏，再经火花振荡器形成间歇振荡的高频电压，最后经高频升压变压器输出数万伏的高频电压加在氙灯两端，再在电源电压共同作用下使灯启动点亮；金卤灯启动器在交流电源电压作用下，经振子火花振荡器和高频变压器输出数千伏的高频电压，加在灯管两端，并在电源电压共同作用下使灯启动点亮。

2. 荧光灯启动器

主要特征为启闭荧光灯预热电路使灯启动点燃。由圆柱形铝壳（塑料）、底座、氖泡、电容器等构成；壳体顶部的圆孔用来检视起辉；在线路上施加启动试验电压30s，其触点至少断开2次；在起初30s和随后启动15s内，其触点至少闭合1.5s；在非再闭合电压值时，其触点在1min内不闭合；在相对湿度50%～

85%、温度（25±5)℃的环境条件下，其绝缘电阻≥20MΩ；能承受交流1500V/min电压试验无击穿或闪络；启动器内漏电距离≥2mm，外漏电距离和间隙≥3mm；启动器由500mm高度自由落下到厚3mm钢板上20次，无安全性损坏；其角触角间并联电容为0.005～0.02μF，以此用来抑制无线电干扰；在启动电压下，它能使荧光灯在15s内点燃，能使灯启动6000次；其外壳和底座能承受2.04kg的球压试验。专供各种管形荧光灯配套使用。

3. 高压钠灯启动器

主要特征是由晶闸管电子元件、脉冲升压变压器、电阻器、电容器和塑料（金属）外壳等构成；电源电压＞175V时，能产生脉冲高压使灯触发点燃。点燃后，触发器的电压降低直至触发电路停止工作；在额定电压92%时，触发器在＜5s时将灯启动；能在高温（40±3)℃、低温－（40±3)℃的环境中正常工作；接线能承受9.8N拉力不松动、脱开或断裂；绝缘≥20MΩ，电气强度能承受交流1500V/min电压试验无击穿或闪络；标志清晰牢固、外壳洁净，无开裂和填充物外溢现象。主要适用于高压钠灯泡的启动，也可作相同功率的钪钠灯和其他金卤灯的启动。

3.2　镇流器节能设计选型

3.2.1　选择要素

当前气体放电灯以其比白炽光源高许多的光效而被广泛使用，但必须配套镇流器才能工作。几十年来，荧光灯和高强度气体放电灯都广泛使用电感镇流器。由于电感镇流器自身功耗比较大，近20多年出现了各种改进的产品：一类是改进铁芯材料和工艺，从而降低功耗的节能型电感镇流器；另一类是运用电子线路产生高频（或低频）电流点灯的电子镇流器。

以上两种镇流器各有特点，都有较好的节能效果。现在节能电感镇流器约占全部镇流器的6.5%，电子镇流器约占22%，而传统的电感镇流器仍占 71.5%。下面为不同类型的镇流器，其功耗见表 4-30。

镇流器功耗比较 **表 4-30**

灯功率/W	镇流器功耗占灯功率的百分比/%		
	普通电感型	节能电感型	电子型
<20	40～50	20～30	<10
30	30～40	<15	<10
40	22～25	<12	<10
100	15～20	<11	<10
150	15～18	<12	<10
250	14～18	<10	<10
400	12～14	<9	5～10
>1000	10～11	<8	5～10

从上表可以看出，镇流器在照明中所占的比重，在考虑照明节能时，必须认真考虑，合理地选择。值得提出的电子镇流器分为“H”级和“L”级，“H”级谐波含量较大，“L”级谐波含量较小，在对谐波要求较严格的地方，则可选用低谐波“L”级。

3.2.2 镇流器选用方式

在高频条件下工作，可以降低灯管和镇流器自身的功耗，有利节能；同时使发光稳定，消除频闪和噪声，有利于提高灯管使用寿命。

按新的国际标准，不应选用传统电感镇流器，应按不同条件选用电子或节能电感型，电子镇流器以更好的能效、无频闪、无噪声、功率因数高等优势而获得更广的应用。选用电子镇流器，宜用谐波含量低的 L 级产品，并且应对谐波含量特别是三次谐波含量提出具体限值。

1. 直管荧光灯镇流器

(1) 性能比较可见传统电感镇流器 (LB) 和节能型电感镇流器 (SELB)、电子镇流器 (EB) 比较见表 4-31。EB 按标准又分为 H 级和 L 级。

直管荧光灯镇流器性能比较　　表 4-31

镇流器类型	镇流器功耗/W	灯管光效比	系统能效比	重量比	电磁干扰	谐波含量/%	功率因数 cosϕ	灯电流波峰比	使用寿命/a	频闪	噪声	调光	价格
LB	9	1	1	1	无	<10	0.5	1.58～1.62	10～20	有	有	不可	低
SELB	4.5～5.5	1	0.92	1.5	无	<10	0.5	1.50～1.55	15～20	有	小	不可	中
EB(H)	3.5	1.1	0.8	0.3～0.4	允许	<40	>0.9	<1.7	3～5	无	无	可	较高
EB(L)	3.5	1.1	0.8	0.4～0.5	允许	<20	>0.98	0.4～1.5	8～10	无	无	可	高

注：1. 表中以36W为例。
2. 表中镇流器功耗、谐波含量、使用寿命为参考值，各企业产品差别较大。
3. LB、SELB的功率因数可补偿到>0.9。

(2) 主要特征的SELB。

是在LB基础上改进而来的，其自身功耗下降到40%～50%，使灯的系统功能耗降低8%，由于铁芯材料好、工艺合理、温升较低，可靠性更高、寿命更长，产品质量较稳定。虽然硅钢片用量增大、价格稍高，但可从节能和使用寿命中得到补偿，容易回收成本。

EB则是更新产品，优点是节能效果好，发光稳定、无频闪和噪声，功率因数高，可以实现调光；缺点是生产企业产品质量差别大，有些产品电路简单，元件、工艺不够先进，导致可靠性差，使用寿命不长，而优质产品价格较贵，影响了推广应用。

(3) 选用时可按上述性能比较和分析。

从节能和提高质量观点出发，积极应用SELB、EB，而不选用传统的LB。虽然使用价格高一些，但从节省电费中能很快可以回收。只是某些设计中没有明确提出用SELB的要求，工程承包公司多购买较便宜的LB，因而达不到预期效果。

设计中应明确提出技术要求或产品类型、规格；SELB应在标准中或企业型号中予以规定，便于设计中推广选用；SELB和EB根据情况选用。一般场所选用SELB，价格较低，回收期短，使用寿命长，可靠性好，无电磁干扰等，易于被用户接受；对于视觉要求高、无频闪的连续作业场所，要求安静得如医院、阅览室等，选用EB转为适合。

(4) 配置节能型镇流器直管型荧光灯使用的电感型镇流器。

因其性能稳定，价格低廉，其市场占有率达90%。只因产品功耗大、浪费大量能源；电子镇流器与传统电感镇流器相比，节电30%以上；与同光效的白炽灯相比，节电75%以上，然而它产生的高次谐波10%～30%，大于国标规定的低压系统谐波总限值的5%，对配电缆线和其他弱电设施造成损害。且价格使用寿命还未被用户接受，所以尚未得到大面积推广。近来由国际铜业协会的节能型电感镇流器，是在传统型的基础上设计的新品种，其功能相当于传统型电感镇流器与启辉器的结合，弥补了传统型的不足。在节约能源、保护视力等方面都获得了显著的经济和社会效益。由T5直管型荧光灯和节能型电感镇流器组成的防水型荧光灯，已广泛应用于立交桥及建筑物等夜景照明中。具有以下优势。

1）节能表现在一只40W荧光灯节能型电感镇流器耗电5W，比传统型节电>40%，已接近电子镇流器的节能水平。

2）功率因数高非常显著。传统型电感式镇流器功率因数为0.4～0.6，节能型的功率因数>0.95，大大降低了无功损耗。

3）启动电压低的优点是，传统型启动电压>187V，节能型的启动电压为160V（单管）和175V（双管）。

4）噪声小且镇流器与启辉器为一体式，安装和维修简便。

5）寿命长是我国的节能型电感镇流器的优势所在为>10年。

6）与电子镇流器比较，节能型电感镇流器的三次谐波含量极小，甚至可以忽略不计。

7）价格适中，体现于能为我国消费者所接受。

2. 自镇流荧光灯镇流器

该灯的灯管和镇流器自成一体，配套性强。由于其功率较小，多在5～25W之间选用。由于小功率的产品质量较易过关，而LB、SELB的重量大，启动也较困难，所以绝大多数均配套EB产品。值得注意的是鉴于GB 17625.1—2003标准对＜25W产品的谐波限值很宽，规定3次谐波＜86%，故选用时不得忽视。因为一旦达到较大的3次谐波，再加上使用量大时，会对中性线产生很大危害。

3. 高压钠灯镇流器

（1）该镇流器和荧光灯的一样。

为了降低其功耗，同样在发展SELB、EB逐步取代LB产品。所不同的是前者对LB的改进提高，技术成熟、节能效果比较明显；后者研制时间短，灯泡功率和技术难度都较大，运行经验不够充分。特别是＞150W时的节能效果不够明显。对于该难度还有待进一步探索，大面积普遍推广还应持谨态度。

所以推广应用SELB代替LB才是主要任务，其功耗比较列于表4-32。表中显示SELB比LB功耗降低较多，如常用的250W灯泡功耗减少10～20W，400W灯泡减少12～20W，而镇流器费用却增值有限，一年内即可从节约的电费中得以回收。

高压钠灯的镇流器功耗比较　　表4-32

灯泡功/W		30	40	100	150	250	400	1000
镇流器功耗占灯功率百分比/%	LB	30～40	22～25	15～20	15～18	14～18	12～14	10～11
	SELB	＜15	＜12	＜11	＜12	＜10	＜9	＜8

（2）双功率节能镇流器。

近年来，考虑道路照明等一类场所，在后半夜车流、人流较少，为了节能，可以降低照度的情况下，在SELB基础上开发了双功率镇流器，通过适宜地调节，可降低照度 50%，降低系统功率 40%。如一只 400W 钠灯，可以用集中遥控、自控、定时自控实施让后半夜减功率运行，每年降低 400kWh 用电量。

(3) 恒功率镇流器的电源电压升高时。

灯功率将大幅度增加，如电压上升为 110%额定值时，灯功率将达额定值的 128%。对于道路照明的午夜后，电压升高许多，灯功率和输出光通将大幅度升高，并不是所需要，所以用 SELB 或 LB 来使电源电压升高时，仍维持灯泡功率不变，对节能意义重大，同时对延长灯泡和镇流器使用寿命也效果明显。

4. 金卤灯镇流器

它和高压钠灯类似，近年来研制了 SELB 和 EB 两类镇流器，而金卤灯的 EB 技术难度更大一些，目前还较少应用，暂时不宜推广；只有 SELB 趋于成熟，比 LB 功耗下降明显，有较好节能效果，应予推广。自引进美国的脉冲启动型金卤灯后，320、360W 灯泡的 SELB 之功耗只有灯功率的 6.5%～7.0%，加之该灯的高光效，其系统能效比普通美标 400W 金卤灯提高了20%～25%，更可作为重点选用产品。

金卤灯的 SELB 也研制了电源电压变化时保持灯泡功率恒定的产品，对节约电能、延长灯泡和镇流器寿命都有很深远的意义，同时还有利于灯泡色温的稳定。金卤灯镇流器和灯泡的配套方面，美标和欧标金卤灯的镇流器不同，后者可用钠灯线路或汞灯线路，即可用电感镇流器加触发器。而前者则应配置专用的 SWA 镇流器。

关于金卤灯和高压钠灯镇流器选用。它们同样都开发了节能电感型和电子镇流器，其性能比较，和前述直管荧光灯镇流器相差无几。不过有些金卤灯电子镇流器并不是高频电流，有的仅几百 Hz 频率，仍存在频闪。

5. 镇流器的选择比较

50Hz 交流电配传统型电感镇流器，荧光灯两级的电极交替作为阴极和阳极，变化情况是 100 次/s，因而造成它不能和白炽灯一样连续稳定地运行。人们若长时间在这样的灯光下学习、工作，暂必给眼睛带来严重不适和视觉疲劳。而配用电子镇流器会大大消除荧光灯的频闪效应，从而减轻人们因其频闪带来的视觉疲劳。

而电子镇流器在高频条件下工作时可以提高灯管光效和降低镇流器的自身功耗，有利于节能并且发光稳定，消除了频闪和噪声，有利于延长灯管的使用期限。具体到 T8 直管荧光灯配用电子镇流器或节能型电感镇流器。为了提高光效，不宜选用功耗大的传统型电感镇流器。T5 直管荧光灯＞14W 应采用电子镇流器，因为电感镇流器不能可靠地启动 T5 荧光灯。

（1）镇流器功率。

要使荧光灯和高强度气体放电的高压钠灯、金卤灯正常使用，均需采用镇流器，各种镇流器均要消耗功率，正确选用镇流器是照明设计的节能措施之一。目前，市场上的镇流器主要有传统电感型、节能电感型和电子型 3 大类别。传统电感镇流器功率损耗大，不符合照明节能的要求，在照明设计中已不为设计人员所选用。只是因其性能稳定，价格便宜（为电子镇流器价格的 1/4），仍为不少国内用户继续使用，其市场占有率仍旧很高。

（2）镇流器性能。

表 4-33 镇流器性能对比。表 4-34 以 400W 高压钠灯为例，对比各类镇流器性能。

镇流器性能对比　　**表 4-33**

比较项目	电感式		电子式
	传统型	节能型	
功耗/W	10	4.5～5.5	4
寿命/h	30000	60000	10000
可靠性	好	更好	高价好、低价差
参考价格/元	10	15	30～50(合格)

6. 对室外照明灯进行电容补偿

气体放电灯的镇流器、启动器等感性负载，驱使整套灯的功率因数降低、灯电流增加，线路电流和变压器电流也要增加，线路电压损失随之加大，变压器负荷增大。

照明规范规定：气体放电灯应加电容补偿，补偿后的功率因数≥0.8；供电部门要求用户的用电网络功率因数>0.9。从而应用以下电容补偿方式。

1）分散单灯补偿指每套灯具内安装相应固定补偿电容。

2）集中补偿是在配电所低压开关柜内进行自动电容补偿。

3）混合补偿为单灯未加电容补偿，在箱式变电站低压侧或低压开关箱内进行电容补偿。

以上方式以单灯补偿效果最好。现在大部分高压气体放电灯都装有补偿电容，这对提高供电质量和电气设施的选择都非常有利。

400W 高压钠灯镇流器性能比较　　表 4-34

性　能	传统型电感镇流器	节能型电感镇流器	高频电子镇流器	低频电子镇流器
电源电流谐波/%	≤12	≤10	10～34	10～34
电磁干扰/EM	很小	很小	部分超标	部分超标
自身功耗/W	≤49	≤35	≤34	≤35
光效比	0.95～0.96	0.98～1.05	0.96～1.1	0.96～1.1
耐电源瞬时过电压	基本无问题	无问题	≤30%	≤30%
连续使用寿命/a	8～10	15～20	3	3
频闪	有	有	无	无
功率因数 cosϕ	0.49	0.46	≤0.90	≤0.90
价格比	1	1.2～1.3	2.5～3.5	2.0～3.0

4　照明控制

4.1　基本状况

4.1.1　照明控制分类

照明控制主要有控制、调节、稳定和监测。控制分手控和自控，自控有时钟控制、光控、红外线控制及智能控制等；调节主要是通过调节电压、频率和光源功率等方式达到光通量；稳定是指稳定照明电压以达到光的稳定；监测是指监测照明系统的运行状态，并测量运行各种参数。

4.1.2 照明控制目标

1. 满足使用要求

指协调建筑空间的色彩和明暗分布，以创造不同的意境和效果，满足人们对灯光的需求，营造良好的光环境，又使设计技术与艺术能得到充分体现；创造特定的范围，是通过视觉感受，从生理上、心理上给大家健康的影响。如酒吧内采用灯光控制，以创造符合其文化主题的灯光环境；创造灯光场景使灯光环境灵活变化。如会议室采用照明控制，瞬间改变氛围，以产生会谈、演讲等不同场景的灯光效果；灯光场景变化为创造动态的灯光变化，以增强空间的感觉艺术和变幻的动态。如在大堂的接待处，有时会以动态的灯光墙，以吸引来人的注意力。

2. 延长照明系统寿命

为防止电网电压的波动引发光源的损坏，因此，有效地抑制电网电压的改变以延长光源的寿命。智能照明控制系统对输入主电源的电压控制，成功地抑制电网的浪涌电压，并具备电压限定和轭流滤波等功能，避免了过（欠）电压对光源的损害。同时，控制系统采用软启动关断技术，通过微处理器控制可控硅，使输出变化有一段渐变时间，为防止电压突变对光源的冲击，使人的视觉很好地适应亮度的变化。渐变过程可以按需要控制在处理器中。上述方法的适用可使光源的寿命延长2～4倍，不仅减少了更换光源的工作量，还有效地降低了系统的维护和运行费用。

3. 节约能源显著

实践反复证明照明控制是实施绿色照明的有效措施。由于其控制系统采用了定时开关及调光技术，在智能的控制系统中分别采用红外线传感器、亮度传感器和人员动静探测器等优化运行模式，使照明系统按照经济、有效方案准确动作，不但降低运行管理开销，还节约了能源。

4. 布线、维护简单

照明控制系统现在多采用总线式结构，设计和布线简单快捷。对于系统维护、专业监控软件和各回路的点灯状况，都得到及时的反馈，节约了人工费。特别是遇到空间的功能变化时，一般无需更换配线，只需重新设置场景，从而便利于大空间的任意分割，降低了整体造价。

4.1.3 照明控制方案

1）分布式照明控制系统是以 PC 机和微处理器为核心，多种功能综合，具有智能型特点的控制系统。

2）智能照明调控装置是以微处理器和多抽头变压器固态开关等组成，具有多种功能的智能调控系统。

3）照明调控系统是由输出电源控制设备和系统输入装置组成。

4）照明节能自动调光系统由光感器件和可调光电子整流器等组成。

5）照明节能调光器由电子控制器自耦变压器和变速装置组成。

6）照明控制系统应用场所是为了节约电能，室外照明应采用自动控制；道路照明应间隔分组控制，以便在深夜车流和人流少时，关闭 50%灯光；大型或高层公共建筑的走廊、楼梯间和门厅等公共场所，内设建筑设备自动化系统（BAS）时，宜由 BAS 实行集中控制，并按有无天然采光分组集控，以节能；旅馆客房大多数以采用与门卡（钥匙）的连锁通断电源，以保证客人离开时切断电源；住宅楼梯间由于来往人员的相对较少，采用声光控制、红外控制有利于节电；为了节电和操作方便一个开关控制灯数不宜太多，以便少数人工作时，可按需要开一部分灯；在有天然采光时，近窗和远窗处灯可分别开启；车间、工段和工序点灯，以适应不同工序生产需要，有利于节电；分户、分单位计量照明用电，已经证明是行之有效的节电措施。

4.2　照明控制种类

一个无级而连续的灯光控制系统的总节电量为20%～50%。有时天然光并不是室内节电所必需的，重要的是照明控制系统不能干扰其他用户，一个成功的控制系统对于人们应当是毫无感觉的，系统可在新装照明设置中，也可用于改扩建工程。合理的设计与运转有利于节电。灯光控制完全可以与建筑设备监控系统连接在一起，经验表明，系统越简单，越易操作，越可靠。

具体来说，当前节约能源的方式有一条重要标准，即以“合理的投资回报”来衡量，每年节省1000美元，所花费的成本在2000～4000美元之间，最好是3000美元。3年内即可收回投资，包括资金成本才是可行的，节约能源还应考虑改善现有的工作环境，而不是造成干扰。成功的照明控制系统应符合下列要求：对在照明区域的人员不造成干扰；可靠性高；符合照度标准及EMC（CE）标准；有合理的偿还期。谈到照明控制技术有无级（开关）灯光控制。虽然良好的视觉功能以及相应最低照度的功率是人们追求的目标，而大厦投入运营后，便逐渐会忽略这一点了。实际上，完全可以在午休人们离去时关灯，集中控制的场所予以拉闸，单独控制的开敞办公等场所可将开关靠近入口处安装，便于在离开阶段的关灯，这一短暂时间的关灯所节省的电费，远远超过应增加启动次数而缩短寿命的损失。

从美国办公照明来看。他们越来越多地使用装在家具内的灯具和工作照明，即降低变更工作地点重新布灯的费用，又便于操作灯具。开敞空间中，则倾向于便于重新布灯的定型工作台。经测试，某办公楼装在家具上的减少灯具50%的照明负荷，其能量消费降低率>30%，单位面积的瓦数仅为17.75、13.5W/m^2，初投资只有15.17美元。

1. 手动控制

它可以调节各个回路灯的照明强度从0～100%连续变化；它还将一个区域（空间）内的各个回路照明结合在一起，形成一个总体要求的场景，并随着各路灯光亮度的变化，再加上对灯具的色彩处理，其组合呈现丰富多彩的效果，居民也可以在个人的生活和工作空间里创造一个多彩多姿的光环境。使用调光系统，在一间起居室可以创造出不同的灯光场面：热闹的宴会、舒适的阅读、温馨的家庭以及浪漫梦幻的气氛。它将一般照明、重点照明、装饰照明集于一体。各场景可优先设置在控制器中，调节时，手动按下按钮就能方便选择。

调光不仅使用方便，还有显著的节能功效。根据美国照明协会提供的资料，光亮度和节约的能源以及灯泡寿命的关系如表4-35所示。采用各种类型的节电开关和管理措施，如定时开关、调光开关、光电自动控制器、限电器、电子控制门锁节电器以及照明自控管理系统表4-36等。

环境调光节能　　表4-35

序号	光亮度/%	节电率/%	延长灯泡寿命倍数/倍	序号	光亮度/%	节电率/%	延长灯泡寿命倍数/倍
1	90	10	2	3	50	40	20
2	75	20	4	4	25	60	>20

照明控制节能　　表4-36

序号	方法	功　能	节电率/%
1	利用天然光	自动检测出入射的天然光的照度变化，决定照明点亮的范围，以此适时控制熄灯，分段调光、多段调光	20～25
2	调节光亮度	按使用要求进行无级调光	10～60
3	设定时间程序	制作若干时间程序，一天和一年分别适时控制空间照明，减少无用的灯光	15～20
4	人体传感器	感知人员是否存在，而实现室内有人点灯、无人熄灭	46
5	光电传感器	能感知照度达到某种限度开、熄灯	50
6	确立点灯模式	依据运行及空间等状况，决定控制照明的点灯模式	40～50

续表

序号	方法	功　能	节电率/%
7	保持空间照度	正常工作状态使各个照明区域保持规定照度	8
8	调整初期照度	自动调节照明设备初期使用，及清扫后所产生的照度过剩现象	30/a
9	便利灯具操作	公共场所、室外照明可由人们就地遥控，按钮进行照明节能控制的开关、调光等操作	>10

2. 自动控制

(1) 传统控制。

在建筑电气设计中，控制对象最多的要属照明灯具多采用跷板或拉线开关，应用中发现该方式由许多缺陷。

1) 开关位置方面通常设在位于入口处的墙上，入睡时要起身去关灯，晚上起夜在黑暗中寻找开关，老人则更加感觉不便，以及儿童因无法操作开关而往往在昏暗的光线下学习等；现代办公的大空间受开关地点的限制，不得不远离工作区的墙上，经常是在联体开关中找到你所需灯具的，最终还要到那里关灯，造成与办公环境不尽协调。同时，开关位置的设置更难以满足二次分隔、装修的需求，到时候可能还需改造线路，在墙上重新布置开关控制管线很不方便。

2) 房间分隔材料遇到铝合金玻璃分隔很难找到设置开关的合适位置，另外在一些分隔材料中敷设开关控制管、线、盒，也颇费工时。

3) 开关非为美化室内环境的装饰，尤其在装修质量要求较高的场所，对室内环境的影响更加明显。由此可见，传统的灯具控制方法弊端多，遥控功能值得效仿。

(2) 异地遥控。

1) “遥控”开关特性系由红外线遥控器发射器和接收器两部

分组成，发射器发出指令信号，接收器按其对设备实施功能控制。只实现某一功能控制的遥控器为单通道遥控器，亦称红外线遥控开关。它具有良好的抗干扰性、指向性，有效距离为8～10m，增加聚光系统时可增至12m。控制的最大负载功率为400W，接收频率为38kHz。

2）“遥控”开关用来解决传统控制方式的缺陷使设计和电器功能有所提高，家用电器控制多采用了红外线遥控器如电视机、空调、音响、影碟机等。

将遥控接收器设在灯具上可省去控制管线而简化设计。管线的减少既减少管线交叉和保护管，又降低了对地面垫层方面的要求。对于施工优越性也很明显。

(3) 光电控制。

1）一个开关控制的灯数不宜太多，小型办公每灯设一个开关位置要适宜，以便随手关灯。

2）根据不同的场所设置开关方面一个班组单设开关。按不同体育项目分区设开关，并提供不同的照度水平。

3）靠窗侧的灯具单独控制，当天然光充足时关灯，关于采用断路器控制方式。

4）采用调光、定时、光控开关上可限制照明使用时间、调节照度等实现节电。定时开关（电子式、气囊式和时钟式等）的控制时间由一分钟到数小时，用于标志灯、庭院灯、安防照明等。

5）按时间顺序增减照明，如商店的照明依控制顺序图，在一天内可根据客流量的多少适当增减照明，实现节能。

6）无天然采光办公室的走廊，应推广使用节能灯。使用自动控光即上下班时全部开灯，工作时间减少为50%，夜间保持25%或者更少，以实现节能。

(4) 户外调控。

西班牙塞里克鲁公司的一种适用于室外等集中照明区域的IDUEST智能照明调控装置，得到工程师的赞誉。由于传统调控方案存在着许多不足处，造成公路、港口、机场等处在灯具安装后，无论是否繁忙，几乎始终消耗着恒定甚至超量的功耗（以100km路段来分析，仅电费一项，会多支出上千万元）。该智能装置解决了问题。

3. 智能控制

控制见表4-37所示。目前市场上出现全数字、模块化、分布式照明控制系统，包括调光器、高频镇流控制器、光电单元、定时器及数字传感器等，集合成一个多功能装置。其适用的照明环境比较广泛，具有很高的可靠性，易于实现节能。对不必要的灯具需要调暗或是自动关断，有效利用天然光，优化运行费用，同时可以保护灯具，使其光源不受电压波动的影响而致损。对于建筑设备自动化系统可以监控照明、节约能源、延长照明灯的寿命，大厅、公共活动区及各楼层走道、停车场、立面广告的照明由电脑控制，按每天预先编排的时间程序来进行开关控制，并监视其状态，而工作状态可用文字及图形显示于彩色显示屏上，经打印出来后作为记录。

智能照明控制 **表4-37**

序号	名称	内　容	备　注
1	调光模块	荧光灯、白炽灯、节能灯、调光模块分别为1、2、4、6、12回路	每回路负载有2、4、5、10、15、20A等
2	非调光模块	有4(10A/路)、6(2A/路)12回路(4、10A路)。以上两种模块都是数字式、可编程且兼有电压波动限制、软启动开关等功能	运用于任何灯具
3	控制面板	控制多个调光模块，可编程、预制各种灯光场景	可取代传统开关
4	智能传感器	具有动静探测、光感探测、遥控接受功能	可取代传统开关
5	智能控制器	全自动控制系统可根据不同日期、时间、对所控制的不同区域分布进行灯光变化调节	控制多达256个区域的灯光变化，储存96种预设置

4. 可编程控制器（PLC）

目前大多数写字楼和高层办公大楼的室内照明都采用天然日光和人工照明相结合的照明方式。为节省电能并使办公人员的视觉舒适，控制系统的输入应采用日光传感器来检测光线强弱，以便按照其强度来自动控制照明灯具的开关状态和开关数目。当由门窗入射的日光使室内十分明亮的时候，就可完全去掉人工照明；若室内照明较弱时，则加上部分人工照明，达不到视觉舒适的最低照度（50lx）就自动接上所有灯具。为保证工作人员需要，整个系统设有手动控制开关，每个房间设置有独立的手动开关，以配合临时的现场应用照明。

（1）日照传感器控制。

橱窗、陈列品以及路灯照明系统采用日照传感器进行全自动控制。为控制方便，配备了手动控制装备。当日照传感器检测的日照强度＜2lx（最低照度）时，就自动点亮路灯；反之，当地面照度＞5lx时，就切断路灯电源，达到节能的目的，橱窗和路灯由同一传感器控制，如果要求橱窗、陈列品的照明达到一定的演示效果，可适当修改程序，对被照面分为许多等级，对照度按一定规律变化，由PLC根据传感器检测照度的结果来自动调节灯具的亮度和数量，达到预期的效果。

（2）控制系统。

可编程控制器节能照明控制系统示意如图4-18所示，其中所有控制、照明电源均为AC220V，整个系统由控制程序、日光传感器和手动开关等实现控制。PLC的输出信号通过多重输出线（2线制）达到多个开关控制盘，对调光控制终端进行照明电源的开关或调光。

（3）手动控制。

在该控制系统中，除PLC的自动控制以外，还有手动操作盘确保系统的高可靠性和使用的灵活性，同时每个室内的照明都应设有独立的手动墙壁开关，以备做临时的现场操作。图中“2

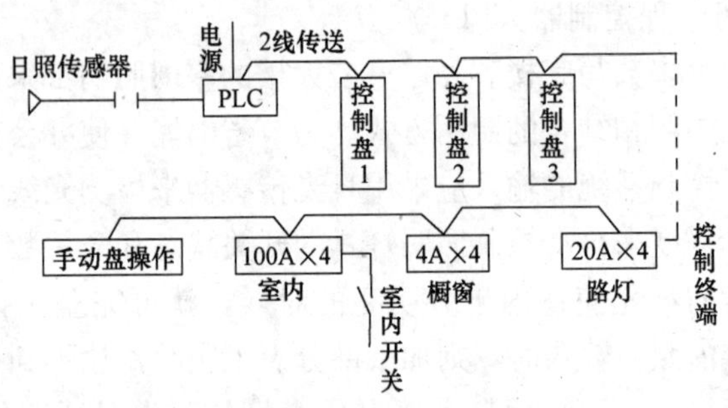

图 4-18　PLC 节能照明控制系统示意

线传送”的多重控制终端可以是 CPU、接触器或晶闸管等，能对负载进行控制，本系统拟采用接触器对对照明器具进行控制。

4.3　照明方式选择

1. 照明方式

1）非均匀照明是使灯光物尽其用，减少浪费，同时也打破了均匀照明那种呆板的气氛，如走道和非工作式的照度可为工作区照度的 20%。

2）高强气体放电灯照明光通量大、发光体积小，利用灯具将光线射向顶棚以作为二次发光光源。这种照明不易产生眩光和光幕反射，照明质量较高，节能效果与荧光灯直接照明相当，可应用于体育设施或办公室内。

3）照明系统灵活，如导轨照明灯、框架灯等，将光线投射到最需要的地方，既适合现代室内照明布局经常变化的潮流，又能获得节能效果。

4）混光照明节能，我国照度标准等级是按照视觉作业观察对象的尺寸大小制定的。在高照度等级内，同一等级可使用不同的照明方式，其照度标准，也不同，例如Ⅱ甲级视觉作业的一般照明方式定在 200～300～500lx，混合照明方式照度标准定为 750～1000～1500lx。混合照明中的一般照明取照度值的 5%～

15%，即最高值为 100～150～200lx，因此用混合照明节能显著，即在照度要求很高时，不宜使用一般照明方式，而应增加局部照明。

为了节能，使用单独一般照明方式时，照度不大于 300lx。应用重点照明在许多场所多有采用，其特点是工作面大或工件尺寸大，要求照度高。由于无法使用重点照明，从而采用一般照明低挂的方式，节能效果显著。

一般照明与重点照明相结合，对于高大空间，可在上部设一般照明，下面在柱子上或墙壁上设投光灯或壁灯照明，比单独设置一般照明方式要节能。

2. 选择照度标准

(1) 工作面要求。

不宜笼统地对待，以避免浪费。当某一小范围要高照度时可采用混合照明或重点照明方式，不应将整个区域的照度提高。

(2) 执行现行标准。

在过去照度标准规定工作面上最低照明单一值。1983 年 20 届 CIE 大会后，建议照度标准改为照度范围，它具有灵活确定照度水平的好处，规定的照度范围值较切合实际，对节能有利。由于具有相同用途的不同房间，随着环境不同会出现较大差别，例如办公室、会议室在高标准的建筑物内和一般建筑物内照度差别很大，在 GBJ 133—1990《民用建筑照明设计标准》中规定为 75～100～150lx，照度范围的中值是推荐照度，高值和低值使用范围受条件限制，不宜随意提高或降低照度水平。照度范围使用条件如下：

1) 下列情况采用高值，当作业本身反射系统具有较低的反射系数，或对比很小时；当光线不足，纠正差错需付出昂贵代价时；当精确度较高或至关重要时；人员年龄偏大，为长时间的持续视觉工作时。

2) 下列情况采用低值，当作业本身反射系数或对比较高时，当识别速度和精确度无关紧要时；临时性的工作；能源紧张的地区；整个建筑水准较低时。

(3) 外界条件因素。

1) 房间尺寸、形状，一般情况下房间的面积越小（大），利用系数越低（高）。建筑物的尺寸、形状对节能影响较大。

2) 室内装修色调采用白色或浅色装修，增加光的反射，可以提高光的利用率。当采用漫射型灯具时，工作面上照度约有50%由墙、顶相互反射提供。若采用深色装修，光线大部分被吸收，照度效率大大降低。

3) 充分利用天然光，设计中尽量减少白天使用人工照明，而使用天然采光，要求建筑物开窗面积要合理。灯具布置和控制应与窗户平行，在阴天时也只需开启室内照度不足的部分灯。

3. 照明与空调结合

采用综合顶棚单元，将照明、空调、吸声结构有机的结合为一体，组成独立的顶棚单元，它的综合效益较高。由于照明的发热影响着环境温度，室内除了冬季可利用灯具产生的热量外，大部分时间必须排除热量才能获得人体需要的室内气候条件。而在照明、空调结合系统中，欲创造舒适条件就简单多了，需要排走的热量大部分未进入使用空间而直接排出（表4-38），这是一条节约资金的有效途径。

照明与空调结合效果　　**表4-38**

<table>
<tr><th rowspan="2">序号</th><th rowspan="2">内容</th><th colspan="2">单层灯罩下</th><th colspan="2">双层灯罩下</th><th colspan="2">3层灯罩下</th><th rowspan="2">备注</th></tr>
<tr><th>嵌入</th><th>开启</th><th>嵌入</th><th>开启</th><th>嵌入</th><th>开启</th></tr>
<tr><td>1</td><td>改善顶棚外观</td><td>优</td><td>优</td><td>优</td><td>优</td><td>优</td><td>优</td><td rowspan="2">照明器和空调排（进）风口一致</td></tr>
<tr><td>2</td><td>空间设置灵活</td><td>优</td><td>优</td><td>优</td><td>优</td><td>优</td><td>优</td></tr>
<tr><td>3</td><td>使用顶棚合理</td><td>优</td><td>优</td><td>优</td><td>优</td><td>优</td><td>优</td><td rowspan="3">照明器被冷却</td></tr>
<tr><td>4</td><td>增加光通照度</td><td>中</td><td>优</td><td>良</td><td></td><td></td><td></td></tr>
<tr><td>5</td><td>降低镇流（线圈）温度</td><td>优</td><td>优</td><td>优</td><td>优</td><td></td><td></td></tr>
</table>

续表

序号	内容	单层灯罩下		双层灯罩下		3层灯罩下		备注
		嵌入	开启	嵌入	开启	嵌入	开启	
6	减少辐射能量	优	优	优	优			
7	减轻室内(热)负荷	中	良	良	优			
8	下降空调用气量	中	良	良 良	优 优			用吸入(排出)的热气除去照明器产生的热量
9	改进冷房(处理)热量	良	良	良	优			
10	平衡暖房热量	良	良	良 良	良 良			
11	重配暖房热量	中	良	良	优			

注：1. 效果显著、一般、不明显级数分别以优、良、中、划分。
2. 照明灯具与空调风口融为一体，造型美观、施工维护方便。
3. 照明灯具温升下降，光通输出上升并延长灯具的寿命设置隔断的灵活性增加。

由于电子计算机房和控制室通常都设置空调系统，因此照明灯具布置与建筑、设备专业的协调尤为重要。灯具与火灾报警探测以及空调送、回风口在顶棚上的布置必须统一安排，才能保证布置美观、照度均匀、气流组织合理。若各专业单独布置。要达到上述效果，难度是很大的。照明灯具与空调相结合，采用空调灯具是解决此难题的好办法。

(1) 减少热负荷。

由于使用空调式灯具，可取消单独的回风元件。如果送风元件也和灯具结合，那么，只要在顶棚安装供照明和空调用的器件，对流散热不致进入使用空间，较高温度随着空气由灯具直接排走，有如等量的空气带走了较多的热负荷。也就是说，灯具散发出的热量在进入房间前就被回风带走，可以减少空调送风量，空调设备、风机和制冷装置的负荷也相应减少。

(2) 提高荧光灯光效。

在照明、空调分离的一般情况下，多数荧光灯管壁温度23～25℃时，具有最大的光输出。此后温度越高，效率越低（10%～

15%)。然而，两者结合的综合系统中，能够控制灯的气流量，使管壁温度接近最佳值。也就是说，只安装较少的灯，就能达到一定的照度，且所需要的制冷量也随之减少，做到以同样的费用，获得较高的照明水平。

(3) 降低热辐射温度

空气流经灯具还可降低其表面的温度。由于辐射温度的显著降低，在使用荧光灯、空调式灯具时，在获得高达4000lx的照度时，也不至于产生过量的热辐射。

(4) 利用灯具散热量

由于照明和空调综合设计的建筑物，在冬季只需要补充较少的热量，夏季的制冷量也不大。若围护结构设计成对建筑物外墙具有较大的隔热能力，会显著地降低运行费用，热量回收系统的效率，将随回风温度的升高而成比例地增长。

4. 使用安全节电器

(1) 产品简介。

该节电器是一种通用型节电技术，适用于所有的用电系统。它采用先进的瞬变抑制技术，能够有效消除电网电路中的瞬变、电涌，提高电源质量，保护末端设备不受其损害，并且减少电瞬变、电涌引起的用电设备的能耗增加，提高系统的用电效率，具有节电和保护环境的双重功效。

该节电器的核心技术源自美国，是根据中国市场的应用经验而专门设计的新一代强化升级版本。具有更高的可靠性、节电效果及保护功能。产品使用寿命在20年以上。该技术在国外已经普遍使用。

(2) 节电原理。

通过抑制瞬流节电，还要突破两个尖端技术：抑制器的反应速度要超过瞬流速度。而系统安全节电的半导体元件，反应速度超过10μs，迅速截获瞬变，并且通过地线及时泄放。节电器的电压要足够低，保证电压峰值不高的瞬流也被捕捉到，实现彻底消除瞬流的效果。抑制器可以用TVSS（瞬间控制超度电压技术）表示。通过 TVSS 后提高电压质量。

（3）节电可行性。

1）电能浪费普遍存在于不知不觉中，而且其数字触目惊心。相比之下，美国的供电质量虽然明显好于其他国家，但仍在电力污染的损害及维护方面，一年要用支 260 亿美元，致使电力设备的使用寿命在缩短。据国家经贸委统计数字显示：中国企业万元产值的能耗较世界平均水平高 40%，但是企业的电费成本并不像其他成本那样采取非常明确和有效的控制措施，因此中国企业的节能工作已经刻不容缓。企业从节电入手是一种简单可行、周期最短、效益最大的途径。从节电中谋取利润，从节电中赚钱，是企业的上佳决策。

2）控制电费开支在传统概念中，电费是难以控制和节省的，那是因为以前科技水平的局限，现在随着尖端技术的应用普及，企业的用电成本是完全可以控制的。例如：明大天正提供的“系统安全节电器”，在国外经济发达国家已经得到普遍使用，采用目前先进的瞬变抑制技术，能够有效地消除电网电路中的瞬变、电涌、具有显著节电效果，通过对用户供电系统实施的整体节电方案，一般可以使企业的电费开支减少 10%～20%。下面举例说明。

2001 年 1 月广州某大厦工程投资 10.2 万元，采用 3 台系统安全节电器对大厦两台中央空调组进行了系统节电改造。根据改造前、后的统计分析，得出以下结论：经过对 2 年空调耗电量的计算，改造后一年节省用电 17.2 万元，平均节电率 19.2%。财务效益方面，项目内部收益方面，项目内部收益率 132.6%，投资回收期 0.77 年（折现率 6%），财务净现值 258.6 万元（设备使用寿命 20 年，电费 0.8 元/kWh）。按节电量 17.2kWh 计算，每年可以减少 CO_2 排放 180t。

3）系统安全又降低电费开支密不可分，由于电能的浪费与企业内部电网的电源质量有着直接关系。这是因为电网供电普遍存在着“杂质”（术语为电源污染，包括瞬流、电涌和谐波等），它们通过线路进入设备中增加电耗起破坏作用；同时设备运行中自身又会产生“杂质”并再次窜入其他设备；安全节电器节电效果显著，通过去除污染，提高电源质量，对系统中的设备有显著的保护作用，即降低大型设备的维护保养费，延长设备的使用寿命，并提高运行效率。广东东华机械有限公司投资25.6万元采用8台系统安全节电器，对动力车间、空压机房和蒸馏水瓶生产车间进行了系统节电改造工程所提供的数据见表4-39。

该厂提供的统计数字 表4-39

系统安全节电器状况	使用前	使用后	节电率/%
单位生产时间/(s/瓶)	98.63	78.26	效率提高值20.7
单位耗电量/(kWh/瓶)	0.674	0.522	平均值22.6

表中提供故障停机时间减少。设备效率明显提高，每年可为该厂增加产值180万元。要想最大限度地减少电能的浪费，只有消除来自电网以及电设备内部产生的污染，提高系统的电源质量，才是根本的解决办法。节电器从根本区别于其他产品，例如：传统节电产品往往是针对单一负载，解决也多是“大马拉小车”的现象，而对负载均衡运行的设备只能起到软启动的作用，而系统安全节电器可以对整个用电系统和所有电气设备进行控制，起到真实的节电和保护作用。

4）提高经济效益是建立在系统节电技术的基础之上，是企业从局部和整体进行系统节电改造的工程。企业在1～2年内可全部回收投资。根据以往经验，回收成本只用了3个月的时间，之后则一劳永逸享受了节电带来的好处。

在计算回报周期时，一般忽略节电设备对电机的保护作用所带来的节约效益，这主要是因为这些无形的节约效益较难以量化，同时需要相对较长的一段时间方可看出结果，根据几年内统计数据说明，节电设备安装以后可延长电机使用寿命30%～40%，而且电机故障率明显降低，维保费用骤减，如果把这些参数量化，回报周期缩减15%以上。

(4) 电源污染危害。

1) 正弦波时代以前的配电系统大多数负载是传统的照明或是简单的非阻性的线性负载，而现在，世界上仅是正弦波基波频率的时代已经过去了。特别是在现代建筑物中，几乎都是电子设备：电视机、电脑、复印机、UPS 系统、电子控制照明装置、电子控制设备、空调变频装置等，这些负载绝大多数都是非线性的。因此它们都是谐波发生源，这些谐波电流注入公用电网就会污染电网，引起电网电源的电压畸变、波形失真，从而使电网中的其他电气设备无法正常运行，使能耗增加。据有关资料显示：由于谐波分量增多，导致电流电压波形严重畸变。

随着信息时代的到来，电源污染对电源质量和设备的影响越来越大，所造成的经济损失也越来越惊人。如某油田 2000 年共有 15 台 UPS 应用于工业自动化控制，在近两年的运行中都相继出现了问题，严重影响生产、经济损失达上千万元。分析故障原因得出的结论是：我国的电网质量不高，低于美国、欧洲、电源中瞬流、电涌、谐波较为频繁。需安装瞬流抑制器。

2) 瞬流是一种瞬间的具有高爆发的电能，包括电涌、谐波等。它存在几乎所有的电力系统中，而且瞬流可以损坏电脑、照明、通信系统及重型工业电机。如果使用时不遇到任何瞬流，其寿命将延长 20%～40%。消除瞬流将大幅度提高电力设备的运转效率，节省电能降低维护费用，明显降低企业经营成本。

3) 电源污染后果使供电系统电耗增加，降低设备使用率；造成电网电压的严重畸变与瞬变高电压和高电流；电缆电线过热，绝缘老化加速，易损坏并导致线间短路和接地故障，引起电气火灾和人身电击事故；变压器和电动机过热，寿命缩短甚至烧毁；补偿功率因数的电容器过热，易损坏、甚至烧毁；断路及漏电保护装置、接触器和继电器等电气保护元件过热、失灵和误动作，接地保护装置功能失常；中性线过负荷、发热甚至烧损、着火；计算机误码、死机和锁住；通信与影像设备失灵；医疗设备误动作带来医疗事故甚至设备损坏；金融、证券交易中心电源误动作，造成重大经济损失。

(5) 节电新技术

1) 节电技术综合比较见表4-40。

节电技术综合比较　　表4-40

采用技术	20世纪推出时间/年代	节电效果	电网危害限度	可靠害性能	推广方式	综合评价
电容补偿	50	不明显	很小	很好	政府强制	有利于发电充分利用,减少输电线路损耗
晶闸管斩波	70	较明显	很大	一般	企业	在欧美已被明令禁用
变频调速	70	使用局限性大	很大	一般	企业	解决电机"大马拉小车"的问题,电源污染极大
实现自控	70	明显	很小	较好	政府支持企业	对用户要求较高
抑制电涌	80	明显	无	很好	政府支持企业	清洁电网作用,有效地保护设备,为当今的节电主流
电磁转换	90	明显	无	很好	政府支持企业	绿色照明的节电电源

2) 消除电源污染在经济发达国家节电行业的发展已达到了相当高的水平，出现了科技含量很高的节电产品。而我国还停留在无功补偿和变频器阶段。过去我们接触的节电设备都是针对单一负载，而对满载运行的电机只能起到软启动的作用，节电也就无从谈起了。而它在DA/DC/DA的转换过程中，又会产生大量的瞬流和谐波。有一个常见的现象，当启动变频器时，周围所有无线电设备都会受到严重干扰。

近年来随着变频器等电子及整流设备的普及应用，电源中的污染也日益严重。以抑制瞬流的基础系统安全节电器是一种不受负载限制的通用型节电产品，可以并联安装在任何低压供电系统中，通过抑制、消除瞬流、浪涌、谐波等电源污染，实现节电和保护设备。

4.4 照明控制及发展

4.4.1 照明控制现状

现代技术的发展，信息控制技术和计算机技术得到了全面的普及和应用，使得照明控制有了较显著的进步，尤其是新颖和实用的照明控制系统出现，大大增强了照明效果。因此，照明控制成为设计中不可忽略的重要环节，照明控制对绿色照明计划的实施具有特殊的意义。

1. 照明控制策略

(1) 昼光控制早期的研究。

英国 BRE 的研究者发现人对照明器的使用周期和室内天然采光的水平有着密切的联系，因此，照明控制可以采用“昼光控制”的策略。该控制器由光敏传感器、开关或调光装置组成，随天然光的变化，自动调节灯所开启的数量。当昼光照度增加时，关闭一定数量的灯具，反之增加灯的过程自动进行。昼光控制通常用于办公建筑、机场、集市和大型廉价商场等场合。

(2) 时间表控制。

分为可预知和不可预知时间表控制。对于每天使用时间变化不大场所，采用可预知时间表控制，通过定时控制方式来满足活动要求，适用于普通的办公室、按时营业的百货商场、餐厅或者按时上下班的厂房；对于每天的使用内容及使用时间经常变化的场所，可采用不可预知时间表控制策略。采用人体活动感应开关控制方式，以应付事先不可预知的使用要求，主要适用于会议室、复印中心和档案室等场所。

(3) 局部光环境控制。

是指按个人要求调整光照。考虑到个人的视觉差异，根据人员的视觉作业要求、爱好等需要来调整照度。有助于工作人员心情舒畅，使工作效率得以提高。通过遥控技术可实现局部光环境控制。

（4）平衡照明日负荷曲线控制。

是电力公司为了充分利用电力系统中的装置容量，提出了“实时电价”的概念，即电价随一天当中不同的时间而变化，鼓励人们在电能需求低谷的时段用电，以平衡日负荷。我国部分城市和地区现已推出“峰谷分时电价”，将电价分为峰时、平时、谷时价格，峰时电价贵，谷时电价廉。

作为用户就可以在电能需求高峰时卸掉一部分电力负荷，降低电费支出。也可以在电能需求低谷时储蓄一部分电能，譬如，目前已经研制出的用电设备可以夜晚充电蓄能，白天自动放电。

2. 照明控制方式

（1）静态控制即开关控制。是最简单和最根本的控制方式。采用这种方式可以根据灯具的使用情况，以及不同的功能需求方便地开灯或关灯。这是目前最为常见、使用最普遍的照明控制方式。

开关控制可分为跷板开关控制、断路器控制、人员占有传感器控制等几类。其中，人员占有传感器与调光技术的并用，不仅可以控制灯的开关状态，而且还可以控制空间的照度水平，这将使一个人走入完全黑暗空间时的不舒适感大为减少。目前又发展了定时控制、光电感应开关控制、声控开关控制等。

（2）动态控制即调光控制。智能建筑中，为了体现不同类型的多功能用房，如会议厅、演讲厅、宴会厅等，需要营造不同的光环境，调光控制是实现这一目的的有效方式。调光即要改变光源的光通量输出。最早应用的调光装置是采用调节电位器，来改变其两端的输出电压。电位器有能耗，节能效果差。随着电力电子技术的发展，通过控制可控电力电子器件镇流器来实现荧光灯的调光技术——采用PWM（脉宽调节）的方式来调节荧光灯管的输入功率，从而达到改变荧光灯输光通量的目的。

小功率金卤灯应用于室内照明的场合虽已较为广泛，但是金卤灯不宜调光。近年来，出现了一种先进的智能调光系统，采用微处理器，可根据不同要求对光环境进行智能调节。

3. 照明控制手段

（1）系统可分为手动控制和自动控制两大类。

手动控制系统，由开关或调光器两者共同实现，按照使用者的意愿控制所属区域的照度水平。在一个小的照明区域（如个人办公室），最普通的就是墙上安装一个控制面板；自动控制系统，由时钟元件或光电元件或两者共同实现。当室内不被占用时，时钟可用来避免灯仍亮着的浪费现象；光电元件能监测昼光水平，并在自然光充足时关掉（或调节）靠近窗的那些灯具。自动控制系统一般都设有手动调光装置。用来适应某种特定情况。

（2）控制层次是在一个光源（灯具）内。

在一个空间或房间内；在整个大楼内。光源的控制，属“智能光源”的理念，此光源完全独立于彼光源，其开关和调节由“监视”办公室的传感器来控制；房间控制。一个房间的照明控制由单一的系统通过传感器或开关、调光器来控制信号实现。其光线输出可以减少或部分被关断，或剩下一部分光源提供区域的照明；楼宇的控制。是最复杂的照明控制系统，包括大量的分布于各个部分的照明控制元件、传感器和手动控制元件。系统可集中控制和分区控制。

（3）控制方案。

是通过计算机系统的预先编程，根据照明主题、光和影、进行艺术设计和创新，营造出比白天更美的夜间光环境，吸引人们驻足观赏、休闲娱乐，成为一道亮丽的风景线。照明控制方案应考虑节能、运行费用、避免眩光和光污染等因素，广泛采用高光效、低能耗、易维护的高新科技节能照明的最新产品，如一体化节能灯、国际专利的专用 T5 荧光灯具、发光二极管（LED 灯）等。目前，常采用分布式智能照明控制系统实现控制方案。

(4) 分布式照明控制系统。

在照明控制领域中引入现场总线技术，出现了分布式照明控制系统。这种控制系统通常由调光模块、控制面板、液晶显示触摸屏、智能传感器、编程插口、时钟管理器、手持编程器和PC监控机等部件组成。将专用的微处理器置入传统的测量控制设备中，使它们各自具有数字计算和数字通信能力。采用带屏蔽的双绞线将多个测量控制设备连接成网络系统，控制回路的通断，以达到开、关灯的目的。澳大利亚邦奇公司的Dynalite照明控制系统和荷兰Philips公司的HILIO照明控制系统都是具有代表性的分布式照明控制系统。

随着现代通信系统技术的发展，最近几年，又出现了基于总线技术的智能照明控制系统。美国专业生产照明控制产品的LUTRON电子公司，在其生产的大型系统（如GRAFIK 5000、6000）中，采用集中、分布式相结合的控制网络结构，它代表了智能化照明控制系统的新发展。

值得一提的是，智能照明控制系统实现了通过Modem与公共交换电话网（PSTN）进行远程控制，使用异地计算机或者电话通过Modem、PSTN电话网远程控制一个照明系统的工作；还可以通过快速以太网（Ehternet）与大楼自动控制系统(BAS)的连接，实现整个大楼的智能控制。

4.4.2 未来照明控制

早期电气照明设计，一般采用开关、断路器等电气设施近距离地进行灯光的控制，这种照明控制方式的电气设计简单、直观，对局部灯光的管理比较方便，但当涉及大面积的区域灯光管理和维护工作量很大，耗费人力、物力、财力和时间，又不能得到有效的控制和节能。

随着科学技术的进步，在后来的照明实践中，开始对灯光进行远距离的照明控制，主要利用触发器、继电器甚至是单体时钟等在中央控制室内或值班室内对灯光进行综合控制。这样的系统费用低廉，适合于控制系统比较简单的地方，多见于路灯控制和城市亮化的控制，可以全部实现电动控制，但体积较大且功率较大，使用时会产生一定限度的电磁干扰。照明控制是照明系统的组成之一，现在，照明控制的发展已经趋于智能化，并成为照明设计不可缺的一部分，通过照明控制系统，可以对建筑空间中的色彩、明暗的分布和发光时间进行调控创造不同的意境和效果，提升照明环境的品质，确保工作和生活群体的舒适和健康；还有助于照明节能系统管理智能化且维护操作简单化，又适应未来照明布局和控制方式变更，提高照明设计的技术和科技含量。

第5章　备用电源系统

1　柴油机发电

柴油机发电是现在应用非常广泛的发电设备，用作高级宾馆、饭店、写字楼、邮电局（站）、重要财政金融、医院、工矿企业的应急备用电源，或者用于军事防护工程、车辆、船舶以及城市电网不能达到的特别场所的常用电源。

众所周知，按有关国标规范设计和建筑的重要工程，一般有两路（10kV）市电引入，平时两路同时工作，当一路故障或检修时，另一路承担全部负荷，虽然如此，真正意义上的两路市电并不多见。由于自然灾害，人为事故，造成城市大面积停电的情况屡见不鲜，像美国、日本、法国等国家也是如此，给国计民生带来重大影响和损失，为减少和降低这种损失，在重要工程里设有柴油机发电站是非常必要的。如在高层建筑中用做消防灭火、消防电梯、应急照明等工程负荷，通信工程、军事工程是国家和军队平时和战时指挥调度、通信联络的重要工程，任何时候都不能断电，这些工程不但需要设备柴油机发电站，而且要求建设成自动化限度高的自动化柴油机发电站。

1.1　柴油发电机组

1.1.1　机组的构成

柴油发电机组（简称机组）是内燃发电机组的一种，由柴油机、三相交流同步发电机和控制屏（包括自动检测、控制及保护装置）3部分组成。

移动式柴油发电机组的柴油机、发电机和控制屏（箱）全部组装在一个公共底座上；而功率较大的固定式机组的柴油机和发电机装在由钢铁焊接而成的公共底座上，并固定在专门设计的钢筋混凝土基地上，控制屏和燃油箱等设备一般与机组分开安装。

柴油机的飞轮壳与发电机前端盖轴向采用凸肩定位直接连接构成一体，并采用圆柱形的弹性联轴器由飞轮直接驱动发电机旋转。这种连接方式由螺钉固定在一起，使两者连接成一体，保证了柴油机的曲轴与发电机转子的同心度在规定范围内。

为了减小噪声，机组一般需安装专用消声器，特殊情况下需要对机组进行全屏蔽。为了减小机组的振动，在柴油机、发电机、水箱和电气控制箱等主要组件与公共底架的连接处，通常装有减振器或橡皮减振垫。

1.1.2 柴油发电机组的特点

柴油发电机组是技术密集型产品，它涉及柴油机、电机、自动控制等多个学科领域的技术。柴油发电机组是以柴油机为动力的发电设备，它与常用的蒸汽轮发电机组、水轮发电机组、燃气涡轮发电机组、原子能发电机组等发电设备相比较，具有结构紧凑、占地面积小、热效率高、启动迅速、控制灵活以及燃料储存方便等特点。

1. 单机容量等级多

柴油发电机组的单机容量从几千瓦至几万千瓦，目前国产机组最大单机容量为几千千瓦。用作邮电通信、高层建筑、工矿企业、军事设施的应急发电机组和备用发电机组的单机容量，可选择的容量范围大，具有适用于多种容量用电负荷的优势。

采用柴油发电机组作用应急和备用电源时，可采用一台或多台机组，装机容量根据实际需要灵活配置。

2. 配套设备结构紧凑、安装地点灵活

柴油发电机组的配套设备比较简单、辅助设备少、体积小、重量轻。与水轮机组需建水坝，蒸汽轮机组需配置锅炉、燃料储备和水处理系统等比较，柴油发电机组的占地面积小、建设速度快、投资费用低。

常用发电机组多采用独立配置方式，而备用发电机组或应急发电机组一般与变配电设备配合使用。由于机组一般不与市电网并联运行，同时机组不需要充足的水源（柴油机的冷却水消耗量为34～82L/kWh，仅为汽轮发电机组的1/10），且占地面积小，所以机组的安装地点比较灵活。

3. 热效率高，燃油消耗低

柴油机的有效热效率为30%～46%，高压蒸汽轮机约20%～40%，燃气轮机约20%～30%。由此可以得知，柴油机的有效热效率是比较高的，因此其燃油消耗较低。

4. 启动迅速、并能很快达到全功率

柴油机的启动一般只需几秒钟，在应急状态下可在1min内带到全负荷；在正常工作状态下约在5～30min内带到全负荷，而蒸汽动力装置从启动到全负荷一般需要3～4h。柴油机的停机过程也很短，可以频繁起停。所以柴油发电机组很适合作为应急发电机组或备用发电机组。

5. 维护操作简单，所需操作人员少，在备用期间的保养容易。

1.1.3 柴油发电机组的分类

柴油发电机组的种类很多，按照发动机燃料可以分为柴油发电机组和复合燃料发电机组等；按照转速可以分为高、中、低速机组；按照使用条件可以分为陆用（固定式和移动式）、船用、挂车式及汽车式4种类型，其中陆用机组又可分为普通型、自动化型、低噪声及低噪声自动化型4种形式；按用途可以分为应急、备用和常用发电机组；按照发电机的输出电压频率可分为交流发电机组（中频400Hz，工频50Hz）和直流发电机组，当电压频率为50Hz时，中小型发电机的标定电压一般为400V，大型发电机的标定电压一般为6.3～10.5kV。

1. 按性质和用途分类

(1) 常用发电机组。

这类发电机组常年运行，一般设在远离电力网（或称市电）

的地区或工矿企业附近，以满足这些地方的施工、生产和生活用电。目前在经济发展比较快的地区，由于电力网的建设跟不上用户的需求，所以设立建设周期短的常用柴油发电机组来满足用户的需要。这类发电机组一般容量较大。

(2) 备用发电机组。

在通常情况下用户所需电力由市电供给，当市电限电拉闸或其他原因中断供电时，为保证用户的基本生产和生活而设置的发电机组。这类发电机组常设在市电供应紧张的工矿企业、医院、机场和电台等重要用电单位。

(3) 应急发电机组。

对市电突然中断将造成重大损失或人身事故的用电设备，常设置应急发电机组对这些设备紧急供电，如高层建筑的消防系统、疏散照明、电梯、自动化生产线的控制系统及重要的通信系统等。这类发电机组需安装自启动柴油发电机组，自动化限度要求较高。

(4) 战备发电机组。

这类发电机组是为人防和国防设施供电，平时具有备用发电机组的性质，而在战时市电被破坏后，则具有常用发电机组的性质。这类发电机组一般安装在地下，具有一定的防护能力。

2. 按照发电机组的功能分类

(1) 普通机组。

人工操作，包括有保护和无保护两种。一般可设置以下保护：

1) 柴油机保护。水温高、油温高、油压低、超速、缸体温度高（风冷柴油机）。

2) 发电机保护。过载、短路、失压、逆功率等。

(2) 自动化机组。

按照市电失电或者规定指令投入运行，市电恢复后退出。根据 GB 4712《自动化机组的分级要求》，自动化机组的等级可分为以下三个等级。

1）1 级。自启动、自投入、自保护、自动停机，无人值守连续工作 4h。

2）2 级。能够达到 1 级的全部要求，并可自动补给，实现无人值守连续工作 240h。

3）能够达到 2 级的全部要求，并可自动转移启动指令，有自动并列、自动解列功能，能够实现自动调频调载。

（3）“三遥”智能型机组。

可以和计算机通信，接受计算机远程控制指令，具有“遥测”、“遥控”、“遥信”功能。按照国家信息产业部发布的《通信用柴油发电机组进网质量检验实施细则》的规定：

1）遥控。开/关机、紧急停车、切换主备用机组。

2）遥信。工作状态（运行/停机）、工作方式（自动/手动）、主备用机组、过压、过流、频率/转速高、水温高；缸体温度高、皮带断裂、油温高、（风冷柴油机）。

3）遥测。三相输出电压、三相输出电流、输出频率/转速、水温、缸体温度（风冷柴油机）、油压、蓄电池电压、输出功率。

4）接口。具有通信接口 RS—232 和 RS—485。

3. 按照移动性分类

有固定式柴油发电机组、拖车电站、汽车电站、方舱电站等。

4. 按照冷却方式分类

1）水冷，闭式循环——机组上有水箱、风扇；开式循环——机组上无水箱、风扇，需要外接水池。

2）风冷，采用风冷柴油机（如道依茨柴油机），风冷柴油发电机组特别适用于高温、严寒、干旱、高原、水质差的环境作为供电电源。

1.1.4 柴油发电机组的主要电气性能指标

设备的技术条件，是作为设备从设计到使用的一个技术依据，也是用来评价和分析设备各项技术经济指标的先进性、可靠性和经济性的一个技术文件。目前我国实施的柴油发电机组的技术标准，其技术条件的主要内容下面进行介绍。

1. 机组的工作条件

机组的工作条件是指在规定的使用环境条件下能输出额定功率，并能可靠地进行连续工作。国家标准规定的电站（机组）工作条件，主要按海拔高度、环境温度、相对湿度、有无毒菌、盐雾以及放置的倾斜度等情况来确定的。根据 GB 2819—81 国家标准规定，电站在下列条件下应能输出额定功率，并能可靠地进行工作。

1）A 类电站海拔为 1000m，环境温度为 40℃，相对湿度为 60%。

2）B 类电站海拔为 0m，环境温度为 20℃，相对湿度为 60%。

电站在下列条件下应能可靠地工作，即海拔不超过 4000m，环境温度上限值为 40、45℃，下限值为 5、−25、−40℃，相对湿度分别为 60%、90%、95%。

2. 柴油发电机组的性能指标

柴油发电机组的性能指标是指在机组功率因数从 0.8～1.0，而三相对称负载在 0～100%或 100%～0 额定值的范围内渐变或突变的情况下，应达到的性能。

1）稳态电压调整率 δ_U（%）为。

$$\delta_U=(U_1-U)/U\times 100\% \tag{5-1}$$

式中，U_1 为负载变化后的稳定电压的最大值（或最小值），U 为空载整定电压值 V；Ⅰ～Ⅲ类机组 δ_U 为±1%～±3%；Ⅳ类机组 δ_U 不超过±5%。

2）稳态频率调整率 δ_f（%）。

$$\delta_f=(f_1-f_2)/f\times 100\% \tag{5-2}$$

式中，f_1 为负载渐变后的稳态频率的最大值（或最小值），f_2 为额定负载时的频率，f 为额定频率。Ⅰ～Ⅲ类机组 δ_f 为 0.5%～3%；Ⅳ类机组 δ_f 不超过 5%。

3）电压稳定时间（s）。

是指从负载突变时算起到电压开始稳定所需的时间，通常用示波器来测量。Ⅰ～Ⅲ类机组电压稳定时间为0.5～1s；Ⅳ类机组电压稳定时间为3s。

4）频率稳定时间（s）。

是指从负载突变时算起到频率开始稳定所需的时间，通常也是用示波器来测量。Ⅰ～Ⅲ类机组频率稳定时间为2～5s；Ⅳ类机组频率稳定时间为7s。

5）空载电压稳定范围。

是指机组整定电压应能在额定值的95%～105%范围内调节和稳定工作。例如额定电压为400V的机组，其空载电压可在380～420V之间调整。

6）在三相不对称负载下运行线电压的稳定度。

是指机组供电在三相不对称负载下运行时，如果每相电流都不超过额定值，而且各相电流之差不超过额定值的25%，则各线电压与三相电压平均值之差应不超过三相线电压平均值的5%。

7）机组的并机性能。

是指两台规格型号完全相同的三相机组，在额定功率因数下，应能在20%～100%额定功率范围内稳定并联运行。为了提高有功功率和无功功率合理分配精度和运行的稳定性，要求机组中柴油机调速器具有稳态调速率在2%～5%范围内调节的装置。在控制箱（屏）内的调压装置可使稳态电压调整率在5%范围内调整。

另外，还有电压、频率波动率、超载运行时限、瞬态电压、频率调整率及直接启动空载异步电动机的能力等性能。

3. 机组的自动化性能

随着科学技术的发展，现代通信、军事工程、船舶电站等重要部门对交流电源的供电要求也越来越高，有些设备不允许交流电源有瞬间中断，这就要求机组必须具备自动化的功能。由于机组自动化限度不同，因此，国家标准有明确规定。根据国际GB

12786—91标准，应具有如下性能：

(1) 自动维持准备运行状态。

机组应急启动和快速加载时的机油压力、机油温度，冷却水温度应符合产品技术条件的规定。

(2) 自动启动和加载。

1) 接自控或遥控的启动指令后，机组应能自动启动；对于与市电电网并用的备用机组，当电网电压下降（其下降值按产品技术条件规定）或中断供电时，机组应能自动启动；

2) 机组自动启动第3次失败时，应发出启动失败信号，设有备用机组时，程序启动系统应能自动地将启动指令传递给另一台备用机组；

3) 从自动启动指令发出至向负载供电的时间应根据需要在产品技术条件中明确；

4) 机组自动启动成功后，首次加载量；

对于额定功率不大于250kW者，不小于50%额定负载；

对于额定功率大于250kW，按产品技术条件规定。

5) 机组接通额定负载后应能自动可靠运行；

6) 机组自动启动的成功率不低于98%。

(3) 自动停机。

接自控或遥控的停机指令后，机组应能自动停机；对于与市电电网并用的备用机组，当电网恢复正常后，机组应能自动切换和自动停机，由电网向负载供电，其停机方式和停机延迟时间应符合产品技术条件规定。

(4) 自动并联与解列。

1) 接自控或遥控的并联与解列指令后，两台同型号的机组应能自动并联与解列。

通常，当第一台机组单机运行时功率持续达到产品技术条件规定时，自控系统应向第二台机组发出启动指令，使其自动投入并联运行；当两台并联机组的总输出功率持续减小到不大于总额定功率的40%时，自控系统应向两台并联机组中的一台发出解列和停机的指令，对于继续减小功率的情况按产品技术条件规定。

2）两台机组并联运行时，应能自动分配输出的有功功率和无功功率，其分配差度均应不超过±10%。

3）自控或遥控装置应有控制第三台机组的能力。

当两台已并联运行机组中的一台发生一级故障时，应先启动第三台机组并使其自动投入并联运行后再使故障机组解列。

当两台已并联运行机组中的一台发生二级故障时，故障机组应自动解列并停机，自动切断一部分负载（通常是次要负载），使继续运行的机组不出现不允许的过载；同时启动第三台机组并使其自动投入并联运行，恢复正常供电。

（5）自动补给。

燃油、机油、冷却水自动补充，机组启动用蓄电池自动充电和（或）压缩空气瓶自动充气（按用户要求），应符合产品技术条件的规定。

（6）无人值守时间。

机组无人值守时间应按 GB 4712 在产品技术条件中明确。

（7）自动保护。

导致机组自动停机或发出光声信号的保护项目在产品技术条件中明确。

（8）其他。

1）机组的自动停机和手动停机均应有正常停机和紧急停机两种。

2）机组的预润滑、启动和停机、调频和调压、并联和解列、送电和停电等应能手动控制。

1.1.5 柴油发电机组型号含义

柴油发电机组是以柴油机作动力，驱动同步交流发电机而发电的电源设备。为了便于生产管理和使用，国家对柴油机发电机组的名称和型号编制方法做了同一规定，根据 GB 2819 的规定，机组的型号排列和符号含义如图 5-1 所示。其中符号及数字代表的型号含义如下：

1——输出额定功率（kW），用数字表示。

2——输出电流种类：G，交流工频；P，交流中频；s，交流双频；z，直流。

3——发电机组类型：F，陆用；FC，船用；Q，汽车电站；T，挂车。

4——控制特征：缺位为手动；Z，自动化；S，低噪声；SZ，低噪声自动化。

5——设计序号，用数在表示。

6——变形代号，用数字表示。

7——环境特征：缺位为普通型；TH，湿热带型。

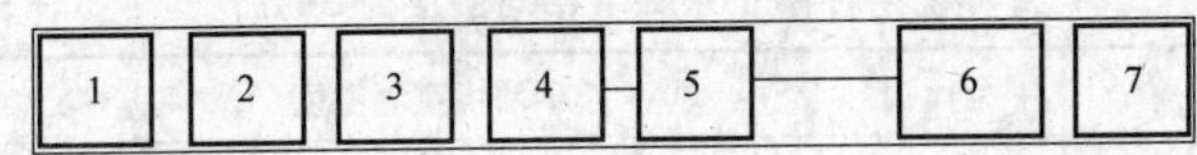

图 5-1 柴油发电机组的型号

举例：

300GF18——额定功率 300kW、交流工频、陆用、设计序号为 18 的普通型柴油发电机组。

500GFZ——额定功率 500kW、交流工频、陆用、自动化柴油发电机组。

200GFS3——额定功率 200kW、交流工频、陆用、低噪声、设计序号为 3 的柴油发电机组。

30PT1——额定功率 30kW、400Hz 中频、挂车式、设计序号为 1 的柴油发电机组。

1.1.6 柴油发电机组功率修正

机组的工作条件是指在规定的使用环境条件下能输出额定功率，并能可靠地连续工作的条件。国家标准规定的电站（机组）工作条件，主要按海拔高度、环境温度、相对湿度、有无霉菌、盐雾以及放置的倾斜度等情况来确定的。

柴油机铭牌和说明书上所规定的标定功率，系指在大气压 P_0＝101.3kPa（760mmHg）环境温度 T_0＝293K（20℃）；相对

湿度 $\phi_0=60\%$ 的标准大气状况下所能输出的有效功率。

因柴油机的输出功率是随着使用地区的海拔高度、环境温度和相对湿度的增加而降低的，为此，用户在使用柴油机时，必须注意到当地的环境状况。如在非上述标准大气状况下使用时，应将柴油机的标定功率，按当地的实际大气状况进行修正换算，以防止柴油机超载运行。

如实际大气状况比标准大气状况有利，即修正后的功率大于标定功率时，功率不予修正。

修正方法请按 GB 1105—74 的规定方法进行换算。参见表 5-1、表 5-2。

环境条件修正系数（相对湿度为 50%）　表 5-1

序号	海拔/m	大气压力/kPa	环境空气温度/℃									
			0	5	10	15	20	25	30	35	40	45
1	0	101.35	—	—	—	—	1.00	0.98	0.96	0.94	0.92	0.89
2	200	98.66	—	—	—	0.99	0.97	0.95	0.93	0.92	0.89	0.86
3	400	96.66	—	1.00	0.98	0.96	0.94	0.92	0.90	0.89	0.87	0.84
4	600	94.39	1.00	0.97	0.95	0.94	0.92	0.90	0.88	0.86	0.84	0.82
5	800	92.13	0.97	0.94	0.93	0.91	0.89	0.87	0.85	0.84	0.82	0.79
6	1000	89.86	0.94	0.92	0.90	0.89	0.87	0.85	0.83	0.81	0.79	0.77
7	1500	84.53	0.87	0.85	0.83	0.82	0.80	0.79	0.77	0.75	0.73	0.71
8	2000	79.46	0.81	0.79	0.77	0.76	0.74	0.73	0.71	0.70	0.68	0.65
9	2500	74.66	0.75	0.74	0.72	0.71	0.69	0.67	0.65	0.64	0.62	0.60
10	3000	70.13	0.69	0.68	0.66	0.65	0.63	0.62	0.61	0.59	0.57	0.55
11	3500	65.73	0.64	0.63	0.61	0.60	0.58	0.57	0.55	0.54	0.52	0.50
12	4000	61.59	0.59	0.58	0.56	0.55	0.53	0.52	0.50	0.49	0.47	0.46

环境条件修正系数（相对湿度为 100%）　表 5-2

序号	海拔/m	大气压力/kPa	环境空气温度/℃									
			0	5	10	15	20	25	30	35	40	45
1	0	101.35	—	—	—	—	0.99	0.96	0.94	0.91	0.88	0.84
2	200	98.66	—	—	1.00	0.98	0.96	0.93	0.91	0.88	085	0.82
3	400	96.66	—	0.99	0.97	0.95	0.93	0.90	0.88	0.85	0.82	0.79
4	600	94.39	0.99	0.97	0.95	0.93	0.91	0.88	0.86	0.85	0.80	0.77

续表

序号	海拔/m	大气压力/kPa	环境空气温度/℃									
			0	5	10	15	20	25	30	35	40	45
5	800	92.13	0.96	0.94	0.92	0.90	0.88	0.85	0.83	0.80	0.77	0.74
6	1000	89.86	0.93	0.91	0.89	0.87	0.85	0.83	0.81	0.78	0.75	0.72
7	1500	84.53	0.87	0.85	0.83	0.81	0.79	0.77	0.75	0.72	0.69	0.66
8	2000	79.46	0.80	0.79	0.77	0.75	0.73	0.71	0.69	0.66	0.63	0.60
9	2500	74.66	0.74	0.73	0.71	0.70	0.68	0.65	0.63	0.61	0.58	0.55
10	3000	70.13	0.69	0.67	0.65	0.64	0.62	0.60	0.58	0.56	0.53	0.50
11	3500	65.73	0.63	0.62	0.61	0.59	0.57	0.55	0.53	0.51	0.48	0.45
12	4000	61.59	0.58	0.57	0.56	0.54	0.52	0.50	0.48	0.46	0.44	0.41

1.2　柴油机基本原理和系统组成

1.2.1　柴油机的工作原理

在热力过程中，只有在“工质”膨胀过程才具有做功能力，而我们要求发动机能连续不断地产生机械功，就必须使工质反复进行膨胀。因此，必须设法使工质重新恢复到初始状态，然后，再进行膨胀。因此，柴油机必须经过进气、压缩、膨胀、排气四个热力过程之后，才能恢复到起始状态，使柴油机连续不断地产生机械功，故上述四个热力过程称为一个工作循环。

若柴油机活塞走完四个冲程完成一个工作循环，称该机为四冲程柴油机。如果活塞走完二个冲程完成一个工作循环的柴油机称为二冲程柴油机。目前，柴油发电机组配置的柴油机都是四冲程机。

现以图 5-2 说明四冲程柴油机的工作过程。

1. 进气冲程

进气冲程的目的是吸入新鲜空气，为燃料燃烧做好准备。要实现进气，缸内与缸外要形成压差。因此，此冲程排气门关闭，进气门打开，活塞由上止点向下止点移动，活塞上方的气缸内的容积逐渐扩大，压力降低，缸内气体压力低于大气压力约 68～

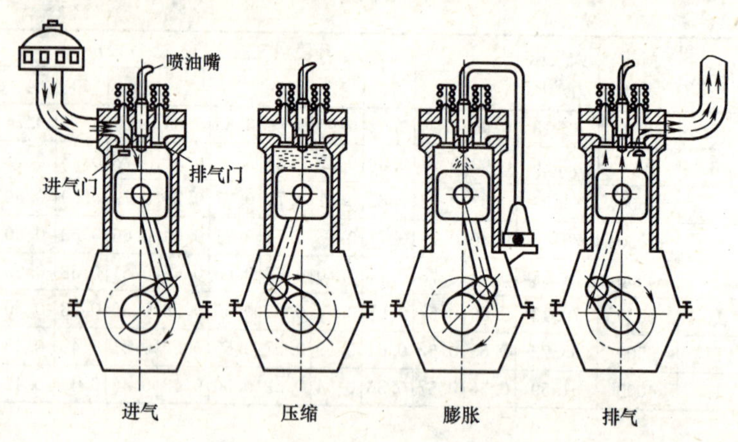

图 5-2 四冲程柴油机的工作过程

93kPa；在大气压力的作用下，新鲜空气经进气门被吸入汽缸，活塞到达下止点时，进气门关闭，进气冲程结束。

2. 压缩冲程

压缩冲程的目的是提高汽缸内空气的压力和温度，为燃料燃烧创造条件。由于进、排气门都已关闭，汽缸内的空气被压缩，压力和温度亦随之升高，其升高的限度，取决于被压缩的限度，不同的柴油机略有不同。当活塞接近上止点时，缸内空气压力达 3000～5000kPa，温度达 500～700℃。远超过柴油的自燃温度。

3. 膨胀（做功）冲程

当活塞上行将终了时，喷油器开始将柴油喷入汽缸，与空气混合成可燃混合气，并立即自燃，此时，汽缸内的压力迅速上升到约 6000～9000kPa，温度高达 1800～2200℃。在高温、高压气体的推力作用下，活塞向下止点运动并带动曲轴旋转而做功。随着气体膨胀活塞下行其压力逐渐降低，直到排气门被打开为止。

4. 排气冲程

排气冲程的目的是清除缸内的废气。做功冲程结束后，缸内的燃气已成为废气，其温度下降到800～900℃，压力下降到294～392kPa。此时，排气门打开，进气门仍关闭，活塞从下止点向上止点移动，在缸内残存压力和活塞推力的作用下，废气被排出缸外。当活塞又到上止点时，排气过程结束。排气过程结束后，排气门关闭，进气门又打开，重复进行下一个循环，周而复始不断对外做功。

1.2.2 柴油机的特性

介绍柴油机特性的目的在于通过分析柴油机特性曲线的变化规律，了解柴油机在各种调整情况和工况（即各种转速及负荷）下的动力性和经济性，从而分析影响特性的各种因素，以便合理使用柴油机，了解它在什么情况下动力性最大，在什么情况下经济性最好。当需要最大功率输出时，就充分发挥它的动力性能，在其他情况下工作时，则尽可能使它的经济性最佳。

柴油机特性内容较多，其中主要是使用特性。实际上，柴油机经常在类似于使用特性工况下工作，因此，这里仅介绍它的使用特性。

根据柴油机用途的不同，对柴油机使用特性的要求亦不一样。为方便用户，在说明书中同时给出柴油机的速度特性曲线和负荷特性曲线，以供用户在实际使用中查考有关技术参数。

（1）柴油机的速度特性。系指将油量调节齿杆和调速器操纵手柄保持在某一位置，逐步改变负荷降低转速，得出的有效功率、燃油消耗率、扭矩和排气温度等随转速而变化的关系。

将油量调节齿杆和调速器操纵手柄固定在12h功率的位置所制取的速度特性曲线称为12h功率速度特性曲线。

（2）柴油机的负荷特性。系指柴油机保持在某一恒定转速下，燃油消耗率和排气温度等随负荷而变化的关系。

这里所给的是标定转速时的负荷特性曲线。

（3）根据上述一组曲线。用户可按不同的使用情况查得柴油机在不同转速全负荷时或标定转速部分负荷时的动力经济指标。

1.2.3 柴油机的主体结构

机体组件是柴油机的骨架，主要由气缸体-曲轴箱、气缸箱、气缸套、气缸垫、油底壳以及齿轮室和飞轮壳等组成。柴油机的所有运动机件和辅助系统都安装在机体组件上，比如机体中装有齿轮传动机构、气缸套、主轴承、飞轮壳等，气缸套上装有气门组、遥臂、喷油器、进排气管等。

柴油机的总体布置大致有直列型和V型两种形式，4、6缸直列型柴油机的布置基本相似。图5-3是6缸直列基本型柴油机

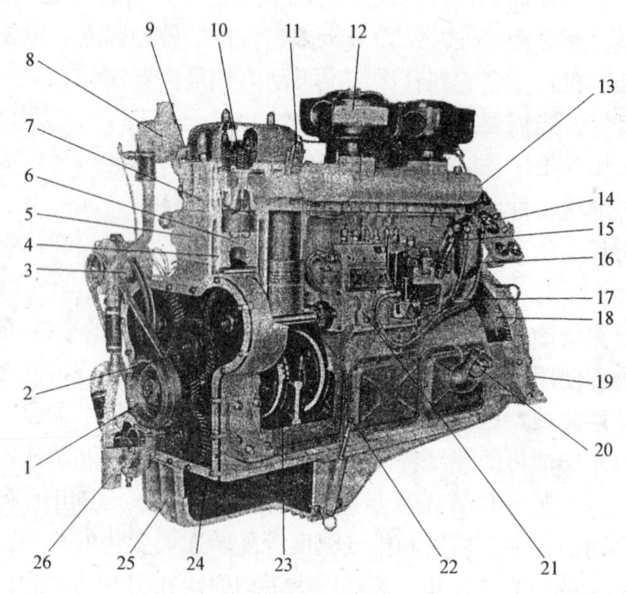

图5-3 6缸直列基本型柴油机解剖

1—皮带盘；2—传动机构；3—硅整流充电发电机；4—气缸套；5—机体；6—活塞连杆；7—气缸盖；8—节温器体；9—气缸盖出水管；10—配气机构；11—喷油器；12—空气滤清器；13—进气管；14—仪表板；15—调速操纵手柄；16—燃油滤清器；17—转速表软轴；18—飞轮；19—安装支架；20—加油及通气盖；21—喷油泵调速器总成；22—机油标尺；23—盘形组合式曲轴；24—机油泵；25—油底壳；26—淡水泵

的结构解剖图。隧道式机体 5 上面用 14 个大螺栓固定两缸合用的气缸套 7；下面安装铸铁或铁皮冲刷的油底壳 25；气缸中安装有 W 形燃烧室的活塞连杆 6；机体主轴承孔中安装有带滚动主轴承的盘形组合式曲轴 23；气缸体右面（面向飞轮端看）配置凸轮轴和配气机构 10；柴油机前端齿轮室内布置传动机构 2；左侧安装喷油泵调速器总成 21；进气管 13 及仪表板 14；右侧安装排气管、机油滤清器、机油冷却器、启动电机和充电发电机 3 等；淡水泵 26 安装在前端；机油泵 24 安装在机体前端油底壳内。

对于增压型柴油机的废气涡轮增压器置于专用排气管后端（位于飞轮壳上方）或置于排气管中间出气口的上方。

1.2.4 柴油机各功能系统

柴油机在基本结构的平台上，配装柴油机运行的各种系统诸如燃油供给系统、润滑系统、进排气系统、启动系统、冷却系统等。现将各系统间接如下：

1. 柴油机燃油供给系统

（1）燃油供给系统的组成。

燃油机供油系统的作用是将燃油和空气按一定的要求分别送入气缸，使之形成良好的可燃混合气，并将燃烧后的废气排出。

燃油供给和调速系统是由输油泵、燃油滤清器、喷油泵、调速器、喷油器及燃油管路等组成，如图 5-4 所示。在部分变型柴油机的喷油泵传动轴上还装有供油自动提前器。

柴油机工作时，输油泵从燃油箱吸取燃油，送至燃油滤清器，经滤清后进入喷油泵。燃油压力在喷油泵内被提高，按不同工况所需的供油量，经高压油管输送到喷油器，最后经喷油孔形成雾状喷入燃烧室内。输油泵供应的多余燃油经燃油滤清器的回油管返回燃油箱中，喷油器顶部回油管中流出的少量燃油亦流回至燃油箱中。

（2）柴油机调速器。

1）柴油机调速器的作用是将内燃机的转速限制在一定范围

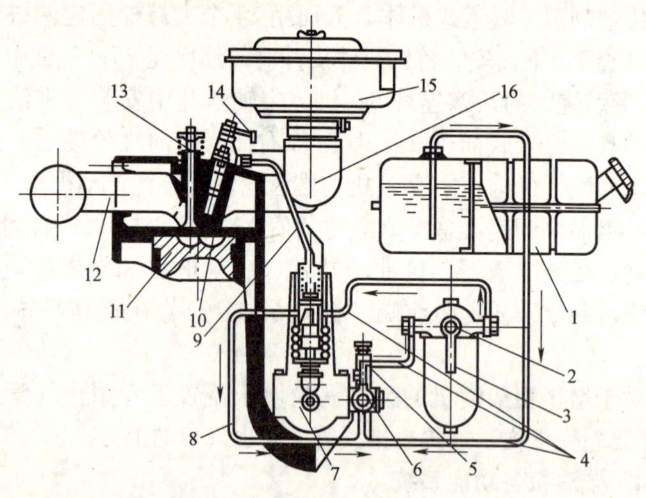

图5-4 6135型柴油机的供给系统

1—燃油箱；2—溢油阀；3—燃油滤清器；4—油管；5—手压输油泵；6—输油泵；7—喷油泵；8—回油管；9—高压油管；10—燃烧室；11—喷油器；12—排气管；13—排气门；14—回油管；15—空气滤清器；16—进气管

内。运行时，柴油机所带的负载是不断变化的。在负载变化时，特别是突然变化时，必须保持柴油机的转速稳定，不得出现停车或飞车事故。调速器就是自动保持转速稳定的装置。对于发电用的柴油机，要求其转速基本恒定在同步转速，对调速器的调速特性要求很高。

2）柴油机调速器的分类按工作原理可分为机械离心式调速器、气动式调速器、液压式调速器和电子式调速器四种。

① 机械离心式调速器有卧式和立式两种，主要构件是轭盘、飞铁、调速弹簧、调整螺钉和传动拉杆等。转速在额定值时，飞铁的离心力与调速弹簧的张力平衡。当转速高于额定值时，飞铁离心力增大超过弹簧的张力，使飞铁张开带动拉杆减少油门，柴油机自动恢复额定转速。相反，当转速低于额定值时，飞铁向内靠拢，带动拉杆增大油门，使柴油机增速。

机械离心式调速器结构简单，维护比较方便，但是灵敏度和调节特性较差。

B系列喷油泵所用调速器。调速器是由装在喷油泵凸轮轴末端的调速齿轮部件驱动的。调速齿轮部件内装有三片弹簧片，它对突然改变转速能起缓冲作用。由于提高了调速飞铁的转速，使飞铁的外形尺寸可以小些。两个重量相等的飞铁由飞铁销装在飞铁座架上。伸缩轴抵住调速杠杆部件中的滚轮，调速杠杆与喷油泵齿杆相连，调速弹簧的一端挂在调速杠杆上，另一端挂在调速弹簧摇杆上，摆动摇杆则可调节弹簧的拉力。

调速器工作原理：当柴油机在某一稳定工况工作时，飞铁的离心力与调速弹簧拉力及整套运转机构的摩擦力相平衡，于是飞铁、调速杠杆及各机件间的相互位置保持不变，则喷油泵的供油量不变，柴油机在某一转速下稳定运转；当柴油机负荷减低时，喷油泵供油量大于柴油机的需要量，于是柴油机转速增高，则飞铁的离心力大于调速弹簧的拉力，平衡被破坏，飞铁向外张开，使伸缩轴向右移动，从而使调速杠杆绕杠杆轴向右摆动。此时调速弹簧即被拉伸，喷油泵的调节齿杆向右移动，于是供油量减少，转速降低，直至飞铁的离心力与调速弹簧的拉力再次达到平衡，这时柴油机就稳定在比负荷减少前略高的某一转速下运转；当柴油机负荷增加时，喷油泵供油量小于柴油机的需要量而引起转速降低，飞铁的离心力小于调速弹簧的拉力，调速弹簧即行收缩，调速杠杆使调节齿杆向左移动，供油量增加，转速回到飞铁的离心力与转速弹簧的拉力再次达到平衡为止。此时柴油机稳定在比负荷增加前略低的某一转速运转（柴油机调速器操纵手柄位置不变，负荷变化后新的稳定运转点的转速取决于所用调速器的调速率，而不同型号柴油机的调速率是根据不同的使用要求确定的）。若要严格回到原来的转速则需调整调速器操纵手柄。

② 气动式调速器。气动式调速器的感应元件用膜片等气动元件来感应进气管压力的变化，以便调节柴油机转速。

③ 液压式调速器。液压式调速器是利用飞铁的离心作用来控制一个导阀，再由导阀控制压力轴的流向，通过油压来驱动调

节机构增大或减小油门，完成转速自动调节的目的。

液压调速器的优点是输出转矩大，调速特性和灵敏度比机械离心式调速器好，缺点是结构较复杂，维护技术的水平要求较高。

例如：YT111 型液压调速器，250 系列自动化机组采用 YT111 型表盘式液压调速器代替了以往的机械离心式调速器。这种调速器具有液压执行放大机构，动力输出轴的最大输出转角为 42°；输出扭矩较大，在调速器标定工作范围内，最大输出扭矩为 188mm・N（额定工作扭矩为 109mm・N）。它还有液压反馈装置，能较可靠的稳定转速而不受负载变化的影响，使转速波动率小于±0.5%，瞬时调速率小于 7%，稳定调速率为 3%，负载突变时至转速开始稳定所需时间小于 5s。它还可以调节速度和不均匀度，单机运行时，可使机组在不同的转速下稳定运行；并列运行时，可实现负载的合理分配。表盘上除了上述两个调节旋钮外，还有转速指示和负载指示，后者还可用来限制机组的最大输出负载。调速器可以配装伺服电动机，工作电压为直流 24V，电流 1.25A。备用应急机组为了缩短供电中断时间采用“定位自启动”，即把调速器预先置位于“满载”位置，机组启动成功后，可以立即加载。此外，为了满足低速暖机或冷机的需要，届时把调速器定位于“启动”位置。所以调速器要设高位和低位两只限位开关，用以切断伺服电动机的增速或减速电路。如果采用高位启动，启动时，调速器处于满载位置，宜增设受启动电磁气阀控制的气动缸，用以推动油门齿条以限制进油，防止启动粗暴，提高启动成功率。

④ 电子式调速器。电子式调速器是近年来研究应用的较先进的调速器，它的感应元件和执行机构主要使用电子元件，可接受转速信号和功率信号，通过电子电路的分析比较，输出调节信号来调节油门。

电子调速器的调速精度高，灵敏度也高，主要缺点是需要工作电源，并要求电子元器件具有很高的可靠性。

例如：DT—30 型电子调速器，DT—30 型电子调速器由“DTK—1 转速控制器”、“DT—30 电磁执行器”和“CSG—1 型磁性速度传感器”三部分组成。转速控制器装在自启动控制柜内，电磁执行器安装在柴油机左侧机身上，通过遥臂、拉杆与高压燃料喷射泵的油门拉杆相连接。磁性速度传感器安装在柴油机飞轮壳上。见图 5-5。

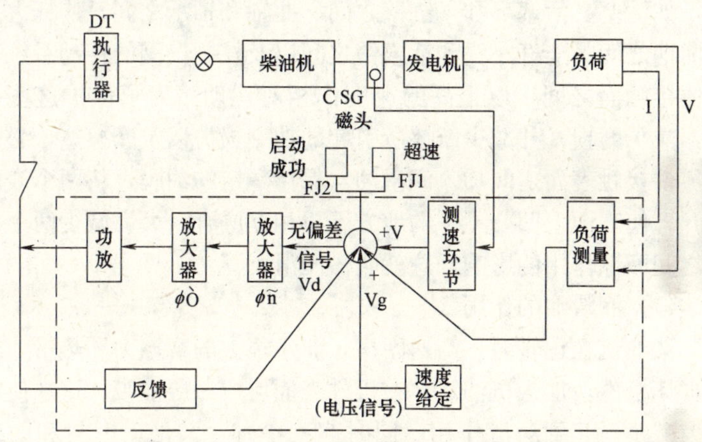

图 5-5 DT—30 型电子调速器工作原理框图

该调速器工作电源为直流 12V，执行器工作力矩为：29.4mm·N。

主要技术指标：稳态频率调整率，最小为 0，可在 0～4%之间变化（电位器整定）；瞬态频率调整率，＜3%；频率稳定时间，＜2s；频率波动率，0.25%；本调速器具有过滤、信号消失、电源极性接反、失电等保护。

该调速器是按“偏差”调节原理进行工作的，通过装在柴油机飞轮壳上的磁性传感器感应柴油机转速变化的信号，该传感器将感应出的 3000～4500Hz 的电压信号送入转速控制器，经过处理、整形、微分，变成与转速成正比的模拟电压 V_f，该电压与标准电压 V_g 相比较后，偏差量经模拟运算放大器放大后，使之输出电压 V_k 按一个预定的规律变化，并去调制脉冲功率放大器的脉冲宽度，使在执行器的两端施加一个脉冲宽度可调的电压，从而以负反馈的作用方式去调节油泵齿条的位移，改变供油量的大小，即调节柴油机的转速。

2. 柴油机润滑系统

柴油机的工作特点是运动速度快、负载重、温度高、温差大，而且受环境条件影响较大。所以内燃机在工作时，各运动部件，如活塞、活塞环和气缸壁之间、曲轴和轴承之间、连杆大头和曲柄之间、连杆小头和活塞销之间以及控制气阀的传动系统等机体接触面之间，以很高的速度作相对运动。为了保护这些机件，减少磨损，并减少摩擦所引起的功率损失以及摩擦热，必须在零件接触表面之间加入润滑油，保持一定的油膜，将两个表面隔开，使表面上凹凸不平的地方不再相互嵌合，大大减少两个表面之间摩擦作用的影响，这就叫做润滑。

(1) 润滑油的作用。

柴油机在运转时，高速摩擦，产生很大的摩擦力和热量，容易损坏机件，加入机油后，在机件表面形成一层油膜，这样使摩擦力减小，起到润滑作用，同时起到冷却、清洁、密封和防锈作用。

(2) 柴油机润滑方式。

现代柴油机多采用循环润滑，机油多次循环使用，定期更换，循环润滑又可分激溅式、压力式和复合式三种方式，现代多缸柴油机普遍采用复合式润滑方式。

(3) 柴油机润滑系统的组成。

柴油机润滑系统基本上由油底壳、机油泵、机油滤清器、机油压力调节阀、机油冷却器或散热器、机油分配器等组成。

3. 柴油机冷却系统

柴油机运行时，燃油在燃烧室内燃烧产生大量的热量，使气缸内气体温度高达 1800～2500℃，大约有 1/3 左右的热量被柴油机的零件所吸收，尤其直接与高温气体接触的机件，如活塞、气缸盖、气缸、气门等机件强烈受热。若不采取适当的冷却措施，将会造成严重后果：受热后的机件，温度很高，强度下降，甚至烧坏表形，破坏正常的间隙，润滑油也会因温度升高而变稀，失去应有的润滑作用，加剧运动机件的磨损和变形，甚至引起润滑油燃烧和机件的粘结，使柴油机无法继续工作，因此，为保证柴油机正常运行，必须进行冷却。但是，由于柴油机是依靠压燃方式工作的，需要有一定的气缸温度，才能使柴油充分燃烧，因此，柴油机的冷却必须适度。若冷却过度，一方面热量散失过多，使转变为有用功的热量减少，另一方面温度过低，不利于可燃混合气的形成和燃烧。

由此可知，柴油机工作温度过高或过低都会降低它的动力性和经济性。冷却系统的作用就是保持柴油机在最适宜的温度状态下工作，以获得良好的经济性、动力性和耐久性。

柴油机的冷却方式有风冷系统和水冷系统两大类。

(1) 柴油机风冷却系统。

风冷却系统内燃机（柴油机）采用空气作为冷却介质，它也称为空气冷却系统。高速流动的空气直接导致高温机体的热量带走，使内燃机在最适宜的温度下工作。风冷内燃机冷却系统主要由散热片、风扇、导风罩和分流板等组成。

与水冷却系统相比，风冷却系统结构简单，质量轻，使用维修方便，适应性强，启动后暖机时间短；但热负载较高，工作可靠性较差，风扇消耗的功率较大且噪声大等缺点，所以目前多用在一些小功率的内燃机上。在军用车辆和在高原干旱及缺水地区使用的动力中，风冷内燃机也占有较大的比例。目前在工程机械和载重汽车上采用风冷发动机的日渐增多。

(2) 柴油机水冷却方式。

水冷却方式是用水作为冷却介质，将柴油机受热零件的热量传送出去。这种水冷却方式的特点是，当气温或工作负载变化时，便于调节冷却强度，使之保持在 65～85℃最适宜的温度下工作。

下面介绍的为 135 系列柴油机冷却系统：

135系列柴油机的冷却系统为强制式液体冷却，或称为压力式液体冷却，即柴油机均带有专用的冷却水泵来完成柴油机冷却液的循环流动。根据柴油机的使用条件，可采用开式循环冷却或闭式循环冷却。

所谓闭式循环冷却系统，就是柴油机冷却系统本身自成完整的封闭循环回路。除船用柴油机和部分本厂成套的机组外，基本型柴油机及大部分变型产品，均按开式循环形式供货。如使用条件允许，至少要有充足的水源，用户可按照下文的具体要求采用开式循环冷却系统。或根据具体条件，由配套单位按闭式循环冷却系统的要求自行成套。

1）开式循环冷却系统即柴油机的进出水口为开式，使用时由用户自行接通水源。根据柴油机机型和机油冷却器的布置不同，组成开式循环冷却系统的形式亦稍有区别。

柴油机工作时，要求进水温度不低于55℃，因此，对开式循环冷却系统的用水，应采取适当的措施以调节适宜的进水温度。一般可在水源与柴油机之间装一只混水箱，将柴油机的进出水口和从水源来的水汇接于混水箱，靠控制混水桶的进出水量，即可控制柴油机的进水温度。

2）闭式循环冷却系统，陆用柴油机的闭式循环冷却系统即从柴油机出来的高温冷却液，通过水散热器靠风扇强力鼓风来冷却，冷却后的水再去冷却柴油机。闭式循环冷却系统，按机型和使用机油冷却器的不同而有所不同。

4. 柴油机的进、排气系统

进排气系统由空气滤清器，进、排气管，消声器等组成。增压柴油机的进排气系统中还装置有废气涡轮增压器及中冷装置等。

(1) 空气滤清器。

空气滤清器的作用是滤除空气中的灰尘及杂质，使进入气缸的空气清洁，以减少磨损。空气中的尘粒量是随环境变化的。尘粒中的氧化硅约占60%～80%，其硬度远远超过金属，最易使内燃机零部件磨损。装空气滤清器与不装空气滤清器的对比试验表明：不装空气滤清器时，活塞与气缸的磨损量增大3～5倍，活塞环的磨损量增大8～10倍，曲轴及连杆轴承的磨损量增大5倍等。对于经常在含尘量较高的工地作业的柴油发电机组，空气滤清器质量非常重要。要求空气滤清器的滤清效率高、阻力小、应用周期长且保养方便。一般空气滤清方式有以下3种：

1）惯性式（离心式）。它是利用灰尘和杂质在空气成分中比重大的特点，通过引导气流急剧旋转或拐弯，从而在离心力的作用下，将灰尘和杂质从空气中分离出来。

2）惯油浴式（湿式）。它是使空气通过油液，空气杂质便沉积于油中而被滤清。

3）惯过滤式（干式）。它是引导气流通过滤芯，使灰尘和杂质被粘附在滤芯上。

为获得较好的滤清效果，可采用上述2种或3种方式的综合滤清。空气滤清器由滤清器壳和滤芯组成，滤清器壳由薄钢板冲压而成。滤芯由金属丝滤芯和纸质滤芯等。

(2) 进排气管。

进排气管的作用是引导新鲜工质进入气缸和使废气从气缸排出。进排气管应具有较小的气流阻力，以减小进气和排气阻力。现代柴油机还要求进排气管的结构形状有利于气流的惯性与压力脉动效应，以提高充量和排气能量的利用率。

进排气管一般用铸铁制成。进气管也有用铝合金铸造或钢板冲压焊接而成的。进排气管均用螺栓固定在气缸上（顶置式配气机构），其结合处装有密封衬垫，以防漏气。柴油机进气管内的气流是新鲜空气，为避免受排气管加热而减小充气量，现代柴油机的进排气管均布置在机体的两侧。

(3) 消声器。

废气在排气管中流动时，由于排气门的开闭与活塞往复运动的影响，气流呈脉动形式，并具有较大的能量。如果让废气直接排入大气中，会产生强烈的排气噪声。消声器的作用是减小排气噪声和消除废气中的火星。这种消声器一般用薄钢板冲压焊接而成。

消声器的工作原理是降低排气的压力波动和消耗废气流的能量，常采用的方法有：使气流多次改变方向；让气流多次膨胀和收缩；将气流分支并沿不平表面流动和降低气流温度。

5. 柴油机启动系统

发动机由静止状态转为运转状态，必须依靠外力帮助推动曲轴转动，才能得到初始的进气、压缩、燃烧做功等几个过程，产生动力，使发动机连续不断地循环运转。发动机从静止状态到开始运转的全过程，称为启动。完成启动所需的一系列的装置，称为发动机的启动系统。

(1) 柴油机的启动条件。

柴油机启动的必要条件是，压缩终了的温度需要高于柴油的自燃温度。影响压缩终了温度的因素很多，其中主要取决于环境温度、柴油机的结构、启动转速、气缸的密封性和传热损失以及柴油雾化、蒸发、混合的质量等。

1) 启动转矩：柴油机启动时，必须克服各运动机件的摩擦阻力，气缸内的气体压缩阻力以及运动机件加速运转时所产生的惯性阻力。这些阻力形成了阻止曲轴旋转的阻力矩，启动转矩必须大于阻力矩，柴油机才能启动。当柴油机的排量大、压缩比高、机油黏度大时，所需的启动转矩也较大。

2) 启动转速：柴油机的着火方式为压燃式，因此在压缩结束后，气缸内应获得一定浓度的雾化混合良好的可燃混合气，而且压缩结束后的温度应大于柴油的自燃温度。因此，要求有较高的启动转速，环境温度越低，所需的启动转速越高。

在中、高速柴油机中，启动所需转速和燃烧室的形式有关。直接喷射式柴油机启动所需转速为80～160r/min；分隔式燃烧室柴油机启动所需转速较高，为200～280r/min。

(2) 柴油机的启动方式。

柴油机的启动方式很多，常用的有人力启动、直流电动机启动、压缩空气启动、辅助汽油发动机启动等四种。

1）人力启动。手摇启动只用在某些小型内燃机上。这种方法虽然比较可靠，但因劳动强度大，且操作不便，所以在一般中等功率的汽油机上只作为后备启动装置。

2）直流电动机启动。直流电动机启动方法广泛用于各种车用发动机和各种用途的中小功率柴油机。这种方法是用铅酸蓄电池作电源，由专用的直流启动电动机拖动发动机曲轴旋转，将发动机发动起来。

下面介绍的为135系列柴油机电启动系统：

135系列柴油机的电启动系统，由启动电机、充电发电机、充电发电机调节器、蓄电池和仪表等组成。因启动系统为直流电源，且采用很多晶体管元件，它们对电源极性特别敏感，故在装拆中应特别注意线路的正确连接和组件的规格。

电启动系统，往往由于导线连接处的松脱或绝缘损坏而造成故障。因此，保证连接处的紧密接触和导线的绝缘，是避免故障的必要条件。

3）压缩空气启动。对于功率较大的柴油机通常采用压缩空气启动，压缩空气启动可分为传统的压缩空气启动和气动马达启动两种。

① 传统的压缩空气启动是用空气分配器将压力为2450～2940kPa（25～30kgf/cm²）的高压空气，按照柴油机的发火顺序，在膨胀行程时分别送入各个气缸，直接推动活塞使柴油机启动，此方法一般适用于缸径$D\geqslant150$mm的大、中型柴油机。

② 气动马达启动是以压缩空气驱动气动马达，带动柴油机启动。气动马达启动的工作原理与直流电动机启动相同，只是气动马达替代了直流电动机而已。

4）辅助汽油机启动。辅助发动机启动，即用小型汽油机拖动柴油机进行启动，这种方式启动可靠，启动时间可长达10～20min，有足够的启动功率，但结构复杂，操作不便，一般只用在大中型拖拉机及工程机械的柴油机上。工程机械和大中型拖拉机用柴油机，通常采用辅助汽油机启动。启动时先用人力启动汽油机，再通过传动装置带动柴油机启动。在大中型柴油机中，常用直流电动机和压缩空气启动这两种启动方法。

2 柴油机发电站工程实例

2.1 北京某大厦柴油机发电站

1. 工程概况

工程总建筑面积为26万m^2，主要用途为写字楼，由4栋单体楼组成，变压器总装机容量为28000kVA，两路10kV高压引入，为保证消防和应急照明等一级负荷用电，在地下一层设计了柴油发电机房，设计一级负荷1320kW，柴油发电机房安装2台额定功率为800kW的柴油发电机组。

2. 柴油发电机组及电气系统

（1）装机容量。

本柴油机发电站采用山普力柴油发电机组，SANPOWERC880型额定功率1000kVA/800kW，备用功率1100kVA/880kW，装设两台。柴油机为美国康明斯KTA38GS，1500r/min，EFC电子调速，发电机组为英国史丹福HCI1634K/741RSL4045，无刷自动励磁。见图5-6。

（2）运行方式。

柴油发电机组为自动化机组，当两路市电同时中断后，柴油发电机组自动启动，并可在10～15s恢复供电，两台柴油发电机组采用自动并车并列运行，采用山普力柴油发电机组并联柜，负荷自动分配，根据负荷变化自动增减机组。

柴油发电输出回路在配电室经ATS开关与市电进行自动转换。

（3）控制方式。

1）柴油机房手动控制。

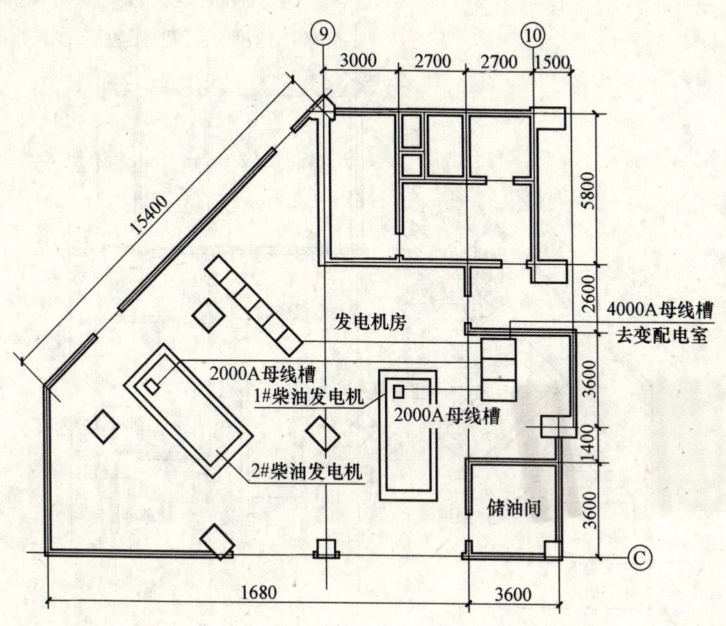

图 5-6　发电机房电气平面布置

2）远动控制，自动控制。

3. 进排风系统

该系统采用强制进排风，设进风机和排风机，满足柴油机燃烧空气和机房换气的要求，总进风量为 35800m³/h，排风量为 24120m³/h，为降低噪音，进排风口分别装设阻抗复合消声器，噪声控制在 70dB 以下。见图 5-7、图 5-9。

4. 冷却水系统

柴油机冷却水采用远端屋顶散热器形式，机组前端设有管式换热器，柴油机冷却水为闭式循环，当出水温度≥70℃时，靠温控器自动控制，启动冷却水泵，和屋顶散热器风机，外部冷却水循环并行，当柴油机进水温度≤45℃时，外循环系统自动关闭。见图 5-10、图 5-12。

5. 排烟系统

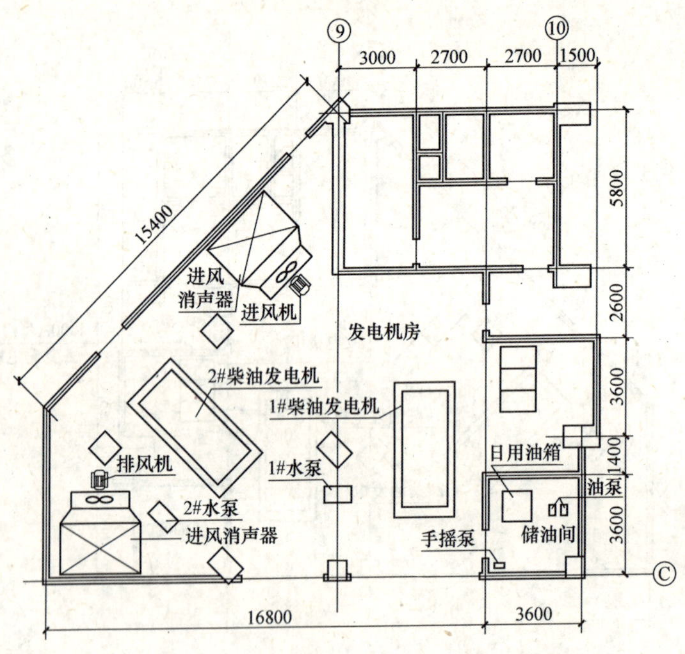

图 5-7　发电机房进排风平面布置

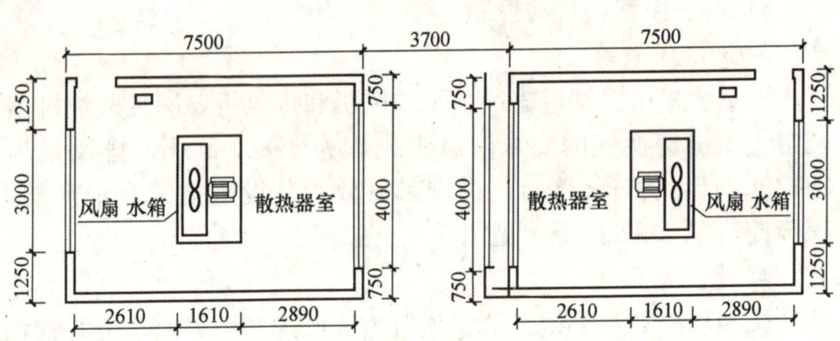

图 5-8　楼顶散热器设备平面布置

系统采用厂家配套消声器，排烟距离较长，约 80m，由排烟管道并排到写字楼顶，经排烟扩散小室排出，排烟管设有波纹管和支吊架，并有保温层。

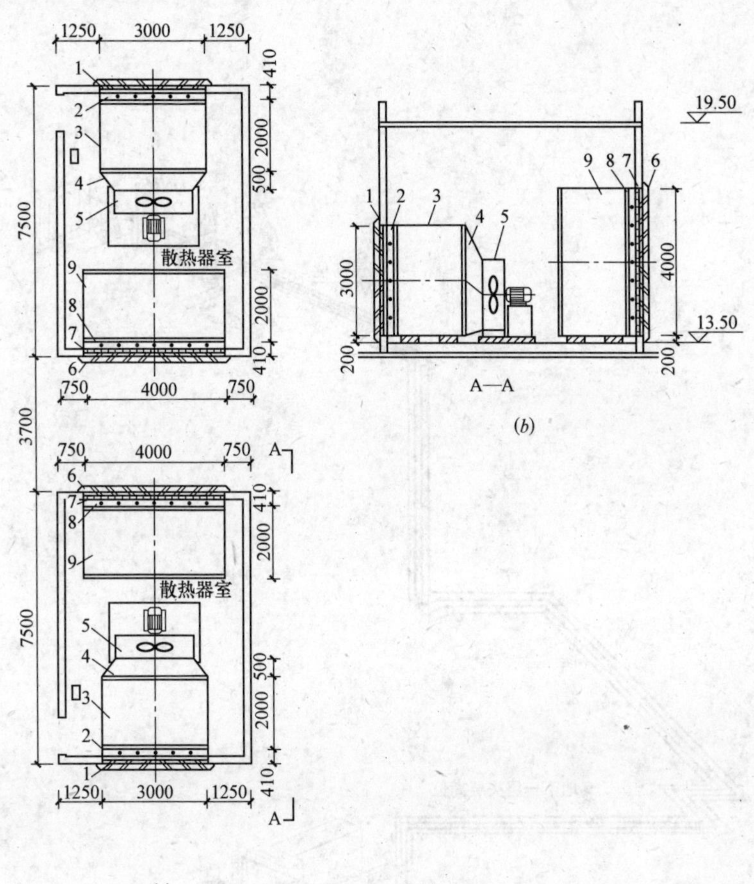

图 5-9　进排风系统
(*a*) 平面；(*b*) 剖面

6. 燃油系统

在柴油机房的旁边设有一储油间，内设一个 $1m^3$ 的油箱，向两台机组供油，该油箱与大厦外部储油罐连接，油箱设液位信号器，控制油泵启、停，向油箱补油。外部油罐为 $10m^3$，位于地面下。见图 5-13、图 5-14、图 5-15。

DN15
DN15
DN15
DN15
0.003
0.003
0.003
三层高位
DN100
地下一层夹层高位
DN100
DN100
-5.40
DN100
DN32
DN100
DN100
DN100
DN32
-5.40
DN100
DN32
DN100
DN32

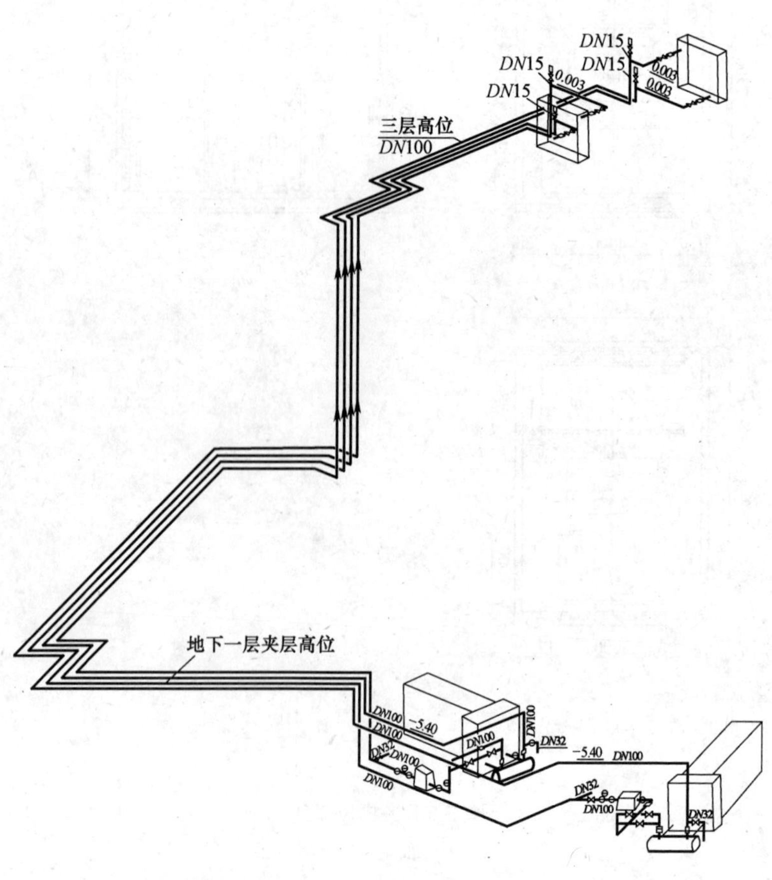

图 5-10 冷却水系统

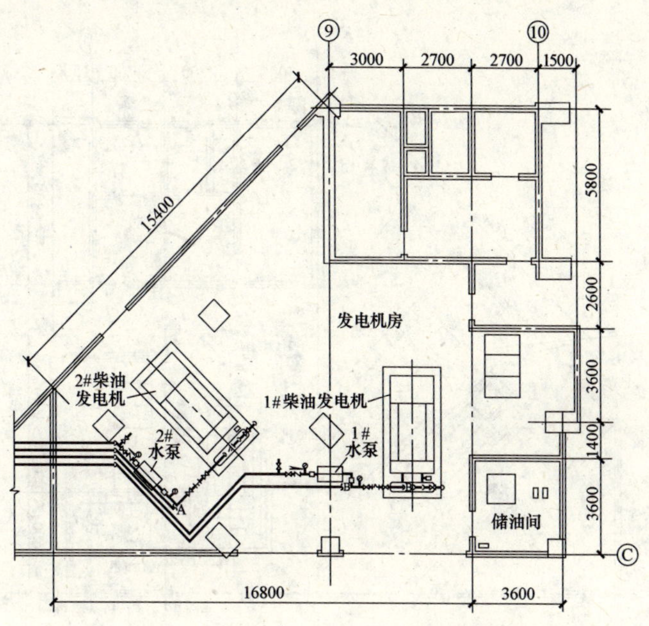

图 5-11　发电机房冷却水系统平面

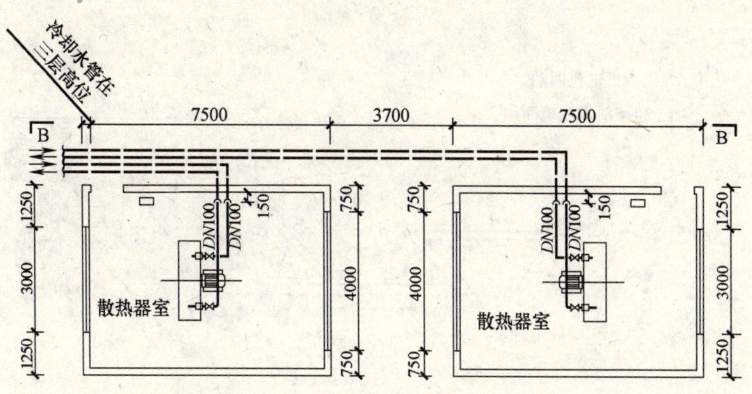

图 5-12　散热器室冷却水系统平面

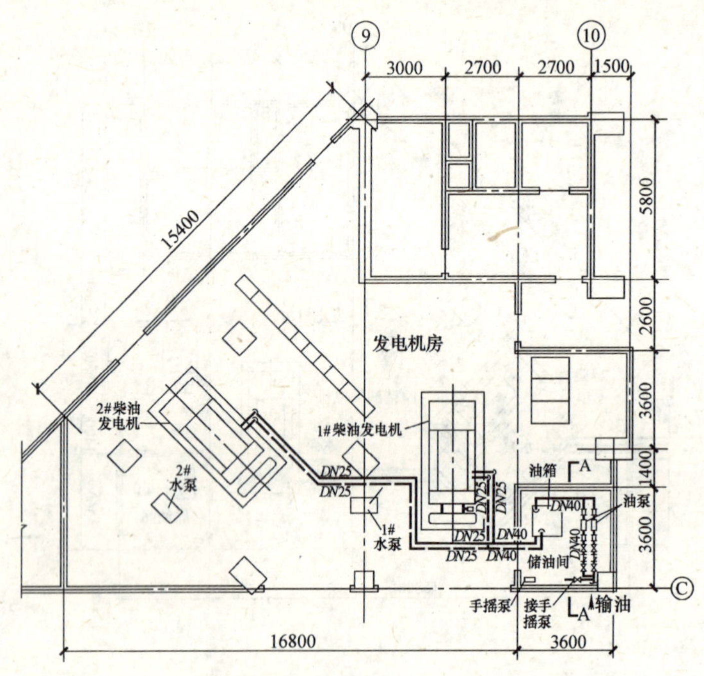

图 5-13　发电机房供回油系统平面

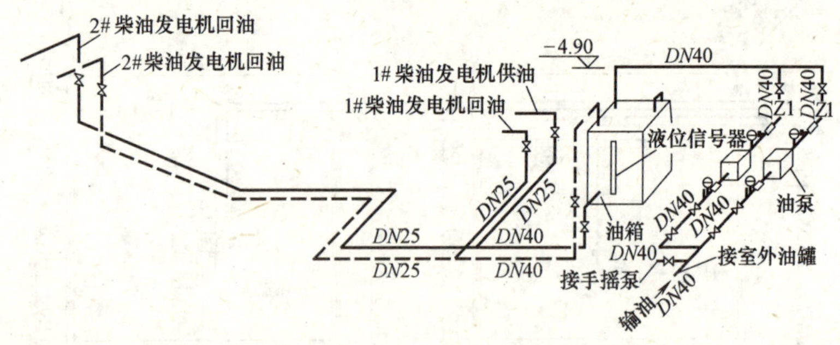

图 5-14　发电机房供回油系统

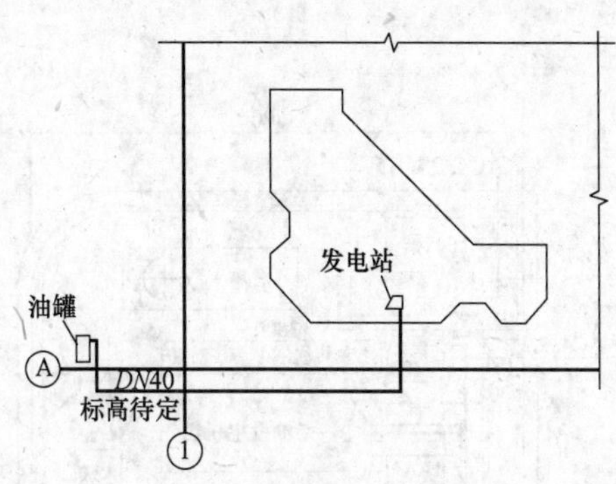

图 5-15　供油管道室外部分示意

2.2　某 IDC 数据中心的备用柴油机发电站

1. 工程概况

该柴油机发电站为北京某电信公司的 IDC 数据机房的备用电源，该工程设有 2 路 10kV 市电供电，互为备用，同时设有 2 套 480kVA UPS 电源，数据机房内有专用空调机组，用电量为 420kW。为保证供电可靠性，又设计了备用柴油机发电站。

本电站位于大厦一层，总建筑面积为 $120m^2$。

2. 电气系统

（1）装机容量。

本电站采用汕头科泰电源有限公司生产的三菱柴油机发电机组，型号为 KM660E，共设三台机组，单机容量为 528kW，总装机容量为 1584kW。见图 5-16、图 5-17。

（2）运行方式。

柴油机发电机组为自动化机组，当两路市电同时中断后，柴油机发电机组自动启动，并在 10s 内恢复供电。三台柴油机发电机组采用自动并车并列运行，电源由电缆送至 02 楼（B1）配电室经 ATS 与市电进行自动转换。

（3）控制方式。

柴油机发电机组共有三种控制方式：柴油机房手动控制；控

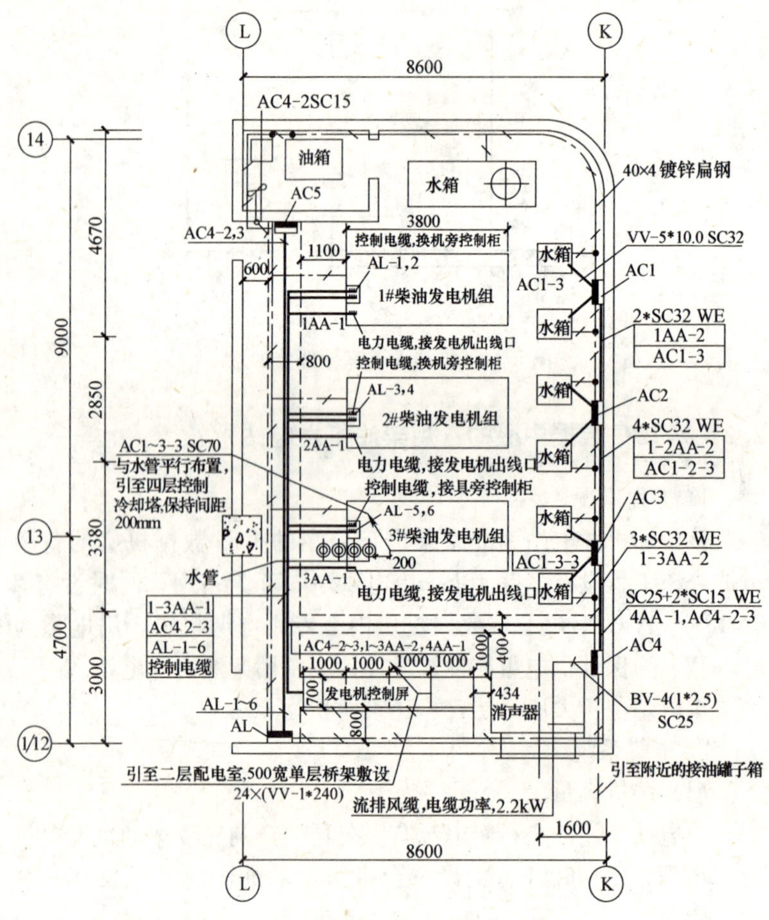

图5-16　柴油发电机房电气平面布置

制室远动控制；控制室计算机自行控制。

风机、水泵冷却塔等控制见图5-18～图5-22。

（4）接地系统。

柴油机发电机组按三相五线供电，接地与保护采用TN—S系统，供电系统的中性线N线与大厦总接地系统可靠连接。

3. 进排风系统

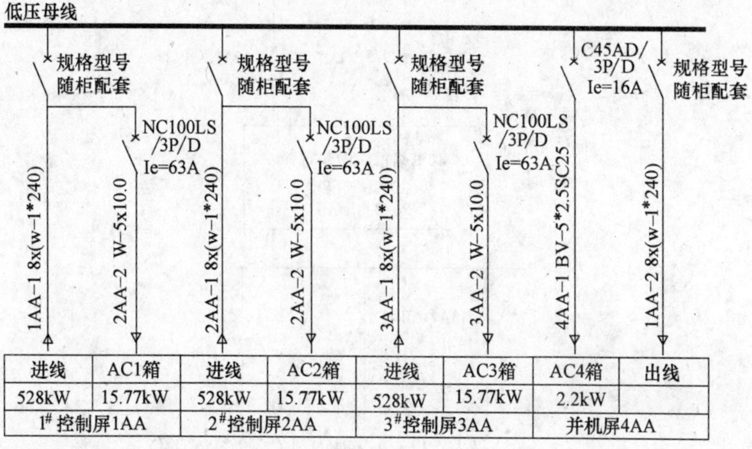

图 5-17 发电机控制屏总系统

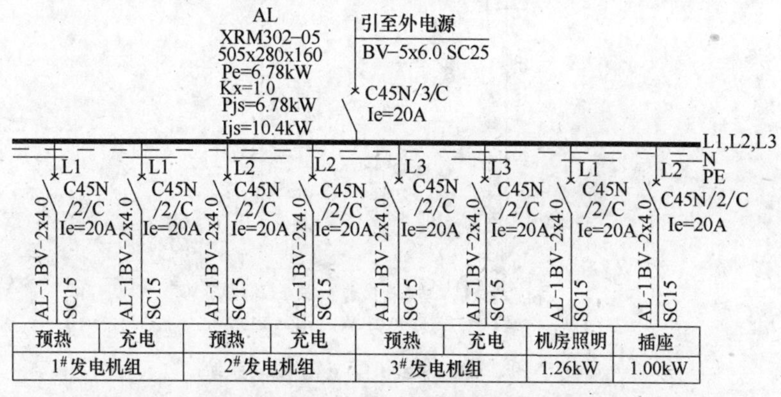

图 5-18 预热充电控制及机房照明配电箱 AL 系统

该排风采用强制排风，负压进风。满足柴油机燃烧空气和机房换气的要求，总进风量为 35000m³/h，排风量为 23820m³/h。为降低噪声，进排风口分别设阻抗复合消声器，噪声控制在 70dB。见图 5-23。

4. 冷却水系统

柴油机冷却水系统采用远端冷却塔降温方式，机组前端设板

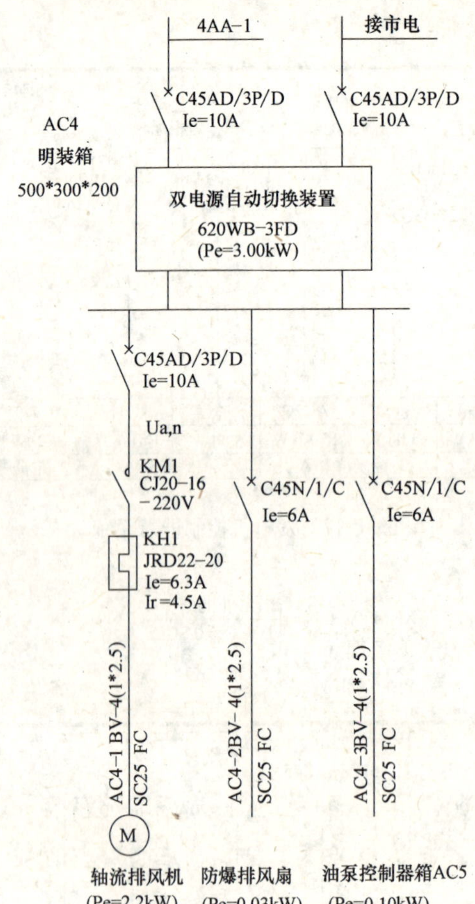

图 5-19 轴流排风机配电箱 AC4 系统

式换热器。柴油机冷却水为闭式循环，当出水温度≥78℃时，自动启动冷却水泵，冷却塔风机，外部冷却水循环运行，当柴油机进水温度≤68℃时，外循环系统自动关闭。三台机组冷却水系统独立运行，但在机房内设一共用水箱，机组停用时冷却水全部回流到水箱储备。每台机组配备两台水泵，用一备一，备用泵自动投入。冷却塔设在四楼屋顶，采用低噪音型冷却塔，噪音<60dB。见图 5-24。

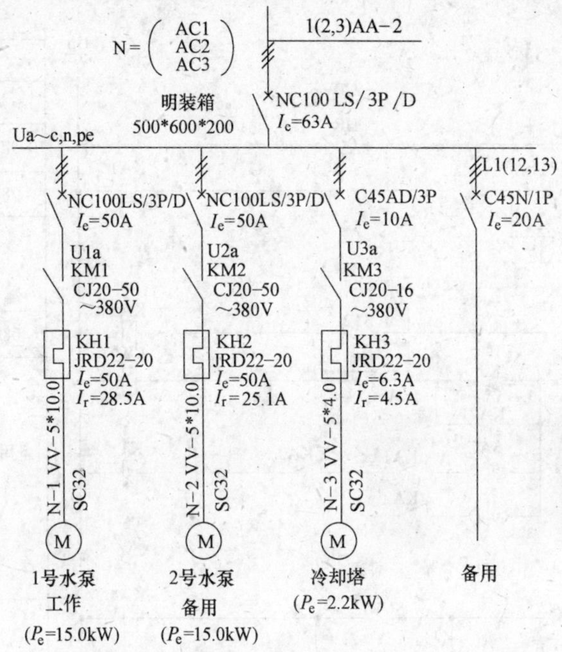

图 5-20 水泵及冷却塔配电箱 AC1（2、3）系统

说明：1. AC1～3 箱控制每台柴油发电机组的冷却水泵及相应的冷却塔；AC4 箱控制轴流排风机；

2. AC1～3 箱控制要求：本接线具有就地手动及温度自动控制水泵功能。自动时温度高于 78℃开泵，低于 68℃停泵；两台水泵一用一备，其中一台出现故障时，另一台备用泵自动投入使用；水泵运行同时，相应的冷却塔及水处理仪自动开启；

3. 虚线框内的接点来自外电路。

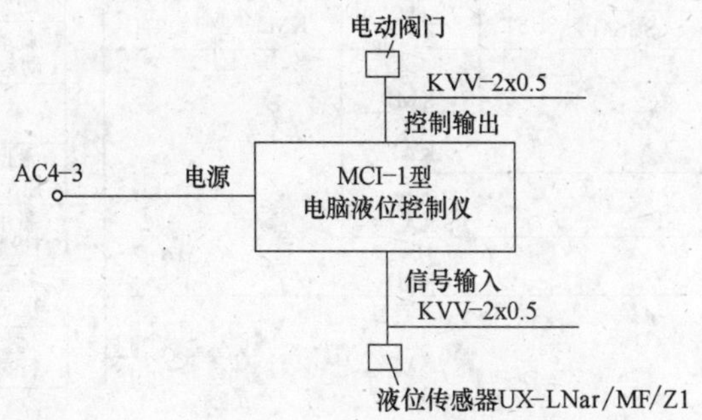

图 5-21 油箱液位控制箱接线

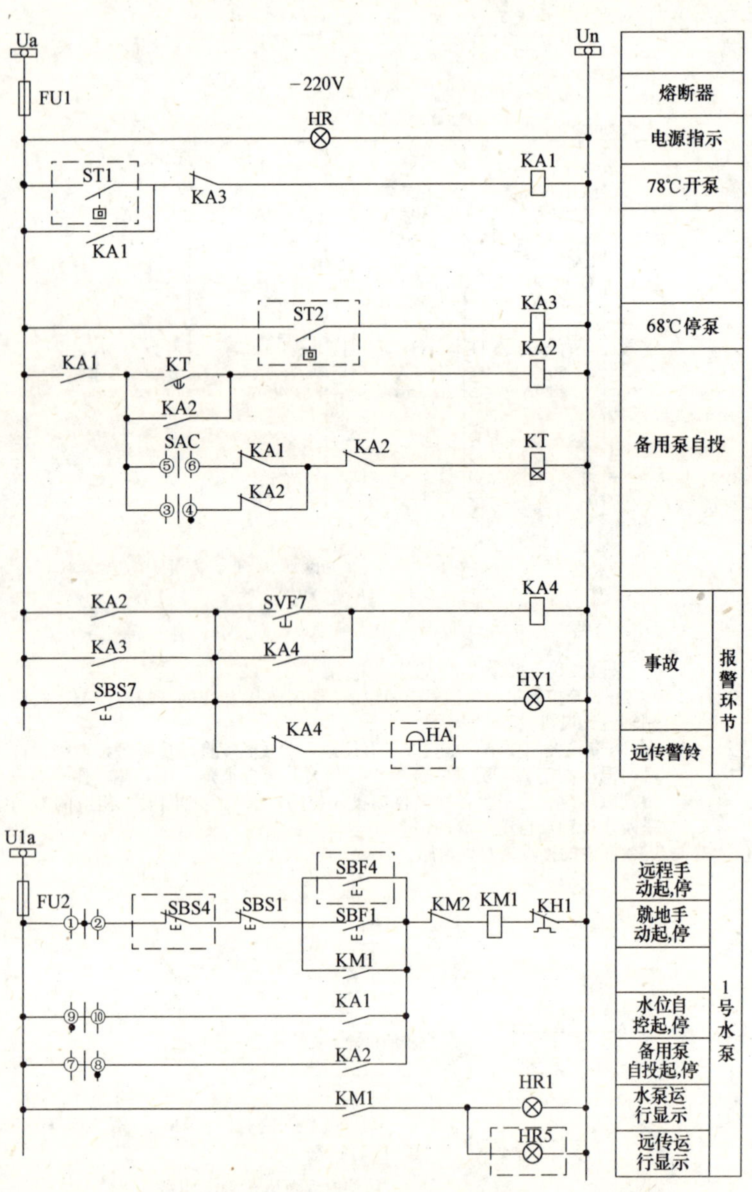

图 5-22　水泵及冷却塔配电箱 AC1（2、3）二次接线

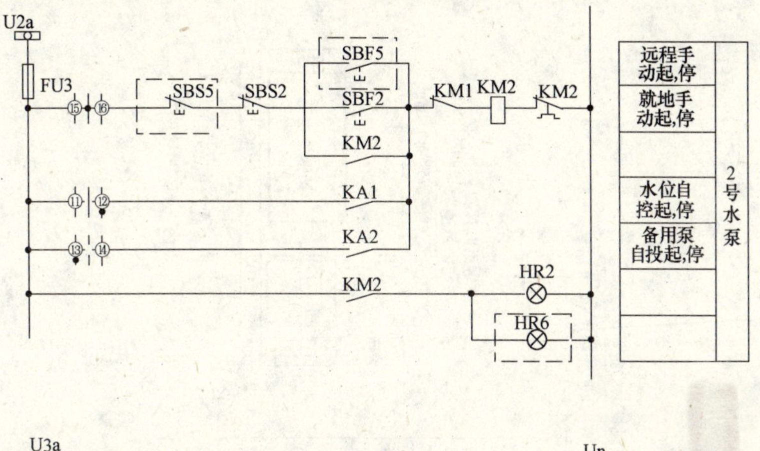

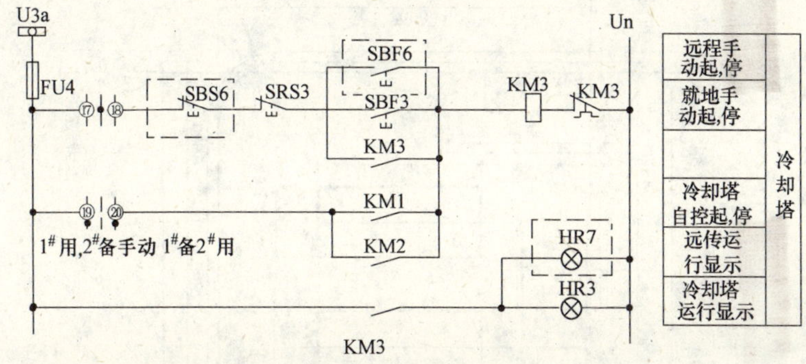

图 5-22 水泵及冷却塔配电箱 AC1（2、3）二次接线（续）

5. 排烟系统

排烟系统采用机组自带消音器，排烟管较长，达 50m，穿楼板到四层屋面，经扩散后排出。见图 5-25、图 5-26。

6. 燃油系统

柴油机采用自带底盘油箱，油箱主要容积 900L，可供单台机组满负荷运行 7h。为方便补油，在机房内设一只 $1m^3$ 补油箱，可向三台机组补油。此油箱与大厦内原设柴油机房输油管道连通，柴油管路来源于大厦外部地下油库。本机房补油箱设有液位显示并通过控制电磁阀自动补油。见图 5-27。

固定百叶风口1800×1300(H)
风口距地350mm
排风机中心距地面2.0m
风量:400m³/h功率:30W
消声器
消声器
消声器
油箱间
柴油发电机
柴油发电机
柴油发电机
固定百叶风口1800×1800
风口距地600mm
钢丝风
消声器
轴流排风机T35－11No.9
风量:23820m³/h全压191Pa
电机功率:2.2kW
固定百叶风口1800×1300
带初效过滤器
进风口底距地面350mm
消声器
柴油发电机
A—A
1/12
13
14
L
K
4700
9000
3000
3380
2850
4670
500
3800
8600
1600
1680
500
540
1830
2800
3600
150
13900
1500
1300
350
1900
200
2500

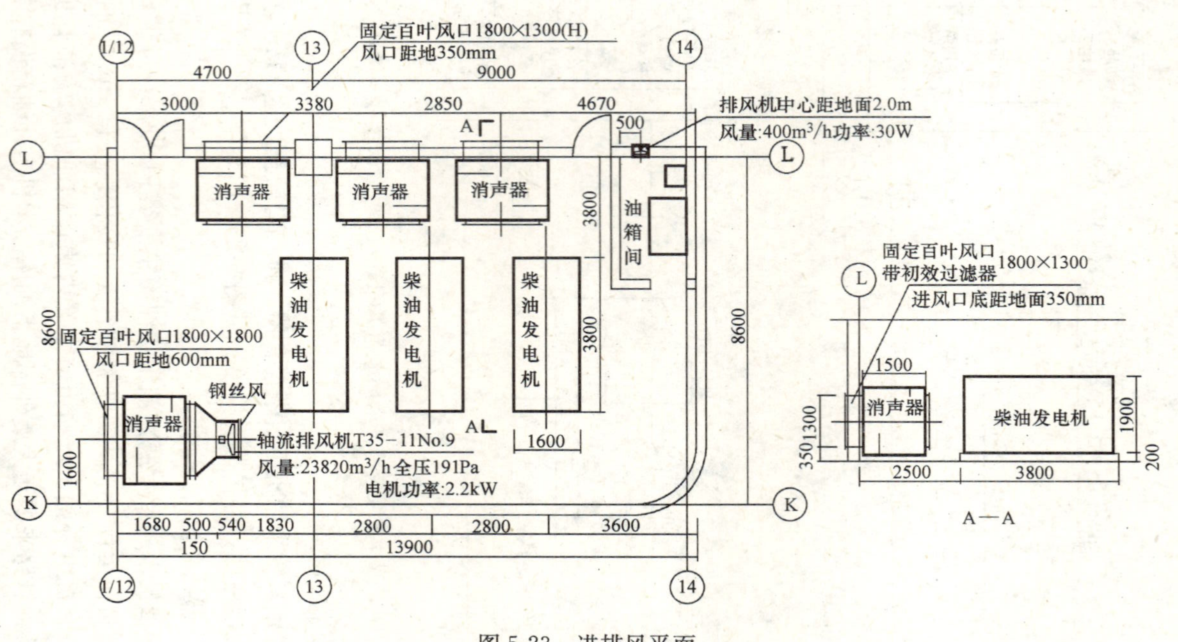

图 5-23 进排风平面

四层屋面
四层
三层
二层
一层
地下一层
液位控制管
Φ15
人孔
Φ700
水箱补水管
Φ200
水箱补水管
Φ80
水箱溢水管
Φ150
水箱泄水管
Φ100
水箱大样图
说明:
1.图中除标高以米计外其它均以毫米计.
2.所有管道均保温,保温做法务玻璃棉管壳外缠玻璃丝布,保温厚度为60mm

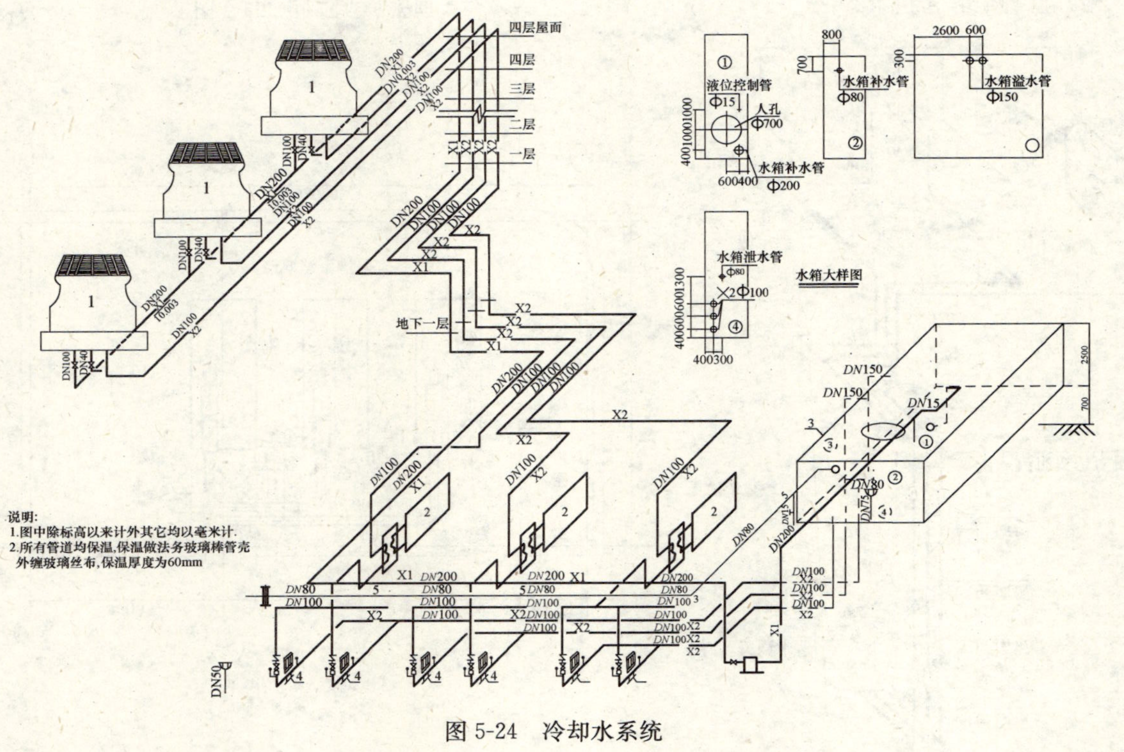

图 5-24 冷却水系统

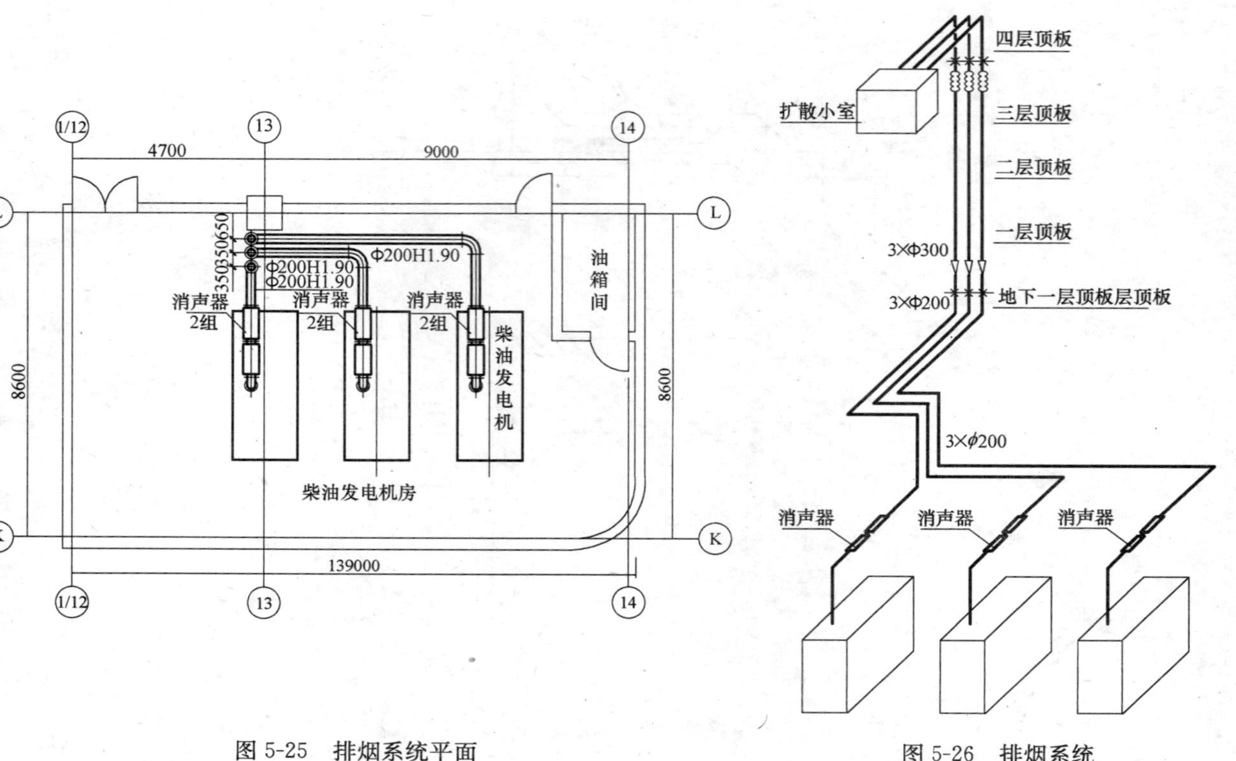

图 5-25　排烟系统平面

图 5-26　排烟系统

柴油发电机
柴油发电机
柴油发电机
柴油发电机房
来自大厦发电机房输油管道
4700
9000
8600
8600
139000
DN25
DN25 GY
HY DN25
SY DN40
TQ DN15
B—B
图例
供油管 —GY—
回油管 —HY—
通气管 —TQ—
输油管 —SY—
溢流管 —YL—
电磁例
闸阀
过滤器

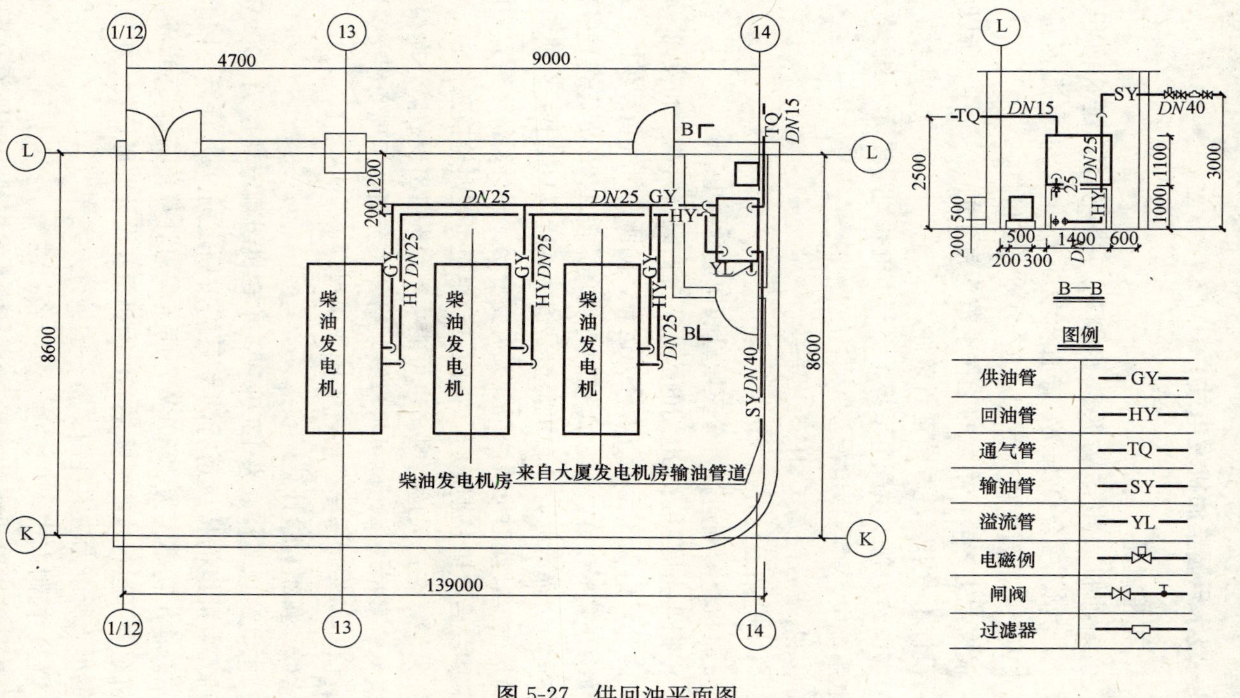

图 5-27 供回油平面图

2.3 戏水乐园柴油机发电站

1. 工程概况

该柴油机发电站为某戏水园的自备电站，建筑面积为 $340m^2$，共设三台 400kW 柴油机发电机组，总装机容量为 1200kW，柴油发电机为德国 ABZ 公司成套供货。

根据业主需要，本站的工作季节为每年的 5～9 月，所以本电站设计不考虑寒冷季节运行条件。

本电站为独立供配电系统，不与市电并列与转换，因此各级配电系统中严禁与市电混接。

2. 电站运行方式和供配电系统

(1) 电站运行方式。

3 台机组分列运行，分三段母线向负荷供电。

根据业主需要，本电站的运行又分白天（营业）和夜间（停业）之分，白天 3 台机组各分列运行，向所在母线负载供电，母线联络开关不允许合闸，而夜间有循环泵等 140kW 负载需昼夜不停运行，而此时开 3 台机显然是浪费，所以只需开一台机组即可满足供电，此时母线联络开关需要合闸。实行经济运行，为防止其中一台机组长期运行，夜间三台机组可定时轮换工作。

另外，在白天运行时，也可能某一台机组出现故障，而相邻机组又有富裕功率，也可将母线联络开关合闸，实现互相支援供电。但在操作时需要严格遵守操作规程。

(2) 机组容量计算。

本电站总装容量为 1200kW，单台机组额定功率为 400kW，柴油发电机组的持续运行功率只能按额定的 90%计算，因此，电站总输出功率实为 1080kW，而工程总计算负荷为 980kW，3 台机组全部运行才能保障供电，因机组在设计前已订货，单机容量偏小，所以无法实现用二备一的运行方案。

(3) 控制方式。

本柴油发电机组为手动控制起停，发电机控制屏设在配电室，屏上设有控制开关和电气、热工参数仪表，并有油压低、水温高、过电流等故障保护与报警，因此本电站为隔离操作。见图5-28。

(4) 供电系统。

本电站供电系统，按机组和区域分三段母线供电，电压为380/220V，按三相五线配线，发电机的控制与保护，按供方提供设备而定，主要回路由本电站低压屏配出，由空气开关控制和保护，各区域泵房由就地配电室设备控制。本电站的主要负载为各类水泵，包括提升泵、循环泵、加压泵、助推泵、滑道泵、深井泵、污水泵，还有泳浪池设备、鼓风机等。

3. 进排风系统

本电站柴油发电机组的水冷却为闭式循环，而电站机房为风冷电站，设有进排风系统，进风量应满足柴油机工作燃烧空气量和机房热量由排风系统排出，总排风量37800m^3/h，柴油机的燃烧废气由排烟系统排出。见图5-29、表5-3、图5-30、表5-4。

4. 供油系统

柴油发电站的燃油（柴油）系统，由储油罐、输油管、日用油箱等组成，在机房外设两个50m^3的储油罐，在机房的油箱间内，设三个2m^3的日用油箱。

本电站的柴油发电机组，燃油耗量为202gkW·h，考虑每日营业按12h计，3台机组同时工作，又根据使用要求，夜间仍有一台机工作，这样每日耗油为3878kg（合4·5m^3）。

外边的总储油罐为一用一备，便于柴油杂质沉淀，一个油罐50m^3，按上述日耗油量考虑，可供10天用油，两个罐轮换使用，每日向日用油箱注油。油罐可采用带卸油泵的柴油加油车(10t)进行补油。见图5-31、图5-32、表5-5、表5-6。

5. 防雷与接地

本工程处在山区，储油罐设有防雷措施，在油罐顶部装设避雷针，避雷针引下线应与油罐基础钢筋、输油管连在一起。柴油发电机的接地与保护系统采用TN—S系统，整个供电系统的中

电缆井
电缆井
YJV电缆
KVV电缆
低压配电柜
控制台
配电室
发电机控制柜
1#
#
#
油
库
9000
3000
2100
3900
3600
3000
2400
35400
3000
3000
8100
5100
5100
5100
3000
3000

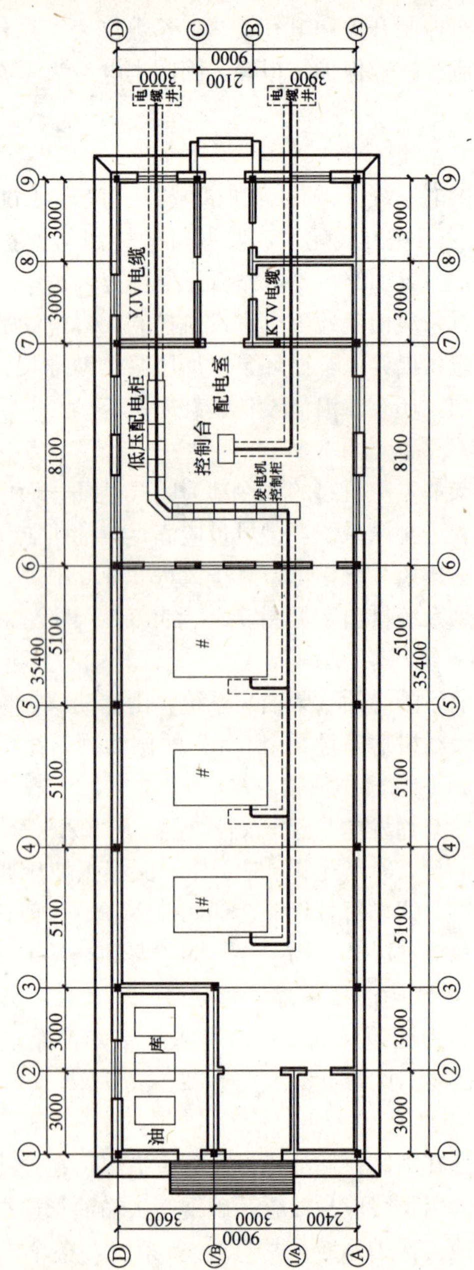

图 5-28 电气平面布置

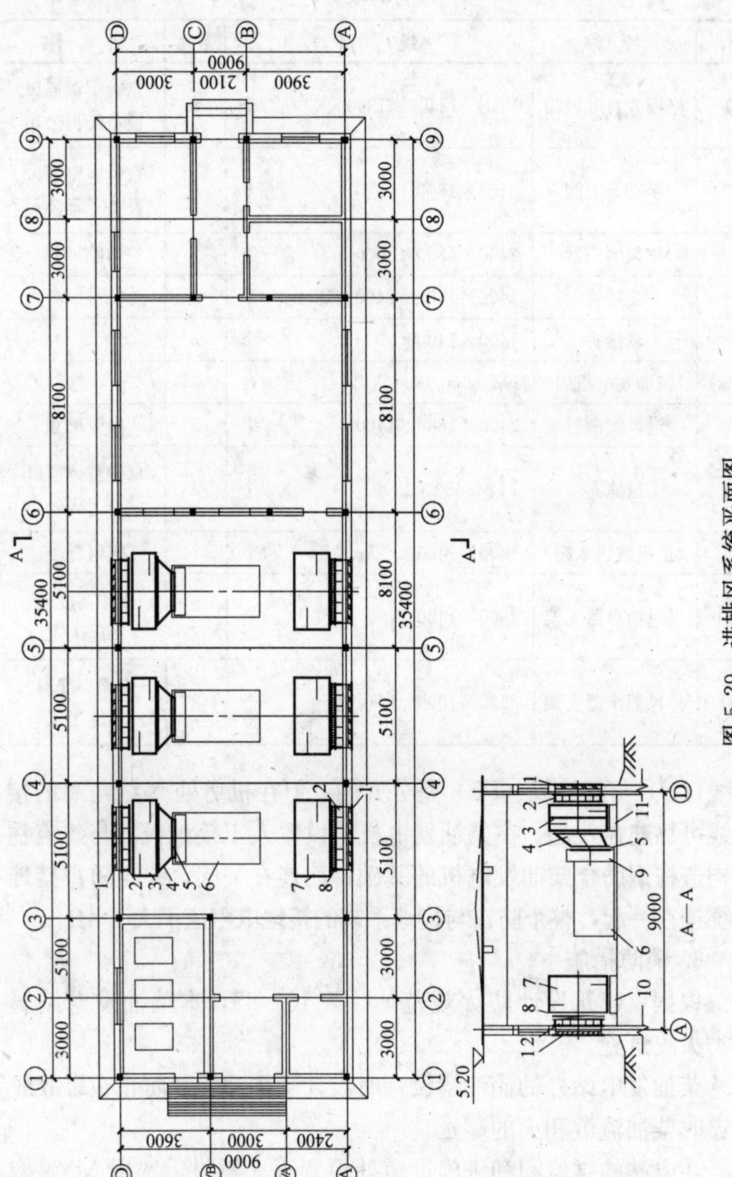

图 5-29 进排风系统平面图

材料表 表 5-3

编号	名 称	规 格		数量	备 注
1	格栅式百叶风门	FKS—12400×1800	/个	6	京钟空调通风设备工程公司
2	手动开关阀	2400×1800	/个	6	京钟空调通风设备工程公司
3	排风消声器	2400×1800×1000	/组	3	内腔尺寸
4	变径管	1400×1400～2400×1800	/个	3	
5	软接头	1400×1400×200	/个	3	
6	柴油发电机组	NZ—500/50	/台	3	
7	进风消声器	2400×1800×1400	/组	3	内腔尺寸
8	过滤器	FLM2400×1800	/个	3	京钟空调通风设备工程公司
9	机组散热水箱	1400×1400	/个	3	机组自带
10	进风消声器支架	2500×1400	/个	3	支架高度现场施工定
11	排风消声器支架	2500×1000 L50×4	/个	3	支架高度现场施工定

性线（N）与保护线（PE）是分开的，但在机房处 N 线与总的接地线可靠连在一起，在柴油发电机房设置人工接地极，与建筑物的构造柱钢筋合柴油发电机的基础钢筋连在一起，并与防雷接地系统连在一起，整个防雷与接地系统的接地电阻应不大于 4Ω。

6. 消防措施

根据《建筑设计防火规范》GBJ 16—87，本柴油发电站属丙类火灾危险。

柴油发电站外的储油罐设计时设计了护油堤，防止在事故或火灾时柴油流散和火的蔓延。

在电站的维修间和进门过道处设置灭火器材，选用 MY4 型 1211 灭火器，或 MFT35 型推车式 1211 灭火器。

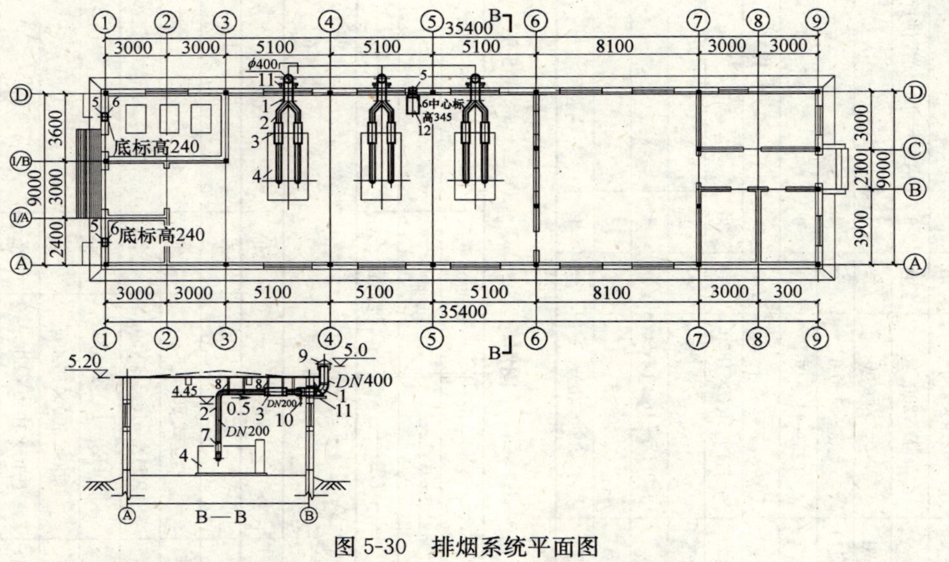

图 5-30　排烟系统平面图

说明：排烟管要求做以下处理：

1. 防腐：在管道外表面涂耐高温防锈漆两遍。
2. 保温：外缠石棉绳后用石棉灰涂平。
3. 保护：用玻璃布搭接缠绕于保温层表面。
4. 表面油漆：涂灰色漆两遍。
5. 排烟管穿墙处需在保护层外加套管。
6. 因消声器及波纹管方求提供尺寸，所以根据排烟管长度安装时现场确定，法兰盘数量。

材料表 表 5-4

编号	名 称	规 格	单位	数量	备 注
1	排烟管	ϕ426×4.5	/m		
2	排烟管	ϕ219×4.5	/m		
3	排烟消声器	*DN*200	/组	6	内腔尺寸 随机供货
4	柴油发电机组	NZ—500/50	/台	3	
5	自垂式百叶风口	400×400	/个	3	
6	轴流风机	T35—11 4#	/台	3	
7	波纹管		/个	6	随机供货
8	减振吊架	弗拉门 2400×1800	/个	30	
9	伞形雨帽		/个	1	
10	放水阀	J40HX—16 DN50	/个	3	
11	排烟管托架	L40×3	/个	3	
12	排风消声器	400×400	/台	1	内腔尺寸

图例 表 5-5

溢流管	—— YL ——	回油管	—— HY ——
放空管	—— FX ——	供油管	—— CY ——
流通管	—— LT ——	进油管	—— JY ——

材料表 表 5-6

编号	名称	规格	单位	数量
1	油箱	$2m^3$	/个	3
2	油罐	立式 $50m^3$	/个	2
3	截止阀	J40HX—16 *DN*50	/个	14
4	截止阀	J40HX—16 *DN*32	/个	15
5	溢流油箱	600×500×1500	/个	3
6	油箱支架	1510×1010×500	/个	3
7	钢管	*DN*32	/m	40
8	钢管	*DN*50	/m	65
9	钢管	*DN*80	/m	
10	角型阀	*DN*15	/个	1

接室外油罐
600×500×1500
35400
3000
3000
5100
5100
5100
8100
3000
3000
HY
GY
3600
3000
2400
9000
3000
2100
3900
2.20
2.40
1.90
0.60
0.60
−0.20
0.50
5400
3600
C—C

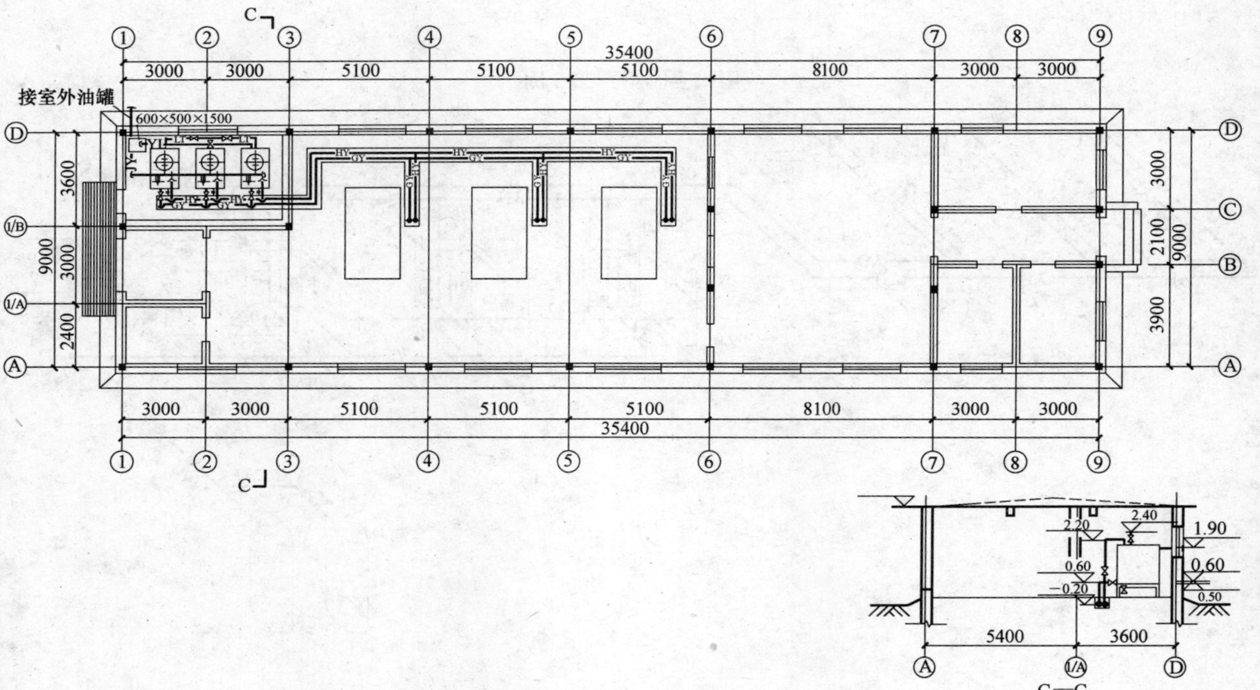

图 5-31 供油系统平面

接室内油罐
接室外油罐
JY
DN80
DN50
DN32
DN32FK
DN80
YL
JY
LT
HY
GY
1.90
2.40
1.20
0.60
−0.20
−0.80
2.20
0.50
1
2
5
10

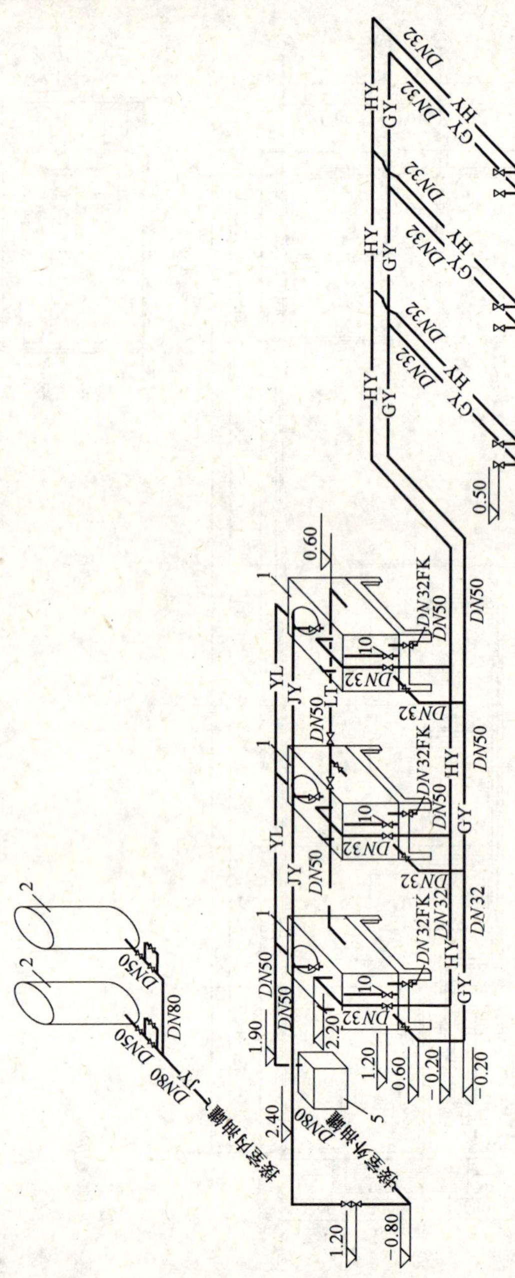

图 5-32 供油系统图

第6章 太阳能光伏发电

1 概述

太阳是一个高温、高压和高密度的球体，内部储备很大的能量。这颗燃烧着的大火球无时无刻地向外发射着强大的光和热，温度高达15～2000万℃。

这个宇宙中最明亮的恒星，其亮度为2.5×10^{27} cd/m²。由于地球环绕着100km厚的大气层，若减去大气吸收部分，太阳亮度理论值为3×10^{27} cd/m²。正是太阳的高温度、高亮度造成其辐射能量相当可观。在地球大气外面正对太阳，单位面积接收太阳能量称为太阳常数。它是指平均日地距离时，在大气层上垂直于太阳辐射的单位面积所接收太阳辐射能，通过先进手段测量太阳常数标准值为1367W/m²。往往由于日地距离的变化而引起的误差≤3.4%。有关太阳参数见图6-1。太阳能除数量巨大之外还能长期供给，理论计算太阳可维持达数十亿年之久，可谓取之不尽用之不竭。

1.1 太阳能功效

（1）太阳是地球永恒的能源。

太阳是以光辐射形式向太空发射相当大的能量，到达地球大气层外的太阳辐射能为132.8～141.8mW/cm²。经大气反射、散射和吸收之后，地球上一年接收太阳辐射能高达1.8×10^{18} kWh，是世界能耗的数万倍。太阳照射到地球的能量相当于500万t/s标准煤。

（2）我国太阳能资源丰富。

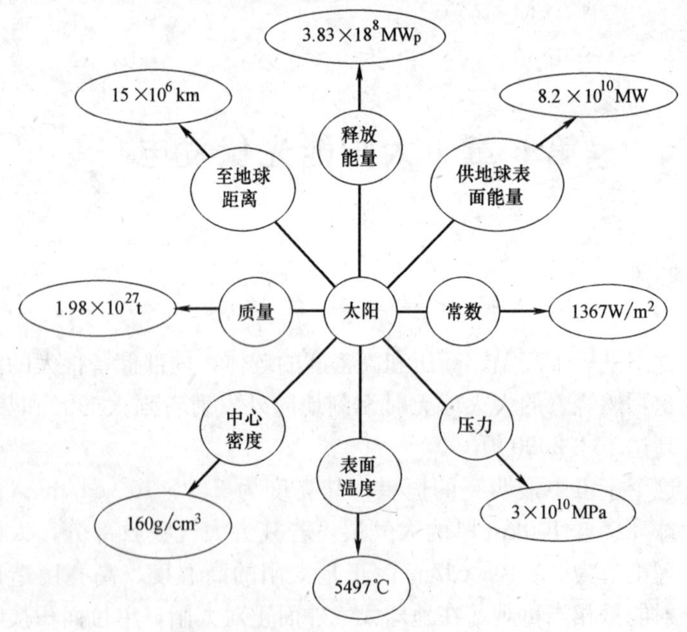

图 6-1　太阳主要参数

根据中国气象科学研究院提供的资料，有 2/3 以上国土面积年日照＞2000h，年平均辐射量＞60 万 kJ/cm²，各地太阳年辐射为 930～2330kWh/m²。太阳既是一次能源，又是可再生能源。利用太阳能的方式很多，主要有“太阳能发电”、“太阳能热利用”、“太阳能动力利用”、“太阳能光化利用”、“太阳能光—光利用”和“太阳能生物利用”等。

太阳能发电包括光伏、光偶极子、光热动力、光热离子、热光伏、光热温差、光化学和光生物（叶绿素）电池等；太阳能热利用，其中低温（＜200℃）利用有太阳热水管、太阳能干燥、海水淡化、太阳能空调制冷、太阳房和太阳能暖棚等。中温（200～800℃）利用有太阳灶、太阳能热发电等。高温(＞800℃)利用有高温太阳炉、熔炼金属等；太阳能动力利用，有热气机（用于抽水或发电）等；太阳能光化利用，有光聚合、光分解和光调制氢等；太阳能光—光利用，如照明、太阳能激光器、太空反射镜和太阳能生物利用等。表 6-1 为世界主要地区太阳能利用情况及其发展预测。

世界太阳能利用及预测 表 6-1

序号	地区 \ 时间/a	1990	2000	2010	2020
1	北美洲	3	6	24	85
2	俄罗斯和东欧	2	3	9	29
3	太平洋/中国	1	3	17	77
4	中亚/南亚	2	3	14	64
5	中东/北非	1	2	6	18
6	拉丁美洲	1	2	8	33
7	西欧	1	2	9	26
8	撒哈拉以南非洲	1	1	6	23
9	总计	12	22	93	355

注：表中太阳能利用单位为 100 万 t 油当量。

1.2 太阳能发电

发电方式主要有两种：一种是热过程的“太阳能热发电”，如塔式热发电、抛物面聚光发电、太阳能烟囱发电、热光伏发电和温差发电等；另一种是非热过程的发电，如光伏发电、光化学发电、光感应发电和生物发电等。下面主要介绍非热过程发电的光伏发电，它已成为 21 世纪新能源（图 6-2）。

1. 发电方式

太阳能非热发电详见表 6-2。

2. 光伏发电简要综述

（1）太阳能资源极其丰富。做好调查研究是决策的依据，只有在弄清本国的阳光资源，才能有效地加以应用。图 6-3a 是根据蒲提斯太阳系形成的理论，展示太阳向宇宙空间辐射出巨大的光热能量，图 6-3b 则为太阳能资源的相关数据。据气象部门统计，我国太阳能年辐射总量（图 6-4）为 627kJ/cm^2，位居世界

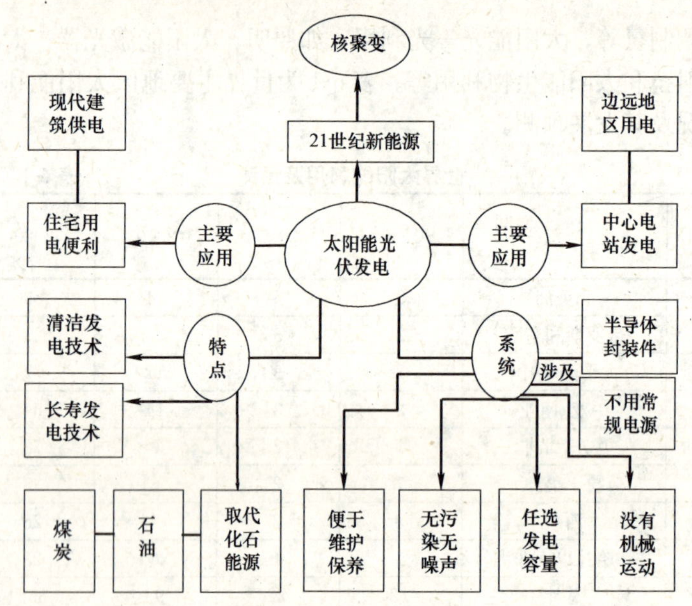

图 6-2　21世纪新能源

太阳能非热过程发电　　　　表 6-2

方式	主要内容	备注
光伏发电	两片金属浸入溶液构成伏打电池，当受到阳光照射产生伏打电动势。这种现象称为“光生伏打效应”如半导体硒和金属接触处发现固体光伏效应（光伏器件）。半导体PN结器件在阳光直射下的光电转换效率最高，称之为“太阳电池”	法国物理学家贝克勒尔意外发现。20世纪50年代美国贝尔实验室做出光电转换效率6%的实用单晶硅太阳电池
光化学发电	浸泡在溶液中的电极受到光照后，其极板上有电流输出。分为液结光化、光电解和光催化电池等	液结光化电池经光照后，溶液与半导体电极间存在界面势垒，分离光生电子、空穴对向外提供电能。其转换效率>10%
光感应发电	利用某些有机高分子团吸收太阳光能后变成“光极化偶极子”，分别将积聚两端受感应的正负电荷引出，从而得到光电流	因需寻找合适的光感应高分子材料，使其分子团有序排列、安装精细的电极等难度，该技术尚处于实验阶段

续表

方式	主要内容	备注
光电解电池	指电解液中存在两种氧化还原离子，经光照射发生化学变化而成	从而使光能有效地转换为化学能
光催化电池	光照电解液后发生化学反应的自由能变化为负，由光能提供进行化学反应所需的活化能。光化学发电具有液相组分，容易制成直接储能的太阳能光化蓄电池	具有成本低廉、工艺简单等许多优点，只是还有工作稳定性等问题待解决
光生物发电	通常是指“叶绿素电池”发电这个普遍的生物现象。叶绿素在光照下产生电流，由于该细胞在不断地新陈代谢，而做成稳定电池因其低成本、高效率，解决光老化、稳定性等问题后亦可推广	参考光合作用过程，提出将几种染料涂在多孔氧化钛半导体上构成固态“仿生光合作用电池”，曾达到10%的光电转换效率

各国前列。这为加大太阳能投入开发利用提供了理论依据。通过国际照明委员会和气象组织的大量工作，一些地区太阳能优势、年辐射总量等如表6-3～表6-6所示。据全国700个气象台（站）的长期观测统计，国内太阳能年辐射总量约在334～836kJ/cm^{2}之间，其中间值为585kJ/cm^2，居表6-6之首。北京为535kJ/cm^2，也名列第5。我国年日照百分率见表6-7。

西藏的海拔高度4km，年日照时间达3000h，太阳能资源尤其丰富，政府先后投入1700万元实施“阳光工程”。拉萨龙王潭和幸福大街的路灯、甘丹寺的室内照明、太阳能灶、暖房、热水器等随处可见。西北和华北地区的平均日照率>60%。夏季南向日发电量见表6-8。

北京地区日照参数见表6-9。如国际大厦现有1800m^{2}的无窗办公室，工作面按平均照度300lx计算，单位面积耗电25W/m^2。按照北京60%的日照率，每年有184α的日照时间>8h，若加以利用，每年可节电1800×25×184×8＝66240kWh，照明、动力分别为66240×0.35＝23184元和66240×1.2＝79488元；我国日照率在60%以上的地区有一半以上，如能积极推广，节电的社会效益和经济效益难以估量。

(*a*)

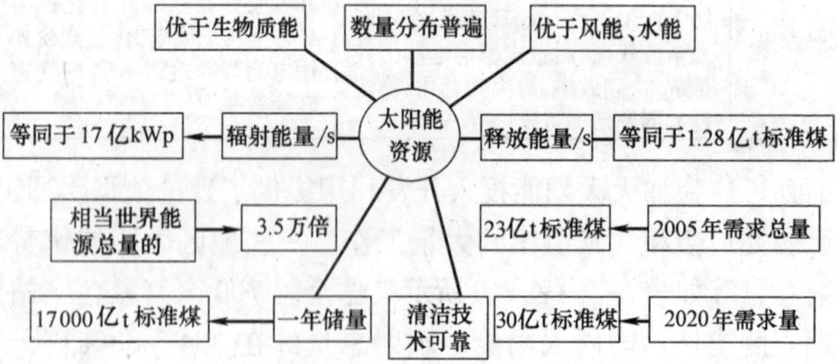

优于生物质能
数量分布普遍
优于风能、水能
太阳能资源
辐射能量/s → 等同于17亿kWp
释放能量/s → 等同于1.28亿t标准煤
相当世界能源总量的 → 3.5万倍
2005年需求总量 → 23亿t标准煤
一年储量 → 17000亿t标准煤
清洁技术可靠
2020年需求量 → 30亿t标准煤

(*b*)

天顶
夏至
春秋分
冬至
西
日没
日没
北极
南
北
日出
东
日出

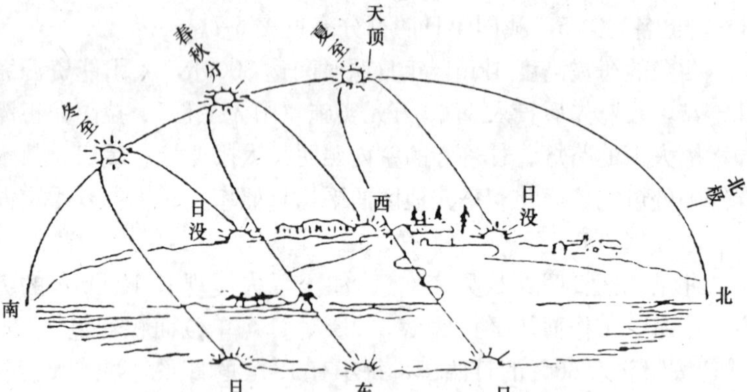

(*c*)

图 6-3 太阳能资源丰富

(*a*) 向宇宙辐射光能；(*b*) 框图；(*c*) 四季太阳仰角与方位示意

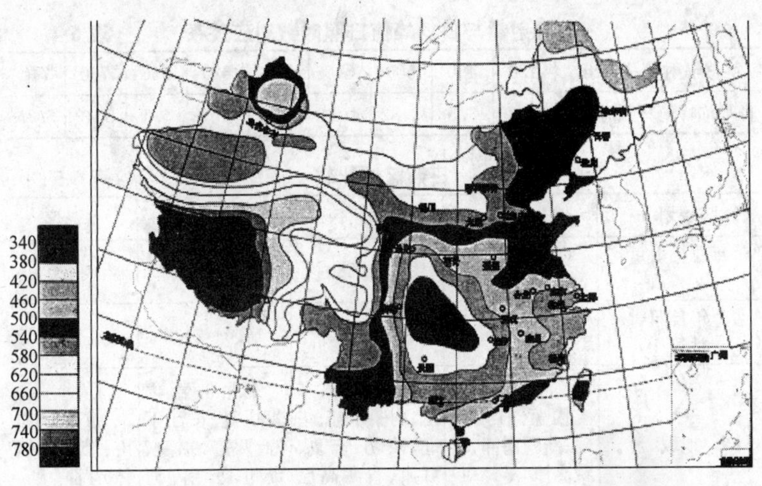

图 6-4 我国全年太阳能总辐射

(2) 太阳能发电研发过程见表 6-10。宇宙赐予人类的水、空气、阳光，使若干年前被毁灭的地球重新具备生存条件。鉴于这多年的环境被破坏引发的危机，有必要回顾光电转换研发的艰难过程，以加速其利用。

太阳能利用优势 **表 6-3**

序号	阳　光	优越性	备　注
1	万物生长之源泉	人们习惯于天然光下工作、休息和生活。因为太阳光系全光谱辐射，可在人的机体内产生维生素等多种营养物质	而且在心理、生理上感到舒服，十分有利于身心健康
2	比人工照片更具高视觉功效	对比天然光和人工光视功能试验表明，在照度 2～1000lx 范围内，视觉临界对比度相差 5%～20%	即在天然光下工作，人的视觉功效较人工照明高 5%～20%
3	多变、直射光产生光与影	加上阳光色彩丰富，使它成为建筑艺术造型和突出材质感之首选	是改善室内环境、营造气氛的重要手段
4	取之不尽、用之不竭、无污染	充分利用太阳能，是节约人工照明、保护环境的一项重要措施	绿色照明具有重大经济效益和社会效益

总辐射量与日均峰值日照时数对应关系　　表 6-4

年总辐射量/kJ/cm²	420	460	500	540	580	620	660	700	740
日平均峰值日照时数/h	3.19	3.5	3.82	4.14	4.46	4.78	5.1	5.42	5.75

日照区域比较　　表 6-5

区域划分		丰富区	较丰富区	可利用区	贫乏区
年总辐射量/kJ/cm²		≥580	500～580	420～500	≤420
全年日照射时数/h		≥3000	2400～3000	1600～2400	≤1600
地域		内蒙、甘肃西部、新疆南部、青藏高原	新疆北部、东北、内蒙东部、华北、陕北、宁夏、甘肃、青藏高原东侧、海南、台湾	东北北端、内蒙呼盟、长江下游、两广、福建、贵州、云南、河南、陕西	重庆、四川、贵州、桂林、江西
特征	/h	≥3300	2600～3300	太阳能丰富区～贫乏区	≤1800
	/%	≥0.75	0.6～0.75	指两区的过渡带	≤0.4 建议不使用太阳能
连续阴雨天/d		2	3	7	15

注：能量简易计算公式，太阳电池组件功率＝用电功率×用电时间/当地峰值日照时间×损耗系数（1.6～2）

蓄电池容量＝用电功率×用电时间/系统电压×阴雨日数×系统安全系数(1.4～1.8)。

不同地区太阳能年辐射总量　　表 6-6

位次	地点	年辐射总量/kJ/cm²	位次	地点	年辐射总量/kJ/cm²
1	雅典	581	12	维也纳	388
2	新加坡	572	13	波茨坦	376
3	里斯本	564	14	莫斯科	372
4	索菲亚	548	15	布拉格	364
5	华盛顿	523	16	伦敦	364
6	布加勒斯特	514	17	斯德哥尔摩	355
7	威尼斯	480	18	布达佩斯	351
8	纽约	472	19	华沙	351
9	米兰	447	20	汉堡	343
10	东京	422	21	赫尔辛基	330
11	巴黎	401			

我国日照率和年平均日照数　表 6-7

日照出现率分级/级	日照率/%	面积/万 km^2	占总面积率/%	年平均日照时间/h/a
1	70	158	16	11
2	60	485	51	8
3	50	726	76	6.5
4	40	906	94	5

夏季南向日发电量　表 6-8

时间/h	0~6	7	8	9	10	11	12	13	14	15	16	17	18	19~24	0~24
发电量/kWh	0	0.3	0.9	1.1	1.6	2	2.1	1.9	1.8	1.5	1	0.7	0.2	0	15.1

北京地区日照参数　表 6-9

月份/b	日射量/kWh/m^2	发电量		
		日发电量/kWh	日数/d	月发电量/kWh
1	2.54	76.62	31	2375
2	3.35	101.05	28	2829
3	4.48	135.13	31	4189
4	5.22	157.46	30	4724
5	6.19	186.72	31	5788
6	6.12	184.61	30	5538
7	5.19	156.55	31	4853
8	4.82	145.39	31	4507
9	4.59	138.56	30	4154
10	3.54	106.78	31	3310
11	2.56	77.22	30	2317
12	2.19	66.06	31	2048
总计			365	46632

太阳能发电发展进程　表 6-10

时段/世纪年代	研究过程	成果
19/70~90	亚当斯等在金属和硒片上发现固态光伏效应	加快研制步伐
	制成第一块“硒光电池”	用作敏感器件
	法国科学家贝克勒尔发现“光生伏打效应”	即光伏效应

续表

时段/世纪年代	研究过程	成果
20/30	肖特基提出 CuO 势垒的"光伏效应"理论。同年,朗格首次提出用"光伏效应"制造"太阳电池"	使太阳能变成电能
	布鲁诺将铜化合物和硒银电极浸入电解液	在阳光下启动了一台电动机
	奥杜博特、斯托拉制成第一块太阳电池	即"硫化镉"
20/40	奥尔在半导体上发现光伏效应	指晶体硅上
20/50	恰宾、皮尔松首次制成实用的单晶太阳电池。同年,韦克尔发现了砷化镓有光伏效应	在玻璃上沉积了硫化镉薄膜,制成第一块薄膜太阳电池效率为 6%
	吉尼、罗非斯基进行材料的光电转换效率优化设计。同年,第一只光电航标灯问世	美国 RCA 研制砷化镓太阳电池
	研制成功硅太阳电池	效率达 8%
	太阳电池首次在空间应用	装备美国先锋 1 号卫星电源
	第一块多晶硅太阳电池问世	效率达 5%
	硅太阳电池首次实现并网运行	具有实用价值
20/60	实现砷化镓太阳电池光的电转换	效率达 13%
	薄膜硫化镉太阳电池	效率达 8%
20/70	罗非斯基研制出紫光电池	效率达 16%
	美国宇航公司背场电池问世	立足于实用性
	砷化镓太阳电池	效率达 15%
	COMSAT 研究所提出无反射绒面电池	硅太阳电池效率达 18%
	非晶硅太阳电池问世	效率达 6%
	多晶硅太阳电池	效率达 10%
	美国建成太阳地面光伏电站	为 $100kW_p$
	单晶硅太阳电池效率达 20%多晶硅电池达 20%,砷化镓电池达 22.5%	硫化镉电池达 9.15%

续表

时段/世纪年代	研究过程	成果
20/80	美国建成 $1MW_p$ 光伏电站	冶金硅(外延)电池效率达 11.8%
	美国建成又一光伏电站	为 $6.5MW_p$
	德国提出“2000 个光伏屋顶计划”	每家的屋顶装 $3\sim5kW_p$ 光伏电池
20/90	高效聚光砷化镓太阳电池	效率达 32%
	美国提出“克林顿总统百万太阳能屋顶计划”预计 2010 年以前将为 100 万户	每户安装 $3\sim5kW_p$ 太阳电池
	有(无)太阳时，光伏屋顶(电网)向电网(家庭)供电，电表反(正)转	家庭只需交“净电费”
	日本“新阳光计划”提出到 2010 年生产大批量太阳电池	达 43 亿 W_p
	欧盟计划到 2010 年生产 37 亿 W_p 太阳电池	单晶硅太阳电池效率达 25%
	荷兰政府提出“荷兰百万个太阳光伏屋顶计划”	到 2020 年完成

(3) 太阳电池、组件及方阵。将太阳光能直接转变成电能，就是太阳光发电。此发电过程，目前有两种类型：一是太阳电池；二是光化学电池。前者已经进入商品化实用阶段，应用相当广泛。后者仍处于探索实验阶段。太阳电池又称光伏电池（简称PV)，是一种能量转换的光电元件，它是经由太阳光照射后，将光的能量转换为电能。该电池种类繁多，依材料种类可分为单晶硅、多晶硅、非晶硅和Ⅲ—Ⅴ族（包括砷化镓、磷化铟）Ⅱ—Ⅵ族（包括碲化镉、硒铟铜）等，详表 6-11。

这种将光能转变成电能的转换器是利用光电效应原理，早在 19 世纪 80 年代由德国科学家赫兹发现的：某些物质在光的照射下会放出电子；然而太阳电池的发明却在 20 世纪 50 年代，当时，美国科学家用一块很薄的半导体硅片，正面掺进元素硼作正极，背面掺进磷作负极，连接起来后，经阳光照射就会流过电流，这是世界上第一块太阳电池。

太阳电池分类 表 6-11

分类方式	太阳电池种类	备　注
按材料	晶体硅	单晶硅太阳电池片状、筒状、球状铸锭及多晶硅太阳电池
	非晶硅	有单结、双结、三结非晶硅薄膜太阳电池
	多晶硅薄膜 纳米晶硅薄膜 化合物有硫化镉、硒铟铜、磷化铟、碲化镉、砷化镓	还有硒光、微晶硅薄膜、有机半导体太阳电池
按用途	空间、地面	还有光伏传感器
按结构	同质结、异质结、复合结、液结	另有肖特基结太阳电池
按工作方式	聚光、分光	平板太阳电池

从图 6-5 可知单独的太阳电池发电量小，直接用小块又不宜作为电源使用。在实用中，多是将几片或几十片电池串（并）联组成光伏电池组件，若干组件排列起成为太阳电池方阵，再将其铺设于屋顶、地面上，最后建成太阳能光伏电站。图 6-6a、图 6-6b 为组件和测试框图。它不需要燃料、不产生有害气体、无机械运动部件、无噪声和爆炸危险，经久耐用。而且电站的管理、操作和维修都非常简便。

1.3 太阳能光伏发电状况

1. 国外

自“光生伏打效应”和实用的光伏电池问世以来，太阳能光伏发电取得了长足的进步和发展。表 6-12 为世界光伏电池总产量。从电力价格、组件效率、系统寿命和成本变化等方面可看出良好的发展势头，国外光伏发电技术参数，详见表 6-13。

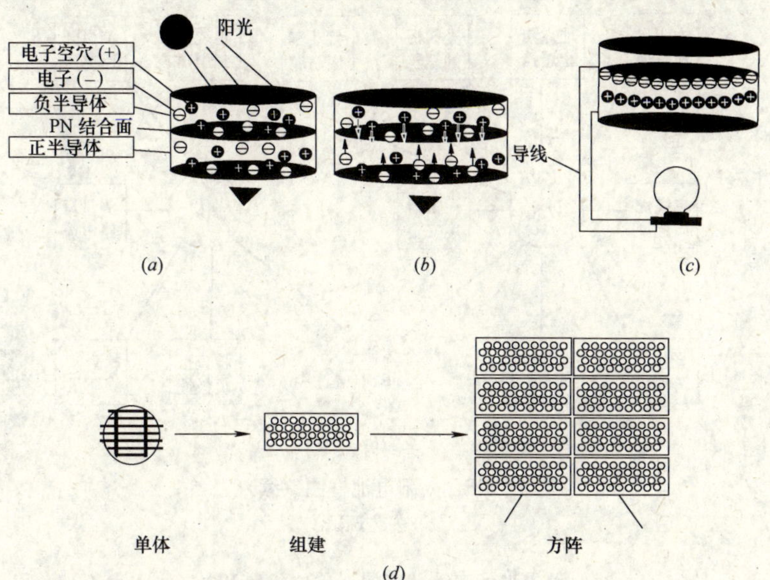

图 6-5 太阳电池及其方阵

(*a*) PN 结在光照下形成直流电；(*b*) 组合过程；(*c*) 接通外电路射对外输出电流；(*d*) 组合过程

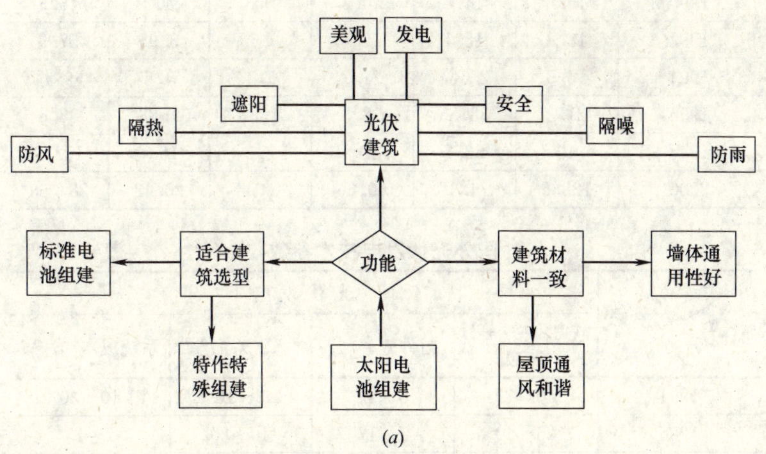

图 6-6 太阳电池框图

(*a*) 组件功能

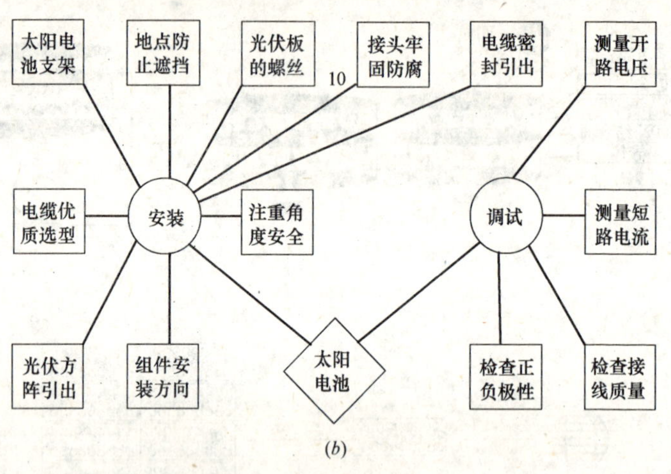

(*b*)

图 6-6 太阳电池框图（续）

(*b*) 安装调试

世界光伏电池总产量（单位：MW_p） **表 6-12**

时间/a \ 国家	日本	美国	欧洲	中国	其他	总计
1988	12.8	11.10	6.7	0.35	2.65	33.6
1990	16.8	14.8	10.2	0.5	4.2	46.5
1992	18.8	18.1	16.4	0.65	3.95	57.9
1994	16.5	25.64	21.7	1.1	4.5	69.44
1996	21.2	38.85	18.8	1.87	7.88	88.6
1998	49	53.7	31.8	2.3	16.4	153.2
2000	128.6	74.97	60.66	3	20.42	287.65

国外光伏发电技术参数 **表 6-13**

时间/a \ 参数	光伏发电			
	电力价格/美分/kWh	组件效率/%	系统寿命/a	系统成本/$/W
1991	40～75	5～14	5～10	10～20
1995	25～50	7～17	10～20	7～15
2000	14～20	10～20	>20	4～8
2010～2030	<6	15～25	>30	1～1.5

上表显示自1996年以来，世界光伏产业高速发展。体现在太阳电池转换效率不断提高、年总产量以30%～40%持续增长，至1999年已达200MW/a。它的应用范围越来越广，尤其是光伏屋顶、幕墙计划，为太阳能光伏产业展现了光明的前景。

(1) 市场运作。

国际太阳能光电工业在20世纪90年代初平均增长15%，后期国际市场出现供不应求，促使光伏产业迅速发展；1997年全世界太阳电池组件达122MW_p，比上一年增长38%；1998年达到157.4MW_p，市场份额为晶硅87%、非晶硅12%、镉碲电池1%；光伏发电总装机达到800MW_p。

(2) 产业化方面。

世界各国通过改进生产工艺、扩大规模和开拓市场等措施，降低了成本。如美国能源部1990年启动光电技术产业化，通过可再生能源法的实施，成立国家光电中心，联合有关部门共同攻关，效果明显。电池效率从10%～13%提高到12%～15%；生产规模从每年1～5MW_p到5～20MW_p，并正在向50MW_p扩大；光电系统电价成本，2005年系统安装成本11美分/kWh，2010年6美分/kWh以下；欧洲诸国、澳大利亚和日本也有类似的计划；印度在光伏领域处于发展中国家的领先位置，目前它有80多个公司、6个太阳电池制造厂，1997～1998太阳电池达8.2MW_p、组件11MW_p、出口4MW_p。2000年底生产已达50MW_p。

近年来，世界光电产业成本降低了32%，第一次降价为3$/$W_p$以下。下面介绍一种光伏模块技术参数，详见表6-14。

(3) 研制开发。

为降低光电成本等研制项目，以晶硅材料为基础的高效电池和薄膜电池是基础研究中的热点。如澳大利亚新南威尔士大学高效率单晶硅电池效率达24.7%（美、日、德也超过20%），1995年又与太平洋能源公司合作，投资5000万$计划用7年完成。

单（多）晶硅模块 NT-R5E3E（NE-Q5E3E）技术参数

表 6-14

<table>
<tr><th>范　围</th><th>符　　号</th><th>数　　据</th><th>条　　件</th></tr>
<tr><td>开路电压/V</td><td>Uoc</td><td>44.4(43.1)</td><td rowspan="8">光照:1000W/m²
模块温度:25℃</td></tr>
<tr><td>最大输出电压/V</td><td>Upm</td><td>35.4(34.6)</td></tr>
<tr><td>最大系统电压/V</td><td>U</td><td>1000</td></tr>
<tr><td>短路电流/A</td><td>Isc</td><td>5.4(5.31)</td></tr>
<tr><td>最大输出电流/A</td><td>Ipm</td><td>4.95(4.77)</td></tr>
<tr><td>最大功率/W</td><td>Pm</td><td>175(165)</td></tr>
<tr><td>太阳能电池效率/%</td><td>Hc</td><td>16.4(14.6)</td></tr>
<tr><td>模块效率/%</td><td>Hm</td><td>13.5(12.7)</td></tr>
<tr><td>工作温度/℃</td><td>T</td><td>−40～＋90</td><td></td></tr>
<tr><td>外形尺寸/mm</td><td>V</td><td>1575×826×46</td><td></td></tr>
<tr><td>质量/kg</td><td>M</td><td>17</td><td></td></tr>
<tr><td>应用电压/V</td><td>U</td><td>24V 直流负载</td><td></td></tr>
<tr><td>工作线路</td><td></td><td>72 块电池串联</td><td></td></tr>
</table>

1）单晶硅光伏模块的最大功率可达 $175W_p$，其主要特点：大功率模块 $175W_p$，使用 72 块 125mm×125mm 单晶硅太阳电池，模块转换效率为 13.5%；设旁路二极管，以减少阳光遮盖造成的电量损失；芯片表面质地优良，以减少太阳光的反射，背面结构能提高电池转换效率高达 16.4%；使用透明钢化玻璃、EVA 树脂，在铝制框架内加一层抗风化薄膜，延长了户外使用年限；具备直流 24V 输出系统电压和高电压并网系统；输出终端，抗风化连接器配合连接输出电路。

2）多晶硅光伏模块 NE－Q5E3E 最大功率可达 $165W_p$。其主要特点：该大功率模块使用 72 块 125mm×125mm 的多晶硅太阳电池，模块转换效率高达 12.7%；旁路二极管以减少由于阳光遮盖原因造成的电量损失；芯片表面质地优良可以减少太阳光的反射，背面结构能提高电池转换效率至 14.6%；使用透明的钢化玻璃、EVA树脂，铝制框架内加一层抗风化薄膜可延长户外使用年限；具备直流24V输出系统电压和高电压并网系统；输出终端，防风化连接器配合连接输出电路。

3）多晶薄膜电池形成产业化后，建立20MW_p的生产线。经可行性分析指出，电池成本下降到1澳元/W_p，其发电成本可与燃煤发电相比。

2. 国内

(1) 太阳能光伏市场产业化。

经过20多年的努力，已经奠定了一个较为坚实的基础。1998年中国太阳电池产量为2.1MW_p，约占世界产量的1.3%；总装机容量12MW_p，占世界的1.5%，还先后开发的单（多）晶硅高效电池。非晶硅薄膜电池的研究开发和技术水平得到迅速提高，个别品质接近（达到）国际水平，太阳电池装机容量见图6-7a，电池安装量如图6-7b所示。开展光伏系统及其关键电气设备的研制工作，建成千瓦级独立和并网发电电站。先后在西藏建有7个25～100kW_p地面电站及多种光电工程，为我国光伏事业发展作出了开拓性的贡献。但在总体水平上同国外相比还有一些差距，其中反映在生产规模、技术水平、材料国产化程度、成本、市场培育和发展等方面。

(2) 随着世界太阳能光伏发电技术和产业推进。

预计今后10年内，光伏组件的生产将以20%～30%、甚至更高速度发展。到2010年将达4600MW_p，总装机容量18000MW_p。高速发展的屋顶、幕墙计划和各种减税、补贴政策以及逐渐成熟的绿色电力价格，为光电市场提供了进一步发展机遇。逐步将由边远地区、农村补充能源向全社会的替代能源过渡。预计到21世纪中叶，太阳能光伏发电将达到世界总发电量的15%～20%，以期成为人类的基础能源之一。

(3) 光伏技术评价。太阳能光伏发电技术优缺点见表6-15。

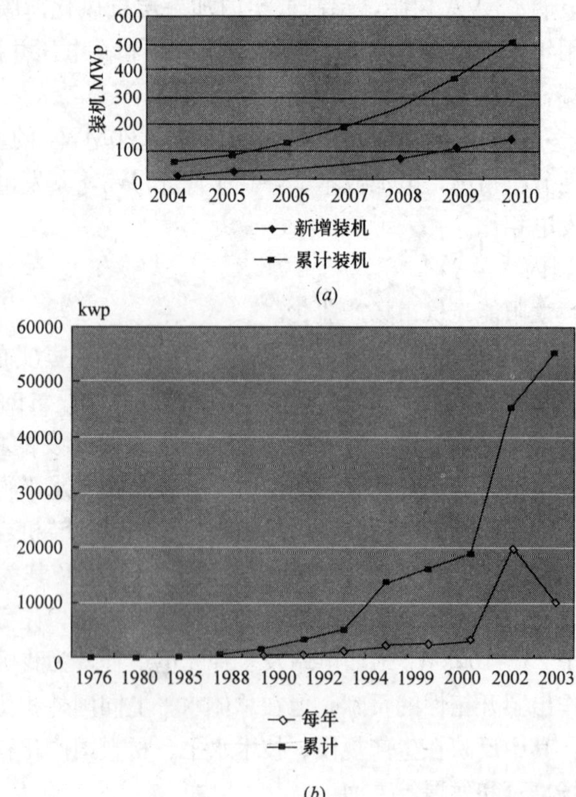

图 6-7 我国太阳电池

(*a*) 装机容量；(*b*) 安装量

太阳能光伏发电技术评价 表 6-15

优缺点		内容	备注
优势	结构简单、体积小	独立光伏系统太阳电池组件、方阵结构简单。输出 45～50W_p,硅太阳电池组件质量为7kg。40kW_p 薄膜太阳电池可卷绕成高 40cm、ϕ60cm 的一个带盘,总质量只为 8kg,而 40kW 的柴油发电机组质量 2000kg/台	美国ECD公司以有机薄膜为衬底制造的非晶硅太阳电池功率、质量比可达 5kW/kg,较一般 60～100W/kg 为小

续表

优缺点		内 容	备 注
优势	建设快捷、易安装	用简单的支架把太阳电池组件支撑，使之面向太阳即可发电，适宜作为小功率移动电源	一个 6.5MW_p 的光伏电站占地 40km^2，施工不足 10 个月即可运行发电
	清洁环保、无噪声	光伏本身不消耗工质，不向外界排放废物，无转动部件，是一种理想、清洁和安全的能源	蓄电池释放微量 H_2、O_2 和酸雾
	操作方便、易维护	配备蓄电池的独立光伏系统输出电压和功率稳定。可精心设计成蓄电池处于浮充状态：白天、夜晚均可供电，其耗能由太阳电池在晴天时自动补充，便于启动维护	只需在连阴雨季节检查太阳电池组件表面、接线、电压状态。大型光伏电站用电脑控制，降低了发电运行费用
	光能丰富、应用广	我国地势优越，平均每天接受到的太阳辐射能在 4～6kWh/m^2。太阳电池在－45～＋60℃温度都能工作	不仅适宜于边远地区，而且可铺设制作光伏屋顶、幕墙，建成生态能源房
	安全可靠、寿命长	太阳电池组件通过严格高低温、振动冲击和其他各种环境试验，硅太阳电池寿命可长达 20～35 年	蓄电池寿命也可长达 10 年
	价格低廉、市场好	正在加快降价速度，缩短投资偿还时间。世界人口的增加，致使化石能源不能长久的支撑，提高效率降低成本的太阳电池越来越有希望满足人类要求	光伏成本从 1950 年的 1.5＄/kWh 到 2003 年的 14 美分/kWh，与调峰电价相当，预计到 2010 年可降至 6～10 美分/kWh，完全可以与市电竞争
缺欠	光伏分散、占地大	能够直接获得太阳辐射的青藏高原，平均可达 1.2kW/m^2，而绝大多数地区能够获得太阳辐射度不足 1kW/m^2。1MW_p 光伏电站占地约需 1 万 m^2	除了昼夜周期变化外，太阳能光伏发电还常常受云层变化的影响。小功率光伏系统可用蓄电池补充，大功率光伏电站的控制运行较为复杂
	地域不同、影响大	地理位置和气候使各地区日照资源各异。因而功率相同的太阳电池组件，在各地的实际发电量是不尽相同的	理想的光伏发电系统均要因地制宜地进行设计、计算、推广

注：1. 能量回收时间为：$T_B=P_C/P_W$ 式中，P_C 为制造太阳电池所消耗能量，kW；P_W 为太阳电池寿命平均发电量，kWh。就目前硅太阳电池水平计算硅材料为 33＄/kg，基片厚度 0.3mm、效率 15%和年产量 50MW_p，则能量回收时间为 4.7 年。

2. 若将太阳电池转换效率提高到 18%，基片薄到 0.2mm，年产量为 200MW 时，则回收时间为 1.7 年。

2 光电效应

2.1 光的特性

人们对光的认识有两种观点：一是牛顿微粒学说，认为光是一种微粒流；二是惠更斯波动学说，认为光和波相似。到1905年爱因斯坦指出，光看做是光子（粒子），并解释了许多现象。现代人们认识光有二象性，部分地象波，部分地象粒子。

1. 光的速度

单位时间光传播的距离称之光速。关于光速的测定，许多科学家在不同的年代采用不同的方法：早在1607年伽利略利用山峰之间的距离来测量；后来丹麦、英国天文学家、法国物理学家等先后测量光速结果十分相近；1926年美国物理学家测得光速很精确；1975年第十五届国际计量大会根据近代的测量结果认定：真空中光速的可靠值 $C=2.99792458\times10^{8}$m/s，一般计算中取 $C=3\times10^{8}$m/s。在空气中则比该值小0.03%。

2. 光的反射

光从一种均匀媒质射到另一种均匀媒质的界面时称为反射，如图6-8a所示。入射光AO与法线OP的夹角 α 为入射角，反射光OB与OP的夹角 β 为反射角，据反射定律 $L\alpha=L\beta$，入射光线与反射光线分居法线两侧。入射线、法线和反射线均在同一平面内。

3. 光的折射

入射光从一种均匀媒质照射到另一种均匀媒质的界面时，一部分光透过界面进入另一种媒质中传播，一般改变了原来的传播方向现象称之为折射。其折射定律如下：

（1）折射光线在入射光线和法线所决定的平面内，其折射光线与入射光线分居法线两侧。详图6-8b。

（2）入射角 θ_1 与折射角 θ_2 的函数关系为

$$n=\sin\theta_1/\sin\theta_2 \qquad (6\text{-}1)$$

式中，n 为折射率。

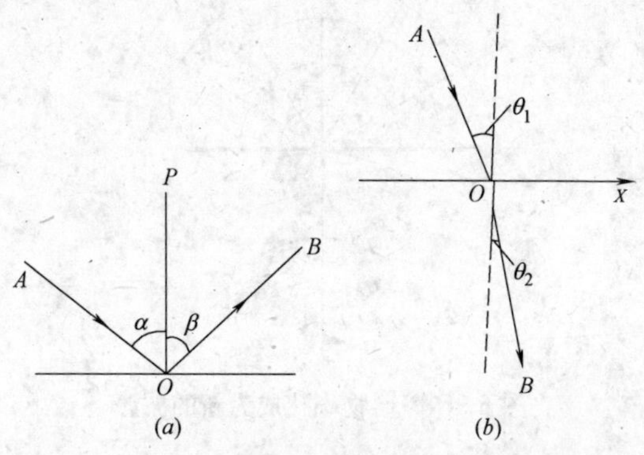

图 6-8 光的特性
(a) 反射；(b) 折射

以上示出，n 是常数，不同材料有不同值。某种媒质的折射率，为光在真空中的速度 C 与光在该媒质中的速度之比 $n=C/V$。由于光在各种媒质中的速度 $V<C$，所以 $n>1$。说明光从真空射入任何媒质其折射角 $\theta_2<\theta_1$。折射率 n 见表 6-16。

某些媒质折射率　　表 6-16

名称 折射率	水	空气	水晶	玻璃	甘油	二流化碳	酒精	乙醚
n	1.33	1.00028	1.54	1.7	1.47	1.63	1.36	1.35

4. 光的衍射

图 6-9 为波的衍射。当观察水面上的水纹时就会发现，如果波遇到一个障碍物，且其有一个很小的孔，可以看到在小孔后面也出现了圆形的波就好像以小孔为波源产生的一样。根据这样的现象，荷兰物理学家惠更斯提出：媒质中任一波面上的各点，都可以看做是发射子波的波源。其后任一时刻，这些子波的包迹就是新的波面。根据这一原理，只要知道某一时刻的波面，就可以

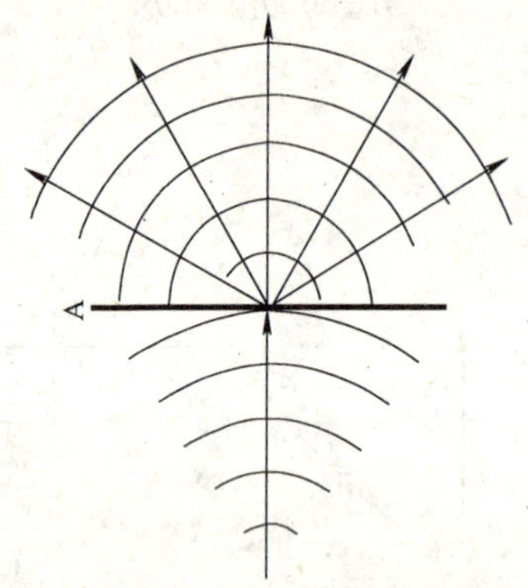

图 6-9　障碍物小孔成为新的波源

用几何方法决定下一时刻的波面。

因而这一原理可定性地说明波的传播问题，即光具波动性。图 6-10*c* 为光的衍射光通过小孔 O 后出现明暗条纹。当小孔 O 的直径远大于光的波长时，在 S_2 处出现一个亮点（图 6-10*b*），若小孔直径相当于该光的波长时，S_2 处出现圆环明暗条纹（图 6-10*c*）。这种光偏离直线路径而绕过障碍物传播的现象称之为衍射。

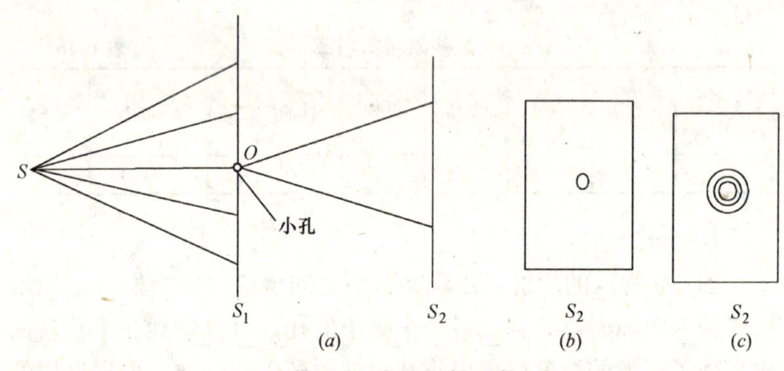

图 6-10　光的衍射示意

(*a*) 光衍射；(*b*) 大孔径；(*c*) 小孔径

5. 电磁波谱

电磁波有一个很大的“家族”。

2.2 光电学说

1. 普朗克常数

科学家普朗克认为，发射或吸收电磁波能量的大小为 $h\upsilon$ 或其整数倍

$$E=h\upsilon \tag{6-2}$$

式中，h 为普朗克常数，为 6.626×10^{-34} Js；υ 为光的频率，Hz。

他始终认为光是以光速 C 运动的粒子流，称之为光子，每个光子具有一定的能量 $E=h\upsilon$。从式（6-2）中可知，频率越高光子的能量越大。光的能量是光子能量的总和。

2. 光电转换

1887 年物理学家赫兹发现光能够从金属板打出电子来。短波长的电磁波入射到固体上，能使电子从固体发射出来，这个普遍现象称为光电效应。

在当时一个光电效应实验中，U 为外加电源的一块金属板，被密封在玻璃真空管内。当管子被遮盖得没有光进入时，电流计 G 指针静止；若光入射到板极 P 上，电流计 G 指针偏转。其流动方向表明电子离开板极在真空管中向集电极 G 前进。获得了光能而从金属中逸出的电子称做光电子。同时，光一到达金属板，不需加热就立即发射电子流。

进一步实验观察到从板极发射的电子数和光的强度成正比。如果电路中电池容量很大，把所有发射出来的电子都吸引到集电器，电流计中的电流便正比于光的强度。

当用通过电流计的电流对入射光的波长作图时，维持强度不变，用波长 $\lambda>\lambda_0$ 的光就没有电子发射。这个波长称做光电阈波长。无论光如何地强，若波长恰好比 λ 大一些，就不发射电子；若光的波长$<\lambda_0$，只要光一对准就发射电子。特定值 λ_0 系电子发射的临界波长，又称红限波长，取决于板极的物质。

3. 爱因斯坦光电学说

(1) 光的特性。

爱因斯坦认为一束波长为 λ 光的频率 ($V=C/\lambda$) 是由光子组成。每个光子带有能量 ($h\upsilon$)，光子能量是与原子和分子结构有关。光束射到物质上和电子相撞时，当光子能量大于电子从物质中挣脱所需能量时，电子就在光照射瞬间发出；当光子能量小于该值时，不论光怎样强都没有电子发射。

(2) 光电方程。

爱因斯坦认为光子射到金属上时，其能量 ($h\upsilon$) 立即被一个电子全部吸收。如果电子获得足够大的动能，它就可以克服原子核内部阻力逃离金属表面，成为光电子。这种光电子克服原子核内部阻力所做的功，称为电子的逸出功。电子获得的能量一部分用于克服逸出功，另一部分转化为电子的初始动能。

$$h\upsilon=W_0+(mv^2/2) \tag{6-3}$$

式中，$h\upsilon$ 为光子能量，J；W_0 为电子逸出功，J；$mv^2/2$ 为电子初动能，J；m 为电子质量，kg；v 为电子脱离原子核时的初速度，m/s。式 (6-3) 则为爱因斯坦光电方程式。

(3) 解读光电效应。

根据上述观点，光子说是在空间传播的光不是连续的，而是一份一份的，每一份叫做一个光子。光子的能量 $E=h\upsilon$，光子与物质粒子发生作用时，可以整个地交换能量：

1) 光照射金属时，一个光子的能量全部被电子吸收，电子的动能立即增大，不需要有一个积累能量过程。

2) 电子从金属表面逸出，需克服金属原子核的引力做功 (逸出功 W_0)。

3) 电子吸收光子能量后，一部分消耗于克服核的引力做功 (W_0)，另一部分转化为初动能。对于确定的金属，W_0 是一定的，故光电子的初动能随入射光频率增大而增大。

4) 入射光越强，单位时间内入射到金属表面每单位面积的光子越多，产生光电子也越多。也就是说，用频率相同的光照射时，逸出电子的动能是相同的，与光的强度无关。但是，光的强度增加时，单位时间内射到金属表面的光子数增多了，单位时间内从金属中逸出的光子数也就增多。这是光电强度与入射光强度成正比的原因。

再从另一角度解释，光是一种电磁波，它是高频交变的电磁场，电场强度 E 和磁场强度 H 遵从波动方程。在爱因斯坦提出辐射场能量量子化之前，人们始终把电磁场看做能量与动量都是连续分布的，今天称这种形式的场为经典电磁场，其特征是具有连续性。这仅是对问题的一种认识。

爱因斯坦揭示了光子的能量 E、质量 m、动量 p 分别为

$$E=h\upsilon, m=h\upsilon/c^2, p=h\upsilon/c \tag{6-4}$$

因此，电磁场的能量、质量、动量都是量子化的。例如可见光中的绿色光，查表得：

$\upsilon=(5.2\sim6.1)\times10^{14}$ Hz，波长 $\lambda=(5.77\sim4.92)\times10^{-7}$ m，计算时取 $\upsilon=6\times10^{14}$ Hz，$h=6.626\times10^{-34}$ Js（普朗克常数），绿色光光子能量为：

$$E=h\upsilon=6.626\times10^{-34}\text{Js}\times6\times10^{14}/\text{s}$$
$$=3.97\times10^{-19}\text{J}=2.5\text{eV} \quad (1\text{eV}=1.6\times10^{-19}\text{J})$$

光既是一种频率很高的电磁波，同时又是一种速度很大的粒子。它具有波动性和粒子性。称之为光的二象性。

2.3 光电效应特性

（1）基本公式。

当两级间的加速电压大到能把全部逸出的光电子都拉向阳极时，光电流达到饱和值 I_M，即

$$I_M=ne \tag{6-5}$$

式中，e 为电子的电量。图 6-11 中曲线还表明当两极间电压下降至 0 时，光电流并不为 0。要使它减小至 0，必须在两极间加一反向电压，当该电压达到某一数值 V_a 时，光电流降为 0。V_a 称为遏止电压。图 6-11 说明，光电子从阴极逸出时具有一定的初始动能，而遏止电压与光电子的最大初始动能间存在如下关系

$$eV_a = (1/2)mv_0^2 \tag{6-6}$$

式中，m 为电子质量，kg；v_0 为光电子的最大初始速度，m/s。

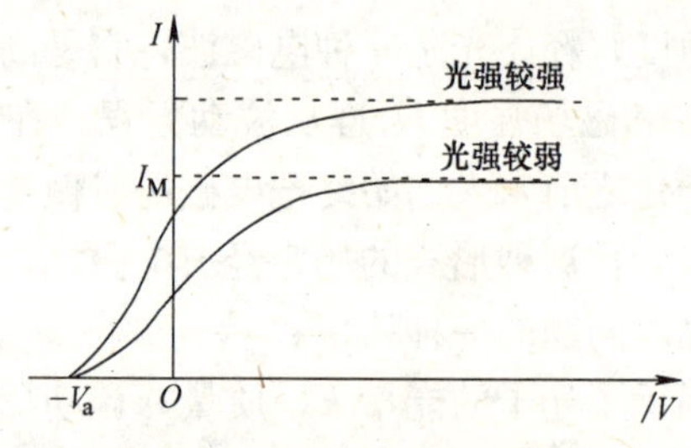

图 6-11　光电效应的伏安曲线

(2) 光电效应实验结论。

饱和光电流 I_m 与入射光的强度成正比。即单位时间内逸出光电子数目与入射光强度成正比；光电子初始动能和入射光波长存在线性关系，与入射光的强度无关；光电效应与 λ_0 有关。实验表明：当入射光 $\lambda>\lambda_0$ 时，不会逸出光电子；$\lambda<\lambda_0$ 时，不管光是多么微弱，立刻发射光电子。不同阴极材料有不同的 λ_0 值；光电效应具有瞬时性，实验表明，从光开始照射至光电子逸出，无论光的强度如何，几乎是瞬时的，应用现代的测量技术可以确定其时间间隔不超过 10^{-9}s。

3　半导体

物质由导体、绝缘体和半导体组成，其区别是导电能力。导体，导电能力强。如金属材料，其外层电子受原子核的束缚力较小，因此有大量电子能够挣脱原子核束缚而成为自由电子。这些自由电子是运载电荷的载流子，它们在外电场作用下，进行定向运动而形成电流；绝缘体，导电能力差，如绝缘材料，其原子的外层电子受原子核束缚力很大，极不容易挣脱出来，因此形成自由电子的机会非常小；半导体，由于原子结构比较特殊，其外层电子既不像导体那样容易挣脱，也不像绝缘体那样束缚得很紧。下面重点加以介绍。

3.1 PN 结概念

一块半导体材料可分成 P 型和 N 型两部分，将它们放到一起，二者交界处就形成 PN 结。如半导体硒和金属接触处发现了固体光伏效应。后来就把能够产生光伏效应的器件称为光伏器件。由于半导体 PN 结器件在阳光下的光电转换效率最高，所以通常把这类光伏器件称为太阳电池。

(1) 半导体中载流子。

在半导体中不仅有电子载流子，还有空穴载流子。从半导体材料硅和锗的原子结构中了解到，单晶硅（图 6-12）为单结晶体硅，其分子结构是一个整体。因为整个晶体都是从一个晶体里面生成的。该构造对于电子传输效率来说很理想。然而为了制造一个有效的光伏单元，必须在硅中加入其他成分才能制造出 P 结、N 结；多晶硅（图 6-12）包含了很多小的晶体（颗粒），也就有了边界。这些边界阻止电子的漂移，使它们更容易与空穴重新结合来降低光伏模块的输出能量；非晶硅（图 6-12）就好像普通的玻璃，原子的排列没有任何确定的次序，完全不能形成晶体结构。

从图 6-13 的硅、锗的原子结构中来看，其最外层的都是 4 个电子，称作价电子。有几个价电子就称之几价元素，所以硅和锗都是 4 价元素。

当硅、锗等半导体材料制成单晶体时，其原子排列就由杂乱无章的状态变得非常整齐。原子间距离相等，约为 2.35×10^{-4} mm；每个原子最外层的 4 个电子，不仅受自身原子核的束缚，而且还与周围相邻的 4 个原子发生联系。每两个相邻的原子之间都共有一对电子；电子对其中的任何一个电子，一方面围绕自身原子核运动，另一方面也时常出现在相邻的原子所属的轨道上。该共价键结构如图 6-14 中所示。

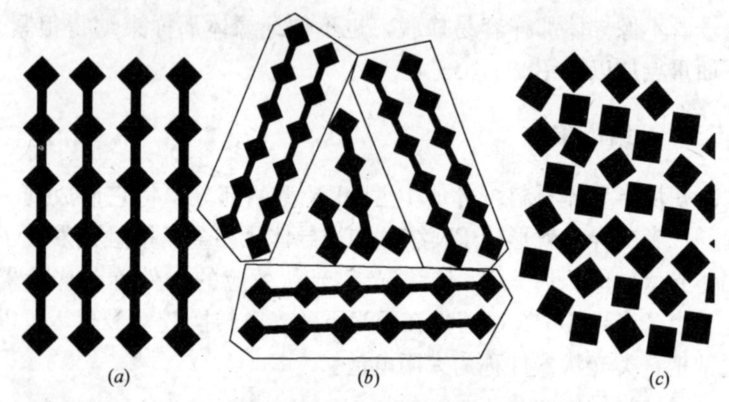

图 6-12 硅原子结构

（a）单晶硅；（b）多晶硅；（c）非晶硅

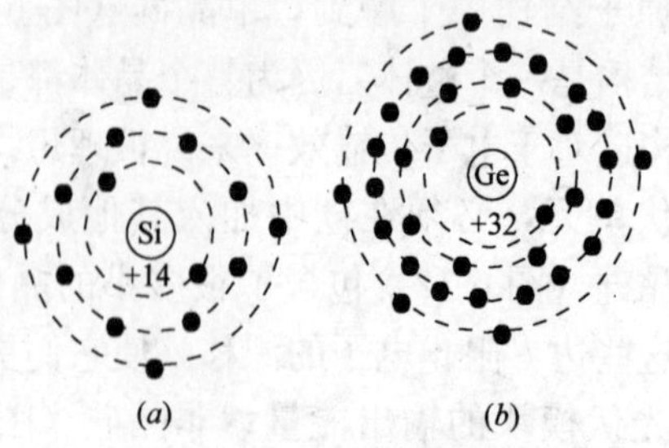

图 6-13 硅、锗原子结构平面示意

（a）硅原子；（b）锗原子

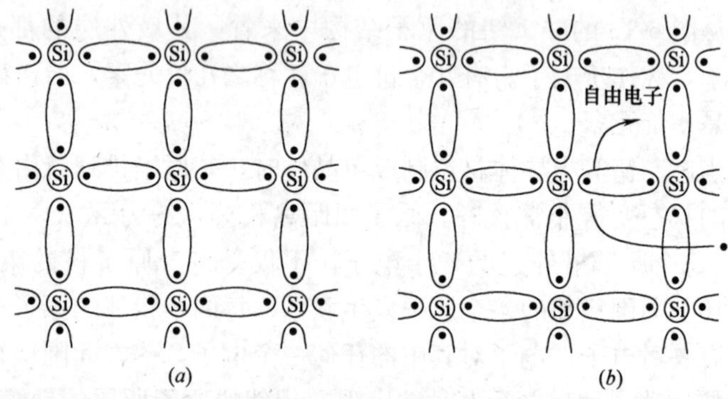

图 6-14 硅晶体结构

（a）硅单晶共价键；（b）热运动产生的电子-空穴对

由理论和实践中得知，凡是原子外层有8个电子属于比较稳定的状态。然而硅、锗共价键结构的特点是：外层共有电子所受到的束缚力并不像绝缘体那样紧。在一定温度下的热运动，其中少数电子还是可能挣脱束缚而形成自由电子，称做电子载流子；当共有电子在挣脱束缚成为自由电子后，同时留下一个空位子，见图6-14。于是附近共有电子就很容易来进行补充，从而形成共有电子的运动，类似一个带正电的空位子在移动。为区别自由电子的运动，将该运动称做“空穴运动”，空位子称“空穴”。

就像大家坐在一起听课，如果前面人走了留下一个空位子，后面人很自然往前移，看起来就好像是空位子向后运动一样。虽然这种移动和没有座位的人到处走动不一样，后者好比是自由电子运动，而有座位的人依次递补空位的走动则好比是空穴运动。可见，空穴也是一种载流子。当半导体外加电压时，通过它的电流，可以看做是由两部分组成：一是自由电子进行定向运动所形成的电子电流；另一是共有电子递补空穴所形成的空穴电流。其区别是电子电流是带负电的电子定向运动，而空穴电流是带正电的空穴定向运动。所以，在半导体中，既有电子载流子，又有空穴载流子，这是半导体导电的一个重要特征。

由于物质不停地运动，使半导体里热运动不断产生自由电子，同时出现相应的空穴。可见，电子和空穴相伴而生、成对出现，称之为电子－空穴对；另一方面，电子运动中又会与空穴重新组合而消失，这个相反过程称之为复合。电子－空穴对又产生、又复合，这就是半导体里不断出现的一对矛盾。只有在一定温度下才能解决矛盾，实现相对平衡，且始终维持一定的数量。

(2) P型和N型半导体。

半导体技术之所以能够迅速发展，主要是人们精确地掌握了半导体的电学特性，在纯单晶体中掺入杂质，使其导电特性得到改善，从而可用于实际生产、生活中。如，硅中适当掺杂少量硼，就使导电特性大为加强，图6-15是掺入硼形成空穴的P型半导体，它与硅原子组成共价键结构。由于硼与硅原子少得多，不影响整个晶体结构，只是某些位置上的硅被硼原子所取代。硼是3价元素，外层有3个电子，所以当它与硅原子组成共价键时，就自然形成了一个空穴。这样，掺入硼的每一个原子都可能提供一个空穴，从而单晶硅中空穴载流子的数目大大增加。其中，几乎没有自由电子，主要靠空穴导电称之为空穴半导体，即P型半导体。

若硅中掺入的是磷、锑等5价元素，并与之组成共价键后，磷外层的5个电子中4个电子组成共价键，多出的一个电子受原子核束缚很小，很容易成为自由电子。所以，这种半导体中，电子载流子的数目很多。主要靠电子导电，称之为电子半导体，即N型半导体，如图6-15所示。

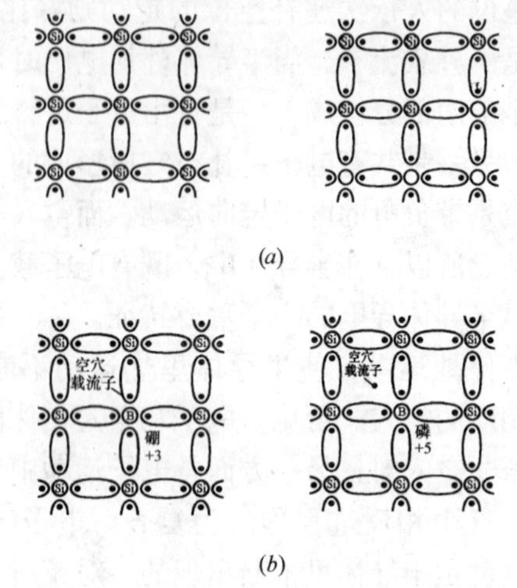

图6-15 硅单晶掺杂示意

(a) 硅中掺硼形成空穴（P型）；(b) 硅中掺磷形成电子（N型）

(3) 半导体能带结构。

半导体中电子运动状态按能量可分为导带和价带，二者间的能量间隙称为禁带。处于导带中的电子，可在整块半导体中自由运动传导电流；处于价带中的电子，只能绕原子核运动，不能传导电流。当半导体受到光、热等能量激发时，价带中的电子会跃迁入导带，在价带中留下一个空穴。空穴带正电，也可在整块半导体中自由运动，传到电流。能够传导电流的电子和空穴称为载流子，受光激发产生电子、空穴对的过程，称为光激发。

若在纯净半导体中掺入少量的3价元素，如在4价锗中掺入3价硼，这种杂质与相邻的4价锗形成共价键时，缺少一个电子，从而形成一个空缺状态，相当于出现一个空穴，其他电子可能进入。计算表明，这种空缺状态，使晶体能带结构在禁带中靠近满带的上缘处增加了一个附加能级，它与下邻满带的能量间隔很小，满带中电子容易进入含有空穴的附加能级。这个附加能级被称做受主能级。这种半导体中空穴浓度较纯净半导体中空穴浓度大得多，导电作用主要决定满带中的空穴运动。

实际上，半导体中经常是既有P型又有N型杂质，最终由浓度大的杂质决定其导电类型。例如，在硅中先掺入磷成为N型硅，然后在掺硼，当硼的浓度大大超过磷时，N型硅就转化成了P型硅。使原有的自由电子绝大部分与空穴复合剩下的电子数目少得多了。结论是决定半导体导电得不仅有电子，还有空穴导电；在纯单结晶体中，掺入有用的杂质，可使半导体导电特性进一步增强，从而顺利地获得所需要的P型和N型半导体。

3.2 PN结特性

（1）单向导电性。

半导体二极管就是由一个PN结组成的，通过试验可以加强对PN结的感性认识；在电源和灯具电路中，接入一个二极管。当改变电源极性时，观察灯的亮度，再和接入电阻时情况进行比较。以上试验表明：电源与二极管正向连接时（电源正极与二极管正极连接）二极管电阻小，流过灯的电流较大，灯燃亮；电源与二极管反向连接（电源负极与二极管正极连接），二极管电阻大，流过灯的电流小，灯不亮；而用电阻代替二极管后，灯的亮度与电源极性无关。由此可见，PN结具有单向导电特性，原因是PN结内部矛盾所决定的。

(2) 扩散与漂移。

1) 扩散运动是当P型和N型半导体连接共处一体时，当它们接触后交界处便要发生电子和空穴的扩散运动。物质便从浓度大向浓度小的地方运动，称为扩散运动。

2) 漂移运动在半导体PN结中，载流子的扩散运动也是如此。由P区有大量可移动的空穴，N区几乎没有空穴，空穴就要从P区向N区扩散；N区有大量电子，P区几乎没有电子，电子就要从N区向P区扩散。随着扩散的进行，P区空穴减少，出现一层带负电的粒子区，图中⊖表示不能移动的受主原子；N区电子减少，出现一层带正电的粒子区，图中⊕表示不能移动的施主原子。其结果在PN结边界附近形成一个空间电荷区（又称阻挡层或耗尽层）。其左边带负电，右边带正电，形成一个电场。它与载流子扩散方向相反。这时，带正电荷的空穴向N区扩散，以及自由电子向P区扩散都要受到电场的阻力，此阻力实际上是要使载流子向相反方向运动，这里把载流子在电场作用下的运动称为漂移运动。该运动与由载流子浓度差异产生的扩散运动形成一对矛盾，即PN结内部载流子矛盾运动。

3) 对平衡指在扩散开始时接连不断的进行变化，PN结电荷区不断加深，电场所引起的漂移运动也不断增强，当二者作用相当时，就达到了相对平衡。可见PN结的本质就是扩散与漂移运动的一对矛盾，二者相伴而存，即有扩散就有电场，它们是相互依存的。只有这时段是电场所引起的漂移运动与浓度不同所引起的扩散运动才达到了相对平衡。

(3) 外加正向电压PN结导通。

在图6-16中，当PN结上加正向电压（外部电压正极接P区，负极接N区）时，外加电场与内电场方向相反，因而削弱了内电场，使空间电荷区变窄，扩散运动超过漂移运动并连续不断地进行。其载流子就能通畅地越过PN结，形成电流较大。所以PN结正向导电时电阻很小，当外加正向电压削弱内部电场就是PN结空间变窄的过程。外部电压在P区是正，在N区是负，从而使 P（N）区的空穴（电子）向右（左）移动，抵消了一部分负（正）电荷，所以空间电荷量减小。这时外部电源不断地向半导体提供空穴和电子，使电流得以维持。

（4）外加反向电压 PN 结截止。

如果给 PN 结给外加一个反向电压（外电压正极接 N 区，负极接 P 区），如图 6-16 所示，这时外电场与内电场的方向一致，使空间电荷区加宽，漂移移动超过扩散运动，使扩散运动无法进行下去；同时，外部电场力驱使 P（N）区的空穴向左（右）移动，在空间电荷区的左（右）边，由于空穴（电子）移走，使负（正）电荷量增加，电荷区变宽。从空间电荷区变宽本身也可看出，载流子的扩散将比不加电压时更难于进行。

试验表明，加上反向电压后还有一定的电流通过，该电流随

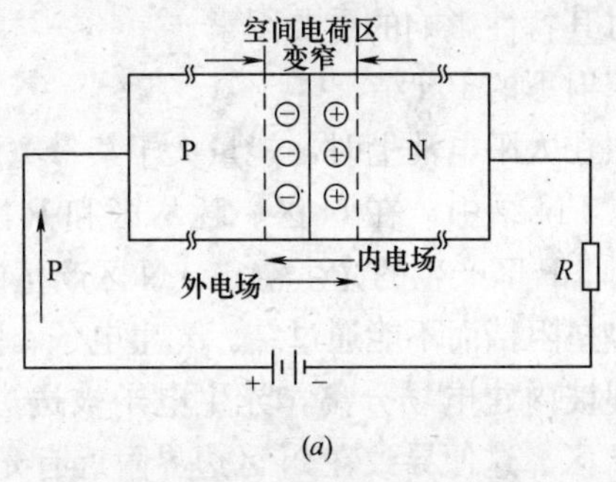

(a)

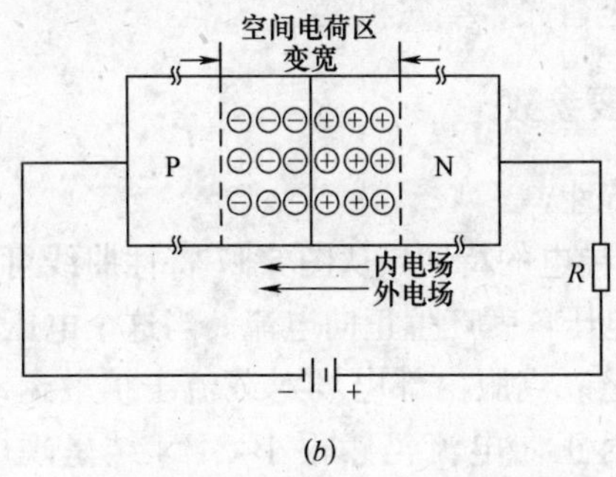

(b)

图 6-16 PN结的单向导电特性

(a) 加正向电压导通；(b) 加反向电压不导通

温度的升高而增加。这是因为在半导体中不是绝对纯净。因此，应注意到，尽管P型半导体的载流子绝大多数是空穴，也仍然存在极少量的电子（反着电场方向由P区向N区运动）。同样，N型半导体也总是存在极少量的空穴，向由N区向P区运动。在外电场的作用下，这些少数载流子的运动就构成了PN结反向电流都很小（硅管1μA），所以PN结外加反向电压时，可以认为基本上不导电（电阻很大）。

然而要看到，P（N）区极少量的电子（空穴）都是由热运动而产生，所以温度升高后PN结的反向电流随温度变化很激烈。若将25℃室温时硅管的反向电流当作1，则当温度升高时，反向电流急剧增加，则得出55℃、95℃、140℃时，其反向电流分别达到10、100、1000倍，所以在使用半导体器材时，必须考虑到环境温度对其特性影响的重要因素。

（5）阳光照射下的PN结。

当入射光照在太阳电池上时，能量大于禁带宽度的光子穿过减反射膜，进入PN结中，在N区、耗尽区和P区中激发出光生电子、空穴对。P区产生的光生空穴，N区产生的光生电子属于多数，都被势垒阻挡而不能通过结。光生电子、空穴对耗尽区中产生后，立即被内建电场分离，光生电子被送进N区，光生空穴则被推进P区。这便导致在N区边界附近有光生电子积累，在P区边界附近有光生空穴积累。

3.3　PN结主要参数

（1）正向特性。

PN结单向导电的特性，从图6-17特性曲线可知，在PN结两端加以正向电压，就产生正向电流。当这个电压较小时，由于外部电场还不足以克服内部电场对载流子扩散运动所造成的阻力，因此，这时正向电流仍然很小，PN结呈现电阻较大，当PN结两端的电压超过一定值后，内部电场被大大削弱，其电阻变得很小，于是电流增长很快（图6-17中a点）。最大整流电流是 PN 结一个主要参数，使用时应注意通过的电流不能大于这个最大值，否则将导致 PN 结损坏。

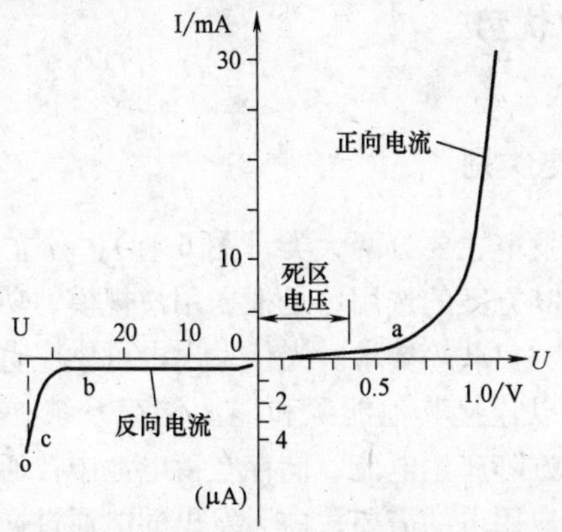

图 6-17 PN 结伏安特性

(2) 反向特性。

外加反向电压时，由于在半导体 P 区中还存在着少量电子，在 N 区也还存在少量空穴，这些少数载流子在反向电压作用下很容易通过 PN 结，因此形成反向电流。反向电流特点：一是它随温度上升而增长很快，另一个是只要外加的反向电压在一定范围之内，反向电流基本上不随其电压变化。这是因为少数载流子为数有限，在一定的温度下和每个单位时间里，仅能提供一定的数量。只有外加电压所产生的电场足够把它们都吸引过来形成电流之后，则电压再高也不能使载流子数目增加。

反向电流是一个重要参数。反向电流大，说明 PN 结单向导电性能差。

(3) 反向击穿电压。

当反方向电压不断增加时，起初反向电流变化不大，当逐渐达到一定值时，反向电流突然增大，甚至出现反向击穿现象。其原因是外加强电场强制地把外层电子拉出，使载流子数目急剧上升，这个电压称做反向击穿电压。由于温度变化对半导体中的载流子数目影响比较大，所以上述几个参数也随温度变化，具体情况可以参考相关资料。

4　光伏发电优势

4.1　光伏发电类别

当今光伏发电主要分两大类（图 6-18）：独立发电系统和并网发电系统，其方案的选用，是根据用户规模、功能、操作和组件配置的连接、负载等要求。光伏发出电可供应直流负载和交流负载，同时可以连接其他能源和能源储存系统并网。即在光照下，太阳电池方阵产生电流，储存在蓄电池中；通过控制器、逆变器来满足用户用电的需要；白天发出的电通过逆变卖给公共电网，需要电时再从公共电网买电使用。

4.1.1　光伏发电系统

1. 独立光伏系统是比较原始的一种太阳能发电方式

在国内外已有若干年。系统比较简单、造价低廉。只因其电池维护困难，而限制了使用范围。常规独立系统，需配合逆变器和蓄电池；通常设计时，考虑直（交）流电力负载的大小，光伏发电可能采用的是太阳电池组件、风力发电机（并网发电）作为辅能源，而成为光伏混合发电系统；把直接连接的系统称为简易系统，因为无电能储存设备（蓄电池），所以只能在白天有太阳的情况下使用。这种设计适合普通电器设备，如电风扇、抽水机和小型太阳能循环供热系统。为了匹配负载设备的最大输出功率，保证其正常工作。至于如何选择设置光伏组件，就是一件非常严谨的事。比如，对于一些特定负载，就要配置直流转换的大功率点追踪器可更好的利用电池方阵的大功率输出。

2. 并网光伏系统是遇到的用电负载较大

太阳能电力不足时就向市电网购电，负载较小（停掉一些电器）时，可将多余的电力卖给市电。这种方式的实施意义重大，适用于电网已全面改造城市的一般型。

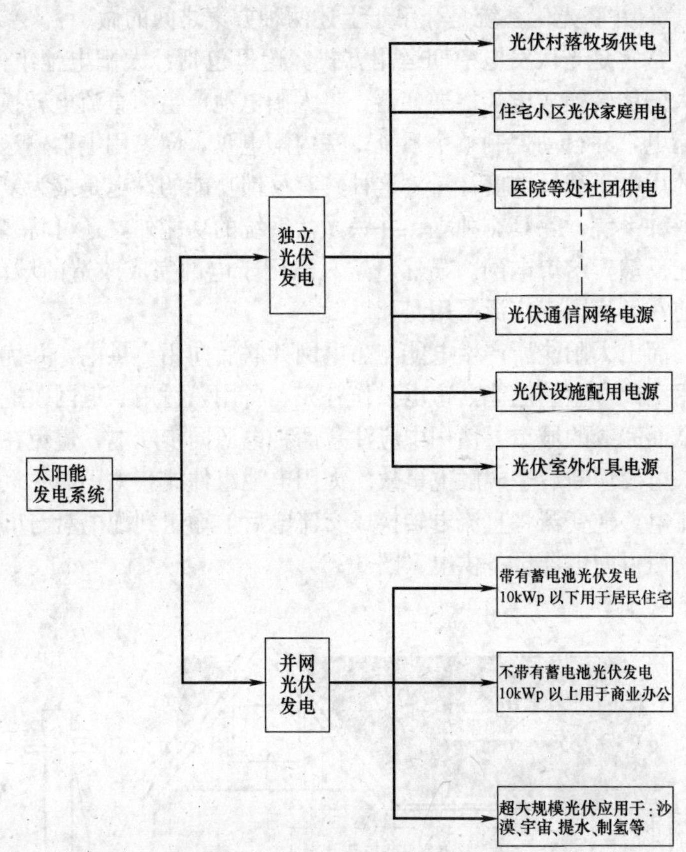

图 6-18 太阳能光伏发电系统类别

其主要部件是逆变器或电源调节器（PCU），它把光伏发电系统产生的直流电转换为符合电网的标准交流电。当电网停止供电时，则 PCU 会自动切断电源。在光伏系统交流输出和电网之间的接口，通常设在站点分配盘和服务处；当光伏系统输出超过实际所需电量时，可以反馈至电网。如在夜间电力负载远远超过光伏系统输出时，可以通过电网来补充。同时也保证在电网停止操作（维修）时，光伏发电系统不会馈电到电网上，这是保证安全所必需的。

3. 并联光伏系统是介乎于上述两种方案之间的做法

常常是光伏发电中期运用方式。这里包括：太阳电池组件，将太阳能转换成电能；逆变器，将太阳电池产生的直流电转换成交流电，并自动控制整个系统；室内配电盘，向家用电器输送适当的用电负载及电度计量。这种具有反馈功能的发电是最为复杂的一种系统，除具有独立、并联光伏系统的功能外，还可将多余电能反馈卖给市电网。显然，这只适用于电网完成改造的城市，目前在发达国家广泛采用。

而由太阳能所产生电能与市电网并联后向用户供电，并优先使用太阳产生的电能，市电只作补充、备用，适用于电网改造尚未全面完成的城市。使用中应注意两种电源同步断电，避免在某单一电源切断后造成触电事故。太阳电池组件捕获太阳能并生成直流电，逆变器将直流电转换成交流电后，输送到配电盘与市电并联后再向电器设备供电（图 6-19）。

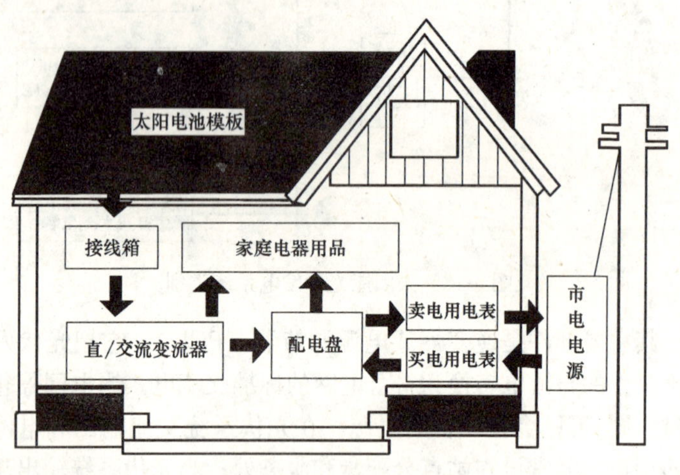

图 6-19　并联光伏系统

4.1.2　独立光伏系统

1. 系统构成

独立光伏系统系指与其他电力系统无任何关系的闭合系统。

它通常用做便携式设备的电源，向远离现有电网的地区或设备供电。系统主要由太阳电池方阵、控制器、蓄电池组、逆变器、直流负载和交流负载等组成。

在太阳照射下，太阳电池方阵吸收太阳光，并将其转化成电能，产生电流后，在防反充二极管的作用下为蓄电池组充电。即经过控制器调整，储存在蓄电池中。通过控制器（作用是保护蓄电池）、逆变器来满足用户需要。为解决偏远地区用电，采用独立系统十分方便，给当地居民带来电源，广泛地应用于照明等设备中。直（交）流负载通过开关与控制器连接，防止出现过充（放）电。其他器件、设备功能如前所述。

2. 负载特性

（1）一般负载是以某个范围内负荷作为对象的供电，通常是电器产生在50Hz频率下运行。如直流设备可以省掉逆变器。经常遇到的情况是有交、直流共存。所以一般都配有蓄电池储能装置，以便把太阳电池白天发电储存在蓄电池里，供夜间（阴雨天）时使用。

若仅为农业机械供电，不设蓄电池亦可。一般负载还可分为就地、分散两种系统：前者作为偏远地区家庭（某些设备）的电源，常为现场就地发电和用电；后者则需要设置小规模配电线路，以待对光伏电站周围负载供电。该系统构成，可以设置一个集中的光电场，如果建造有困难，也可沿配电线路分散设立多个单元。

（2）用负载按照带专用负荷的光伏发电系统是按其负载的要求构成和设计。因此，输出功率为直流，或者为任意频率的交流，是较为适用的。该系统使用变频调速运行，电机带负载的情况下，由变频启动可以抑制冲击电流，同时可使变频器小型化。

3. 系统设计

各种独立光伏系统的总体设计，视其用途、功率、使用环境和条件不同而异。显然，每一种独立系统都要有针对性地单独设计，其总体设计包括容量、电气、机械结构、热力设计和漏电防雷安全等。独立光伏系统分类见图 6-20。

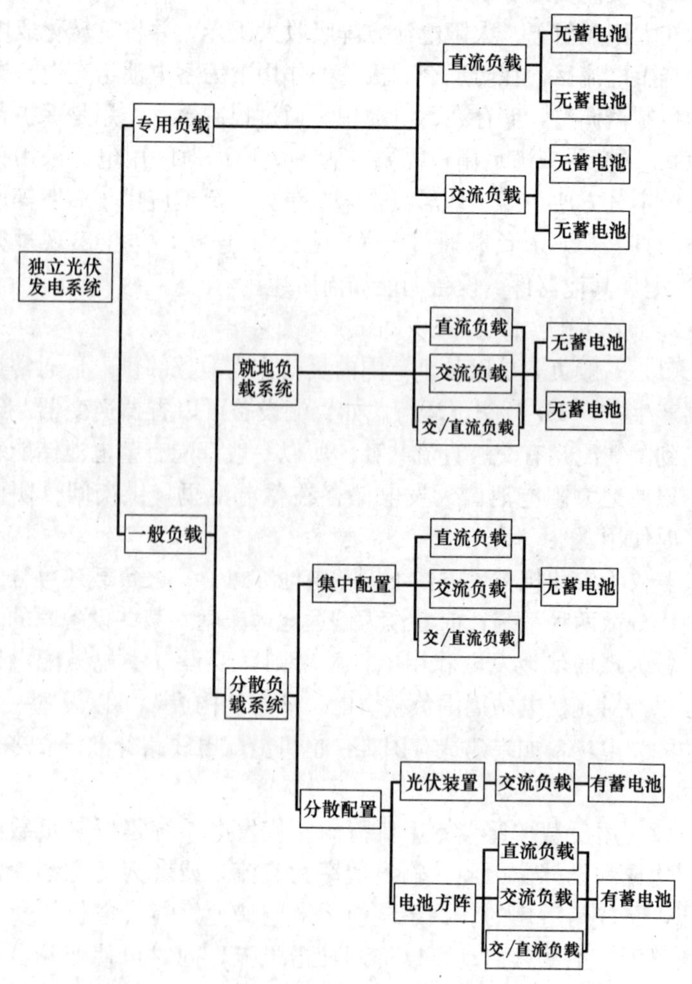

图 6-20 独立光伏系统

（1）原始资料指收集到的当地原有的技术资料（表 6-17）作为设计的依据。

初始资料技术参数　　表 6-17

序号	内　容	备　注
1	使用环境的经度、纬度	海拔高度
2	平均温度极限，高、低温度	
3	平均风速持续时间、发生季节	
4	地震、洪灾、旱灾地质情况	冬季下雪，一年下雨时间及平均雨量、累计阴天时间
5	太阳平均辐射能、日照小时数、日照百分率等	
6	太阳辐射总量	为直接、散射辐射量等

（2）容量设计目标是优化太阳电池方阵和蓄电池组容量的相互关系，在保证独立光伏系统可靠性的前提下，达到高效率、低成本。所以首先要求对当地的太阳辐照资源、地理和气象数据有详尽的了解。一般要求掌握初步设计资料。依据各部件的数理模型，采用计算机仿真，核算出太阳电池方阵每小时发电量、蓄电池组充电量和负载工作情况，并预测在供电可靠性方面所需太阳电池方阵及蓄电池组的容量。通过数值分析法，解析太阳电池方阵容量及蓄电池组之间的关系。然后在特定的供电方式、成本较低原则下，确定两者各自容量。

4.1.3 并网光伏系统

将来的主流发展趋势是并网发电。太阳电池所发的电是直流，必须通过逆变装置转换成交流，再与电网的交流电合起来使用。并网发电目标见图 6-21*a*。

并网光伏系统可分为住宅用并网光伏系统和集中式并网光伏系统两大类。前者的特点是光伏系统发的电直接被分配到住宅内的用电负载上，多余（不足）的电力通过连接电网来调节；后者特点是光伏系统发的电直接被输送入电网，由电网把电力统一分配到各个用电单位。目前，住宅用并网光伏系统在国外已得到大力推广，而集中式并网光伏系统由于成本较高，应用尚不多。下面介绍住宅用并网光伏系统。

1. 屋顶幕墙光伏系统

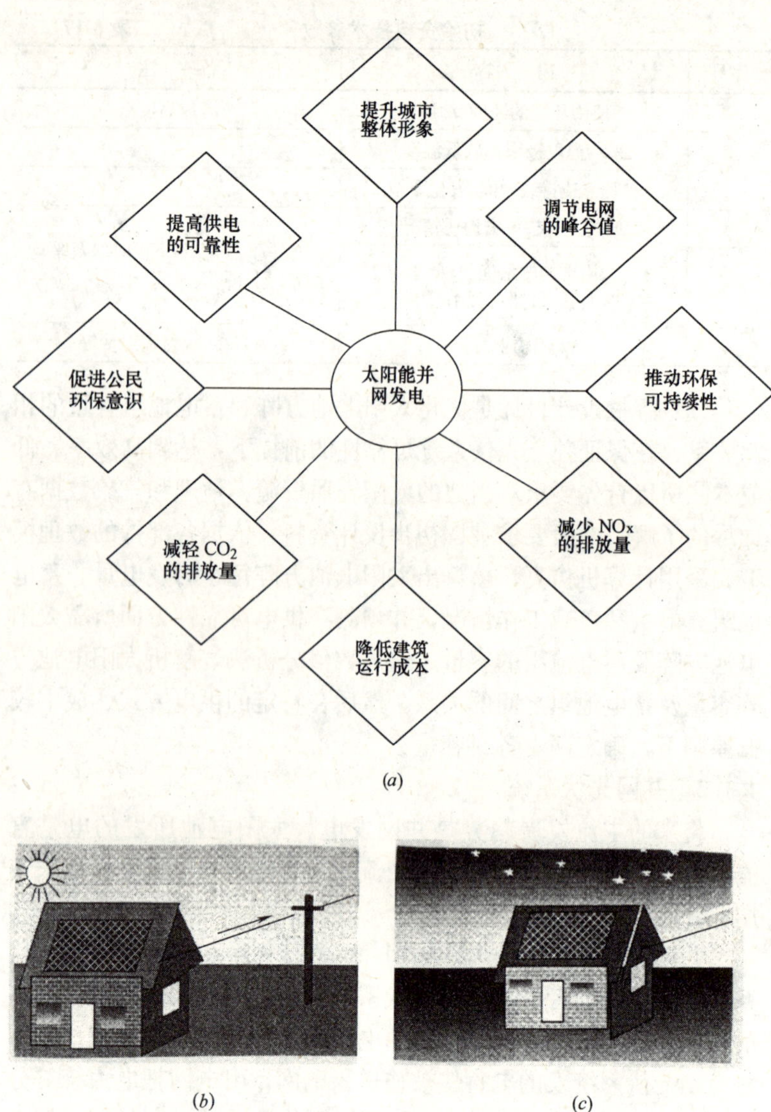

图 6-21 太阳能并网光伏系统

(*a*) 发电目标；(*b*) 白天向公共电网卖电；(*c*) 晚上从公共电网买电

该并网系统适用于独立节能别墅、公寓等，白天产生电能卖给公用电网，晚上从公用电网买电。此处是通过享受卖电与买电的差价，享用更加合理的成本优势，见图 6-21*b*、*c*。“健康住宅”是近年来中国楼市的关键词之一。太阳能高科技成为住宅由“健康”升级为“绿色”，是开启绿色家园的金钥匙。真正的健康住宅应该是环保的、节能的、太阳能的或者光热发电的。光伏建筑一体化是达到这种境界的最佳途径，建造真正的绿色住宅已经在世界范围内得以成功实现。

2. 光伏系统特点

这是所发电能直接分配到住宅用户的用电负载上，多余、不足的电力通过连接电网来调节。住宅系统分为有逆流和无逆流两种形式。

（1）有逆流系统是在光伏产生剩余电量时，将该电能送入电网，由于是与电网的供电方式相反，所以称为逆流；当光伏系统电力不够时，则由电网供电。该系统是为光伏发电能力大于负载或发电时间、同负荷用电时间不匹配而设计的。由于输出电量受天气和季节制约，而用电又有时间的区分，为保证电力平衡，一般均设计成有逆流系统。

（2）无逆流系统是指光伏发电量始终小于（等于）负荷用电量，电量不够时由电网提供，即光伏系统与电网形式并联向负载供电。该系统即使光伏系统由于某种特殊原因产生剩余电能，也只能通过某种手段加以处理或放弃。由于不会出现光伏系统向电网输电，所以成为无逆流系统。

（3）家庭系统装机容量较小，往往只有 1～5kW_P。为自家供电、管理和独立设计电量。

（4）小区系统装机容量较大，一般为 50～300kW_P。多为一个小区（一栋建筑物）供电，统一管理，集中分表计量电量。

至于光伏系统是否配置蓄电池，又有可调度型和不可调度型之分。配置少量电池的系统，称为可调度型系统；不配置蓄电池的系统，称为不可调度型系统。可调度型系统主动性较强，当出现电网限电、掉闸和停电等情况时，仍可正常供电。

住宅并网光伏系统通常是白天发电量大、而负载耗电小，晚上调度不发电、而负载耗电大。将光伏系统与电网并联，即可将其白天所发多余电力储存到电网中，待用电时随时取用，省掉了储能蓄电池。其原理是：一类是太阳电池方阵在阳光辐照下发出直流电，经逆变器转换为交流电，供电器使用；二类是系统同时又与电网并联，白天将方阵发出的多余电能，经并网逆变器变为符合所接电网电能质量要求的交流电馈入电网。晚上（阴雨天）发电量不足时，由电网向用户供电。住宅用并网系统所带负载的电压，在我国一般为单相 220V 和三相 380V，所接入的为低压商用电网。

3. 光伏系统构造。见图 6-22。

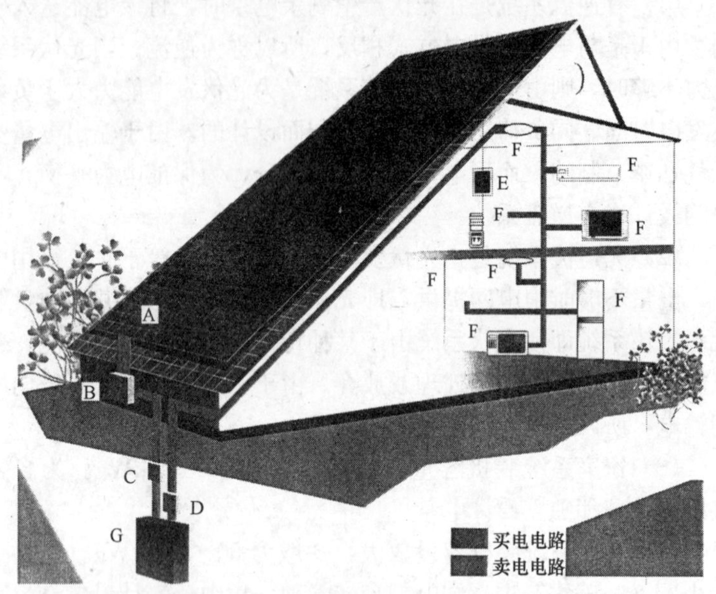

图 6-22　光伏并网发电位置示意

图中 A 为太阳电池方阵将太阳能转化成直流电；B 为逆变器将 A 送来的直流电转化为交流电；C 为卖电电表，白天将太阳电池生产的电能计量后卖给公用电网；D为买电电表，晚上从公用电网计量买电用；E为显示器，将太阳电池发电显示；F为耗电器材G为地下电缆接入端。

4.2 光伏发电回顾

（1）回顾利用过程。

从20世纪70～90年，各国科学家的刻苦钻研，使光伏技术从实验室研究，发展成为实用性很强的阶段，详见表6-18。

太阳能历来利用过程 **表6-18**

年代/a	太阳能	主要做法	
公元前11世纪	阳燧取火	西周时中国祖先就用金属凹面镜会聚阳光点燃艾绒取得火种，即"阳燧取火"技术	这是人类太阳能应用的最早记载
1615	抽水机	利用太阳能加热空气，使其膨胀做功的抽水机问世	首次实现了把太阳能转换为机械能
1774	透镜	法国巴黎进行了用两块透镜聚集阳光使金属融化的表演	
1878	印刷机	巴黎世界博览会上展出了轰动世界的太阳能印刷机	
1883	发动机	建成一台手动跟踪太阳，采集阳光的太阳能发电机	
1854～1874	蒸汽发动机	世界上第一台太阳能蒸汽发电机问世	
1872	蒸馏器	智利建成面积4682m^2太阳能蒸馏装置	
1911	抽水机	美国宾夕法尼亚州建造一套规模巨大的抽水装置，其抽水能力达11.4万L/min，提水高度为10m	1913年，埃及开罗南部建造一个太阳能动力灌溉系统
1950	电站	前苏联设计完成一个塔式太阳能发电站	
1952	太阳炉	法国国家科学研究中心在比利牛斯山东部建造一座太阳炉	达到50kW
1954	硅太阳电池	美国贝尔实验室研制成实用硅太阳电池	极大地促进了太阳能光伏利用

续表

年代/a	太阳能	主要做法	
20世纪60年代末	卫星	在地球同步轨道上，以桁架结构建造面积100m^{2}的平台，在上面铺满太阳电池板，利用微波向地面输送电力	美国科学家提出了太阳能卫星，曾引起广泛的关注和争议
1965～1968	试验装置	意大利先后建成塔式太阳能试验装置	共3套
20世纪70年代末	新型产品	太阳能温室、太阳灶、太阳热水器和太阳干燥器，这类技术在农村得到应用推广，为缓解农村能源短缺，改善农村生态环境和农民生活起到了积极作用	太阳能热利用技术的研究开发引起一些国家的重视，被称之为简单、价廉的低温热利用的适用成果
20世纪	真空管式太阳热水器	中国太阳能行业风起云涌，真空管式太阳热水器已和燃气、电热水器形成“三足鼎立”的局面	到2000年我国已有500多个具有一定规模的太阳能生产企业。太阳能市场正在以30%的速度递增

(2) 光伏优势突出。

随着太阳电池及其组件、方阵制造技术的进步，单晶硅电池片光电转换效率接近30%，已逐步显示出光伏发电的优势（表6-19）。光伏系统也从原来的低级向高级、从小型（独立光伏发电系统）向大型（并网光伏发电系统）方向发展（表6-20）。太阳能发电技术逐渐步入成熟。特别是在日、德、美等发达国家，光伏技术应用覆盖面广，光伏发电的目标已向高层次方向发展，大力推进光伏建筑一体化、光伏电站、光伏照明和光伏设施等方面拓展规模的宏伟计划。

(3) 应用场所分类。

太阳电池可以作为独立、便携式电源和光电探测器，也可以与公用电网并网发电。其容量可以小自若干微瓦、大到数百兆瓦。其应用是从天上到地面、从家庭到公共电力，只要有阳光均可应用。光伏发电应用分类及应用场所见表6-21、表6-22。

光伏发电优势独特 **表 6-19**

优势	能源	内容	备用
0 噪声 0 排放 0 污染	清洁纯净	与火力、水力、柴油机等发电方式比较,太阳能发电安全可靠,无噪声、排放、污染和能源消耗,对保护生态环境意义重大。光伏并网发电的应用,可大范围减轻 CO_2 等气体污染,带来巨大的社会效益和环境效益。预计到 2020 年,全球光伏发电装机容量将达到 195GW_p,其中并网光伏系统占到 50%	到 2010 年太阳电池累计用量将达到 400MW_P,若其中 2/3 并网,1/3 独立发电,可减少 CO_2 达 112 万 t,可谓光电转换真实地改善人们的生活
水不枯竭	可以再生	地球接收的太阳能功率平均为 1367W_P/m^2,表明太阳照射到地球上的能量为 500 万 t/s 煤当量。这些能量是世界人类消耗的 3.5 万倍	太阳内部的核聚变反应可以维持几十亿至几百亿年,相对于人类的有限生存其而言,太阳能是取之不尽、用之不竭
相得益彰	和谐互补	风能、太阳能都具有各自的优点,可以组成能量优势互补系统,从而获得比较稳定的电能输出	用一台 300W 风机、200W 太阳电池、3 台 12V/150Ah 蓄电池,和一台风光互补控制逆变器,组成风光互补发电的水系统,可满足一个牧民生活用电和用水的需要
随处可得	遍布全球	太阳能是地球上分布最均衡的能源,其传输距离短,可以省去大量的运输费用。且发电不受地球限制	建设周期短、无机械传动部件、故障率低、维护简便、规模随意,既可独立运行又可并网发电
聚光蓄电	灵活多样	白天太阳电池产生电能进行存储,夜晚再从蓄电池中取电。光伏建筑一体化技术让太阳能向住户供电的方式非常灵活,人们可将外墙做成光伏幕墙,将窗台做成光伏窗沿,将屋顶做成太阳能瓦等	如将太阳电池设计成美观大方的装饰材料,并与建筑完美结合。白天,光伏建筑发电送上公共电网,晚上从电网中吸取电能源供室内应用,便可全面解决人们用电、用水、制冷和供热等需要

注:2020 年预测光伏发电对 CO_2 的减排量达到 16400 万 t=4400 万辆汽车排放量=75 座大型火力发电厂排放量。

太阳能并网光伏发电系统的优越性　　表 6-20

优越性	缘　由	备　注
替代化石能源	太阳能光伏发电进入大规模商业化应用的必由之路，就是将系统接入常规电网，实行并网发电。该方式不耗用化石能源、无温室气体和污染物排放与生态环境十分和谐	完全符合经济社会可持续发展战略方针
电能馈入电网	以电网为储能装置，省掉蓄电池，比独立光伏系统的建设投资减少35%	取消蓄电池，可以减少系统平均故障率和电池的二次污染
起到双重作用	光伏电池组件与建筑物有机结合，既可发电又能作为建筑装饰材料，使资源充分利用发挥多功能	不但有利于降低建设费用，还可提升建筑物的科技含量，增加"卖点"
利于分布建设	就近、就地分散发供电，进入和退出电网灵活，不仅利于增强电力系统抵御战争和灾害的能力，还利于改善电力系统的负荷平衡	并可降低相当一段距离的线路损耗
调峰作用显著	并网系统是国际上各发达国家在光伏应用领域竞相发展的热点和重点，是全球光电转换产业的主流发展趋势，使用中其削峰填谷作用明显，该市场前景广阔	太阳能并网与常规电网相联，共同承担供电任务

光伏发电应用分类　　表 6-21

发电形式	主要应用	备　注
并网系统	集中式并网光伏电站 分布式并网光伏发电系统	屋顶式为3～5kW_p
独立系统	5～500kW_p的独立光伏电站、风光互补电站、10～1000kW_p风—光—油混合电站、30～3000kW_p家用光伏电源系统太阳能空间电站	还有光伏水泵、船艇、汽车、充电器和军用光伏电源
微功率系统	光伏收音机、钟表、计算器、玩具、教具	
光电探测器	光伏照相机、医疗仪器、可见光、近红外光光伏探测器	包括各种光伏开关、照度计等

光伏发电应用场所 表 6-22

时间/a	名称	主要应用	备注
1971	中国 太阳能卫星	1958 年着手太阳电池的研究工作，并于 1971 年首次将自制太阳电池用于人造卫星上	指东方红号这颗人造卫星至今仍在太空中正常运行
1987	日本 太阳能路灯	研制成功太阳能路灯，它以太阳电池供电，不用架设线路	阴雨天亦能正常照明 10d 之久
1981	美国 太阳能飞机	太阳电池作动力的飞机 4.5h，高度 4km，速度 60km/h。机尾翼装设 1.6 万个太阳电池。输出功率 2.67kW，	指“太阳能挑战者号”太阳电池十分昂贵，其光电转换率 12%～16%
1987	美国 太阳能汽车	21 辆太阳能赛车澳大利亚参加角逐，3000km 美国用 49:30 分跑完，平均时速为 64km	指圣雷隆号，比赛第一名不用任何燃料，完全靠太阳能电池提供动力
1991	德国 太阳能船	8 月沙夫林教授设计制造太阳能船掠过水面。船长 7.5m，可搭乘 6 人	指光环号在阳光照射下，时速可达到 12km 持续不断航行
1993	日本 太阳能汽车	年底来自 14 个国家的 52 辆“甲壳虫”号汽车，表面铺满 $8m^2$ 太阳电池，光电转换效率达 21%，功率为 1.5kW	指“甲壳虫”比赛得第一名，全部行程 3004km 共用去 36h，最高时速达 100km
1993	美国 太阳能停车场	11月加利福尼亚州宝石南海岸开辟“太阳能停车场”向公众开放。$200m^2$ 的太阳电池安装在停车场顶部，5 个停车区都备有插头	可将太阳能发出的电充进电动车电瓶里，多余电力反馈到电网中
1994	澳大利亚 太阳能汽车	11 月一辆太阳能汽车，完成了从澳大利亚西部珀斯到东部悉尼的 4000km 行程，创造了 8 天横跨澳洲大陆新纪录	指极光号 1986 年的澳大利亚“世界太阳能汽车挑战赛”平均速度>90km/h
1995	美国 太阳能火箭	10 月航天局和航空公司合作，研制太阳能火箭可代替第二级化学火箭。箭上装有反射镜把阳光聚焦在太阳电池上，推动火箭上升	指“太阳能上段火箭”比同功率的化学火箭小得多，降低 1.5 亿 $

续表

时间/a	名称	主要应用	备注
2003	瑞士防噪板	长830m、高1.3m防噪墙上铺设太阳电池，公路、铁路沿线设置太阳能发电设施	隔声良好每年发电14.5万kWh
2004	中国太阳能照明	深圳国际花卉博览会装备太阳能光伏并网发电系统。装机容量1MW$_p$，投资约750万$	效率很高，每年可以减排$CO_2$170t

太阳电池在汽车上也得到了应用。台湾省研制的太阳能电力自行车已批量生产并投放市场。该车经5h充电后可连续行驶60km距离，平均达到30～50km，待电力耗尽可脚踏前行；德国基尔技术学院开发一种太阳能自行车亦可借鉴，车上配有太阳电池和一台直流电机，一旦阳光普照，时速可达到45km。且车把和车架上装有太阳光收集器，为电机提供动力，从而使时速高达60km。以上车型均使用蓄电池储存能量，即使太阳躲进云层，仍能照常行驶。

第 7 章　太阳能光伏发电实用技术

我国太阳能资源的数量、分布的普遍性、供应的清洁性、技术的可靠性都优越于风能、水能和生物质能等可再生能源。目前大量能源消耗难以面对，专家估计，再过 50 年，全世界可再生能源比例将＞50％的总一次能源，其中太阳能可占到 13％～15％十分可观。所以加大光伏发电力度刻不容缓。

1　光伏发电利用范畴

1.1　充分利用太阳光

目前国内外许多建筑光学工作者指出，首先应掌握太阳能日照量三要素：季节，夏季日照量最高，冬季最低。天气，正午日照量最高，晴、阴雨天则相应降低。方位，以正南向效率为 100％，则东西向为 82％，北向为 50％的输出量。但在实际应用中，太阳电池方阵输出降低的原因很多，如日照量的多少，太阳电池镜面污垢产生的限度，温度上升及转换器损失等。加上太阳能控制器损失的 5％，总发电容量为设置容量的 85％～95％；其次是发电量估算：太阳电池容量＝太阳电池最大输出×设置数量见图 7-1 所示。如以最大输出功率 50W 太阳电池为例，设置 20 片时，则其输出容量＝50W×20＝1kW_p，表 7-1 示某市 7 月底的光伏发电量；再就是，多种利用太阳能直接、间接应用法，见表 7-2。

1.2　太阳能应用范畴

从收集到的有关资料（表 7-2）来看，历年的成果涵盖许多

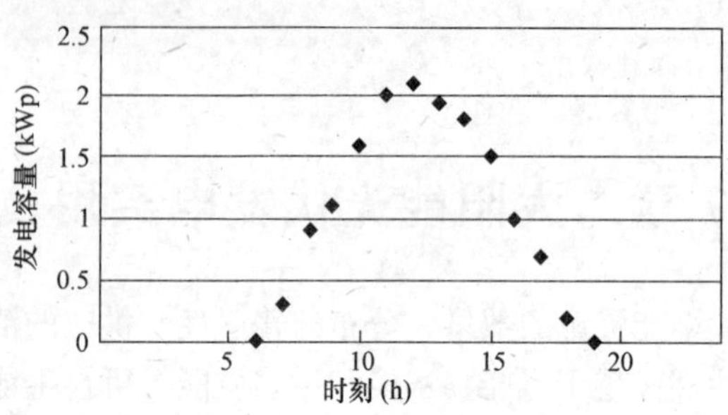

图7-1 7月29日太阳能光伏发电曲线

夏季南向日发电量 **表7-1**

时间/h	0～6	7	8	9	10	11	12	13	14	15	16	17	18	19～20	0～24
发电量/kWh	0	0.3	0.9	1	1.6	2	2.1	1.9	1.8	1.5	1	0.7	0.2	0	15.1

应用太阳能方法 **表7-2**

序号	应用	方案选择	具体做法	备注
1	直接	一次反射法	用平面反光镜，将太阳光一次反射到室内人工场所	对提高侧窗采光的均匀度具有较明显的效果
		导光管法	导光管将收集的光线传送到需要照明的地方如无窗厂房和地下室天然采光	美国、加拿大成功地解决了一些办公、宾馆的采光问题
		棱镜多次反射法	一组反光棱镜将太阳光传送到所需部位。美国贝克利实验室一座10层楼得到照明	英国用于地下和无窗建筑的采光。澳大利亚则把光送到10m进深的房间
		光导纤维法	采用高透光率的光导纤维，将采集的光送往病房	日本、英国通过一组定日镜和光导纤维把阳光引入室内候机楼
		卫星反射法	高空镜将太阳光反射到光线需要的地区。美国计划用一卫星反射镜作为整个纽约地区的夜景照明	实现此计划尚应解决经费、环境影响及卫星轨道等问题

续表

序号	应用	方案选择	具体做法	备注
2	间接	光、热、电、光转换法	太阳光产生的热量发电供照明使用，即利用集光器收集的光转化为热能产生蒸汽	再用蒸汽驱动汽轮机发电供负荷
		光电效应法	光电板将阳光直接变成电能供电气设备使用，硅太阳电池的转换能效可达13%～20%	太阳电池已在航标灯、步道灯、庭院灯和路灯，交通标志灯、指示灯的应用
		阳光高空发电法	将太阳能光电板安装在卫星上，使之变为电能，尔后用微波方式送到地球接收天线上	地面接收站再把微波转换为电能，供照明等方面使用

方面。近年来涉及的领域又有了发展，见图 7-2。下边分别介绍太阳能光伏建筑一体化、光伏电站、光伏照明和光伏设施等方面的设计及应用。

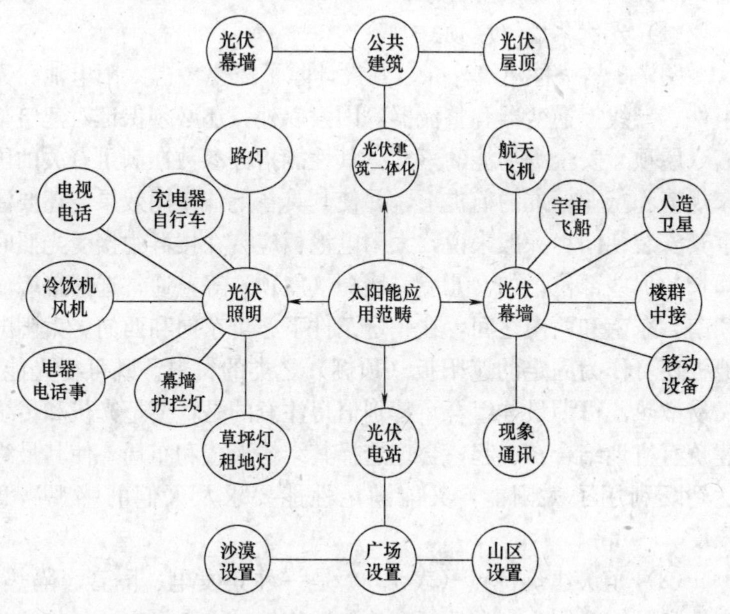

图 7-2 太阳能主要应用范畴

2　光伏建筑一体化

2.1　基本概念

1. 定义

光伏幕墙（屋顶）是将传统幕墙（屋顶）与光电转换技术相结合的一种新型建筑。换句话说，主要是利用太阳能发电的一种新型、绿色的能源技术。光伏与建筑相结合的进一步目标，是将光伏器件与建筑材料集成化。通常建筑物墙面多采用马赛克、涂料等材质，为了美观，还以价格较高的玻璃幕墙达到保护和装饰的双重目的。若能将屋顶、向阳的外墙、窗户都由光伏器件取代，则既能作为建材使用又能发电，可谓一举两得。当然，对太阳电池组件来讲，还需具有绝热保温、电气绝缘、防水防潮、强度、刚度和不易破裂等性能。

(1) 光伏幕墙（屋顶）。

图7-3是一种建筑外壳，其设计除了需要考虑太阳电池、光组件、导线、逆变器和整流器等因素以外，还必须保证对建筑幕墙（屋顶）安全等功能的落实。其性能指标参数在满足有关的国家规范和行业标准的前提下，并使其具备上佳使用效果，还要注重其安装朝向。一般来说，太阳电池板应装在楼群中接受光照时间长的那些部位，如女儿墙、墙楣（屋顶）等；通常选择幕墙面朝南、东南和西南之间，在一定条件下亦可东向和西向。太阳电池板还可作为固定的遮阳板（顶棚）之类的材料。既可得光能，又易散热，可谓最佳组合。特别值得注意的是，要把光伏和传统建筑有机地结合在一起，合理选择其结构形式和布局，使其最终达到既利用了太阳能，又能满足性能要求及人们的感观满意限度。

(2) 光伏建筑特点（表7-3）是一种集发电、隔音、隔热、安全和装饰功能为一身的新型功能性建筑，它不但突破了传统建

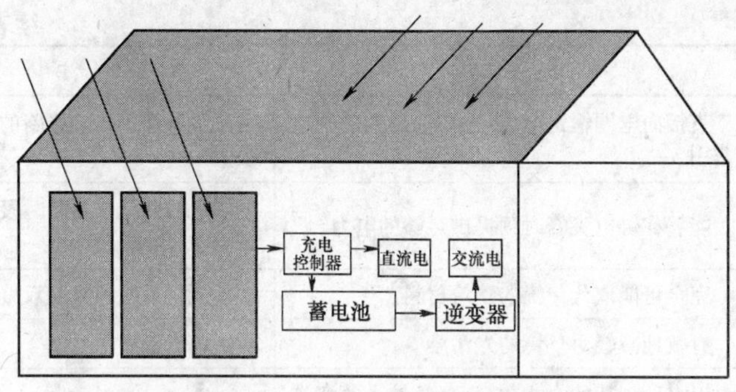

图 7-3 光伏幕墙（屋顶）建筑

筑以消极的办法减少能量损失，而是积极利用光伏技术，把以往被当作有害因素被屏蔽掉的太阳光，转化为被人们利用的电能，而且还是一种洁净能源。还充分考虑了太阳电池板的电能转化工艺、结构和安装的电气绝缘性，将幕墙和光伏技术有机地结合。如将接线端子排装在幕墙横、竖缝的不可见内腔，便于拆卸维护，电路布线的稳固、快捷。即使遇到雨雪等恶劣天气，也不至于出现漏电、短路等问题，让指标达到国家规范标准。

光伏建筑一体化特点 **表 7-3**

序号	优势	备注
1	太阳电池组件是一种固态装置，能将太阳光直接转换成电能	无须转动零件、燃料，不会产生污染
2	已经证实太阳电池组件的预期寿命长	可达 30 年
3	太阳能光伏系统已被成功地应用于成千上万栋建筑上	含小型、中型、大型等案例
4	太阳电池组件呈模块化，是一种分散式的电力生产装置	不是大型集中式的发电厂
5	偏远地区的太阳电池是一种符合改善成本的现实选择	传统的供电系统输配电线路价格昂贵
6	建筑屋顶（幕墙）可以为光伏系统提供大量面积，尤其在人口密集地	指不要占用额外昂贵的土地
7	安装在建筑物上的太阳电池方阵，省去各类支撑构件	无需多余的基础设施

续表

序号	优　势	备　注
8	直接向电网输送电力,省去一系列输配电费用	减少各级别传输线路的电压损失
9	能够在供电尖峰时刻提供足够的电力	以适时降低该紧急时段的电量需求
10	完全可能取代传统的建筑材料	使光伏系统担负起双重角色
11	有效地减轻对环境的光污染	造福于人类
12	以多种创新的方式,渲染独具魅力的建筑外观	使建筑物更加完美、洁净
13	配备蓄电池后,太阳能光伏发电系统确保自身用电	还能够满足用电设施的不间断供电要求

注：利用太阳能，不仅可以满足建筑能源供应的需求，实现建筑物的零排放，而且可以使每栋建筑都成为小型分散的网络电力生产者。

2. 光伏与建筑相结合

从20世纪50年代太阳电池的空间应用，到今天的太阳能光伏集成，世界光伏产业已经走过了半个世纪的历程。随着太阳电池组件成本的不断下降，光伏市场发展迅速。特别值得一提的是，光伏建筑的并网发电，2002年并网发电占总光伏应用的51％，已成为最大的光伏市场。

(1) 结合形式。

光伏建筑幕墙（屋顶）的有机结合称为光伏建筑一体化（图7-4），它的明显优势见表7-4。在国外，又细分成建筑与屋顶集成（BIPV）和光伏在屋顶附着（BAPV）的两种设计。当光伏方阵安装在建筑物上时，对光伏系统生命周期等有非常大的影响，如其造价可占到总成本的10％～40％。以往，大多数光伏屋顶系统的安装都是千篇一律的传统模式。而现在，越来越多的工程技术人员都能根据屋顶形式、安装材料和选用组件的不同等进行特殊优化构想，有效地减少了材质、劳动力等成本。把特制的光伏组件作为传统建材的一部分，致使建筑具有很大的吸引力。

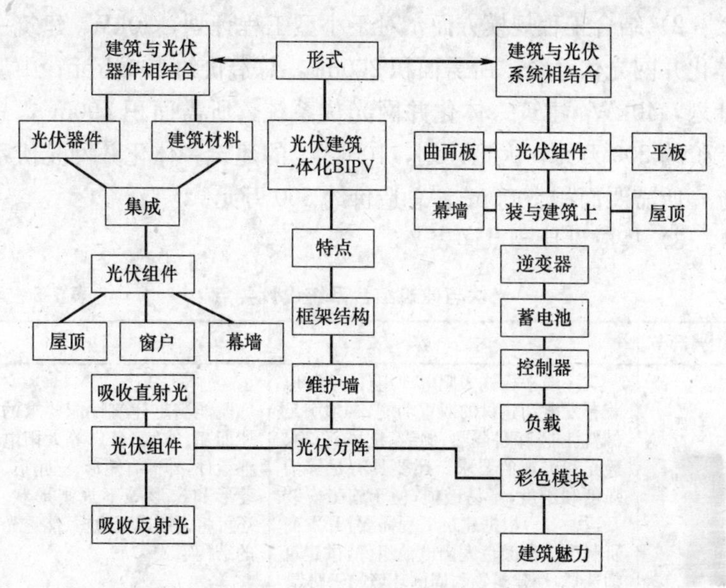

图 7-4 光伏建筑一体化形式

光伏建筑一体化优势一 **表 7-4**

项 目	优 越 性	备 注
节约用电	可有效地削减建筑用电	由于建筑能耗占到 50%
使用便利	并网系统最为方便的是不需蓄电池	只需架设输电线路
减少占地	发电过程不需额外辟地	节省大量人力、物力
选址灵活	太阳电池组件可以装在任何地方而被人们接受	风力发电则有避免噪声问题
人文品格	建筑最能体现房主的生活品位	兼有生活方式及素质

1）系统在设计、安装阶段和确定最佳方案策略时，需要考虑很多相关问题。分清 BIPV 与 BAPV 的区别：前者是将光伏方阵作为建筑材料结构的功能部分，包括用太阳电池组件取代传统的屋顶材料等；后者则是在完整的建筑物上增加光伏方阵，这种施工（制造）成本高（低）于前者。

2）结合工程规模方面，对于小型工程计划，20kW$_p$ 建筑一体化并网光伏系统。所需面积 200m^2，总造价约 100 万元；中型计划，40kW$_p$ 建筑一体化并网光伏系统，所需面积 400m^2，总造价约 200 万元；大型计划，100kW$_p$ 的建筑一体化并网光伏系统，所需要面积 1000m^2。总造价约 500 万元。

3）集成设计要点详表 7-5。

光伏与建筑结合系统设计要点　　表 7-5

主要环节	内　　容	备　　注
组件要求	与一般平板式太阳电池组件不同，应兼有发电和建材的双重功能，必须满足材料性能，组件隔热、绝缘、抗风、防雨、透光和美观的要求。还要具有足够的强度和刚度，不易破损，便于施工安装及运输等。根据建筑工程需要，开发商研制出多种颜色太阳电池组件，供建筑师选择，使建筑物与周围环境趋于协调	既能满足建筑性能要求的屋面瓦、外墙、窗户等太阳电池组件，外部有矩形、三角形、菱形和梯形等不规则形状。还可将之制成无边框、能透光的结构形式
容量确定	并网光伏系统不受蓄电池容量的限制，在确定太阳电池方阵容量时，不必像独立系统那样经过严格的优化设计，只要按负载的要求和投资适时计算	对于一般家庭使用，通常太阳电池方阵容量的范围为 1～5kW$_p$
方阵倾角	在独立光伏系统中，其方阵尽量朝向赤道倾斜安装，与水平面间的倾角要经过严格计算，使光伏发电达到最大和均衡；并网光伏系统中，只考虑其方阵输出的极大性	在实用中，方阵的朝向应服从于建筑物外观的需要，倾角 0°～90°为宜，尚需兼顾光伏和建筑的要求妥善解决
计量电表	家庭并网系统中，太阳电池方阵所发电仅供用户负载，多余部分输入电网；用户所消耗的电能，由方阵和电网同期提供。可用一块电表计量，只是电网供电时电表正转，方阵向电网馈电时电表反转	鉴于政府对开发新能源实行优惠政策，因此，光伏发电上网电价要远大于用户电价，经常以"买入电表"和"卖出电表"来分别计量
光伏器件	是并网光伏系统的关键设备。太阳电池方阵所发出的是低压直流电，必须经逆变器、控制器变换成交流电，方能并网连接。对于电能质量（电压、波动、频率、谐波和功率因素等参数）均有严格规定，以保证电网、设备和人员安全	应配备并网检测保护，对过（欠）压、过（欠）频率、电网失电（防"孤岛效应"）、恢复并网、直流隔离、防雷及接地、短路、断路器、功率方向等保护进行处理

（2）光伏屋顶。

太阳电池方阵与建筑采取适宜地结合，会收到很好的效果。包括光伏屋顶发电的电池组件、控制器、逆变器和蓄电池等部分的所在位置。下面以扬中设计建造的独立式光伏屋顶发电系统为例，展现光伏建筑一体化的成果及优势，见图 7-5、表 7-6。并讲述其屋顶发电系统的实现过程。

1）组装要根据屋顶的面积、倾角，选择适当组件型号和系统功率，同时确定其安装方式。经过实测，屋顶朝向正南，其倾角为 35°正好符合光伏系统的安装方向和倾角。根据屋顶实际尺寸，选择 160W_p 组件（1580mm×808mm×50mm）16 块，系统功率 160W_p×16＝2560kW_p，组件排列成 4 行×4 列，并与屋面保持 40mm 距离，以便于空气流通、降低夏季组件的温度，避免温度过高而影响组件功率。

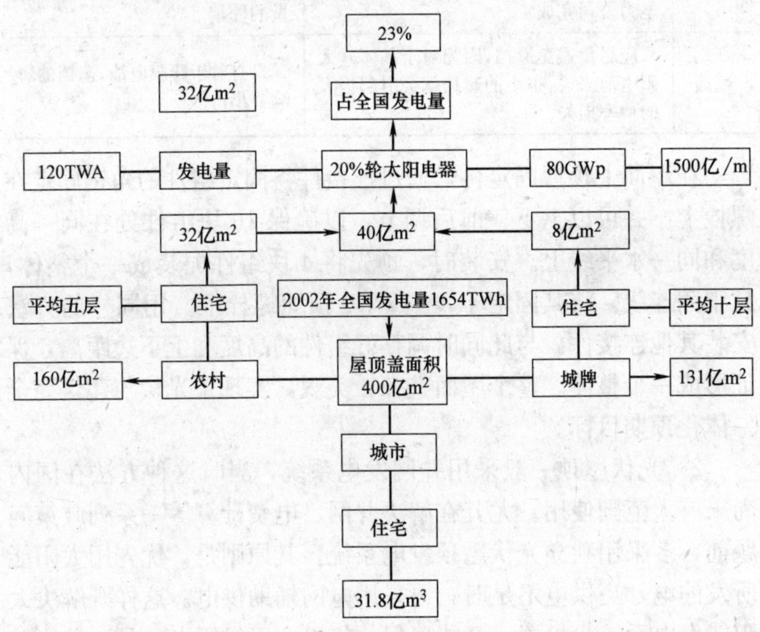

图 7-5 光伏屋顶一体化框图

光伏建筑一体化优势二　表 7-6

名称	内　容	备　注
质量	可建造具有很高水平的建筑	较传统建筑质感强烈
补偿	能量回收期比单独安装要短得多	因为部分建筑材料已被取代
外观	从设计之初就开始酝酿建筑特性	谨防建成后的贴附
电能	考虑影响发电量的种种因素（朝向、遮挡和太阳电池通风等），良好通风条件对于冷却太阳电池组件很重要	温度升高将减少发电量，组件温度取决于安装方式
成本	光伏建筑构件成本比太阳电池组件的价格高是暂时的	然而还有很大的降价空间
设计	还有很大的人才、技术空间，发挥潜力会做得更好	光伏与其他可再生能源结合的0能源、0排放建筑是今后的发展方向
专业化	大部分荷兰、德国的项目是由建筑师设计、光伏瓦由建材公司生产，安装由电力公司完成	做好光伏建筑一体化的专业化很重要，但应避免不顾及发电量的弊端
遮挡	应尽量避免遮挡，因为对于晶体硅太阳电池来说，很小的遮挡就会引起很大的功率损失	只有对于薄膜电池，遮挡的影响要小得多

在屋面上预埋固定件，通过连接件将固定组件的角钢固定在螺栓上。并可以上下、前后调节，以确保16块组件处在同一高度和同一水平线上。安装时，预先将4块组件配装成一个整体，且牢固连线，将其固定于4只M16预埋螺栓上。用同样的方法安装其他连接件。与此同时调整好组件的高度和上下边距离，保证形成一个整体。整个屋面整齐、美观，实现了光伏与建筑完全一体化预期目标。

2）光伏屋顶一般采用并网发电系统，当时这种方法在国内尚未有大范围使用。尤其在解决并网、电费计算等一系列政策问题前，多采用独立光伏屋顶发电系统。其原则是，优先用太阳能所发的电，当供电不足时，再采用电网辅助供电。这样既解决太阳能发电系统少投资，又能确保一年里全天候用电，是一种比较经济、实惠的方式。

扬中这套住宅太阳能供电系统的负载为家庭日常用电，除空调系统外的所有用电都用太阳能。按照当地辐照条件，该系统平均日发电 5kWh，完全满足家用电。光伏屋顶系统配置如下：蓄电池电压下降至 43.2V 时，系统进入过放保护，自动切换成电网供电；电池组件，经对蓄电池充电后，它的电压恢复到 48V 时，又自动从电网切换到太阳能供电。这样，不论阴雨天用电量的多寡，都可确保年度全天候供电。

(3) 光伏幕墙。

太阳电池方阵安装在建筑幕墙上，则组成光伏幕墙。一般情况下，其立柱和横梁都是采用断热铝型材，除了满足 JGJ 102 规范和 JG 3035 标准之外，刚度高一些为好，同时，电池方阵要能够便于更换。

(4) 材料选型。

建筑师在进行光伏幕墙的材料选型时，应持慎重态度，无论哪块墙面都应有针对性。同时是面对屋顶形式，构思架设还是贴附于建筑等方面，不仅要美观，还要考虑光电转换效率高，以上种种可参考表 7-7。

太阳电池选型针对性强　　表 7-7

太阳电池类型	适用性能					
	斜屋顶	平屋顶	墙面	窗户	遮阳	围栏
有金属框架的标准组件，表面玻璃、不透明背板	高适应	低适应	低适应	不适应	低适应	不适应
无金属框架的标准组件，表面玻璃、不透明背板	高适应	高适应	高适应	不适应	高适应	低适应
透明度占一定比例的双层玻璃组件	低适应	低适应	高适应	高适应	高适应	高适应
两面受光度的透明双层玻璃组件	低适应	低适应	低适应	不适应	不适应	高适应
玻璃表面，背面为占一定比例透明 TPT 薄膜	不适应	不适应	低适应	高适应	不适应	高适应
配合顾客需要，组件设计为不同形状	高适应	高适应	高适应	高适应	高适应	高适应

2.2　主要用途

2.2.1　光伏与建筑完美结合

1. 一般结构

可按照玻璃工程技术规范（JGJ 102），建筑玻璃应用技术规程（JGJ 113）等有关标准进行，这里简介其光电设计内容。光电幕墙（屋顶）所产生的电能，经转换成蓄电池组要求的充电电压和充电电流。向蓄电池充电时，其容量按用户要求的无阳光天气连续供电日数进行设计；输出电能变换器，蓄电池组中直流电能转换成负载要求的电压、电流及电能形式，向负载供电。有些国家由于光伏幕墙（屋顶）发出电量，经过逆变器后并入电网，可不设蓄电池组。所以备用蓄电池组，是在阴雨天（太阳光少）的情况下，也能保证一段时间连续供电。由于输入和输出电能逆变器互相独立，其设计比较简单，光能的波动对供电质量几乎没有影响。

2. 光伏建筑产能公式

$$P_s = HA\eta K \tag{7-1}$$

式中，P_s 为光伏建筑年生产电能，MJ/a；H 为光伏建筑所在地区年总辐射能，MJ/m^2 · a，可参照有关表查取；A 为光伏建筑面积，m^2；η 为光电池效率，建议单晶硅 $\eta=12\%$、多晶硅 $\eta=10\%$、非晶硅 $\eta=8\%$；K 为修正系数

$$K = K_1K_2K_3K_4K_5K_6 \tag{7-2}$$

各分项系数值如下：K_1 为太阳电池长期运行性能修正，为 0.8；K_2 为灰尘引起太阳电池板透明度的性能修正，为 0.9；K_3 为太阳电池升温导致功率下降修正，为 0.9；K_4 为导电损耗修正，为 0.95；K_5 为逆变器效率，为 0.85；K_6 为光伏模板朝向修正数值，可参考表 7-8 选取。

太阳电池板朝向与倾角的修正系数 K_6 **表 7-8**

光伏幕墙朝向	电池方阵与地平面的倾角/°			
	0	30	60	90
东/%	93	90	78	55
南—东/%	93	96	88	66
南/%	93	100	91	68
南—西/%	93	96	88	66
西/%	93	90	78	55

3. 面积计算

（1）室内用电负载的设备一台，日均耗电 640Wh；8W 荧光灯 6 只，平均照明 3h/d；标称功率 60W，彩电平均收看 2h/d；幕墙所在地，北京；具体选型，为单晶硅太阳电池板；光伏方阵与地平面的倾角为 90°；幕墙方向朝南。

（2）负载用量计算是根据室内负载用电要求，日均耗电量为

$$P_d = 610 + 8 \times 6 \times 3 + 60 \times 2 = 904\text{Wh}$$

以全年工作 280d 计，年耗电总量为

$$\begin{aligned} P_d &= 904 \times 280 \times 3600\text{W} \times \text{s/a} = 911 \times 10^6\text{W} \times \text{s/a} \\ &= 911 \times 10^6\text{J/a} \end{aligned}$$

（3）光伏幕墙全年产能与室内负载消耗的电能相等，则根据式（7-1）得

$$P_s = P_d = HA\eta K$$

$$K = P_d / HA\eta$$

查图知北京地区全年太阳能总辐射能约为

$$H = 5000\text{MJ/m}^2 \cdot \text{a} = 5000 \times 10^6\text{J/m}^2 \cdot \text{a}$$

单晶硅太阳电池板效率 $\eta = 12\%$，按式（7-2）依照参考数据

$$\begin{aligned} K &= K_1 K_2 K_3 K_4 K_5 K_6 \\ &= 0.8 \times 0.9 \times 0.9 \times 0.95 \times 0.85 \times 0.68 = 0.355 \end{aligned}$$

则

$$A = P_d / H\eta K = 911 \times 10^6\text{J/a} / 5000 \times 10^6 \times 0.12 \times 0.355\text{J/m}^2 \cdot \text{a}$$

$=4.3m^2$

选用太阳电池板8块，其规格为1003mm×760mm，则实际电池板面积为1.03m×0.76m×8≈6.3m²，满足设计要求。

（4）产品选型见表7-9所示内容。

光伏建筑一体化产品选择 **表7-9**

基本要求	做法	备注
安全运行	包括隔离室内外防雨、抗风、隔热、避噪声、遮阳和美观等功能，甚至还使其成为建筑材料替代原有建材，以及将其制造得更便于安装和维护。将一般太阳电池方阵安装在建筑物的屋顶（阳台）上	为了更好地与建筑相结合，除了对太阳能产品本身的发电功能要求外，还要考虑其他用处
制成建材	使太阳电池组件与建材融为一体，采用特殊的材料和工艺手段，将组件做成屋顶、外墙、窗户等，可以直接作为建筑材料使用，这样能够进一步降低发电成本。并根据建筑的要求对其零配件进行重新设计。接线盒安装在组件侧面而不是背面	如将太阳电池制作成无边框光伏板、光伏瓦卷材贴在屋顶替代常规的材料，既能发电又充当建筑材料
辅助设备	如制作专用的托架或导轨	方便太阳能产品的安装
色彩变幻	单晶硅太阳电池可用腐蚀绒面的办法将其表面变黑，装于屋顶（南立面）以获得庄重、基本不反光和无光污染的效果；多晶硅电池可在蒸镀减反射膜时加入微量元素，变成黄、粉、淡绿等多种颜色；非晶硅电池，其本色已同茶色玻璃，适合做玻璃幕墙和天窗	研发出不同颜色的太阳电池组件和集热器，使其能更好地与建筑的色系相协调。涂层也被设计为各种颜色以配合建筑外立面
晶莹剔透	将硅材料用双层玻璃封装后做成透光太阳电池组件，并通过调整电池片间的空隙来增加透光量。在硅电池上打上许多小孔，做成透光型电池。将非晶硅制作成茶色玻璃效果	通过各种方式增加太阳能产品的透光性，满足其作为天窗、遮阳板和幕墙的要求，其透光效果好、投影也十分均匀柔和
体形适宜	尽量使贴附的异形建材纵向横向排列，以满足建筑幕墙、屋顶的具体构造和形态	调整太阳能产品的尺寸和形状，满足一些特殊应用场合。柔性薄膜电池，也能够很好地满足建筑需求

(5) 安装与维护。

1) 基本条件包括安装地点，要选择光照比较好，周围无高大物体遮挡阳光的地方，当工程面积较大时，安装场地要适当宽阔一些，避免碰损太阳电池板；太阳电池板总应朝向赤道，在北半球其表面朝南，在南半球其表面朝北；充分地利用太阳能，并使太阳电池板全年接受太阳辐射量比较均匀，一般有个倾斜角度放置，即指电池方阵表面与地平面的夹角；光伏方阵安装时，当方阵倾角不同时，各个月份光伏板的表面接受到太阳辐射量差别很大。资料表明，方阵倾角可以等于当地的纬度，只是往往会使夏季电池方阵发电过量而造成浪费，而冬天则因光照不足而造成亏损。

有些资料认为，所取方阵倾角应使全年辐射量最弱的月份能得到最大太阳辐射量，但又往往会使夏季削弱过多而导致全年得到总辐射量偏小。所以在选择时，应综合考虑太阳辐射的连续性、均匀性和冬季极大性等因素。大体来讲，我国南方地区的方阵倾角可比当地纬度增加 5°～10°；太阳能幕墙（屋顶）布线要合理，防止因疏忽而渗水、受潮、漏电，进而腐蚀太阳电池，缩短其寿命。为了防止夏季温度较高影响光电转换效率，延长寿命，还应注意其散热；安装注意事项：最好用指南针确定方位，光伏板前不能有高大建筑物（树木）等遮蔽阳光；仔细检查地脚螺钉是否结实可靠，所有螺钉、接线柱等均应拧紧，不得松动；光伏幕墙（屋顶）都能有效防雷、防火等措施。必要时还要设置驱鸟装置；安装时不要同时接触太阳电池板的正负两极，以免短路烧坏（电击），有时可用不透明材料覆盖后再行接线；组装过程中要轻拿轻放，严禁碰撞、敲击，以免损坏其元器件。特别注意组件、二极管、蓄电池和控制器等电器极性不得接反。

2) 常规性检查含光伏幕墙（屋顶）每年至少进行两次，时间最好安排于春、秋季。首先仔细查明各组件的透明外壳及框架，判断有无松动和损坏。最好用软布、海绵和淡水对其表面进行擦拭以清洁除尘，早晚各一次为好，避免在白天较热时用冷水冲洗。除了定期维护外，还要经常察看除垢，遇到狂风、暴雨、冰雹和大雪等天气应及时采取有效防护措施，待合格后方可正常使用。

2.2.2　光伏建筑安装方式

（1）方案确定

应视所承接工程初步构想的建筑形式，再对照图7-6所列的一般光伏组件安装的做法，进行分析研究认定哪一种比较适合。与此同时还要考虑所选方案外观效果及其所归属朝向的光电转换效率（图7-7）。

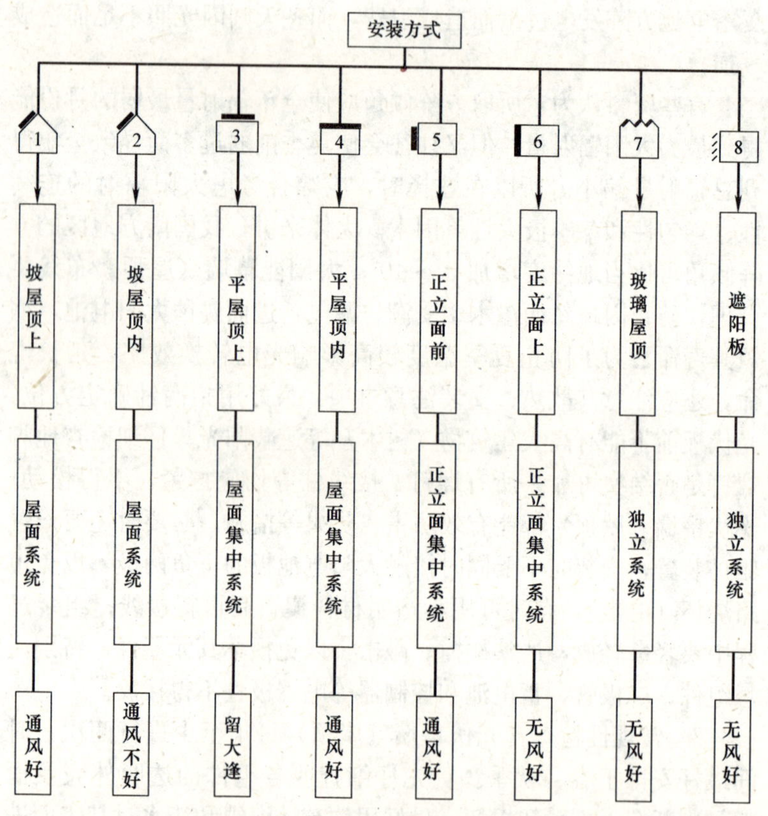

图7-6　光伏组件安装框图

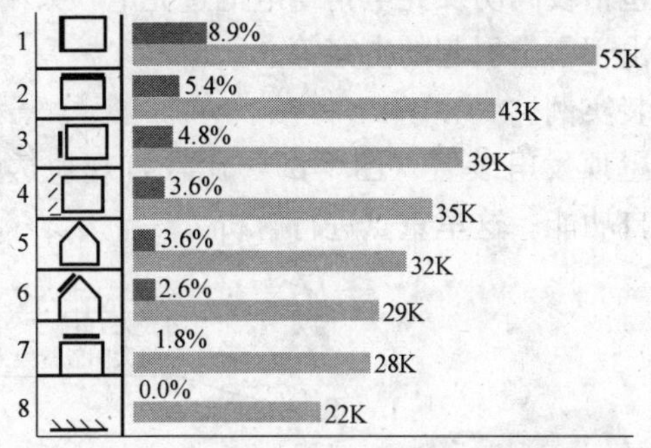

图 7-7 光伏组件安装位置及转换效率比较

1—遮阳天窗；2—平屋顶上；3—坡屋顶上；4—坡屋顶内；5—遮阳板；6—正立面前；7—平屋顶内；8—冷暖正立面

(2) 控制计量。

1) 控制柜。该系列电源智能控制器采用太阳电池方阵，对额定电压 220V 蓄电池进行充电的绿色能源装置。它为多个 CPU，根据蓄电池和方阵电压及系统的有关状态参数，采用 8、16 级充电切换方式，对蓄电池进行充电控制；并与高精度 A/D 模数转换器等构成一个微机数据采集和监测控制系统，成为光伏电源的最佳选择。其输入直流电压为 290～450VDC；输出电流为 600A，还可根据客户特殊要求设计双机备用的超大电流输出。

2) 主要特点是采用 8 路逐级切换方式进行充电控制，接通时间间隔 30～255s 可调，断开时间间隔为 1s。根据温度变化，自动调节蓄电池的最大过充、过放和恢复电压。当系统出现故障时，控制器可立即发出声光报警信号；高精度 10 位 A/D 转换器，对系统信息进行实时快速的采集，并存放于断电保护的存储器中，得到前 1.5～3.48d 的历史数据；所选图形液晶显示器，可知其当前工作状态及历史数据，并可通过控制面板按键设置控制参数等；提供 RS232 标准串行通信接口；半导体温度传感器检测蓄电池工作温度，合理补偿其充电电压和存储电荷量以延长其使用寿命；温度补偿系数，范围为 0～9‰。其切换方式准确；

保护功能，包括夜间防反充电，蓄电池过充电，太阳电池、蓄电池接反以及由于雷击引起的击穿等。

（3）组装实例。

该光伏屋顶发电装置（图7-8），比较直观地透视出它们所在处所和各自功能。这里重点进行解析。

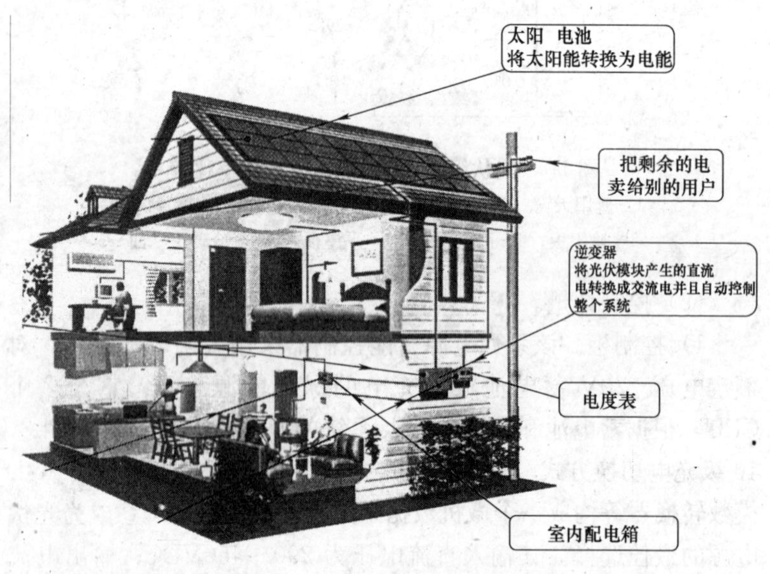

图7-8　并网光伏发电示意

1）北京首都博物馆新馆，共发出300kW$_p$的屋顶并网发电系统。

2）北京左安门路灯管理处，共发出电量为140kW$_p$的屋顶并网光伏发电系统。

2.3　光伏建筑一体化在建工程

2.3.1　深圳方大科技中心

（1）工程概况。

2002年由北京晶得公司与深圳方大集团合作，在该市南山区高新技术产业园内建成国内第一栋太阳能光伏发电大厦，总高97m、建筑面积3.05万m^2、20层。于电梯筒屋顶上铺设的太阳电池板，面积93.8m^2，发电峰值功率达到10.3kW_p。为顶部东南向、西南向的平面和系统。建设方根据光伏建筑组合的种种方式（表7-10），做出光伏屋顶一体化方案。工程启用几年来，效果良好，屋顶发电1.46万kWh/a，预计在25年的设计寿命期间，可发电362875kWh，节能效果十分显著，其测试数据待跟踪。

光伏建筑组合概念　　表7-10

序号	种　类	做　法	应　用
1	独立式	系统不与电网连接	偏远地段
2	屋顶加装式	系统支架固定在屋顶上	普通屋顶
3	屋顶一体化	系统为屋顶的一部分	一体化的全天候屋顶
4	幕墙加装式	系统固定在幕墙上	美化建筑外墙
5	幕墙一体化	系统即为幕墙体	一体化的全天候外墙

（2）简要分析。

从该项工程的构想、设计及运行过程得知，高层建筑屋顶、幕墙太阳能光伏发电应用要考虑下述几个方面问题：

1）全面经济效益指标要注意降低温室效应和能源再生的环境效益。

2）包括负载在内的全系统技术指标。

3）寻求在专门设施方面应用的功率匹配性和必要性。

而且以上三者是相互关联的。其要点在于要考察分析该建筑是否有一个独立的用电系统，能够并且需要应用屋顶（幕墙）光伏发电，而不是依靠传统思维方式去先建造一个光伏发电系统，尔后随意地将之应用于照明、动力、空调或其他常规建筑的用电设备上。

鉴于深圳初次尝试太阳电池贴附于公用建筑上，整个城市电网尚未改造，光电屋顶所发电能无法反馈到电网上。故因地制宜地采用太阳能和市电并联型，即白天有光时，楼内用电由首层配电箱的光伏供电，晚上则切换到市电，并做到断电同步。

2.3.2　首都博物馆新馆

（1）工程概况。

新馆位于北京西长安街延长线白云路西侧，地下2层、地上5层，北面为绿色文化广场，东部下沉竹林庭院。总高41m，东西长152m，南北宽66m，建筑面积6.3万m^2。太阳电池板敷设于5000m^2的屋面上，选用太阳能并网发电系统（图7-9），共发电300kW_p。主要用于大堂、多功能区走道等醒目的地带，并做一些标记，告诉参观者此处用的是太阳能发出的电。

(*a*)

(*b*)

图7-9　首都博物馆新馆

(*a*) 光伏屋顶；(*b*) 外景

内部分为方展厅、椭圆展厅（青铜器型）和工作办公区 3 个部分，上面有一个很大的悬挑大屋顶把它们结合为一体，中间是礼仪厅，主要用于各种展示和交流活动。

1）光的利用与控制。

该馆的建设是为了把丰富的资料、珍贵的文物、实物、模型或复制品等收集起来，加以展示和保管。因此便从这个角度来考虑新馆的照明设计：一者是文物的保护，这是最重要的；再者是观众的欣赏要求以及供学者的研究。

馆内对展品的外界条件保护，如照明、辐射光、温度、潮气以及大气中的活动性气体污染等，它们都可能对展示物品造成一定的损伤。为了体现新馆的人文特色，全馆照明系统坚持文物无光害和节能。由于不同品质文物对光的要求不同，随时注意文物对光的敏感度，如紫外线、红外线易使文物受损。文物色彩受光线的侵害，尤其在出土后曝光而碳化是绝对不允许的。因此，设计中对红外线、紫外线、光的色温、显色性都有明确规定。后两项是重点考虑文物展出时方便考古学家的研究，因为显色性不好，本身的色彩、图案不清晰甚至发生变化。此外，对于书画、丝绸等展品，还要考虑年曝光量，以免出现褪色。以上几点可以通过设计时对光源、灯具的选择来加以控制。

另外，在入馆门厅被看成是参观者的“视觉调节空间”：白天（夜晚），人流由室外天然光高（低）照度下，进门来到照度较低（高）的室内展厅（室外环境）时，门厅就成了适应这种视觉过渡的地方。所以入口照度，要能随着需要的变动而随时加以调节。

2）太阳电池。

在电力系统的设计上，由两路 10kV 高压供电，设置 4 台变压器，同时外设柴油发电机组以应急照明、消防等重要配电设备之需。

工程中按照光伏建筑一体化的设计，于 3 块矩形屋顶上铺设 3000m^2 太阳电池组件。另外 2000m^2 设于其边缘地带，共发出电功率峰值计 300kW$_p$ 并网运行。运行中可将多余电能馈入市网，较好地解决了电能的储存，避免使用电池带来的二次污染，实现了真正的绿色。它不仅体现了未来发展方向，同时也为奥运场馆做了一次有益的尝试。目前太阳能发出的电，用于大堂、多功能区域走道等人们看得到的地方。

3）防雷设计构思。

博物馆防雷是工程运行中极其关键的环节，电子信息时代对此要求更高。新馆的防雷分为两部分：外部防雷，装设两支避雷针保护太阳电池，并利用屋顶金属屋面作为接闪器，同时将东西两侧的玻璃幕墙结构防风柱及南北两侧建筑物主筋作为引下线，以建筑物基础作为接地装置；内部防雷，电子仪器设备的文物防雷击、过电压问题更要引起重视。因此，采用电涌保护器、总等电位联结等措施，以保证建筑物的安全运行。

4）其他内容。

首博设置了完善的建筑设备自动化、火灾自动报警、安全防范、办公自动化、通信网络、综合布线和系统集成等系统。另外，在大堂及各大厅还安装参观导览系统，让观众自由地浏览、查询馆里基本情况信息等，作为博物馆对外宣传的一个重要窗口。在防火上，除了按国家规范设计监视火灾系统外，为保护文物，还把用电设备均移到库房以外。

(2) 初步设计。

1）光伏屋顶一体化。

考虑到建筑物是建筑技术与艺术的结晶，直接体现了特定的文化理念。故应用新技术必须服从建筑的整体设计理念。

① 承接新馆工程的设计任务书中，并无光伏系统内容。因此，建筑、结构专业没有考虑在屋面架设太阳电池等荷载，根本不存在其支架接点问题。

② 建筑外观从造型角度来看，不希望在顶上再加出一层太阳能屋面。况且，光伏系统的结构形式必须服从新馆建筑的整体设计理念，符合其屋顶结构设计等各种条件。这已成为该项工程

设计必须面对的问题。原则就是光伏系统不能破坏新馆建筑造型、装饰屋面、轻盈、通透的艺术风格，更不允许造成结构的大量返工。

③ 建筑安全方面太阳能系统不仅要保证自身合理、可行，还应确保整栋建筑安全可靠。这就充分显示在安装条件、方式和强度上的高标准。包括太阳电池板的屋面负荷对自身载荷和抗风能力、抗冰雹冲击等工程应用要切实解决好。在安装过程中对屋面负荷、造型等影响，始终是建设者们关注的核心。还反复强调着不能让太阳电池组件酿成故障。

④ 风压调研过程指以往太阳电池组件的平（斜撑）架的安装，它不仅会破坏建筑的完整性及其外观造型，而且给屋面防水带来不利影响，特别是要承受屋面空气层流所产生的巨大风力。根据气象资料，中国海平面基本风速，按照 30 年一遇的 10min 平均值统计，可以得到若干城市的风压（表 7-11）资料。再结合陆地上建筑高度与海平面风压间的风压高度系数 KH（表 7-12），就可算出单位面积建筑屋面风压值。

我国主要城市风压　　表 7-11

主要城市	北京	上海	天津	济南	杭州	广州
风压/kg/m^2	35	50	35	40	60	50

陆上风压系数　　表 7-12

离海平面高度/m	10	20	30	40	50
陆地风压系数	1	1.25	1.41	1.54	1.63

⑤ 空气层流上因不同性质建筑屋面形态和结构，它所产生的空气层流作用各不相同。为了检测首博屋面空气动力学特性，特请北京大学风洞实验室，按照测试推算数据作出实验报告，认定新馆“屋面的空气层流会产生上下表面压力代数和－2.2 以上。”按该计算结果的屋面升力计算过程为：$F=35\text{kg/m}^2\times1.54\times(-2.2)=-118.58\text{kg/m}^2$。而太阳电池板的升力几乎接

近$\sum F=(-118.58\mathrm{kg/m^2})\times 5000\mathrm{m^2}=59.29$万kg，这对建筑结构将是极大的考验。

⑥ 实施方案经多方案比较，新馆选择了非晶体柔性太阳电池板，以特种材料直接粘贴在屋面板上。这既不会影响建筑造型，也不需对屋面结构进行重新计算和加固。尤为重要的是，这项技术不存在太阳电池板和屋面之间的空气腔，杜绝了空气层流作用的产生；此外，在建筑天棚上嵌装太阳电池板时，由于直接粘贴也防止了屋面渗漏。粘贴中屋面气温过高、过低都会牵涉到其牢固度。故所用品牌应能经受自然气候的变化，以防因四季变化、日晒和积雪雨等而影响其质量。

2）一体化运行要求。

新馆光伏系统的两种运行模式的选择，即根据系统是否与公共电网并联连接而决定，“独立供电方式”和“并网供电方式”的。

① 确定光伏系统的运行方式时，显然为独立光伏系统不适用。选用并网光伏系统，太阳电池组件所发出的直流电，通过逆变器转换成交流电，向电网直接输送电能。

② 满足功能要求上博物馆的初衷是利用太阳能光伏发电解决馆内照明，也就是解决白天公共区域的人工照明用电，做到白天发电白天用。因此，采用并网系统这种最直接、最有效的供能方式。供电部门曾担心并网系统会影响其稳定性，有的工程最终未能投入运行。

③ 解决并网难点是任何电源并联时，不可避免地会产生不同限度的“回流”干扰。并网系统的逆变器输出与公共电网并联时，必须保持两组电源电压、相位和频率等电气特性的一致性，否则就会产生两组电源之间的充放电，造成整个电源系统的内耗和不稳定性。因此采用并网供电要解决的根本问题是，如何从技术角度保证并网系统向本身交流负载提供电能，以及向公共电网发送电能时的保护，使其质量始终处于受控状态，且在电网低压接入时对公共供电网的影响做到最小。

④ 保证供电质量是首先要让并网系统与公共电网连接时，首先通过变压器等进行电气隔离，并且保证并网系统发电容量在上级变压器容量20%以内；形成与电网市政供电线路之间明显的分界点。同时实现直流隔离，使逆变器向电网馈送的直流电流分量低于其交流额定值的1%；其次要使光伏系统输出电压、相位、频率、谐波和功率因数等参数在满足实用要求的同时，能够跟随公共电网的相关参数。这里，关键在于光伏系统逆变器输出端与公共电网在低压端并接时，自控装置对公共电网的电压、相位、频率等参数进行采样，并实时地调整逆变器输出，保证两者的同步运行；再就是设置相应的并网保护装置，一旦出现光伏系统、公共电网异常和故障时，能够自动将光伏系统与公共电网分离。

⑤ 采用有效措施是为解决光伏系统在低压端并网的切换与自动补偿，即在光伏系统中采取的方法：首先，在负荷设计时选用3台逆变器的情况下，要保证多运行模式时光伏系统输出的三相平衡，应取得三相电压≤4%的最大不平衡度；其次，是交流电源跟踪技术。当公共电网供电端电压和频率等参数在正常范围内时，并网系统的输出自动跟踪公共电网的电压、频率和相位等的实时参数，能随时调整其交流输出功率、电流（谐波）、频率和相位，使之与电网相匹配。保证光伏系统输出电压总谐波畸变率<5%，输出电流总谐波畸变率≤5%，各次谐波电流含有率<3%，输出频率偏差值<50±0.5Hz。从而在运行时不致造成电网电压波形的过度畸变，以及导致注入电网过度的谐波电流；再就是，从运行、维护和安全角度看，在光伏系统中设置3极断路器，实施过、欠电压保护，以保障设备和人身安全，防止事故范围的扩大。尤其是发生并网光伏系统电网失压时，自控装置能在1s内动作，把光伏系统与公共电网快速断开，主动防止孤岛效应。

同时，在建筑智能化系统中，开发并实施光伏系统与建筑设备自动化监控系统的接口和集成技术，实现楼控对光伏系统的二次监控，包括摄像机对太阳电池板的监视，以进一步提高光伏系统与公共电网之间的安全性。

(3) 技术设计。

该光伏工程构想、参数见图 7-10、表 7-13。

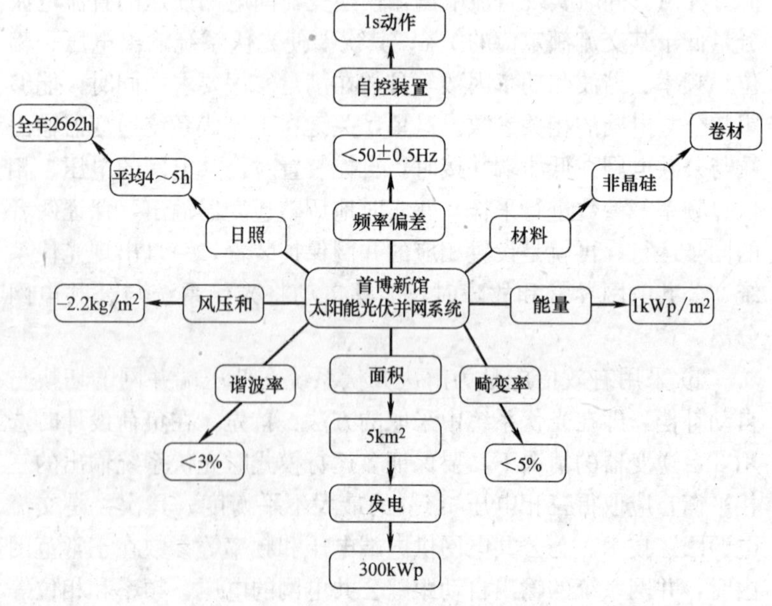

图 7-10 首博新馆光伏并网系统参数

2.3.3 国家体育馆

(1) 工程概况。

100kW$_p$ 并网光伏发电系统是国家“十五”科技攻关项目，由科技部立项，北京市科委、发改委、中关村科技园管委会、2008 工程指挥办公室等单位共同组织，北京科诺伟业与国奥投资发展公司负责实施。

该项目采用常规光伏组件和双玻光伏组件两种类型的组件结合国家体育馆进行安装。其中常规光伏组件总量 97.5kW$_p$。结合体育馆屋顶采光带进行安装；双玻组件 5kW$_p$，结合体育馆南侧坡面玻璃幕墙进行安装，替代原有部分建筑材料，满足节能建筑要求，组件传热系数每摄氏度<1.5W/m^2。

表 7-13

首博新馆太阳能光伏发电构想

宗旨	应用新技术	具体做法	备注
光伏发电节能降耗	采用并网光伏系统有效地利用建筑物屋顶，无占用宝贵的土地资源，就地用电，减少了电力输送线路损耗。电池方阵安装在屋顶直接吸收太阳能降低温升和减轻空调负荷	屋顶确定为平顶挑檐结构，利于太阳电池光电转换效率、布置和安装。最终电池方阵面积为 $5000m^2$，发电量达 $300kW_p$，起到“可持续发展”的教育示范作用	土地资源紧缺城市尤为重要北京全年日照 2662h，平均标准日照为 4～5h，太阳能资源丰富，理论上达到 $1kW/m^2$ 能量，业主委员会倡导光伏建筑一体化，充满时代气息，具体、形象地表现太阳能的实际利用价值
核心技术杜绝风险	原始任务书中无太阳能设计，建筑、结构专业未予考虑屋面架设太阳电池与等荷载、支架接点，从而选用卷材技术	从建筑外观、造型方面不希望在屋面上加层，光伏系统的建筑结构形式必须服从新馆整体设计理念及条件	光伏系统安装未破坏新馆建筑造型，保持了装饰性屋面轻盈、通透的艺术风格
	并网光伏系统不仅要确保建筑安全可靠，还应考虑安装条件、方式和强度。包括太阳电池组装对屋面的影响，及其自身荷载和抗风、抗冰雹冲击等工程应用等问题	太阳电池与屋面结合的抗风负荷问题是最大的工程风险，解决好电池对屋面荷载、造型的影响等，一直是建设首博光伏系统的核心问题	解决了以往电池组件安装的平（斜撑）架方式，这不仅会破坏建筑物的完整性及其外观，且会对屋面防水造成影响。特别是需要承受屋面空气层流所产生的风力
	为检测新馆屋面的空气动力学特性，委托北京大学进行风洞试验。按此数据进行推算，该“屋面的空气层流会产生上下表面压力代数和－2.2 以上”	采用非晶硅柔性太阳电池，以特种粘合剂直接贴在屋面上。既不影响建筑造型，也无需对屋面结构进行重新计算和加固。以特种粘合剂技术不再有太阳电池和屋面之间的空气腔	从根本上解决了空气层流作用的发生。一般都需要考虑天棚屋顶会否产生漏水问题。常见的以玻璃为基板的太阳电池则还有一个玻璃破碎的后果
	对粘合剂性能和工艺尤其需要注意。如果粘贴时的屋面自然气温过高（低），都会导致其牢固度的降低	建筑顶棚嵌入太阳电池粘贴方式，可杜绝渗漏。粘贴的非晶硅柔性电池以不锈钢为基板，不会因冰雹等自然灾害而发生破碎	粘结剂必须能够经受得自然气候的变化，不会因为一年四季日晒和积雪积雨而减小粘结度

续表

宗旨	应用新技术	具体做法	备注
并网发电安全运行	太阳能向馆内交流负载供电和向公共电网馈电始终处于受控状态。做到电网低压接入对电网外供部份的影响小。逆变器输出端与电网在低压端并联时，自控装置对电网电压、相位和频率等参数进行采样，并以此实时地调整逆变器输出，确保并网光伏系统与公用电网同步运行	采纳美、德、日等发达国家的并网发电系统。解决馆内白天公共区域照明，经2006年初的工程跟踪，预展开业后，光伏发电已可供展馆照明，暂尚无多余电力反馈入公共电网	并网光伏供电方式者是当时发电当时用，该系统是最直接、最有效的供能方式
	系统在低压端并网的切换与自动补偿，采取了两方面措施，一是用3台逆变器和多运行模式下光伏系统三相平衡，取得三相电压的最大不平衡度<4%；二是用交流电源跟踪，当电网电压、频率等参数在正常范围内变化时，系统输出可跟踪电网的电压和频率和相位等的改变，并随时调整其交流输出功率、电流（谐波）、频率和相位，使之与电网相匹配	光伏系统中设置3极断路器，实施过（欠）电压保护，保障设备和人身安全，防止事故范围扩大。并网系统出现失压，自控装置在1s内动作，将光伏系统与电网切断，主动防止孤岛效应。光伏系统输出电压和电流总谐波畸变率<5%，各次谐波电流含有率<3%，输出频率偏差<50±0.5Hz	在建筑智能化系统中，开发并完成光伏与建筑设备自动化系统的接口和集成技术，实现楼宇对并网光伏系统的二次监控，进一步提高了系统与电网间的安全性能。以杜绝电网电压波形过度畸变和注入电网的谐波电流

注：1. 新馆作为北京的标志性建筑和奥运配套项目。为了更好地将建筑与艺术和建筑与高新技术相结合，突出“绿色奥运、人文奥运、科技奥运”三大理念，努力创造绿色、环保、节能城市整体形象。

2. 首博在目前建的太阳能光伏发电工程中，单体建筑发电量名列前茅，达到国际先进水平。这对土地资源紧缺的首都尤为重要。

工程采用了我国自主知识产权的并网逆变设备，电能质量满足国标要求。同时，根据电网管理部门规定，系统含有逆功率保护功能，保证平时它所产生的电能就地消耗，不至于向电网反送电。

（2）简要分析。

国家体育馆并网光伏发电系统以奥运会为窗口，展现我国政府对环境保护的重视，并推动我国可再生能源的发展，为全球环境的改善做出切实的努力，体现奥运三大理念。

国家体育馆 100kW$_p$ 并网光伏发电系统建成后，每年发电约 10 万 kW$_p$，25 年寿命期内累计发电约 232 万 kW$_p$，相当于累计节约标准煤 904.8t，减排 CO_2 约 2352.5t、SO_2 约 21.7t 和氮氧化物约 6.3t。此外，还有排粉尘和烟尘。

3 太阳能光伏电站

3.1 基本概念

1. 定义

由光伏组件排列成规定的方阵后，依原定方案安装于地面或建（构）筑物上边，与相关器件组成光伏系统发电站。

2. 电站设置因素

（1）能源短缺和长时期无计划、不合理的采掘，可利用的矿藏储量在减少，逐渐在引发人类生存危机；

（2）粗放采矿中随时在排放有害气体，常常引发恶性事故的发生。不断地毁坏着生态系统见图 7-11。

3. 光伏电站种类

（1）固定式。

分别设于屋顶、地面和大面积铺开的做法。太阳电池组件的发电量由其上面接受到的平均光强、环境温度、组件特性和负载所决定。由于电池方阵通常与地（屋）面成一定倾角安装，故在

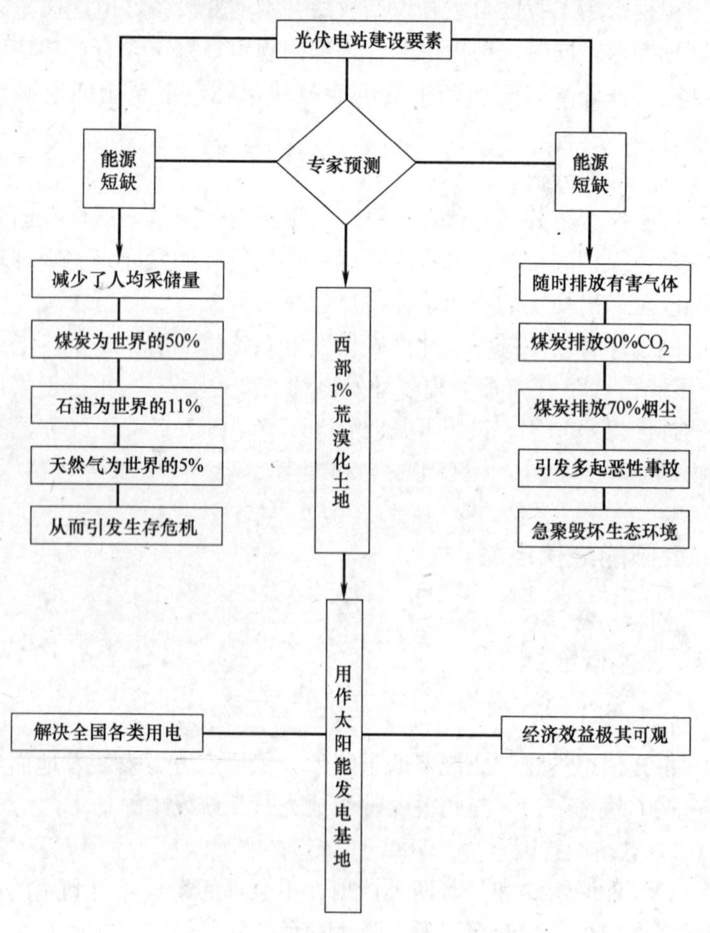

图 7-11　太阳能电站建设要素

计算电池组件每小时输出时，需将水平面上实测的辐射量折算到组件平面上的相应值。

（2）移动式。

由爱因斯坦光电方程式 $h\upsilon = W_0 + 1/2mV^2$ 可知，电子吸收光子能量（$h\upsilon$）后，一部分消耗于克服该吸引力做功 W_0；另一部分转化为光电子的初始动能 $1/2mV^2$，它是随着入射频率的增大而增大。但是，入射光越强，单位时间内射到金属表面单位面积上的光子越多，产生的光电子越多，这是光电强度与入射光强度成正比之故。只有光线垂直照射时，单位面积上获得的光子数量才多。显然实用中存在着固定式光伏电站和移动式光伏电站的区别。这就要求跟踪太阳，使之尽量垂直照射电池组件，以获得较丰富的光电子。显而易见，太阳电池方阵跟踪太阳是十分重要的。

1）关于地球经度方面，太阳早上从东方升起至傍晚从西边落下，如南北纬 23.5°之间照射时，地球运转角速度为 15°/h。光伏系统应以此速度从东向西跟踪太阳，以获取更多的阳光辐照量。

2）关于地球纬度方面，太阳每年照射在 23.5°南北纬度之间运行角速度为 23.5°×2/180d＝0.26°/d，光伏发电沿纬度方向应以此速度跟踪太阳，其目的获取更多的阳光辐照量，以提高光电转换率。

3）光伏电站安装调试见图 7-12。

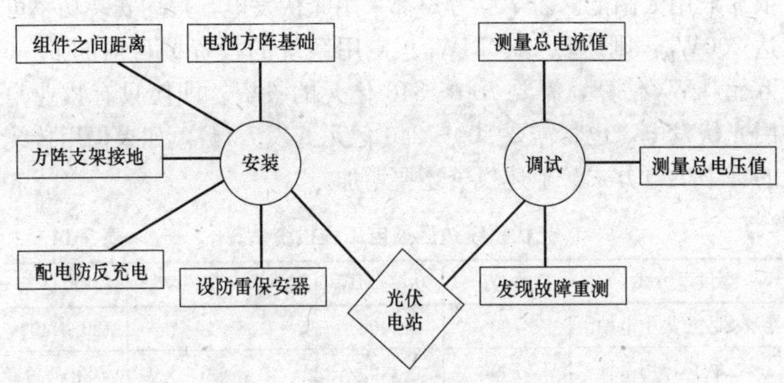

图 7-12 光伏电站安装调试框图

3.2 主要用途

光伏电站是实现农村电气化的主要目标之一。但由于国土地域辽阔，各地区之间资源、气候和交通条件差异较大，东部、中西部地区经济发展水平不也不平衡。特别是在有些地方，常规的发（供）电方式根本无法覆盖，以至于一些边远贫困地区的用电长期得不到妥善解决。

随着光伏技术的成熟，为这些地区通电创造了条件。国家相继实施了“西藏无电县建设项目”和“西部省区无电乡通电计划”即“送电到乡工程”。他们利用国家基建投资功运行700多座光伏、风光互补电站，已使县、乡通电率基本有所好转。当前所面临的是尽快开拓分散无电村的通电。

1. 建设光伏电站

（1）边区通电是农村电气化的关键。

2002年启动的“送电到乡工程”是迄今为止世界上规模最大的农村无电地区的太阳能光伏电站建设项目，总投资26亿元，光伏组件安装量近20MW_p，使10万户受益。其能源利用状况，据统计，还有近3万个无电村庄，即700万户的3000多万人未用上电。多处于中西部省份的分散户，其中200多万户牧民只能依靠户用太阳能。若700万户都采用光伏发电，户均安装功率可达200W_p，则需要1400MW_p。户用系统的投资按目前的5～6万元/kW_p估算，需要700～840亿元的投资。即使只有牧业户用光伏发电，也将需要200～240亿元（表7-14）。如果仍用传统的集中供电方式，上述投资还要增加。

光伏系统边区通电工程投资估算　　表7-14

供电方式	户数/万户	功率/MW_p	造价/(万元/kW_p)	投资/亿元
农、牧户集中电站	700	1400	8～10	120～1400
农、牧户户用系统	700	1400	5～6	700～840
牧业户集中电站	200	400	8～10	320～400
牧业户户用系统	200	400	5～6	200～240

（2）建设大型集中式并网光伏系统。

白天，太阳电池方阵发出的电通过逆变器卖给公共电网，需要时再从公共电网买电使用。如沙漠地区将能集中地提供丰富的太阳能。我国现有沙漠 52 万 km^2，沙漠化土地 17.6 万 km^2，潜在沙化土地 15.8 万 km^2，3 者共计 85.4 万 km^2。其中大部分集中在内蒙古地区和新疆地区。

如果太阳能转化为电能的效率是 15%，将能提供 0.036kW_p/m^2 电能，日均将能提供约 0.41kW_p。85 万 km^2 的沙漠地区将能提供 2 万座核电站的电功率。只要开发利用全国 2%的荒漠，就可以发出等同于 2003 年全年耗电量，相当于在万里沙海建立了许多绿色三峡电站。预测到 2050 年，需要 2500×106kW 的电力，仅由沙漠地区的 12.5%面积，即能满足 10 万 km^2 的电力需求。内蒙面积 110 万 km^2，其沙漠和沙化面积为 20～30 万 km^2，可见仅该地区的沙漠就能为 2050 年及以后的发展提供足够的电力。

光伏发电的潜力确实相当大。如能在世界所有的道路上铺设太阳电池，并同时将太阳能的开发利用、节能和其他可再生能源结合起来，可基本上解决全世界需要的能量；如果在海面上铺设具有较好柔性的太阳电池，它将漂浮在波浪起伏的海面上，成为海上发电机；人们甚至设想大型宇宙发电计划，在太空中建设 11km×4km 方阵人造卫星电站，它可产生 8000MW_p 电力，一年发电量将高达 700 亿 kWh。况且大气层外的太阳辐射高出地球 30%以上，宇宙中又无黑夜、云层，太空电站可将产生的电能，通过微波源源不断地传送回地球供人们使用。

(3) 市场化运作是获电的有效途径。

实践证明，推动光伏系统市场化，是解决无电地区送电的根本方法。从 20 世纪 90 年代开始，农、牧区光伏产品商业化逐渐形成了规模。根据对市场的连续监测至 2003 年底，已有 41 万套、8.2MW_p 户用独立光伏系统销往农牧民家庭。此外，政府等项目补贴共 6.6 万套，若按该量的 80%计，则意味着在无电户中有 38 万家正在使用光伏电力，只是用电水平还比较低，户均仅为 20W_p，仅能满足照明用电。

(4) 政府补贴将加快农村实现电气化。

为发展长期战略目标、保证能源规划顺利实施，国家应尽快组织实施“送电到村、送电到户工程”，早日为偏远地区家庭供电。为了加快实施步伐，达到提高农、牧区用户的供（用）电水平，实行政府补贴、积极推广是行之有效的手段。

从1995～2003年，政府为光伏投资22亿元，国际援助7.2亿元，其他方面的投入也十分有限。然而，仅靠政府、外援对用户进行全额补贴，既不现实也不利于光伏市场的可持续发展。所以，采取适当定（差）额的部分支持，着力培育光伏市场才是现实的。

(5) 启动国家项目前期准备应充分。

《可再生能源法》、《可再生能源发展规划》的出台，必将会对光伏发电行业带来生机。与此同时，需要认真研究实施项目的方式和机制：首先，要提前启动调查研究，搞清哪些地区及用户是送电的群体，哪些是光伏系统的适宜地区；据此，对西部小村落和散居户通电的总体方案模式做深入研究，以形成切合实际、可操作的实施方案，再以此供决策部门参考。

(6) 可再生能源是对市场化运作的尝试。

由世界银行和全球环境基金支持的中国可再生能源发展项目(REDP)，在其设计前期的创新、发挥资金作用、营造竞争市场氛围和运行管理机制等做了有益的探索。这对光伏市场开发、技术进步、产品推广和运作进行了有益的尝试，取得了较好的效果，其特点见表7-15。

为了光伏行业的长远发展，配合国家项目的实施，经一系列研究和调查，形成《中国光伏产业发展报告》等8项文件，以及《REDP项目中期进展报告》等。在此基础上，正在准备启动“利用政府资金补贴集中推广光伏系统示范”等，为国家重点项目的实施作些前期准备。

(7) 光伏市场发展需克服重重的障碍。

REDP 项目主要特点 表 7-15

序号	内容	备注
1	重点补贴销售企业，以促进光伏产业链的发展	实现提高产品质量、降低生产成本和扩大市场销售为目的
2	积极支持光伏标准的制定	包括检测机构能力建设
3	通过项目活动成本分摊和开展融资担保示范活动	以发挥项目资金的扩大作用
4	重视支持光伏企业的市场扩展、能力建设和产品开发工作	保证光伏市场长期可持续发展
5	努力配合国家项目，重视与其他光伏项目协作	促进光伏行业的协调发展
6	力图营造公平竞争的市场环境	实现光伏产品推广的市场化运作

尽管西部地区光伏产品市场化有一定的基础，但仍存在着市场障碍。此外，产品价格较高、用户购买力低、优惠政策少和落实困难等长期受着制约。国家项目的启动实施于民将对光伏行业进一步发展起到极大的推动作用，结论及建议见表 7-16。

光伏市场运作结论和建议 表 7-16

序号	内容	备注
1	市场化推进光伏系统是最终解决分散的无电村、无电户通电问题的有效途径	实施送电到村、送电到户工程需要长期的努力才能完成
2	营造公平竞争环境是保证光伏市场长期健康发展的关键	提高产品质量、降低成本和扩大市场销售是商品化模式的必要条件
3	政府资金投入是加快实现通电目标的必要措施，政府进行补贴是必要的手段	关键在于落实投资来源、融资渠道和建立科学的补贴机制，并制定落实相应的优惠政策
4	各种相关项目在设计和实行方式上应该注重前期研究和准备，注意有利于促进和推动光伏市场的可持续发展	具体项目要与国家能源发展战略目标、重点项目相适应
5	尽快对中西部地区无电聚居点和散居户作详细调查，根据地区和用户群体的特点，有针对性地对光伏方案和模式做深入研讨	为政府决策提供参考：实行科学合理的实施方式和运行机制，政府行为与市场行为有机地结合，是实现预期目标的保证

注：除具有明确、可长期执行的政府发展目标外，还要有为达标而制定法规、激励政策执行方式和机制。实施“送电到村、送电到户工程”要建立长期、稳定的投资渠道。

2. 加大技术投入

当前国际上普遍认为在长期的能源战略中，太阳能光伏发电一项，在太阳能热发电、风力发电、核发电、海洋发电、氢能发电和生物质能发电等多项可再生能源中具有特殊重要的地位。近年来，我国对太阳能开发的支持力度不断增幅：国家加大研发投入，加速降低成本；政府制定宏观政策、法规，促进光伏技术、产业和市场的整体发展。中科院宣布两年内投入2.5亿元建立若干太阳能电站。

(1) 全面攻关。

由于太阳能本身的分散性、随机性和间歇性，加上光伏电池理论、材料和器件研究的难度等一些技术课题被攻克，各国十分重视光伏电站的建设。我国太阳能资源非常丰富，与同纬度的美国相近，比欧洲、日本优势大得多。如在“中国大漠光电项目构思会”上，业界人士呼吁：向荒漠进军获取太阳能源。我国的荒漠面积108万km^2，主要分布在光照资源丰富的西北地区。如果能在沙漠安装并网光伏电站，其可提供电量相当于2002年耗电量的3.26倍，可建128座三峡电站。

(2) 初见成效。

目前独立光伏电站系统相当广泛，小型户用光伏电源深受农牧民的欢迎。大型光伏电站或风光互补电站建设，不仅可以解决中小县城和村庄的供电问题，而且有利于当地的自然环境保护。如青藏铁路沿线特别是生态脆弱地区的站点，其供电设计均要求为独立光伏电站。虽然我国的并网光伏发电起步较晚，近年发展很快，截至2003年底，全国共有大中型光伏电站800多座，累计安装45MW_p的并网电站达10座。

(3) 电站应用。

小型实用光伏电站的格栅板、防噪墙。该系统内的太阳电池及其方阵的选型和封装不得忽视。由于大面积（200mm×200mm)、高厚度（0.2～0.3mm）的硅片比较脆，单体电池输出电压（0.45～0.60V）低，经串（并）联以获得要求的输出电压、流动、功率，然后再根据实际用途进行封装。此间需按程序将一系列的部件（边框、边框封装胶、上玻璃盖板、粘接剂、下底板、太阳电池、互连条、引线护套、电极引线）作可靠连接。

鉴于组件的封装结构、材料、工艺、组件工作寿命、可靠性和成本关联密切，所以针对低密度的平面太阳能源，需要采集大面积的太阳电池来构成方阵，才能满足大功率光伏电站的容量。

3.3 光伏电站在建工程

3.3.1 深圳国际园林花卉博览园光伏电站

1. 工程概况

随着 2005 年 9 月第五届中国国际园林花卉博览会在深圳隆重开幕，装备了并网光伏发电系统的深圳博览园正式对外开放。这套系统总投资 750 万美元，发电总装机容量达到 $1MW_p$。

1）方案确定。博览园选择了太阳能并网光伏发电系统，太阳电池板装于园内标志性建筑的屋顶，总覆盖面积达 $5325m^2$，作为提供总功率 $680kW_p$ 的光伏组件等。

2）合作伙伴。负责系统设计、供货、闭幕式网调试和施工配合单位，有美国 Bp 公司和中科院下属科诺伟业公司负责工程实施。该项目于 2004 年 6 月 1 日正式启用，实施过程中对相关工程安装及技术人员安排了技术和健康、安全环保标准的培训，以确保在与园内建筑物同时施工的情况下顺利进行。工程在具备国际水准的同时，还迅速掌握并适应了中国相关的项目建设要求和标准，也通过了国内的一系列审批。经过参与各方与市政府部门的通力协作，克服了筹划与实施过程中遇到的诸多困难，这一目前中国最大的并网光伏电站工程，终于在 2004 年 8 月 30 日顺利竣工，并成功地通过验收。

3）技术先进。该项目应用了先进的太阳能技术，采用超过 4000 个现代化单晶硅及多晶硅光伏组件（160、$170W_p$），将太阳光能转换成电能，并与市电网并网运行，使之成为效率较高的太阳能发电系统之一。此系统每年可向电网输送100万kWh电力，还可装配24个容量从2.5～90kW_p不等的逆变器，在最大限度上发挥效能的同时将能量损失降至最低。电站设计中集成了信息系统，可实现系统单独信息采集和远程遥控监测，明显降低了长期运行维护成本。

4）特色显著。该座太阳能电站在设计上实现了光伏发电高科技与绿色园林花卉的完美结合。与园内建筑物相得益彰的发电系统不占用额外的土地资源，降低了施工成本，具有较好的经济效益。更重要的是，光伏发电不会造成CO_2等温室气体的排放。工程完成后，每年可减排有害气体170t，环境效益显著。

2. 电站设计

（1）太阳电池方阵布置详见表7-17。

（2）光伏电站系统设计见表7-18。

（3）成效显著。

系统投入使用后，年发电能力约为100万kWh，按照目前中国火电厂的煤耗，相当于每年可节省标准煤约384余t，减排粉尘约4.8t，减排灰渣约101t，减排CO_2约170余t，减排SO_2约7.68t，是真正的无污染的绿色能源。

3.3.2 西藏自治区光伏电站

自20世纪80年代以来，自治区政府开始推广太阳能应用技术，成功地实施了“阳光计划”“科学之光”“阿里光明工程”等太阳能专项计划。他们利用太阳能光伏发电，使近50万农牧民告别了无电历史。目前，全区累计建起3～5kW_p的光伏电站300多座，推广各类小型独立光伏系统的5400kW_p，太阳能资源已被广泛用于照明、通信、广播电视，烧水做饭、取暖等领域发挥了重要作用。

随着尼玛、班戈、措勤和革吉4个县光伏电站的建成发电，于2004年10月29日在拉萨召开光伏电站建设总结大会。提到

博览园并网光伏电站工程特点 表 7-17

特点	内容	做法	备注
光伏电站容量巨大	政府投资	深圳市投资 6600 万元，建设 1MWp 太阳能光伏电站，园内有 25 个国家、67 个国内城市和地区在此参展、100 多个景点	工程于 2004.9.23～2005.3.23 期间正式展出。电站的建成和成功运行，为我国太阳能技术的发展起到良好的推动作用
	成效显著	电站采用并网光伏的运行方式，光伏组件总面积 7660m^2，总容量 1000.322kWp，年发电能力为 100 万 kWh	每年节省标准煤 384t，年 CO_2 减排 170t，$SO_2$7.68t。与常规能源比较，并网系统维护费用低，无污染
并网发电高效环保	方案适宜	逆变器具有并网功能。系统省去蓄电池，在进行并网光伏电站设计时，主要考虑充分利用阳光、美观和节省电缆等	实现并网光伏发电，即将电网作为储能单元，具有更高的发电效率和更好的环保性能
	外形美观	因注意到公众影响力，除北区东山坡太阳电池的安装倾角与平整后的坡屋面角度为 23°外，还有综合、花卉展馆和游客服务等	南区服务中心建筑物屋顶太阳电池板的安装均与屋顶结构密切配合，保持了屋面自身独特的风格和壮观的立面
	太阳辐照	为增加光伏方阵的输出能量，尽可能地将更多的光伏板在阳光普照下，且接入串式逆变器避免板间互相遮光	仍有被高塔、屋顶边缘和其他障碍物遮挡阳光。对于边缘区域，在一年(天)中某些时段也会受到局部的遮挡
	电缆长度	从太阳电池到接线箱再到逆变器，以及从逆变器到并网交流配电柜的电力电缆尽可能保持在最小距离，以减小线路压降损失	降低成本，减轻屋顶负荷和增加其灵活性。将直流部分线路损耗控制在 3%～4%
系统技术先进成熟	主要部件	BP 公司的 PB4170S 型 170Wp、单晶硅光伏组件、BP3160S 型 160Wp 多晶硅光伏组件；日本京瓷公司的 KC167G 型 167Wp 多晶硅光伏组件；德国 SMA 公司的 SC125LV 型 125kWp、SC90 型 90kWp 以及 SB2500 型 2.5kWp 并网逆变器	SC125LV、SC90 为集中型逆变器，SB2500 串式逆变器。其输出端通过配电柜与内变压器低压端并联向负载供电，多余电能送入电网

续表

特点	内容	做法	备注
系统技术先进成熟	系统构成	并网光伏电站有5个子系统，分别组装在4个场馆及北区东山坡。总共安装6048块光伏组件和45台逆变器	该5个安装地点的光伏子系统采用了就地并网方案
关键部位安全可靠	牢固结合	螺栓和型钢将光伏组件固定在建筑屋面上，隔热好，按历史上台风情况考虑；解决好建筑与设备安装的矛盾	符合国家有关施工技术装备条件、政策和规范标准
	优质电能	SMA公司的集中型和串式逆变器配备高性能滤波电路，保证逆变器高质量的交流输出，≥50%额定功率，电网波动<5%，SC125LV、SC90分别<3%、<4%。SB2500逆变器的交流输出电流为总谐波分量	并网型逆变器在运行中，需实时地采集交流电网的电压信号，通过闭环控制，使其交流输出电流与电网电压的相位一致，功率因数为1
	防"孤岛效应"	逆变器"孤岛效应"检测，被(主)动方法指实时地检测电网电压的幅值、频率和相位。指对电网参数产生小干扰信号当电网失电，会在电网电压上述参数上产生跳变信号，通过该信号检测反馈判断电网是否失电	"孤岛效应"指在电网失电情况下，发电设备仍作为独立电源对负载供电，并网逆变器检测到电网失电后，会立即切断。恢复供电后，保持90s重新投入运行
	电气隔离	逆变器均带有隔离变压器，使其直流输入和交流输出之间进行电气隔离。太阳电池方阵为"浮地"，与地间无电气连接，运行过程中可检测正负极的对地阻抗	从而保证了逆变器直流侧短路故障不会影响到电网供电
完善各类监测手段	第一种	LCD液晶显示屏上分别观察到集中串式逆变器的运行参数(包括直流输入电压和电流、交流输出电压和电流、功率和电网频率等)、故障代码和信息	SBC具有测量环境参数(辐照度、环境温度等)，收集串式逆变器运行信息与PC机的通信功能
	第二种	子系统太阳能控制室的PC机上，观察到运行数据，其中综合展馆还作为中央监测计算机，实时地采集其余安装点的运行数据，并可将整个园内并网光伏电站的数据在展馆厅入口的LED室内屏上集中显示	整个电站系统运行状况良好，截止到2005年累计运行发电133d，发电量376959kWh，有两个月因阴雨天较多发电量略有减少

博览园并网光伏电站系统设计 **表 7-18**

子系统及容量/kWp	内　容	备　注
综合展览馆 168.64	992 块光伏组件布置在该馆屋顶，每 16 块串联组成 62 个 SMU 组件串联(按 10、10、11、11、11、9 组合)的直流输出，分别汇集到一个直流接线箱(共 6 个)装于屋顶	3 个 SMU 接线箱的直流输出汇集入一台 Sunny Central 逆变器。两台 SC90 逆变器的三相交流输出汇集到交流配电柜，通过首层 KTAP 配电柜，并入地下车库配电室 1250kVA 变压器的 380V 低压母线
花卉展览馆 276.28	1536 块 BP3160S 光伏组件布置在该馆屋顶的不受阴影遮蔽区域，按每 16 块串联组成 96 个 SMU 组件串(16 串的直流输出汇集入 SMU 直流接线箱)，将布置在受玻璃圆锥阴影遮蔽区域的 76 块 BP4170S 和 110 块 BP3160S 组件(每 8、10 块为一串)组成 20 个 SPB 串；每两个串联组件类型和数量相同的 SPB 组件串接入一台 Sunny Boy 逆变器	6 个 SMU 接线箱安装在屋顶，每 3 个箱的直流输出汇集入一台 Sunny Central 逆变器，两台 SC90 逆变器安装在首层控制室。逆变器的交流输出(按 3、3、4 组合)配平三相，与两台逆变器的交流输出汇集入交流配电柜，并入馆内配电室 800kVA 变压器的 380V 低压母线
游客服务中心 144.16	688 块光伏组件布置在屋顶不受阴影遮蔽区，每 16 块联成一串，组成 43 个 SMU 组件串，其直流输出(按 15、14、14 组合)分别汇集入一个 SMU 直流接线箱，布置在受阴影遮蔽区域的 160 块组件(按 8 或 9 块联成一串)成 18 个 SPB 串；每两个串联的 SPB 组件，接入一台 SunnyBoy 逆变器	3 个 SMU 接线箱安装在屋顶，它的直流输出汇集入安装在首层配电室，一台 SC90 逆变器。9 台安装在屋顶的 SB28500 逆变器的交流输出(按 3、3、3 组合)配三相平，与逆变器的交流输出汇集入交流配电柜，并入配电室的 500kVA 变压器的 380V 低压母线

续表

子系统及容量/kWp	内　容	备　注
南区服务中心 89.6	560 块光伏组件布置在屋顶，按每 16 块串联成一串，组成 35 个 SMU 光伏组件串的直流输出（按 12、12、11 的组合），分别汇集入安装在屋顶的一个直流接线箱	3 个 SMU 接线箱安装在首层控制室接线箱的直流输出汇集入一台 SC90 逆变器。其交流输出通过交流配电柜，并入配电室 500kVA 变压器的 380V 低压母线
北区东山坡 321.642	1620 块光伏组件布置在东北区东山坡不受阴影遮蔽区域，按每 18 块串联成一串，组成 90 个 SMU 光伏组件串（按 8、8、8、8、8、5、8、8、8、8、8、5 组合）分别汇集入一个直流接线箱。另有 306 块光伏组件布置在受阴影遮蔽区域，按每 17 块串联成一串，组成 18 个 SPB 光伏组件串，每个 SPB 组件串接入一台 Sunny Boy 逆变器，安装在坡面 18 台 SB2500 逆变器	12 个 SMU 接线箱安装在东山坡面，其中 6 个箱的直流输出汇集入一台 Sunny Central 逆变器安装在山坡控制室的两台 SC125LV 逆变器。18 台 SB2500 逆变器的交流输出（按 6、6、6 组合）配平三相，与两台 SC125LV 逆变器交流输出汇集入控制室内的交流配电柜，并入配电室 1250kVA 变压器的 380V 低压母线

注：该并网光伏电站分为 5 个子系统，分别安装在 4 个场馆（综合展馆、花卉展馆、游客服务管理中心和南区游客服务中心）及北区东山坡，电站总容量为 1000.322kWp。

高海拔的那曲、阿里地区县长期缺电，严重制约着当地经济发展和群众的生产生活。在领导的关怀、国务院反复考察论证的基础上，由国家计委投资6290万元，由中科院和能源研究所总承包，工程于1992年启动。自治区电力工业厅又负责实施建设改则、措勤、安多、双湖、尼玛、班戈和革吉7个无水能资源、无电县光伏电站建设；为早日克服建设资金没有到位等问题，采用垫资、贷款等方法积极筹措资金，使尼玛蚶吉、措勤3个县光伏电站扩建和班戈县的光伏电站新建工程提前发电。

从全国来看，1985年从专家的分析报告中得知西藏部分地区年太阳能年辐射量相当可观详表7-19。

西藏部分太阳能电站年总辐射量 **表7-19**

排序	名 称	年总辐射量 /MJ/m²	备 注
1	羌塘、阿里	8400	位于雅鲁藏布江中上游
2	绒布寺	8369.4	位于珠穆朗玛峰北坡海拔5000m处，于1954.4～1960.3测得
3	拉萨	7784.2	
4	那曲	6557.2	
5	雅鲁藏布江中游	6500～8000	为河谷地带，下雨较少，多夜雨
6	昌都	6137.1	
	琼洁	6000	
	林芝	6000	
	米林	6000	
7	波密	6000	最大辐射量出现在5～7b 最低辐射量出现在12b
	察隅	6000	
	改则	6000	
	普兰	6000	
8	全区总量	6000～8000	

注：太阳能总辐射量的季节变化，以春、夏季最大，秋、冬季最小。雨季的5～9月，太阳能总辐射量约占全年的46%～49%。

1. 措勤地区

(1) 工程概况。

该工程位于阿里地区措勤县，是一座以柴油发电机组作为备用电源的小型独立光伏电站，距狮泉河镇783km，距拉萨市969km，全县总人口1.1万人，县城人口226户678人。县里不但无煤、油、气和小水电资源，却拥有极为丰富的太阳能资源。其主要用电负荷为照明、水泵和电视。以前，县城的办公、生活照明用电和收看电视等，依靠一台75kW柴油发电机组提供。建设光伏电站目的，是为解决县政府所在地办公用电和居民照明、听收录机和电视等用电，以节约燃用从1000km外运柴油。

该县地理位置与气象条件为东经85°、北纬31°，海拔高度4700m，雨季在8月。据统计，10年内最长阴雨天5日，水平面上平均总辐射792.56kJ/cm²，最高气温＋25.0℃，最低温度－34℃，最大风力9级（25m/s）。太阳电池方阵总功率为20kW$_p$，年发电量可达4.3万kWh，总投资为290万元。

电站于1994年12月正式建成发电，投入试运行。1995年10月通过了由电力工业部、中国节能投资公司和西藏自治区计委共同组织的联合验收组的国家级验收。电站至今运行正常并已扩容，深受当地广大藏民的好评。

(2) 电站构成及设计。

该电站属于离网型小型独立光伏系统，采取固定式铅酸蓄电池贮能；建于4700m的世界屋脊，是当时世界上较高的光伏电站；发电系统，由太阳电池方阵、蓄电池组、直流控制器、直流/交流逆变器、交流配电柜和备用电源系统（包括柴油发电机组和整流充电柜）等组成。

关于系统参数，选用15片太阳电池方阵，经过TDCK—40kW直流控制柜向两组蓄电池组充电。每组电池标称电压为250V，充电电流为40A。蓄电池组的上限电压为29V：当充到该值后，由直流控制柜执行自动停止充电，将太阳电池方阵切离；当电压回落至270V时，再将电池方阵接入充电回路恢复充电。两组蓄电池组均通过 TDCK—40kW 直流控制柜向直流/交流逆变器供电。经由逆变器将直流电变换成三相交流电，再通过 JP—75kVA 交流配电柜以三相四线制向输电线路供电。当电压下降至 230V 时，为不造成蓄电池组的过放电，直流控制柜将自动切断输出，DC/AC 逆变器停止工作。

该电站以太阳电池发电为主，配备一台 75kW 的柴油发电机组作为备用电源，以便在必要时通过 ZCK—50kVA 整流充电柜为蓄电池组充电，也可以在光伏发电系统出现故障时，直接通过交流配电柜向输电线路供电。逆变器和柴油发电机组不得同时向输电线路送电，由交流配电柜的连锁功能来保证供电的惟一性。

（3）电站技术经济指标。

建设投资决算、用电负载和年运行成本均详细记录在案。其成本分析如下：

1）柴油机发电为解决生活用电，每天仅能供电 3h。由于柴油是从 1000km 以外运入，所以价格高达 3.3 元/kg。一台 75kW 柴油发电机组工作 3h/d、消耗柴油 80kg，再加上机油的消耗，每天开支近 280 元，一年总计油料费达 10 万元。加上管理费、工费、维修费和折旧费等高达近 16 万元。其值与光伏电站的年运行费用相当，但其发电量仅及光伏电站的 50%，并且供电的可靠性差、质量低。

由于高原缺氧、燃料的不完全燃烧，柴油发电机组效率仅为额定功率的 45%，此外，其柴油发电还存在缺乏备件、故障率高、冬天水箱易冻、夏天水箱易沸、操作管理复杂和油料供应紧缺，还存在到拉萨运油一个月也用不上等问题。

2）光伏电站一年约可发电量 4.3 万 kWh。虽然发电成本高达 3.64 元/kWh，但仍较当地柴油机发电的成本低。如不考虑设备的折旧，其发电成本则为 0.45 元/kWh。

（4）效益评价。

1）社会效益中光伏电站的建设，对于西藏的社会稳定、民族团结和经济繁荣具有重要意义，社会效益显著。

2）节能效益是电站取代75kW柴油发电机组而获得的，一年约可节约柴油30t、机油0.5t。这还未计及从上千公里以外将燃料运来所消耗的汽油。

3）环境效益方面西藏高原、特别是藏北地区，是一片尚未遭到环境污染和生态破坏的净土，应该格外珍惜。光伏发电不但不消耗化石燃料，还无CO_2、SO_2等有害气体的污染，清洁干净，环境效益良好。

2. 昌都地区

该无电乡的送电工程由常州天合光能有限公司负责承建，全部为光伏电站供电，其分布比较零散。各电站安装的乡村多数位于大山区，主要在昌都、洛隆、边坝、察雅、八宿、左贡、贡觉、江达、丁青和类乌齐等11个县40个无电乡（村），总规模715kW_p。

为保质保量地完成无电乡通电，在工程设计、设备运输和现场安装调试等方面都做了详细、周密的安排。施工人员克服了重重困难后，工程进展顺利。2003年元月15日已完成34个光伏电站，至6月底已全部竣工。公司还设立了售后服务站，在左贡县、江达县和边坝县设立了售后服务点，并派专业技术人员负责进行日常维护、半年维护和年度维护工作。

公司在其自身发展的同时注重回报社会，积极参与西部开发，在藏承建“国家光明工程”和“送电到乡”水电站建设工程。同时参加当地扶贫和地方建设工作，先后捐款建设了“天合光彩小学”、太阳能发电系统和为当地配备现代化办公设备，得到各级政府的一致好评。县内埃西乡光伏电站开通后，藏民子女在明亮的灯光下读书、学习等，此外芝康、察雅、八宿县帮达和益青乡光伏电站容量分别达40、30、30、20kW_p。

3. 那曲地区

（1）工程概况。

双湖工程在1993年5月签订光伏工程承包合同后，电站建设组人员进行现场勘察完成技术设计。经一年时间，建成

$25kW_p$ 电站发电。该电站的技术指标、设备性能、土建工程质量均达到合同的要求，被认定为优良工程，并通过了专家委员会的技术鉴定，荣获 1997 年中科院科技进步二等奖。

（2）地理气象资料。

1）双湖位于藏北那曲地区西北的羌塘高原，平均海拔 5000m。总面积 12 万 km^2，其中 96％的土地被荒漠和高山草甸覆盖，属于纯牧业。全区共有 7 个乡镇，总人口 7000 人，其中藏族占 98％。电站地理位置为东经 89°，北纬 33.5°，海拔高度 5100m。距地区行署所在地那曲 900km，离最近的铁路线青海格尔木站 1600km，当时仅有一条简陋的公路与外界相通。该区城镇人口约 2000 人，共计 400 多户。

2）气候条件具有明显的高原特性，干旱、少雨，风、沙、雪、雹等自然灾害频繁。年平均温度仅 2.1℃，最低气温达 −40℃，6 月份仍有降雪，采暖期长达 10 个月以上。平均风速 4.5m/s、最大风速 28m/s。7 月份阴雨天气较多。其太阳能资源极为丰富，年日照时数高达 3000h，太阳能年总辐射量在 $7000MJ/m^2$ 以上，且总辐射量全年分布比较均衡，季节差值较小，非常适宜于应用太阳能光伏发电技术。1993 年 6 月 11 日实测的太阳辐射强度数值见表 7-20。

双湖太阳辐射强度 **表 7-20**

时间/h:min	辐射强度/W/m^{-2}	时间/h:min	辐射强度/W/m^{-2}
9:00	910	13:00	1150
9:30	990	14:00	1150
10:00	1030	15:00	1150
10:30	1070	16:00	1130
11:00	1100	17:00	1130
11:30	1120	18:00	1080
12:00	1130	19:00	830

注：表中为 1993 年 6 月 11 日测得值。

（3）实际用电负荷及预测。

1）实际负荷为实地调查到双湖所在地以前由柴油发电机组供电，当时拥有 3 台柴油发电机，其中一台 50kW 完全报废，一台120kW的因故障已停机待修多年。正在使用的是1983生产的50kW柴油发电机，每天晚间发电4h，主要供照明、看电视之用。由于用电负荷大且高原缺氧，柴油机发电效率低，其最大实测输出功率不到30kW。1993年的用电负荷状况：住宅、学校、医院、炉站、商店、银行、办公室和招待所灯具389只，其中14只为40W荧光灯，其余全部为100W白炽灯；电视机58台，收录机118台；公共用电的电视台1kW；邮局自建2kW光伏电站独立使用。

2）负荷预测是根据光伏电站主要用于解决照明及看电视等生活方面，同时兼顾公共用电的原则，当时曾对其光伏电站1995年的负荷和用电量进行过预测：它是以1993年负荷情况为基础，考虑一定的增长比例计算的，当时将照明灯具全部采用20W高效节能灯。该城镇1993年用电负荷实况及1995年光伏电站用电负荷预测情况详见表7-21。

从表中可以看出，由于采用高效节能灯，使得光伏电站的照明用电负荷大幅度降低，预计1995年总负荷功率为29.2kW，平均每天用电量86.0kWh。预测值与光伏电站建成后实际负荷情况基本符合。

用电负荷实况及预测　　**表7-21**

参数 类别	1993a负荷实况			1995a负荷预测				平均日用电时间/h	日用电量/kWh	
	数量/台、只	功率/W	总功率/kW	增加比例/%	数量/台、只	功率/W	总功率/kW		1993/a	1995/a
灯具	389	100	38.9	30	506	20	10.1	3	116.7	30.3
电视机	58	65	3.77	40	81	65	5.27	4	15.1	21.1
收录机	118	30	3.54	50	177	30	5.31	2	7.1	10.6
电视台	1		1				1.5	4	4	6
医院			0				3	2	0	6
其他			0				4	3	0	12
合计	47.2			29.2					142.9	86

(4) 光伏技术工程设计。

1) 总体技术方案是根据该地的特殊情况以及用电负荷预测，光伏电站宜建成一个独立光伏系统，配以适当容量的柴油发电机组在应急情况下启用。该电站由太阳电池方阵、蓄电池组、直流控制、逆变器、整流充电、柴油发电机组、供电线路和相关设施组成。按照给定要求及条件，经优化设计计算，其主要性能参数见表 7-22。

光伏电站技术参数 **表 7-22**

序号	名称	数据	备注
1	太阳电池标称功率/kW_p	25	
2	蓄电池组/V/Ah	300/1600	
3	逆变器/kVA	30	380V、50Hz 三相正弦波输出
4	直流控制容量/kW	60	300V 分路输入控制
5	交流配电容量/kVA	180	220/380V 三相四线对路输出
6	整流充电功率/kW	75	DC300～500V 可调
7	柴油发电机组功率/kW	50	或 120

2) 总体技术方案设计中充分考虑到将来增容的需要和满足可靠性要求，各部分的性能参数都留有充分余地。直流控制、交流配电及线路都是双路供电。并预留输出、输入接口、以便接入第 2 套逆变器，待将来增容时，只需加大太阳电池和蓄电池的容量，转接上去即可使用。

4 太阳能光伏照明

4.1 基本概念

在太阳能发电技术日趋成熟的今天，将其应用由无电和少电地区向城镇扩展，不仅可用于照明节省现有能源，还可以保护环境、美化生活。这是当前积极开发绿色能源的一条成熟路径。

4.1.1 定义

太阳能城市照明系统由太阳电池、智能控制器、蓄电池和

LED高效节能灯（直流）灯具等组成。

1. 光伏元件

(1) 太阳电池。

是将切割加工成一定规格的单晶硅、多晶硅和非晶硅电池片，经排布、焊接后，再用玻璃、塑料、铝合金进行封装成片状，以保证其使用寿命。光学玻璃和铝合金的封装原材料价格比较昂贵，有些还须进口。所以在照明$<3W_p$时多采用塑料封装工艺。主要用于草坪灯、墙头灯和壁灯等处。单片太阳电池这个PN结，除了太阳光照射在上面产生电能外，还具有结的其他特性。在标准光照条件下其额定输出电压为0.48V，平射光伏组件是由多片连接构成，具有负的温度系数，每上升1℃，电压下降2mV，这对于数片电池方阵是一个不可忽视的问题。在使用中，电池方阵开（短）路都不会造成损坏，实际上也正是利用它特性对系统蓄电池充放电进行控制的特性。

电池方阵输出功率W_p是指标准太阳光照条件下（欧洲委员会定义为101标准）的辐射强度$1kW/m^2$、大气质量AM1.5和电池温度25℃下的，与平时晴天中午前后的太阳光照条件相当。并非人们想象的那样有了光线才会有额定输出，甚至认为光伏在夜晚荧光灯下也可使用。实际上光伏电池的输出功率在不同的时间、地点，一个组件的输出功率也各异，太阳能灯具的设计和使用还与所处的地理位置有关。光伏组件额定输出功率和灯具输入功率之间关系约为2～4∶1，具体比例要根据灯具每日工作时间以及对连阴雨照明要求决定一般为$120W/m^2$。

(2) 蓄电池。

通常采高性能免维护阀控式铅酸蓄电池作为储能器。但在小功率状况下，也可使用可充电的镉、镍、锂电池等。在工程设计时，应合理选定储能器形式等有关参数，若选择数值不当，则会引起系统配置过高（低），从而造成投资费用大、系统工作不稳定的弊端。

由于光伏系统的输入能量不稳定及太阳能灯的需要，必须配置蓄电池才能正常工作。一般有铅酸、Ni－Cd、Ni－H 蓄电池，其容量选择直接影响系统的可靠性及价格。所以选配时应遵循原则是：首先在能够满足夜景照明的前提下，把白天太阳电池组件的能量尽量存储下来；其次还要存足能够在连阴雨天夜晚照明需要的电能。容量过小，满足不了夜间照明的需要，容量过大，它会始终处在亏电状态，影响其寿命并造成浪费。

其封装形式目前主要有层压和滴胶：前者工艺可以保证太阳电池组件工作寿命＞25 年；后者虽然当时美观，但其工作寿命仅仅 1～2 年。因此，小于 1W_p 的小功率太阳能草坪灯，在无高寿命要求的情况下可以使用，对于规定年限的太阳能灯，则使用层压式封装；另有一种用于滴胶封装电池组件，工作寿命可增至 10 年。

(3) 逆变器。

光伏发电系统逆变器按输出波形划分，有方波、阶梯波、正弦波；按输出相数划分，有单相和三相两种，独立或并网电站分别采用单相和三相正弦波逆变器。使用中发现它是光伏电站事故较高的设备，它会直接影响其可靠性。所以，在独立光伏电站设计时增加一台备用逆变器，以缩短维修时间。

1) 选择要点注重于额定容量为用电设备容量的 1.1～1.15 倍；额定电压为蓄电池组额定电压，波动范围在±30%。规范根据 GB 3859.2 要求，在海拔＞1km 的地方使用，每升高 1km，电源应降额 5%使用。基本功能有输入反接、欠电压、过电压、过流和短路保护等。

2) 安装事项中连接输入、输出导线时，控制器必须处于断开状态。逆变器与蓄电池间的连线采用短而粗的铜芯线，长度＜10m；逆变器外壳接地电阻≤10Ω；散热、接线，逆变器与墙面至少有 0.4m 的保护距离。

2. 技术特点

(1) 电池组件安装。

为了美观，许多灯具厂将太阳电池水平放置，其输出功率将减少 15%～20%。如果再增加一个装饰性外罩，可再度减少

5%。从收集到国外太阳能灯资料表明，在节能和美观两者之间，大多数选择节能；在长江下游，太阳电池最理想倾斜角度为40°，方向为正南方。

(2) 热岛效应。

单片太阳电池一般是不能使用的，实用中是由多片太阳电池迭合而成的组件。在运行过程中，如果一片太阳电池单独被遮挡，电压改变后，其组件在强烈阳光照射下便会发热以致损坏。为防止这种热岛效应的影响，一般是将太阳电池倾斜放置，使树叶等不能附着，同时在其组件上安装防鸟针。

(3) 灯具充放电及控制。

1) 防止反充电只要在太阳电池回路中串联一个二极管，防止其反充电。所选的肖特基二极管压降比普通二极管低；还可以用场效应晶体管控制反充电，它的管压降比前者更低，只是控制电路要较之复杂。

2) 防止过充电可在输入回路中串连一个泄放晶体管，由电压鉴别电路控制晶体管的开关，将多余的太阳电池能量通过晶体管泄放，保证无过高电压为蓄电池充电。关键到是防止过充电压的选择，单节铅酸蓄电池为2.2V。

3) 防止过放电除了Ni－Cd电池外，其他蓄电池一般都是需要的，因为蓄电池一旦过放会造成永久性损坏。需要注意的是太阳电池系统一般相对蓄电池是小倍率放电，所以放电截止电压不宜过低。

4) 温度补偿要求，是从在上述蓄电池电压控制点随环境温度而变化的道理中得知，光伏照明系统应该有一个受温度控制的基准电压。对于单节铅酸蓄电池是－3～－7mV/℃，通常选用－4mV/℃。

3. 光伏系统

(1) 独立光伏型。

太阳能草坪灯是一种节能、环保的照明产品，其原理是通过太阳电池利用太阳光照，吸收光能将其转变为电能，贮存在蓄电池内为其供电；工作方式为白天控制系统自动关闭照明，夜间或环境光照度<10lx 时，会自动开启发光系统；同时控制系统始终监测蓄电池工作状况，避免过充、过放造成损坏，起保护作用。其主要特点：

1）采用单晶硅太阳电池，以专用钢化玻璃及防水树脂封装。坚固耐用、运行稳定。弱光性好，充电转换率>14%，使用寿命>15 年。抗冲击力强，能抵御冰雹袭击，输出电流稳定，最大限度地避免浮沉影响。

2）密封铅蓄酸电池，免维护、无需补液、无游离电解液；内阻小，放电率较小，深放电恢复性能好，适用温度广，使用寿命长。

3）选用智能控制元件，性能稳定。根据环境光照度变化，自定控制照明时段，能实现"光控开启＋光控关闭"、"光控开启＋时控关闭"和"时控开启＋光控关闭"等多种控制方式。同时具有状态指示功能，保证蓄电池系统避免过充、过放电而造成损坏。

4）发光灯体可拆分，维护方便；灯座材料，有喷塑铸铝、喷塑铸铁、ABS 塑料以及不锈钢等，均采用最新工艺精制而成；灯罩，采用高强度塑料，透明度好，强度高，抗老化；光源，Ⅰ型采用冷阴极发光管，Ⅱ型采用超高亮度 LED 灯。光照效果除可发出红、白、蓝、绿、黄等多种单色光外，还可以实现不同颜色交替变化的效果，于 50m 处仍可见。

5）适用范围包含所有灯饰亮化处。其主要技术参数见表 7-23。太阳能与传统照明比较见表 7-24。

光伏照明技术参数　　表 7-23

名称 / 型号	Ⅰ型	Ⅱ型
光源	冷阴极管直径 φ2.6×125mm6V/2W	超高亮度 LED10LED 灯 >6000mcd
太阳电池组件 V/W	9/3	9/3
免维护铅酸蓄电池镍氢电池 V/Ah	6/10	6/5

续表

名称 型号	Ⅰ型	Ⅱ型
智能控制器	过充、过放保护，光控、时控、状态指示等装置	同左
照明时间	每晚8h连续阴雨天5～7d(可根据需要定做，调整阴雨天工作时间)	同左
主要构建材料	喷塑铸铁、喷塑铸铝、不锈钢(可选)	同左
规格/mm	350～1000(高度)	同左

注：1. 太阳电池应摆放在日照时间长的地方，尽量远离阴影。
2. 为提高转换效率，灰尘过多时应及时除尘。

光伏照明与传统照明系统比较　　表7-24

名称	优势		备　注
	产　品	技　术	
光伏系统	绿色环保，灯光色彩绚丽	国内已申请多项国家专利	服务量较小
	节约能源	绿色、环保、节能、无污染	需建立服务网络体系，积累经验
	低压直流供电，安全可靠	多程式的亮光控制，综合视觉效果好	
	使用寿命长，安装简便	可使用于偏远地区及高山、海岛	灵活使用
传统系统	消耗燃料等非再生能源	标准化技术	服务量大
	需按月交纳电费	装饰综合视觉效果一般化	已形成服务网络体系和经验
	需铺设大量地下或地上电线(缆)	消耗非再生能源和产生温室效应	需寻求改造途径
	光线多为单色	难以在偏远地区、高山、海岛上使用	

(2) 并网光伏型。

该系统由光伏组件、并网逆变器、计量装置和配电系统组成。太阳通过光伏组件转化为直流电力，再通过并网型逆变器将直流电能转化为与电网同频率、同相位的正弦波交流，一部分为当地负荷供电，剩余部分馈入电网。

4.1.2　固体发光光源

除热辐射光源和气体放电光源的传统应用外，这里重点介绍当今风行的辐射发光二极管，简称 LED 灯（Light-Emitting-Diode），实践反复证明它是光伏照明的好伙伴，是一种能够将电能转化为可见光的半导体，它改变了白炽灯钨丝发光与节能灯稀土三基色荧光粉发光原理，而采用其固体半导体芯片作为发光材料。当两端加上正向电压，直接发出不同颜色的光。该光谱几乎全部集中于可见光频段，其发光效率可达 80%～90%。将高效 LED 灯与普通白炽灯、电子节能灯及 T5 三基色荧光灯做了一番比较，其结果见表 7-25。

几种灯具参数比较　　表 7-25

名　称	光效/m/W	寿命/h	备注
普通白炽灯	12	2000	
电子节能灯	60	>2000	
T5 三基色荧光灯	96	1 万	
LED 发光灯	20～28	10 万	白光

注：预测 LED 发光灯较电子节能灯还能节约 25%。

固体光源的巨大革新，可利用其通断时间和红、绿、蓝三基色原理，在电脑控制下实现色彩和图案的多种变化，成为一种可随意调节的“动态光源”。生产中不但无有害元素，使用中也不发出有害物质、无辐射。它与传统光源比较，融合了计算机、网络等高新技术，具有在线编程、无限升级和灵活多变的特点；光线质量高，从诞生至今以每 10 年亮度提高 20 倍、价格降低 1%的速度在发展；可靠耐用，维护费用极为低廉等。可以预见该灯将是照明行业的主流电源。它的颜色有红色、绿色和黄色。伴随着新材料的发明和光效的提高，单颗 LED 灯功率和光通量也在迅速增加。就拿驱动电流来说一般 LED 灯仅为 20mA，到了 20 世纪 90 年代，一种代号为“水虎鱼”的 LED 灯驱动电流增加到 50～70mA，代号为“梭子鱼”的 LED 灯达到 300～500mA。

1. LED 灯发光概念

LED 灯和太阳电池配合及其技术参数见图 7-13、表 7-26。

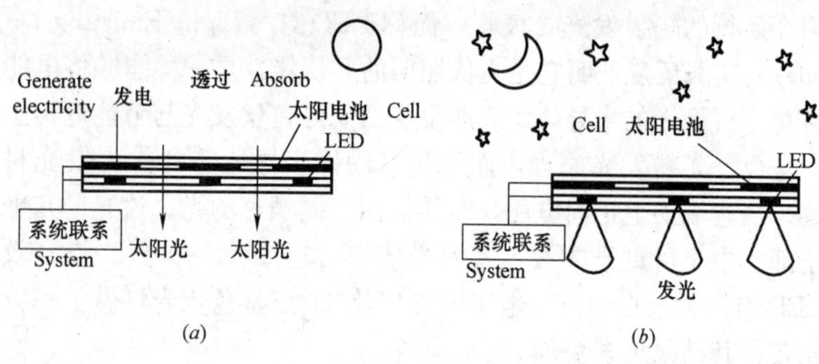

图 7-13 LED灯和太阳电池配合
(a) 白天；(b) 夜晚

LED 灯技术参数 **表 7-26**

太阳电池种类 主要参数	结晶薄膜透光型太阳电池	备注
光电转换率/%	10	
最大功率/W_p	35	
最大工作电压/V	45	
最大工作电流/A	0.78	
开路电压/V	62	
短路电流/A	0.85	
所选光源	高光效 LED 灯	共 320 个
灯功率/W	14	
灯工作电压/V	36	
光线照度/lx	30	指距离 2m 位置时
工作温度范围/℃	−30～80	
外形尺寸/mm	620×985×16	
重量/kg	22	

白色灯（LED 灯）的研制成功大大拓展了使用范围，为日常的选灯创造了条件。从性能说它与一般光伏电池配用节能灯相比，具有寿命长、不发热、可靠性高、功率小和更加节能的优点，现已在太阳能路灯庭院灯、草坪灯和路障指示灯中大量使用。人们把它誉为 21 世纪的绿色光源。

(1) 简要理论。

白色发光二极管与其他颜色二极管的发光原理略有不同。目前基本上有两种模式可行：一种是采用二波长（蓝色光＋黄色光）发光模式、结构，其基础部分是一颗蓝色发光二极管，在它的芯片外覆盖一层荧光体层，当蓝色二极管芯片发射出蓝色光时，一部分在透过荧光体时被其吸收，变成了黄光。则黄光又与透过荧光体的蓝光混合后发出白光。有的白色发光二极管发出的光是纯白的，有的则是白色偏蓝；另一种是采用三波长（蓝色光＋绿色光＋红色光）发光模式的全彩色发光二极管。它是将红、绿、蓝 3 颗发光的二极管封装在同一个管壳内。

还有一个由 3 种原色光混合产生白光，由于制作成本相对较高，所以一般不会用于照明灯，主要用来制造全彩色显示屏。普通发光二极管的正向饱和压降为 1.6～2.1V，正向工作电流为 5～20mA，而白色发光二极管正向电压降为 3.5V，只有正向工作电流≥15mA 时，才能使其正常发光。

（2）驱动电路设计。

1）光伏发电系统只包括直流输出端、交流输出端，以及同时设直流输出端、交流输出端。因此，在设计白色发光二极管光伏照明灯驱动电路时，应考虑内容见表 7-27。

白色 LED 灯驱动电路设计　　**表 7-27**

目标	做　法	备注
节约能源	应选用直流电压，如选用交流电压时，采用 220V 交流电压整流滤波电路	这样能够减少中间环节损耗，达到节能的目的
安全可靠	电路中个别白色发光二极管被击穿时，不应影响其他管子正常工作	避免连锁反应
高效运行	二极管支路不串联电阻	提高电源质量
减少损耗	确定发光二极管工作电压、电流参数时，要注意其界面温度，减少由于发光二极管功耗与热阻导致的温升	超过其最高界面温度会减少发光二极管使用寿命，甚至出现损坏
参数接近	电路中选用电压、电流参数相近的纯白色超亮发光二极管	达到更加明亮、节能的效果
增收节支	电路设计时元件适中	力求降低成本

2）二极管接线基本有串联、并联和交叉串并联3种，根据驱动电压来决定采用哪一种：串联，任意一颗白色LED灯管出现断路故障时，会导致与该支路串联的白色KED灯都不发光；交叉串并联，任意一颗白色LED灯出现断路故障时，影响所有支路正常工作。

3）确定二极管工作电流，经过$\phi3$、$\phi5$两种白色LED灯进行的测试结果如表7-28所示：用两节干电池串联不是白色LED灯正常发光的最佳电压，而是需要电压>3.2V、电流≥15mA时，才能使其温升不高而正常发光。但其二极管两端电压应<3.8V，电压过高造成管子工作电流增大、界面温度过高、性能变坏（击穿）等故障。故一般白色LED灯击穿后均成为断路状态。

4）适当加大管脚散热面积，LED灯工作时产生的温度会从管脚向外散发出来。如果适当增加电路板上与管脚相连的铜线截面积，则有利于管子的正常工作。

白色发光二极管技术参数 **表7-28**

序号	白色LED灯	电压/V	电源/mA	管脚升温/Δ/℃	备注
1	$\phi3$超亮型	2.5	0.13	—	不亮
		2.8	0.37	>4	
		3.0	3.5	>8	
		3.1	11	>11	
		3.2	15	>14	
		3.3	19	>21	
		3.4	24	>30	
		3.5	28	>40	
		3.6	34	>50	
2	$\phi5$一般型	2.5	0.01	—	不亮
		2.8	0.18	—	
		3.0	1.2	—	
		3.1	1.7	>3	
		3.2	2.5	>6	
		3.3	8	>10	
		3.4	12	>20	
		3.5	19	>80	

(3) LED高效节能灯。

该灯具有高可靠性、低温升、低电压（1.5～3V）和耗电少等优点。可与数字电路兼容，能主动发光且有一定亮度，又能调节电压（流）；耐振性好，寿命可达100万h；具有多种颜色（红、黄、绿、蓝、白），且光效高；显色性好，Ra为75～85。单色性好，其辐射光谱为窄带。只是，单个超高亮度LED灯所产生的光线较暗，方向性太强，综合视觉效果较差。

实际应用时首先须将多个发光管集中于一起，加大其发光亮度与面积；其次，根据不同色彩管的性能差异，通过相关参数匹配优化设计，组合成系列产品；最后，应按照使用的场所，设计出120°、90°、70°多种角度的反光板，旋转在高透光率的塑料灯罩内，以改善由于方向性过强而形成的光斑。同时处理灯罩内表面，使其发出的光线经多次反射与折射，最终获得发光均匀的高效节能灯泡，形成特殊的光学效果。目前LED灯泡有4、8、12V等规格的系列产品，适用于交通信号灯、机场标志灯、夜景照明、庭院美化、商业装饰、广告、大屏幕背景、汽车尾灯、建筑标志和应急疏散标志等。

美国一公司已于2002年研制出大功率高光效的白色LED灯1W光效达18lm/W，5W光效为24lm/W。美、日、欧还将配套灯具、提高显色性、多样性气温等一系列技术问题得以解决，到那时，将使LED灯广泛进入建筑照明领域，引起照明光源的又一次革命性飞跃。

2. LED优势明显

(1) 供电方式简单。

常规路灯的安装需要开挖地下管道埋线供电；如是修好的路或绿化好的绿化带，在进行路灯的改造（安装），破坏性很大，为此施工成本很高。而太阳能灯每只都是一个独立的发电系统，安装时不需开挖管道，占地面积很小、安装方便灵活及施工成本低。

(2) 维护维修方便。

常规路灯的地下高压线易出故障，检修困难，维修时更是需要挖沟施工。根据园林部门的调研来看，地下高压线故障率高，使得维护工程费用居高不下。而太阳能灯属于独立系统，维护检修极为方便，即使更换配件，施工也非常容易。

(3) 投入成本适中。

常规路灯需要架高杆、地埋安装管道、电缆、灯具和灯具控制设备等，综合成本造价很高。而太阳能灯属于一次性投入产品，其初期投入与常规路灯的综合运行相比，成本相差不多，但运行费用极低。

(4) 控制功能齐全。

太阳能灯的太阳电池使用寿命在15～20年之间，其他备件使用寿命也很长，为此运行维护成本很低。光伏灯具根据客户要求的亮度和造型灵活设计。该灯安装不受地域限制，规模大小可随意制定。不但适用于无电地区的照明，更适用于城市美化照明和环保宣传。太阳能灯控制功能齐全，自动启动和关闭，可以根据客户需要做到定时供电，以节约能源。使用过程中，免维护免操作，使用中不消耗常规能源，节能环保。

4.2 主要用途

4.2.1 太阳能室外灯

其灯具技术参数见表7-29。

太阳能室外灯具技术参数 表7-29

太阳能灯种类	组成	时段	优势	适用场所
路灯	晶片封装的太阳电池方阵，免维护蓄电池，单(多)只太阳能灯表面经除锈喷粉(喷漆)处理等钢质灯架	25℃晴天光照射一日，可通宵点灯，若其后连续一周阴雨天，每晚发光>8h	蓄电池寿命达2～3年，太阳能光源寿命>1.5万h。亮度高、安装简单、维修方便、使用范围广、节能效果明显、不用架设电缆等	各种道路、广场和园林等地照明

续表

太阳能灯种类	组成	时段	优势	适用场所
庭院灯	压铸铝或钢管灯架，有单（双）灯头，每只灯配置太阳电池，可循环充电的干电池或免维护蓄电池，光源为LED灯	25℃晴天中光照一日，当晚通宵亮灯，如连续一周阴雨天，每晚发光＞6h	蓄电池寿命达2～3年，安装简单、维修方便、具有美化环境等作用	公园、庭园、草坪和小区道路等处
草坪灯	太阳电池可循环充电的干电池或免维护蓄电池，LED灯	25℃晴天光照一日，当晚通宵亮灯，如连续一周阴雨天，每晚发光＞8h	款式多样，形态各异，具有美化环境作用	公园、庭园、草坪和小区道路等地方的美化装饰灯和显示灯
景观灯	太阳电池可循环充电的干电池或免维护蓄电池，光源为LED灯	夜葵灯在25℃的晴天光照一日，当晚会通宵亮灯，如连续一周阴雨天，每晚发光＞8h	安装简单、维护方便、高亮度等	公园、庭院、广场等场所的美化灯和显示灯
便携式灯	包括太阳电池、蓄电池、节能灯等组件，全部都装在一个手提箱内	25℃晴天光照一日，亮灯时间达8h	具有安全可靠、携带方便、安装简单、照明时间长和亮度高等特点	专为探险、寻矿、旅游、野外、游牧和边远山区设计制造的照明灯具，在$10m^2$房间书写时，亮度相当于30W白炽灯

（1）太阳能路灯。

由太阳电池、控制逆变器、蓄电池、光控及计时器、发光体部分组成。太阳能路灯是一个可控的工作系统，只要设定出系统的工作模式，就会达到所需的自动控灯。一般分为3种模式：光控启动、光控关闭；计时控制启动、计时控制关闭；光控启动、计时控制关闭。其过程为灯在阳光低到设定值时，传感控制启动灯工作，同时开始计时；当达到设定时间段，使其停止工作。该系统的太阳电池有两大作用：一是在白天为蓄电池充电；二是做光控传感器，用RC元件的充电放电。一般采用18、36W低压钠灯作为光源，因为其光效在光源中最高。

(2) 太阳能草坪灯。

草坪灯是我国太阳电池应用领域一个不可忽视的重要分支。2004年的出口数量超过一亿只，太阳电池消耗量为20MW_P，1.2V小型蓄电池消耗也超过一亿只，主要分布在广东、福建和浙江沿海一带。由于它是一个新技术，需要完善改进的地方很多待研究。

基本电路。一般都用DC/AC升压电路。当然也有用DC/DC升压电路，由于人类视觉残留现象，作为照明用LED的供电，可以是脉冲供电或直接使用电网供电，从而提高转换效率和降低制造成本的考虑，采用DC/DC电路形式的人越来越少。

(3) 太阳能多种照明。

太阳能景观灯。古建筑一般为木结构、易起火，经常会发证线路短路造成火灾。如果用太阳电池供电，易避免类似问题发生。它不用电网电源供电，省电且安全。光源为超高亮度LED灯；有黄、白、蓝、绿RGB三基色；太阳电池功率1.5W；配两个Ni—Ca可充电电池（每个1.2V、180mAh）；在晴天光照下，夜晚照明时间>8h。

4.2.2 太阳能交通标志灯

为了在晚上能够清晰分辨各种各样的交通标志，最好的办法是让灯主动频闪发光，鉴于公路电源供电不便，所以它是太阳能供电的好场所。这方面比较成功的范例就是太阳能黄闪灯，当前实用的地方越来越广泛，它不需要电网电力及敷设线路，连阴雨15日仍能正常工作，有效地防止和避免交通事故的发生。成本低、使用寿命长。系统及主要部件技术指标见表7-30。

太阳能交通黄闪灯技术参数　表 7-30

部件名称	技术指标	
太阳电池板/V、W	12,10 正常使用寿命:25 年	
蓄电池/V、Ah	12,17(可连续 15 个阴雨天正常工作)	
LED 灯发光管/cd	单管亮度≥4000(共 120 颗)	
带反光珠光源盘/h	正常工作寿命 6000	
发光口径/mm	ϕ300	
设计标准	峰值日照时/h	4.5
	工作环境/℃	－30～＋50
	闪烁频率/Hz	0.7～0.9
	占空比	1/4～1/3
	工作电压/V	12
	工作电流/A	0.3～0.35
	日视距离/m	500
	夜视距离/m	800
净重/kg	21	
包装尺寸/mm×mm×mm	530×420×420	
安装方式	悬挂式	

(1) 基本状况。

1) 主要功能。太阳电池供电是由反光膜与发光二极管相结合的产物，从而解决了公路上的电源设备问题，扩展了使用范围。用太阳能制作各种形式图案的道路交通标志，具有醒目的诱导作用，在几百米处就能给司机以提示，达到减少交通事故、安全驾驶的效果。尤其在黑夜与雨雾天，该标志还有特殊的闪光功效，让弯曲道路、沙土环境不减其功能。北京、上海等地市政建设中已大量使用环保、节能的太阳能灯代替传统路灯、太阳能庭院灯等。其光电产品生产企业达 20 家，年产值 20 亿元。

2) 普及状况。目前大规模安装普及交通标志灯受到两方面因素的制约：一是费用高、一次性投资大。普通路灯一般每台 3000 元，而太阳能灯需 9000 元；二是一些人对新生事物持怀疑态度。但从长远看既省电又环保，若在利用某些原来电源进行补充，也可节省95%的用电。

随着电力日益短缺，对使用可再生能源的呼声越来越高，正在改建的109国道北京段将采用新型太阳能交通标志灯，引导驾驶人员注意安全主要包括夜间弯路、让路标志、限速标志和凸起路标等。它在确保原有被动发光功能的同时，较好地提高设施的发光强度和视角，并可通过自身发光、闪烁等刺激，提高辨认能力和警惕性。

3）结构示例。从白炽灯和LED交通信号灯的对照可知：前者，灯泡置于灯具内时，几乎占据整个空间，显得过于紧凑，需要反射器将其他方向的光收集起来，投向要求区域。通常采用的是抛物面反射器，形成近似于平行光束，然后用有透镜的外罩对光束进行偏折、扩散，以产生期望的光分布和颜色；后者，一个灯具内使用的交通信号灯，通常有100～300颗LED灯，均匀分布于整个发光面上，每颗对应一个（组）透镜光源。由于它发出的光集中于一个较小的立体角范围内，反射器用透镜不必选光学组件。如用凸透镜或菲涅耳透镜产生平行光束，然后，用枕形透镜、楔形棱镜等使光束重新扩散、偏折，产生满足标准要求的光分布。

（2）计算选型。

1）光通量估算。无论欧、美还是我国的国家标准，对于信号灯光分布的要求大多体现为H—V系统内的光强分布。因此以最新国家标准作为设计的依据。

2）透镜单元。为了能实现对光通量更有效的利用，设计中应先用标准系统，将LED灯发出的光校正为平行光。同时灯具采用单凸透镜，其曲率半径用式计算

$$1/r_1-1/r_2=1/f(n_1-1) \tag{7-3}$$

式中，f 为透镜焦距，m；r_1；r_2 分别为透镜两表面的曲率半径，m。当其表面为平面时，曲率半径为无穷大；n_1 为透镜材料的折射率。

需要用透镜将平行光束扩散处理后来满足标准的要求。为使

光学效果更加合理，设计中应将灯具外罩分割成矩形小单元，其目的在于打碎光波的波面，使产品产生均匀的外观效果。在每个小单元中，采用椭球面，因而该面具有水平和垂直两个方向的弧度，从而可以在两个方向上用不同的曲率半径达到不同的扩散效果。由于交通信号灯的标准一般要求光分布于水平之下，因此，在垂直方向上只需用上半段圆弧产生向下扩散的效果。

根据上述原理，进行光学透镜、色片、产品结构以及电路设计，并在该基础上形成产品的高新技术。

LED灯作为交通信号目的是克服传统技术的不足，合理利用光通量，实现均匀高效的光分布；同时，在圆盘状主体上整齐排列多组透镜单元，每组又都由不同（双向）曲率的透镜单元构成。因其透镜表面具有水平、垂直方向曲率半径的曲面，可使入射光在水平方向和垂直方向都得到扩散。鉴于两个方向曲率半径的相互独立，可根据要求分别调节两个曲率，使其光输出在两个方向上得到不同限度的扩散。因此，双向曲率曲面构成的透镜可以根据设计要求更自由地分配光输出，更有效地利用光通量，减少其不必要的浪费和眩光。此外，由于使用光滑过渡的曲面，灯具有均匀过渡的光分布和良好的外观。

光伏发电能量及储备能量（蓄电池）一般不会太大（指不并风能使用），蓄能电压在12、24V。故作用于照明的发光体应当是低能耗、高效率和最佳搭档，应该首选当今最具有发展前景的LED灯。它的单颗器件工作电压为直流为4V，工作电流为20mA，光伏与之搭配，既不要升压也不要降压（串联LED灯）。在同样亮度下，LED灯耗能仅为普通白炽灯的10%，寿命为白炽灯的100倍。其节能、长寿、绿色环保显而易见。

该项技术众多新能源之托，为甘肃、内蒙古和新疆等地批量生产了12V、0.7～1.5W_p太阳能专用白光LED灯，为无电区域和草坪帐篷提供了照明。曾采用15颗超亮串并联LED灯方案，大大提高了太阳能的利用率，而且以E27接口的PC外壳不易破碎、透明性好，6S级防水性能。达到100lm，寿命为5万h。

(3) LED发光灯设计及应用方向。

见表7-31、表7-32。

LED光照设计 表7-31

功能	特点	备注
表面自发光	点发光灯具表面亮度不需很高,柔和的漫射光往往在环境中起到定向作用	
	线发光灯具于轮廓照明的情况较多,产品需要系列化,根据建筑物的形态、高度和环境亮度而定	需要有不同管径和表面亮度的产品
	面发光灯具是将模块化LED灯拼装,形成发光表面,在室内设计中可成为主要的装饰元素	也会在地面照明中使用
侧向发光	在玻璃侧面安装LED灯,通过光线的全发射,使得整个玻璃表面产生柔和的发光效果。这种装饰可以对标识进行照明,也可用于宾馆大堂的主要视觉中心	楼梯的材料可以是透明的。玻璃绘画的照明也可以采用这种照明方式,将玻璃上经过酸腐蚀的艺术绘画呈现出来
投射发光	投射光照图式可以是扇形的,也可以是一束平行光,扇形光束用于照射垂直的柱面或窗间墙面	平行光束可以照射连续的墙面,形成漫射光照明
装饰性的动态变化	对颜色、光强和时间的控制,使得LED灯颜色理论上可以实现数字化。其光强与色彩产生预先程序设计的动态变化,展示光的运动,这主要依赖于与数字控制技术相结合的方式。照明工程师和建筑师已经认识到它强大的可变效果,尤其在控制和美化方面,加快了LED灯的发展速度	LED灯全彩灯具设计的控制器,通过计算机编程,可以操作灯具同步或非同步进行色彩变化和快速色彩动作变化

LED灯工程应用方向 表7-32

种类	照明设计	备注
建筑物的立面照明	投射于建筑物某个区域的目的与传统的投光概念近似,是控制投光束角的圆头和方向形状。由于LED灯小而薄,是线形投射灯具的一大亮点,因为许多建筑物很难找出放置常规灯具的处所	安装便捷,可以水平、垂直方向装设,与建筑表面更好地结合,为建筑师带来了新的照明语汇,拓展了创作空间。并将对现代和历史建筑的照明布局产生了新的理念

续表

种类	照明设计	备注
景观公园街区照明	LED灯脱开传统灯具光源的玻璃泡壳，它可与城市街区有机结合。在路径、楼梯、甲板、滨水地带和园艺休闲空间布灯照明。花卉或低矮的灌木可使用其作为光源	隐蔽式投光灯具特别受到青睐。固定端可以设计为插拔式，依据植物生长高度和方向进行调节
标识与指示性照明	道路路面的分隔显示、楼梯踏步的重点照明、紧急出口的警示照明及需要进行空间限定和引导的场所，可以使用表面亮度适当的LED灯自发光埋地灯或嵌入垂直墙面的灯	影剧院观众厅内地面引导灯或坐椅侧面的指示灯，以及购物中心楼层的引导灯等。LED灯与霓虹灯相比，由于是低压没有易碎的玻璃，不会因为制作弯曲而增加费用，值得在标识设计中推广使用
室内空间展示照明	由于光源没有热量、紫外线与红外线辐射，对展(商)品不会产生损坏，与传统光源比较，灯具无须附加滤光装置，照明系统简单、费用低廉、易于安装。其精确布光，可作为博物馆光纤照明的替代品	商业照明大都会使用彩色LED灯，室内外装饰性的白光LED灯结合装修为室内提供辅助性照明，暗藏光带亦可使用，对于低矮房间非常有利
娱乐场所舞台照明	该灯的动态、数字化控制色彩、亮度和调光等优势，活泼的饱和色可以营造静(动)态的照明效果。基本做到从白光到全光谱中的任意颜色，其使用开启了空间照明全新的思路。长寿命、高流明的维持值(1万h后仍维持90%的光通量)与PAR灯、金卤灯的50～250h相比，降低了维护费用和更换光源次数	克服了金卤灯使用一段时间后颜色的偏移现象，与PAR灯相比，没有热辐射，可使空间变得更加舒适。目前LED灯彩色装饰墙面在餐饮建筑中的应用较广泛
视频屏幕	全彩LED显示屏成为引人注目的户外大型醒目装置，先进的数字化视频技术，有着无可比拟的超大面积和超高亮度。根据不同户内外环境，采用各种规格的发光像素，实现不同的亮度、色彩、分辨率，以满足各种用途。它可动态显示动画信息，利用多媒体技术，可播放各类多媒体文件。目前最有影响的LED显示屏，当属美国曼哈顿时代广场纽约证券交易所，总计使用了18.6k万LED灯，面积为10.736ft^2。其屏幕可以划分成多个画面而同时显示	华尔街股市行情一目了然地呈现在公众面前。另外崛起在上海浦东陆家嘴金融中心的震旦国际总部，整个朝向浦西的建筑里面镶上了长100m超大型LED屏，总面积达到3600m^{2}为世界少有

续表

种类	照明设计	备注
工业设计竞相结合	LED灯是近年欧洲产品设计师的宠儿，它们将其作为产品设计元素的一部分	驰骋于想象的空间，将光、玻璃或其他材料结合在一起，成为不可多得的艺术品

彩色灯管与荧光灯外形一样，自动变化红、绿、蓝、紫、青、白色系渐变循环、轻盈、自然、柔和，并可以用遥控器任意选择其中一种颜色固定。适合于室内暗槽、天棚穹顶、鱼缸照明、地角线和其他室内点缀灯。LED室内外灯其亟待解决的问题详见表7-33。

LED灯建筑室内外照明　　表7-33

照明方式		做法	备注
室内灯具	顶板	0.5～8W小功率室内天棚灯，配上磨砂玻璃透镜，其外形小巧，多用于餐饮、酒吧等空间	可为筒灯、嵌入式、吸顶式、下照式、方向型投射式或加小型化的灯具如迷你型配件可制成系列化的彩色装饰环
	作业	工作照明用台灯替代传统的台灯造型，还未为工业设计带来新的设计理念	重点照明还可以在家居厨房操作台处做暗装照明向上发光
	暗光	指方向可以任意调节的装饰性弱光灯具	满足功能又可节能
	图案型光束	精确设计出光口，以控制光斑的长度，获得预想效果	灯具的巧妙结合，可以定位于室内别具一格的发光艺术品
	指向	交通指向性红绿灯符号标志	照度高、安全
	夜间	一般为居室内小型长明夜灯	便于起夜等活动时，也不刺眼
室外灯具	墙面柱面	灯具的小型化是投光灯发展的趋势。出光口可以是单向也可以是上下两个方向	可将灯具成组设计加以配合，满足光效序列化的需要。灯具也可以用于绿色照明
	地面	灯具的小型化一面可以用4～8W作环境照明，另一面可作为自发光装饰照明或引导照明	依据具体的地面铺装，灯具的出光口面可大可小。嵌入式石头灯、地砖灯、自然切边的方形，与铺装的石头取得一致性
	线形自发光	轮廓照明效果取代传统白炽灯串	通过色彩的变化，具有流动变幻的新颖效果

续表

照明方式		做法	备注
室外灯具	装饰	意味深长的草坪灯，将发光部位设计设计成环状等各式结构，重点照亮草坪	同时也成为环境中的系列装饰元素
	墙壁	墙面安装的局部下照明灯具，用于照亮地面或楼梯	还可灵活组装成别具一格的图案
	水下	LED 灯放在泳池侧壁，用于丰富的水体照明	其 IP 指数要求为 68

4.3 光伏照明在建工程

上述太阳能光伏照明项目的不断研发，先后解决了许多用电难题，长期以来，只因其一次性投入费用较高，而影响了推广应用。下面以在建工程为例加以说明。某学院为了展示校园夜间典雅、宁静、祥和的环境氛围，采用了太阳能庭院灯、钠镁管光带及 LED 灯相结合的方法，总功率为 $200W_p$。分配方式是单头太阳能庭院灯 36 只、小桥装饰系统一套，工程总投入 11 万元。较传统做法的一次性投入节约 5%，再以每天亮灯 8h 计，一年也仅需电费几百元；而普通照明系统总功率将达 4kW，年需电费达 6000 元，总的计算下来，可以节约 5000 余元。

当今的太阳能系列灯具有太阳能街灯、太阳能应急灯、太阳能路灯、太阳能庭院灯、太阳能草坪灯等。这些做法受到了群众及游客的高度评价，和政府的大力支持。

1. 太阳能街灯系统

(1) 系统原理及构成。

该街灯系统是由太阳电池、控制器、蓄电池、逆变器、高效节能灯、灯杆、灯座等组成。

(2) 基本原理。

系统的电能完全来自太阳光能。白天，它将太阳能转换为直流电能，并通过控制器将其储存到蓄电池中；晚间，在控制器的控制下，蓄电池中的直流电能输出到逆变电路中，成为交流电能为荧光灯供电，点灯中，太阳电池为蓄电池充电达到其允许工作电压上限时，控制器自动断开充电回路，以防止蓄电池过充电；工作若干时间后，当蓄电池工作电压降至允许的下限时，控制器自动断开为逆变器供电，以防止蓄电池过放电；控制器输出12V直流为逆变器供电，再以其交流作为节能灯电源。从而实现了太阳光能向灯具的能量传递过程，其基本原理如图7-14所示。

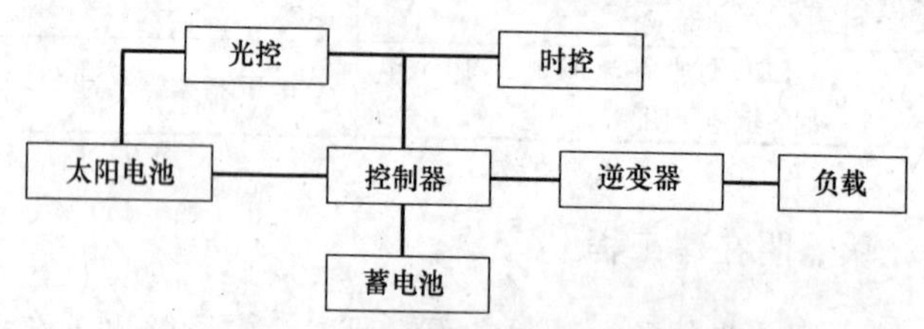

图7-14　太阳能街灯系统供电框图

（3）系统特点。

太阳能作为独立电源，不需铺设任何输电管线，电能的使用完全自给自足，节省地球上有限的资源；一次投资，则一劳永逸；定时功能，自动启动和关闭，使用者可以根据实际需要自行设置6～8h的工作时限；光控功能，完全依赖昼夜光强变化控制系统运行，取代时间的控制，系统始终在随天然光变化的运行模式中；若用非晶硅太阳电池提供能源，吸收的光能比其他类型多；采用高效发光稀土三基色荧光灯，节电80%、寿命>8000h。

只是太阳电池的转换率还不够高有待改进。因此，应尽可能地强化光伏方阵对光的吸收量，并将系统中各部分损耗尽量降低见表7-34。

提高太阳能光伏路灯系统效率　　　　**表7-34**

方案	做　法	备　注
高效利用光伏能源	太阳电池方阵选择正南朝向，倾斜角应考虑当地全年太阳辐射量月平均值，并要兼顾其均衡问题	为了尽可能地获取最大的太阳辐射量，太阳电池方阵受光面前方的扇形角度内不应有建筑物、灯杆、广告牌和高大树木
	和选用压降小的保护用开关管、防反充二极管以及比较用分压电阻等	
	耗电小且发光效率高的光源作为首选	还可以采取其他方式来提高能源利用率

续表

方案	做　法	备　注
发电与用电量匹配	系统必须进行发电量与用电量的匹配计算，以保证整个系统不会出现供电不足（过剩）达到最佳配置	指对负载功率、工作电压、工作电流、每天工作时间和对控制器、逆变器的额定功率、工作电压的适当效率
	太阳能资源、地理和气象条件适当，了解当地历年太阳辐射量（年总量或直接辐射量与散射辐射量年月平均值）和当地纬度	不得忽略当地历年雨季月份和最长连续阴雨天数
补偿影响效率因素	温度对太阳电池方阵、控制器、蓄电池、逆变器和灯具都有影响，温升过高会使太阳电池组件工作电压降低	在任何环境下工作的太阳能供电系统，都受到各种外界因素的影响，补偿后会保证系统正常工作

2. 设计要点

(1) 发电量与用电量相匹配。

这是任何一个光伏系统都必须进行发电与用电的匹配计算，以避免产生供电不足及过剩，从而达到最佳位置。太阳能街灯系统在相应的计算时应考虑以下参数：负载，a 为负载功率 W，b 为负载工作电压 U，c 为工作电流 I，d 为每天工作时间 H_L；对控制器和逆变器，a 为额定功率 W，b 为工作电压 U，c 为效率 η_c；对太阳能资源、地理和气象条件，a 为当地历年太阳辐射量，即年总量或直接辐射量与散射量年月平均值，b 为当地纬度，c 为当地历年雨季月份和最长连续阴雨天数。在上述内容匹配情况下一般应有

$$P_s = UI / H_s \eta_c \tag{7-4}$$

式中，P_s 为太阳电池输出功率，W_p；H_s 为当地当地太阳辐射量折合为标准太阳辐射量时每天的标准光照小时数，h。对蓄电池容量的选配，应考虑最长连续阴雨天数

$$B = I_L d / \eta_c \tag{7-5}$$

式中，B 为蓄电池标称容量，Ah；d 为最长阴雨天数，d。

在考虑发电量与用电量同时，还应关注系统各部直流电压的

匹配。弱逆变器的直流输入端为12V，则太阳电池、蓄电池及其相应的控制器工作电压也应选12V。

（2）补偿系统效率诸类因素。

通常太阳能系统会受到来自各方因素的影响，致使元件功效下降而减低整个系统的效率。如温度对太阳电池、控制器、蓄电池、逆变器和灯负荷本身影响较大。一般来讲，温升使电池工作电压下降、工作电流略有升高导致输出功率线形减少；温度升高（降低）超过一定限度，让蓄电池得电、放电能力明显降落，还会造成电路得工作（控制）点电压漂移等。这些都应给以适当的补偿，以保证系统在实用环境里正常工作。

此外，一天内阳光入射角、气候（如云量、雨天，雾天等）变化及尘土、冰雪覆盖等以及太阳电池表面透光率变化等情况，都会带来效率损失。在给以相应补偿时，应按照式（7-6）不同的修正系数办事：对下述几方面的修正系数分别是太阳光辐射量为 a_e；对温度为 a_t；对蓄电池充电效率为 a_η；对线路损失为 a_L；对天气反射损失为 a_r；为纬度（阳光入射角变化）修正为 a_ϕ；对积雪为 a_s；对太阳电池表面透光率降低为 a_K。以上修正综合值，即为在设计光伏系统时应给出总的效率补偿 K，则有

$$K = \pi a_e a_t a_\eta a_2 a_r a_\phi a_s a_k \tag{7-6}$$

由于不同地区各类因素不同，无法给出确切数值。这里只给出经验值，一般 K 值取 0.6～0.8，亦需根据实际情况选择。经过效率修正的式（7-4）可以写成

$$P_s' = UI / H_s \eta_c K \tag{7-7}$$

此刻采用式（7-7）进行设计时，就比较接近太阳能供电系统在某地区实际运行时的工作状况，才能满足负载连续运行的需要。

（3）计算实例。

该太阳能街灯选择2只5W高效节能灯，每天工作6h，则每天负载工作用电量

$$P_S = 5 \times 2 \times 6 = 60\text{Wh/d}$$

设控制器和逆变器的合计效率为 0.8，太阳辐射标准日照时数为 5h，总补偿系数 K 取 0.7，则按式（7-7）计算，需太阳电池容量为

$$P'_s = UI/H_s\eta_c K = 60/5\times0.8\times0.7 = 21.4\text{W}_p$$

对太阳电池可选 2 块 11W_p、Ya-si305×915 型组合板并联接线，作为太阳能街灯系统的光电转换部件，以提供 22W_p 的直流电能。

当按 3 天连续阴雨天计算时，则按式（7-5）计算，需蓄电池容量为

$$B = Id/\eta_c \tag{7-8}$$
$$= (2\times5/12)\times6\times3/0.8 = 18.8\text{Ah}$$

可以选择市场上标称为 24Ah 的蓄电池。由于负荷为 10W 灯，则控制器和逆变器可选择 12V/20W 者，在功率上留有一定的余量。

概括起来，该系统在东北地区经过多年的室外运行，已经达到满意效果。也可以在城镇街道、公园和草坪等不同地带使用。

3. 光伏照明应急系统

建筑内的应急照明系统，主要包括安全照明、疏散照明和备用照明。

(1) 工程设计。

将光伏发电用于应急系统见表 7-35。图 7-15 示出光伏发电采用从顶层逐渐向下分层供电的形式，在一般情况下，每层由光伏、还是市电供电，取决于光伏发电的输出功率及楼层位置。当光伏发电较充足时，顶层及以下有较多的楼层，甚至全部由光伏供电；在某层市电断电的特殊情况下，光伏优先向该层供电。在全部市电断电而且光伏供电也不足的情况下，得不到供电的标志，则由蓄电池供电。

1）太阳电池方阵功率选用，将决定初期投入和运行费用。为了节省开支，其方阵设计的输出功率，不应在最高输出功率时，且大于标志系统的最大功率

$$P_{光伏M} \leqslant P_{系统M} \tag{7-9}$$

$$P_{光伏M} = K\sum(P_{标志点亮} + P_{标志充电})$$

式中，$P_{光伏M}$为光伏方阵的最大输出功率，kW；$P_{系统M}$为标志系统的最大功率，kW；$P_{标志点亮}$为单台标志显示时的功耗，kW；$P_{标志充电}$为单台标志充电时的最大功耗，kW；K为应急照明系统的效率修正系数为1.1～1.3。

太阳能光伏发电用于应急照明系统　　表7-35

序号	特　点	做　法	备　注
1	独立光伏照明系统,具有较高的运行可靠性	用光伏照明作为市电的补充,可获得双路供电的高可靠性。白天、黑夜交替供电,可使供电及负载连续工作得到保障	不仅用于火灾、地震等突发情况下,市电中断时能正常工作。在平时偶发楼层市电中断时,也需提供相应的服务
2	功率为2～5kW与光伏屋顶发电系统能力相匹配	负责整栋建筑的应急照明,而标志显示是由各层子系统并联组成,勿需大功率逆变装置	并可以设计成随光伏功率的变化而调整用电容量
3	本身为直流、低压供电时,直接与光伏系统连接,减少了多次逆变中的能量损失	在某层系统中,将市电降压、整流供电,使应急照明系统中单台标志灯电路简化、实现运行中的性能稳定	提高了光伏用电的效率,在隔离市电时,也提高了标志灯使用中的安全性能
4	智能化控制与光伏系统对接	较容易组成智能化的供、用电系统	这是一个未来的发展方向
5	整个系统的蓄电能力总和为1万VAh,降低了光伏发电系统的建设费用	分散的蓄电池组合方便维护、效率高、使用寿命长	按国家标准《消防应急灯具》(GB 17945～2000),标志显示出疏散指示标志、安全出口及消防标志等必须装设由相应容量的蓄电池

2）考虑到预算（屋顶面积）不足等因素，取$P_{光伏M}$小一点较为适当，而不必计及向电网馈电。大多数情况下：标志系统的

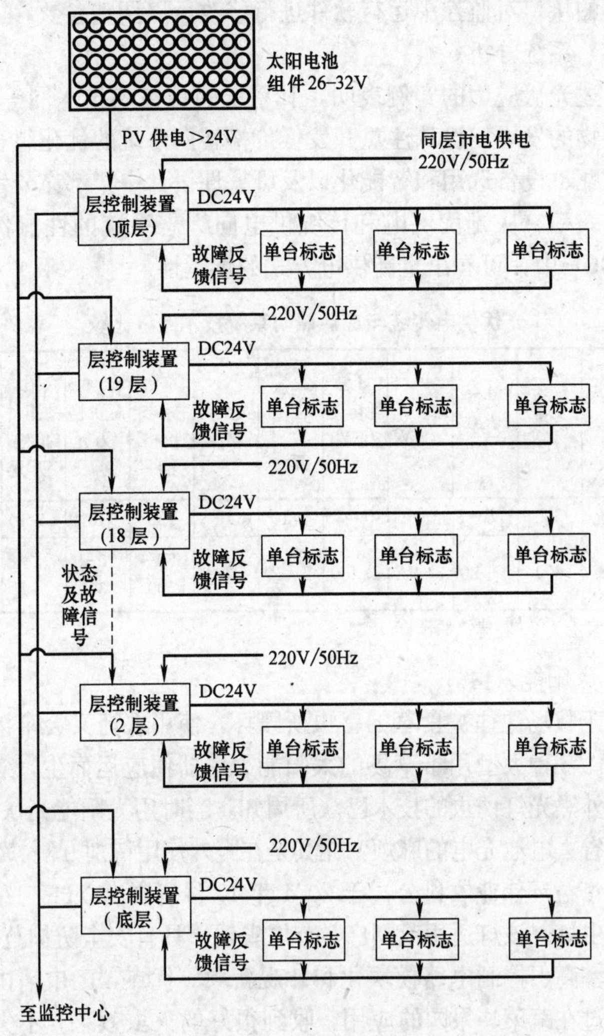

图 7-15　光伏供电技术建筑标志显示系统

额定功率≪$P_{系统M}$。原因是相当数量的标志显示不需要日夜长明，而充电功耗在正常情况下只作为蓄电池自身能耗的补充、功率很低。为了实现光伏分层供电的变化负载方案，单台标志显示系统设计成总监控和层监控的 2 级方案。并且，在必要时可以通过特设的接口对监控中运行软件进行修改，以调整参数。

(2) 系统分析。

上述光伏应用的实例表明，其系统的价格和技术同等重要。随着事物的发展，已从注重开发低价格转向系统的优化组合。在功率适配、设备选用和智能化以及可靠性设计中，都充分考虑了系统的效率。从光伏供电和传统供电向标志系统的性能价格比（表7-36）中，可看出全新供电方式的优越性。

光伏供电传统与应急照明系统技术经济比较　　表7-36

性能 / 名称	标志灯数/只	单台功率/W	总功率/kW	日总耗电量/kWh/d	系统正常使用年限/a	安全可靠性	单台标志价格元/只	总价格/万元	太阳电池组件价格/万元	系统安装总造价/万元
光伏系统	600	1.5～3	1～2	20～30	>10	好	160	10	5～10	50
传统系统	600	5～20	3～12	>100	1～2	差	350～500	20～30		>50

注：表上为20层建筑的预算。

4. 太阳能杀虫灯

鉴于牧场往往被食草的害虫所毁坏，使用农药又会牵涉到产品质量。一种大型用于草场的太阳能灭虫器便应运而生，效果良好。室外黑光灯诱虫的技术已众所周知。当时用太阳能光伏供电，就可以省去电池充电的麻烦，尤其是在野外使用特别方便。

北京益环伟业农科公司于2004年10月研制出YH—1A型太阳能杀虫灯。该灯适用范围广、节电省钱，具有安全防护范围广、杀虫效率高、控制电路模块化和外观新颖等优点，已申请国家专利。通过在蔬菜、果园的应用，收到很好的灭虫效果。不失为消灭夜行昆虫的好方法。

(1) 原理与特点是YH—1A型太阳能杀虫灯的诱蛾技术，是当前防止有害生物的新型植保器械，属高科技产品，符合农业可持续发展的战略要求。该灯是将太阳能转化为电能，采用特制药厂的纳米杀虫灯，根据夜间害虫趋光生物学特性，以不同纳米波长的光源将之诱至高压电网，触杀而死。

(2) 杀虫效果是通过田间试验，该灯每晚直接杀虫 3000 头/台，间接杀虫 18.75 万头/台，全年每台灯直接杀虫 37.5 万头，达到治本的目的。因杀死产卵的蛾，使其不能繁殖，便切断了害虫再发生的途径，从而得到根治，是一种害虫治本措施。

(3) 技术特点见表 7-37。

杀虫灯技术特点 表 7-37

序号	名称	内容	备注
1	产品	符合农业可持续发展方针	满足各种农作物无公害生产的要求
2	安全	无隐患、节约能源、安装简便	与使用交流电相比，具有独特的优势
3	控制	自动化限度高，傍晚自动开启，实现光控和时控	解决了人工开启杀虫灯的繁琐做法
4	运行	只需设备投资，无运行成本	节省了运行中的耗电费用
5	效率	诱杀种类多、杀虫效率高	在蔬菜、果园等地块试验、统计，可杀农林害虫 1000 余种
6	距离	人工杀害昆虫几率低，高压电击网的电极间距设计为最佳米数	大型草蛉虫 4%被击杀，达到最大限度地消灭天敌
7	场所	适用范围广，含城镇、农村、山区各种农作物、园林花草和渔场	自然保护区均可运用
8	面积	防治地域广，一只灯可保护 10ha 地带，一次性投资、多年受益	使用特制光源，致使害虫上灯率高，有效诱距半径达 R170m，其控制是同类产品的 3 倍
9	功能	造型美观，即可杀虫也可夜间照明	治理效果比较好
10	指示栏	自动安全防护上，灯冠外围设防金属喷塑、防护栏及黄色高压指示灯	黄色灯起指示作用：灯亮有高压，提醒人们不要触及
11	电压	瞬间释放高压诱杀害虫效率高	是同类产品 4 倍以上
12	环境	虫体一齐收集，被击杀的害虫虫体自然落入支柱体内，可随时打开活动门集中清除	便于分清昆虫种类，虫体基本不会散落而污染环境

注：北京延庆县充分利用自身条件，投入 3000 只太阳能杀虫灯，消灭蔬菜害虫卓有成效。

（4）综合效益在使用该太阳能杀虫灯后，对防治害虫有着明显的经济效益。据测算每亩地可减少化学农药的40%，降低费用40元，减少人员后，节约人工费40元，两项节省开支共80元；每只YH—1A型杀虫灯防治面积达10ha，每年可节约开支1.2万元。按年运行6个月计，该杀虫灯与传统交流电杀虫灯比较，可节省电费108元。每只灯的效益是1.2万元十分可观。

自加入世贸组织后，农产品与国际市场接轨，在农业部启动无公害食品行动计划中，解决其自农药残留问题的有效措施是病虫无害化治理。因此，推广太阳能杀虫进行防治的应用前景十分广阔。

5. 光伏照明实施状况

（1）大城市有北京市、上海市。详见表7-38、表7-39。

（2）中小城市（略）。

光伏照明项目（1） **表7-38**

名称	内容	实施	备注
北京市	和平街城铁文化公园	安装两只太阳能灯，运行于光伏路灯、厕所灯和夜光型楼坐牌号标志	保证这些设备在阴雨天也能正常工作3昼夜
	劲松街道办事处楼前	4只太阳能灯	
	德胜街道东风南里	68只太阳能灯并将其安装一批白天储存太阳能、夜晚能自动发光的楼牌号	同样利用太阳能的跑道标线灯、LED单体草评灯
	石景山区科普画廊	安装太阳能灯方便群众晚间看书报	节约电能
	首都体育馆	建光伏照明系统	节约电能
	奥林匹克体育馆	建光伏照明系统	节约电能
	延庆县城广场、步行街	300只太阳能灯装在县城主要街道，螺旋灯、柱灯、球灯、灯帘和延康大桥全部采用节能环保的LED彩灯。不仅节电，转换率提高到80%，而且平均使用寿命长达12万h，为白炽灯的50倍。其电压分为9、12、24V等级别，即使出现损坏也不易发生漏电事故，城区年人均享有亮化资源已达12.4kWh，位于京郊前列	“绿色照明”工程的实施，使该县每年取得17.5万kWh的节电成效，相当于12万元的相关费用

续表

名称	内容	实　施	备　注
北京市	延庆妫河公园	全县使用各类太阳能灯近3000只，按每只灯每晚照明6h计，平均比白炽灯节电1kWh，每晚即可节电3000kWh，全年节电109万kWh，经济技术和康庄镇工业开发区分别安装太阳能灯300、150只	城内的"绿色照明"工程包括太阳能和LED彩灯。八达岭镇及6个村共安装太阳能灯230多只
	石景山国际雕塑公园	灯杆顶部安装几块太阳电池板，其灯杆底部配备电池。有阳光时，电池板将阳光直接转换成电能储存到蓄电池中。晚上（天气阴暗），蓄电池自动对路灯供电	在阳光不足、阴雨天还能连续工作10日而不受影响。其环保、节能和便捷等在国内外备受青睐
	怀柔区太阳能灯箱	60个头顶小型太阳电池板的广告灯箱，出现在区内青春路、迎宾路、红螺路和府前街的重要路段为苹果形外观，每个箱上配有一个矩形太阳电池组件，白天吸取太阳能量，晚上利用其电能，4条主干道安装节能商业广告灯箱174个	项目总投资139.2万元，一年可节约电能6.48万kWh

光伏照明项目（2）　　表7-39

名称	内容	实　施	备　注
上海市	国际电影电视节	德赛集团携最新LED全彩显示屏参展，全面推介高质量的大型显示设备。今后各类显示屏幕需求每年均达到几十亿$。2001年出资2亿多元高起点切入该领域，如今已成为全球排名前3位的LED显示屏专业制造商	全彩显示屏生产基地面积1000～2000m^2，30m高的室内外测试场地，并研发、生产出大体量平面LED全彩显示屏，面积为550m^2，已安装在曼哈顿工业区
	高效晶体硅太阳电池组件	上海交大太阳能研究所与漳州公司合作开发太阳电池组件。经国际质量体系认证后，2004年积极研发太阳能应用产品。在攻关过程中，他们把主攻方向放在"太阳能数码微电脑编程控制器""电脑控制器"和"太阳电池组件"上。公司现已投放市场的太阳能路灯、庭院灯，每天工作6～8h，连续5～7个阴雨天照常能供电照明	公司以国际知名光伏技术研究所为依托，已有年封装能力为10MW$_P$的硅太阳电池板设备和厂房，能生产各种规格的太阳电池组件、太阳能路灯、庭园灯及其专用控制器等

续表

名称	内容	实施	备注
上海市	淮海路一条街	35座跨街景观灯在不影响亮度的前提下，采用新型3W冷阴极灯替代原来40、25W白炽灯，按每座跨街灯176只计，每年可节电10万kWh，节电率达到了90%。而淮海公园内的21只景观灯原先总功率为1.26kW，经过风光互补“亮度不减”地让功率降至378W。还设计一套可满足400W负载、每天使用12h的“风光互补”供电系统	系统可在连续10日无风、无阳光的气候条件下正常使用，一旦出现该恶劣气候，系统电力还可自动接入城市电网以保证照明供电
	淮海公园	风力和阳光都是可再生能源，发电成本较低。若单独配置某一类发电，则受天气变化影响较大，为弥补这一不足，公园两套方式齐上，即将风力发电与太阳能发电整合成一个系统	以保证园内21只景观灯得到充足的电力供应
	定山区淞桥东路	14只太阳能路灯在蓝白相间的8m高灯杆顶端，装着两块1.2m^{2}太阳电池板，即使遭受“麦莎”台风侵袭，这条长约200m道路上的路灯始终明亮，均受控于全自动电子开关。如果阴雨天气持续12日，路灯不会出现“停电问题”。还可以通过特殊技术，使路灯在上半液和下半夜按照实际需求“放电”。太阳能路灯成本1.6万元，而普通路灯为(一天点灯10h，耗电量2kWh，一年电费近千元)2.2万元，更换一只即可节约0.6万元	光伏系统研究中心列由“节能清单”：全国每年新增户外照明灯5000万只，如太阳能路灯占到1‰，一年节能近7亿kWh，等于给国家送了一个10万kW的发电站
	新江湾城体育中心	采用美国道森公司最新型非晶硅技术。在正常光伏照明情况下，发电可点亮500只100W灯具，基本满足体育中心1.5万m^{2}的照明用电。还要把电力输送给风力发电抽水系统，连续创下市里的两个第一	中心靠这两套系统切实做到“风光互补”，以目前电价计算的话，体育中心的耗电成本可下降许多

第 8 章　太阳能光热利用

1　太阳能光热转换系统

太阳能加热系统，主要由集热系统和输配系统组成。集热系统包括太阳能的接收、吸收、传递和储存，为了达到使用目的，必要时还包括辅助热源。

1.1　太阳集热器

太阳集热器集热采用的传热工质，目前有两种，一是液体，通常为水或加入防冻液的水，另一种是空气，所以太阳集热器分为太阳热水集热器和太阳空气集热器两大类。

1.1.1　太阳热水集热器分类

目前有热水、平板型和真空管型太阳集热器。可用于建筑生活热水系统和采暖空调供热系统，或者工厂生产的供热。

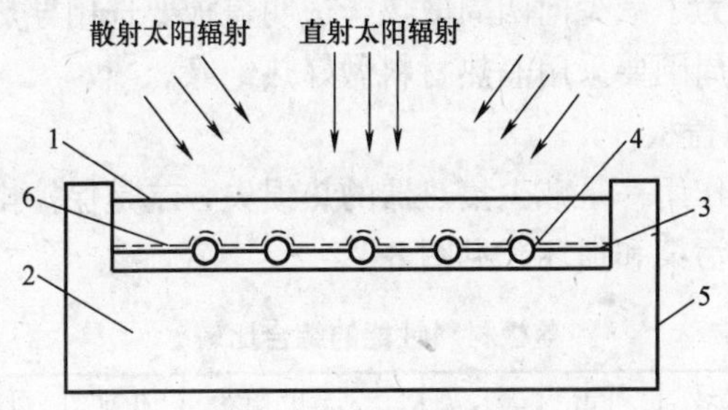

图 8-1　平板型太阳能集热器结构示意

1—透明盖板；2—隔热材料；3—吸热板；

4—排管；5—外壳；6—选择性涂层

1.1.2　管板式平板型

1. 构成

平板型太阳热水集热器一般由太阳盖板、吸热板、排管、隔热材料及外壳组成，如图 8-1 所示，其成品如图8-2所示。

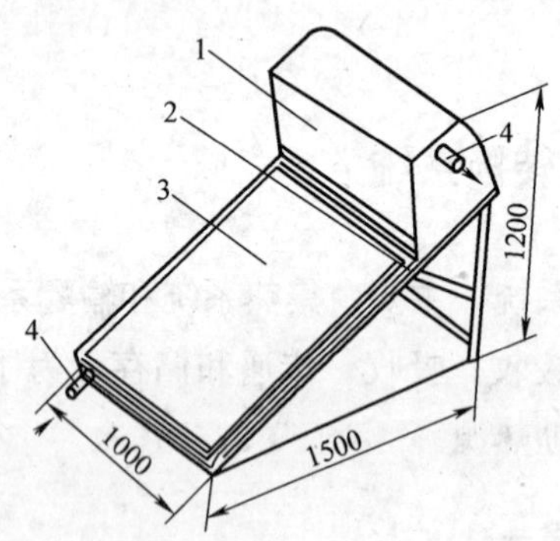

图 8-2　整体平板型太阳热水集热器

1—水箱；2—支架；3—集热器；4—进出水管

2. 工作原理

首先是阳光透过透明盖板，然后照射在吸热板及排管上，吸热板表面涂有高太阳能吸收率的涂层，吸热板吸收太阳辐射能量后，自身温度升高，一方面将其热量传递给排管内的工质并使其温度升高，工质作为载体输出给用热系统；另一方面吸热板也向四周散热，为了减少向四周散热，透明盖板要选用导热系数小的材质，壳体周围要采用隔热材料做好热绝缘。

3. 透明盖板

盖板的作用一是减少集热器的热损失，二是保护排管、吸热板表面不被污染和损坏，见图 8-1。

盖板材料性能的综合比较　　表 8-1

材料	全光透光率	冲击强度	耐热性	绝热性	耐老化性	相对密度	可加工性	成本
HSG	高	中	优	良	优	高	差	高
MMA	高	低	差	优	良	低	良	高
FRP	高	高	良	优	良	中	优	中

盖板的材料，目前国内外多数采用高强耐热玻璃（HSG）、甲基丙烯酸甲酯板（MMA）、玻璃纤维增强塑料板（FRP，也称作玻璃钢板）。三种材料的性能综合比较见表 8-1。

4. 吸热板（也称吸热板芯）

吸热板是吸收太阳辐射能量并向集热器工质传递热量的部件，吸热板在集热器的位置见图 8-1。

5. 隔热材料

为了防止集热器向板后及侧面散热，在吸热体的背部盒侧面要充填有隔热材料。隔热材料的经济厚度可以根据总的隔热材料费用、施工费用和壳体增加的费用以及集热温度、室外环境温度、集热时间和所节省的能量费用等计算比较得出。一般供暖、供热水时可采用 15～50mm，供冷暖时可采用 25～75mm。

集热器的隔热材料可以采用一般建筑用的隔热材料，如泡沫聚氨酯、泡沫聚苯乙烯、玻璃棉等。但是作为集热器的隔热材料除了应具有良好的隔热性能外，而且还应满足下列性能的要求：

耐热性好；重量轻；价格便宜；耐水性好。

6. 壳体

由钢、铝、不锈钢等金属薄板，或塑料、玻璃钢（FRP）等材料制成，它与透明盖层一起形成密闭的扁盒，用来封装盒保护吸热体盒隔热材料免受外力作用，并且力传给支撑部件。因此，壳体要具有构造材料和装饰材料的功能，很多情况是两者兼有。

1.1.3 热管式平板型

平板型太阳集热器在吸热板与盖板间抽真空是减少吸热板与盖板间对流热损失的有效措施。特别是使用了选择性涂层后，虽然吸热板在高温下具有低的发射率而减少了辐射损失，但由于吸热板与盖板间温差加大而使对流热损失增大，故使用选择性涂层后，最好同时抽真空。然而，对于整块平板型集热器夹层内抽真空是十分困难的，也是不现实的。因为一个大气压为 0.1MPa，相当于 $1m^2$ 平板型集热器玻璃表面上将承受 1MPa 的大气压力，显然玻璃盖板是无法承受这样大的外力。为了克服平板型太阳集热器的这些不足，人们想到了把热管应用到平板型太阳集热器上，于是就产生了热管式平板太阳集热器。

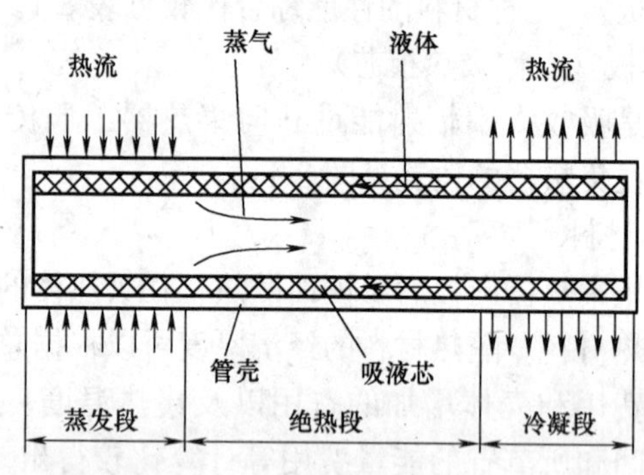

图 8-3 热管工作原理示意

(1) 热管集热器的原理。

热管是一种新型的换热装置，它能通过一个很小的表面积传递大量的热能。热管的工作原理如图 8-3 所示。太阳能热水器中应用的热管一般为两相闭式热虹吸管，又叫重力热管。其结构和工作原理如图 8-4 所示，内部没有吸液芯，凝结的液体从冷凝段回到蒸发段不是靠吸液芯所产生的毛细力，而是依靠凝结液的自身重力。

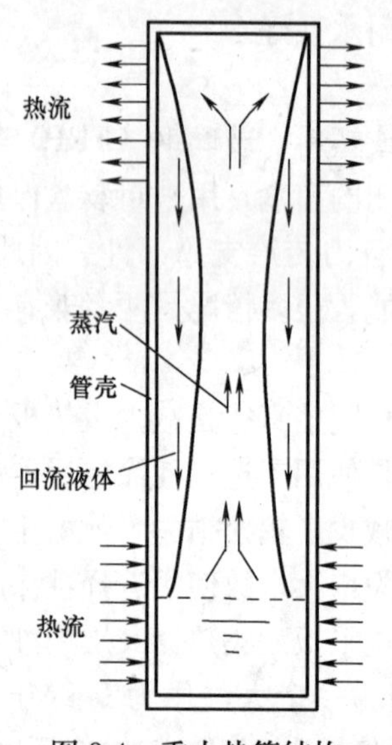

图 8-4 重力热管结构和工作原理

若用多根管代替平板式太阳能集热器吸热板的流体通道，相互之间用肋片连接，便构成热管式平板型集热器。它的蒸发段就是集热器本身，将其冷凝段深入一蓄水箱中，便可将水箱中的水加热，或用循环水将热能带走，如图 8-5 所示。

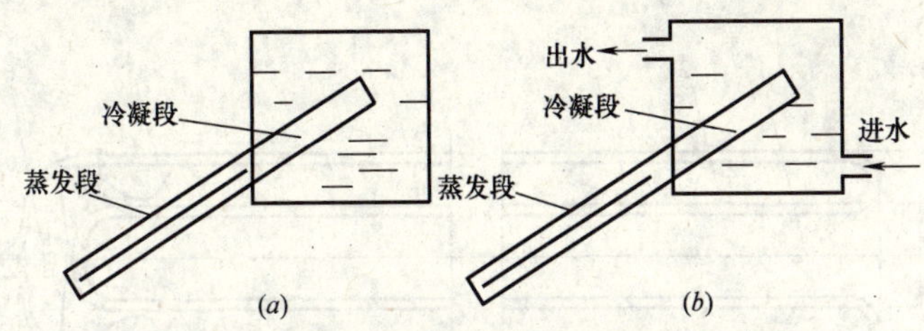

图 8-5　不同形式冷凝段的热管式平板型集热器
(a) 自然循环式；(b) 强制循环式

此时热管式平板型集热器的冷凝段实际上是一个热交换器。

(2) 热管式平板型集热器的优点。

作为太阳能集热器，其放置位置总是与地平面成一倾角的，蒸发段向下，冷凝段在上，冷凝后的液体可靠重力的作用返回蒸发段。因此热管内部可以不设吸液芯，使结构简化，造价降低；热管集热器具有热二极管的特性；热管自身是一个严密封闭的整体，只要正确地选择热管的材料及其化学相容的工作介质，就可基本上消除集热器的腐蚀问题；热管还具有优良的防冻功能，它只需要极少量的防冻工质。

1.1.4　全玻璃真空管型太阳热水集热器

1. 结构和工作原理

全玻璃真空太阳集热管由内、外两根同心圆玻璃管构成，具有高吸收率和低发射率的选择性吸收膜沉积在内管外表面上构成吸热体，内外管夹层之间抽成高真空，其形状像一个细长的暖水瓶胆，如图 8-6 所示。

其工作原理是太阳光能透过外玻璃管照射到内管外表面吸热体上转换为热能，然后加热内玻璃管内的传热流体，由于夹层内被抽真空，有效降低了向周围环境散失的热损失，使集热效率得以提高。

2. 规格与性能参数

国内外真空集热管的内外直径、厚度和长度有所差别，见表 8-2。

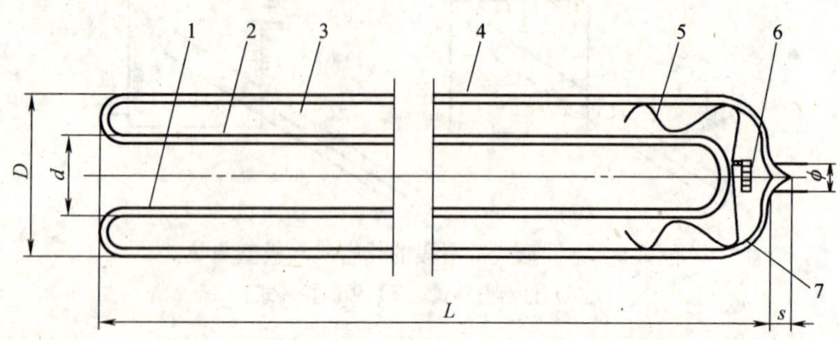

图8-6　全玻璃真空太阳集热管结构及组成部件
1—内玻璃管；2—太阳选择性吸收涂层；3—真空夹层；
4—罩玻璃管；5—支承件；6—吸气剂；7—吸气镜面

全玻璃真空太阳集热管尺寸对比　　表8-2

生产地	内径/mm	外径/mm	壁厚/mm	长度/mm
美国0—1公司	φ12	φ51	2	1200,1800
日本	φ30	φ38	1.5	1500
澳大利亚	φ22	φ30	1.4	1400
	φ30	φ38	1.4	1400
中国	φ37	φ47	1.6	1200,1500,1800
	φ47	φ58	1.8	1500,1800,2100

1.1.5　金属全玻璃真空管型

全玻璃真空太阳集热器的材质为玻璃，放置在室外被损坏的概率较大，在运行过程中，若有一根管损坏，整个系统就要停止工作。为解决此问题，在全玻璃真空太阳集热管的基础上，开发出了两种金属—玻璃结构的真空管，即应用U形金属管吸热管插入真空管内和采用热管直接插入真空管内的两类集热管。这两种类型的真空集热管，即未改变全玻璃真空太阳集热管的结构，又提高了产品运行的可靠性。

(1) U形管式真空管型太阳集热器。

如图8-7所示按插入管内的吸热板形状不同，有平板翼片和

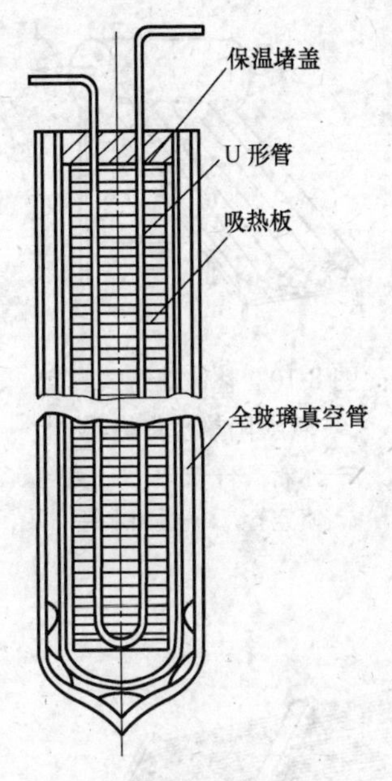

图 8-7 全玻璃 U 形管式真空集热管

圆柱形翼片两种见图 8-8。金属翼片与 U 形管焊接在一起，吸热的翼片表面沉积选择性涂料，管内抽真空。管子（一般是铜管）与玻璃溶封或 U 形管采用与保温堵盖的结合方式引出集热管外，作为传热工质（一般为水）的入、出口端。

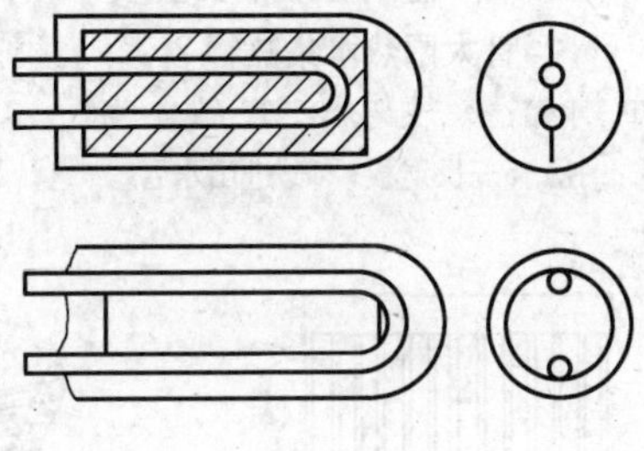

图 8-8 U 形管式真空集热管

（2）热管式真空管型太阳集热管。

根据吸热板的不同分为两类：热管-平板翼片结构及热管-圆管翼片结构。

1.1.6 真空管太阳热水集热器的结构

无论是真空管太阳能热水器或真空管太阳能热水工程，一般是把多支真空集热管通过联箱组成集热器单组模块，然后根据需要选择多组模块，组成整个装置或系统，如图 8-9 和图 8-10 所示。下面以全玻璃真空管集热器为实例介绍其结构。

1. 全玻璃真空管集热器的两种基本结构

全玻璃真空管集热器一般由集热管、反射板（有时也可不用）联箱、尾座和支架组成。根据集热管的安装走向可分为南北向放置和东西向放置两种结构，如图 8-11 和图 8-12 所示。

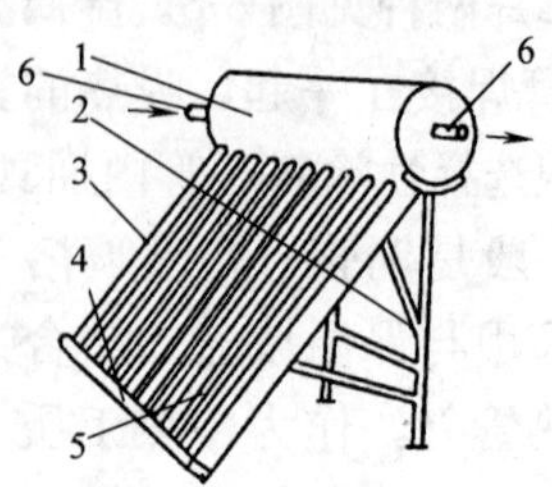

图 8-9 整体全玻璃真空管太阳热水集热管

1—水箱；2—支架；3—管子；4—底托；5—反射板；6—进出水管

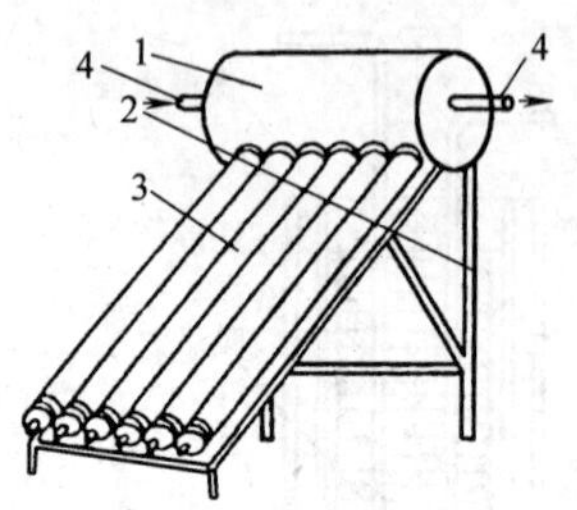

图 8-10 整体热管式真空管太阳热水集热器

1—水箱；2—支架；3—热管真空管；4—进出水管

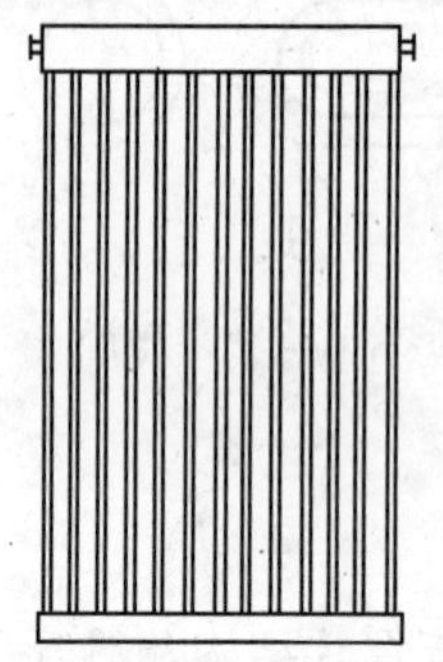

图 8-11 南北向放置的真空管集热器

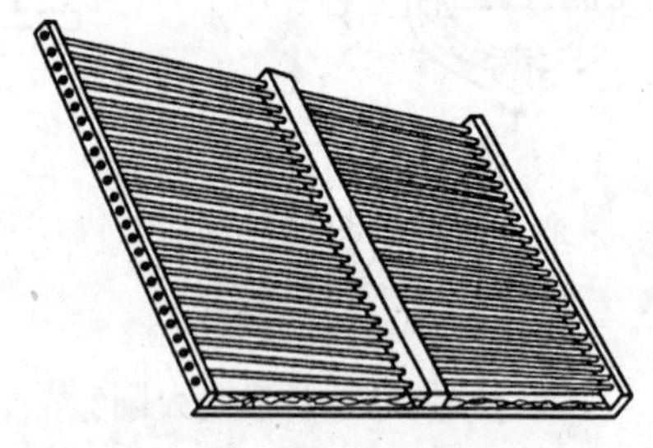

图 8-12 东西向放置的真空管集热器

2. 联箱

联箱是根据承压和非承压要求进行设计和制造，承压联箱一般达到的运行压力为 0.6MPa，非承压联箱由于运行和系统的需要，也有一定的承压要求，一般按 0.05MPa 设计。

联箱根据需要可设计成方形或圆管形两种，一面或两面按设计的管间距开孔，联箱两端焊有工质进出的集管，周围应有保温层和外壳，真空管开口端通过硅橡胶密封圈直接插入联箱。管间距的大小应根据需要设计，例如 $\phi47$ 的标准管比较合理的管间距为 75mm。

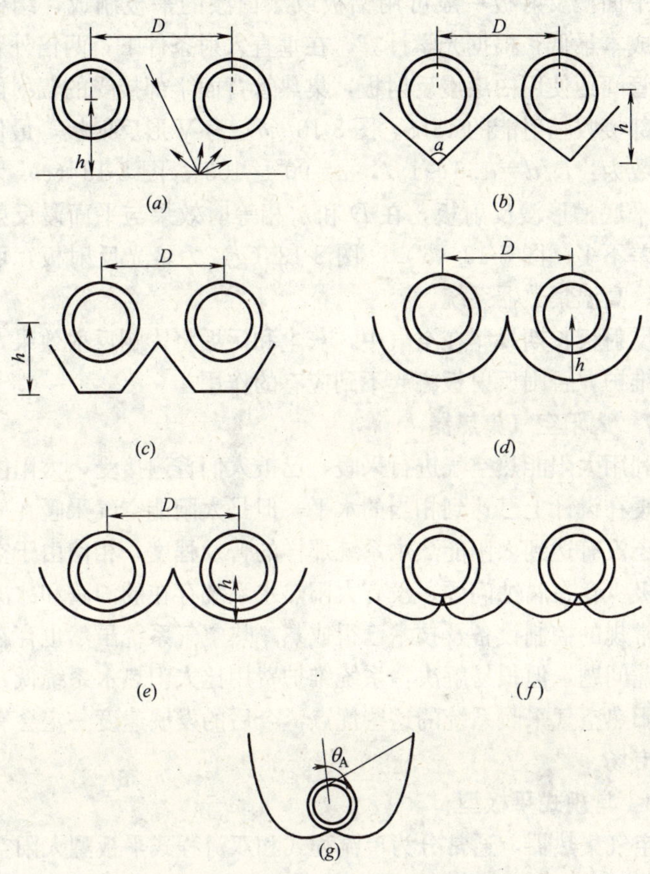

图 8-13　各种反射板（器）与真空集热管的组合

（*a*）平面漫反射板；（*b*）V形反射板；（*c*）V形与平面结合的反射板；
（*d*）圆柱面镜反射器；（*e*）圆柱抛物面反射器；
（*f*）复合镜聚光反射器；（*g*）复合抛物面反射器

3. 集热器反射板

真空管太阳集热器的反射板，由于真空集热管成本较高，若采用密排，会增加成本而且加工有困难，为了提高系统热性能，目前各厂家的产品多采用在集热管下设反射板（器）的做法，而且以平面漫反射板为最多。

平面漫反射板一般可用铝板或涂白漆的平板制成，结构简单、成本最低，根据光学计算，在垂直入射条件下，两倍外管直径的管间距使用白漆漫反射板，集热管背面半部接受的辐射能是前半部接收辐射能的43%。图8-13（b）为V形反射板，最佳几何参数为：$D/d=1.6\sim1.7$，$\alpha=90^\circ\sim103^\circ$；图8-13（$c$）为V形与平底槽形漫反射板，在$D$和$h$相等时效果与平面漫反射板效果差不多；图8-13（$d$）～图8-13（$g$）为聚光反射板，可用于中、高温集热器系统。

反射板长期暴露在空气中，灰尘和污垢将影响反射效果，需经常维护，否则反射板将起不到应有的作用。

1.1.7　太阳空气集热器

利用太阳能热空气进行采暖，已被人们普遍接受，太阳能空气采暖在设计上已达到相当的水平，但是太阳能空气采暖在应用上，还没有达到太阳能热水系统那样的普及程度，相信由于空气系统极少存在腐蚀问题，没有太阳热水系统存在的沸腾和冰冻问题，常规的控制设备及技术已很成熟，热空气系统虽然也存在少量泄漏问题，但很易解决，系统维护费用比太阳热水系统低，由于太阳热空气采暖系统的这些优点，今后的发展速度一定会有很大的市场。

1.1.8　常规式平板型

空气集热器，通常分为单流程式和双流程式平板型太阳空气集热器两种。单流程式的又分为空气在吸热板下和在吸热板上单流程两种。

1. 吸热板下集热器

这种集热器如图8-14所示，由透明盖板、吸热板、下部隔热层及壳体组成。在吸热板与隔热材料层之间的空隙层是空气流道。由于空气流道是一端流入另一端流出的单行程，所以就称为单流程式平板型太阳空气集热器。

图中所示为空气流道在吸热板下面的太阳空气集热器。该集热器的端面如图8-15所示，空气流道的b为宽度，a为高度，周

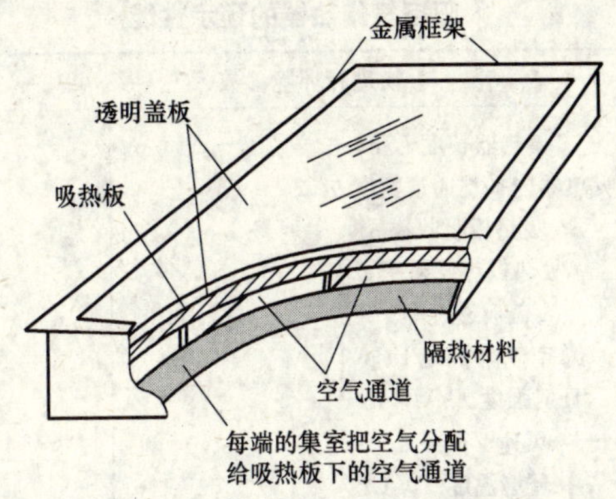

图 8-14 常规式吸热板下单流程平板型太阳空气集热器

长 $P=2(a+b)$，当量直径为 $d_e=2ab(a+b)$，高度比为 $R=b/a$。

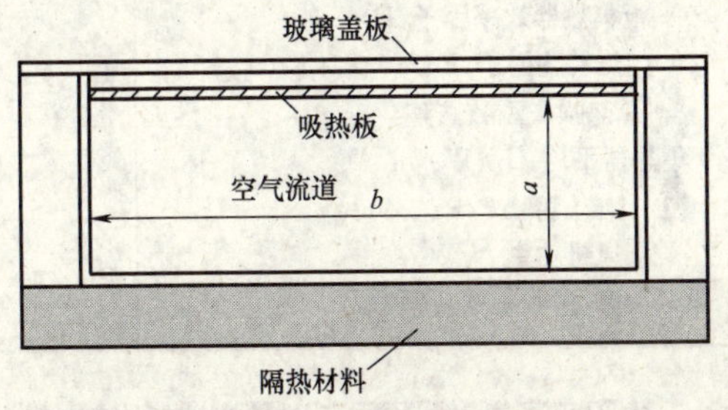

图 8-15 吸热板下单流程平板型太阳空气集热器横断面

表 8-3 列出了一种单流程式平板型太阳空气集热器的设计参数和性能计算结果，表 8-4 是该集热器实测值与计算结果的比较，供参考。

2. 吸热板上集热器

这种集热器如图 8-16 所示，与吸热板下单流程平板型太阳空气集热器一样，也是由透明盖板、吸热板、下部隔热层及壳体组成。所不同的是吸热板由透明盖板之下，下移到集热器底部隔热层之上。空气流道由吸热板与隔热层空隙之间，上移到透明盖板与吸热层空隙之间。

太阳空气集热器的预示性能 表 8-3

物理和环境参数	
集热器长度 L/m	10.80
吸热器内平均通道宽度 b/m	0.165
吸热板吸收率 α	0.95
吸热板热发射率 ε_p	0.90
盖板透过率 τ	0.89
总空气流量 Q/l·s^{-1}	300
日射强度 I_s/W·m^{-2}	700
风速 V/m·s^{-1}	4
环境温度 T_a/℃	17
集热器进口温度 T_i/℃	40
计算结果	
效率 η/%	49
平板集热器效率因子，F'	0.81
热转移因子，F_R	0.71
总热损失系数—整个集热器平均，U_L/W·m^{-2}℃	6.62
压力降 ΔP/Pa	96
风机功率 N/W	3.31
风机功率/所收集的功率(%)	0.5

太阳空气集热器预示与测量的性能比较 表 8-4

质量流量 M/kg·s^{-1}	测量值		预示值	测量值集热器效率 η	预示值		单位集热面积热量 G/W·m^{-2}	T/℃	空气流速 V/m·s^{-1}
	入口温度 T_i/℃	出口温度 T_O/℃	出口温度 T_O/℃		集热器效率 η/%	出口温度时的集热器效率 η/%			
0.26	25.7	62.4	62.5	0.56±0.03	0.57	0.63	962	29.6	4.8N
0.26	19.3	57.8	57.3	0.59±0.03	0.59	0.66	941	20.0	1.5S
0.26	25.2	59.8	60.9	0.54±0.03	0.57	0.66	926	20.1	1.5S
0.26	26.2	60.8	61.5	0.54±0.03	0.56	0.66	924	20.1	1.5S

1.1.9 肋片与凹槽式平板型

1. 肋片式平板型太阳空气集热器

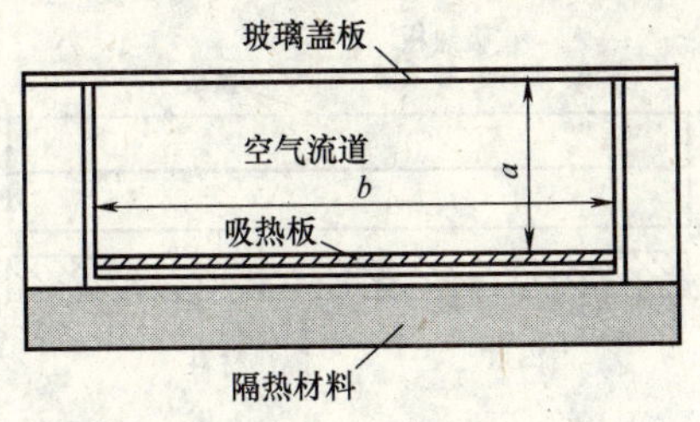

图 8-16　吸热板上单流程平板型
太阳空气集热器横断面

为了提高常规式平板型太阳空气集热器的吸收率和增强吸热板与流经吸热板上面或下面的空气之间的换热，通常是在空气集热器的吸热板上增设肋片。

2. 凹槽式平板型太阳空气集热器

洛兹（Loth）等人提出了一个有 V 型槽的空气集热器，空气在 V 型吸热板面上流过，采用泡沫玻璃作为隔热体又作吸热器（板）。这种集热器设计得太阳辐射经历多次反射来提高吸热效率。

1.1.10　射流式平板型

为了提高吸热板与气流间的对流传热系数，采用了多股的小空气射流吹向吸热板下面的方法，如图 8-17 所示。为便于对比，显示出常规平板型太阳空气集热器图式，见图 8-18。

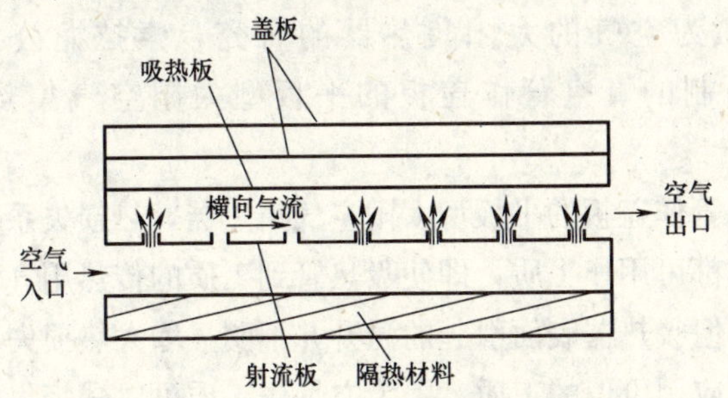

图 8-17　射流冲击型集热器方案

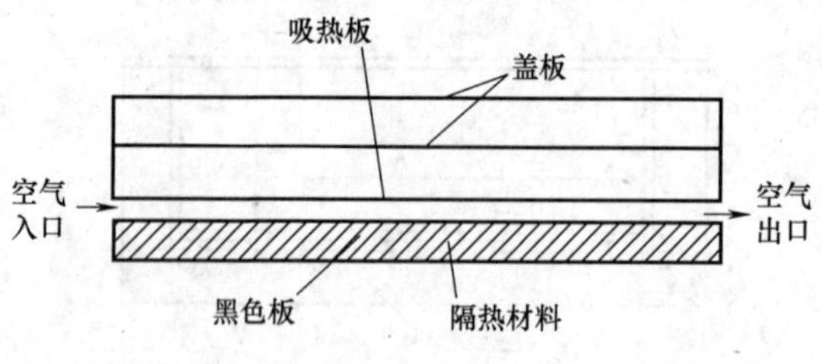

图 8-18 常规式平板型集热器方案

1.1.11 真空管式平板型

平板型集热器顶部热损失，在集热器总热损失中是最主要的部分。由透明盖板通过传导、对流方式把集热器太阳辐射能量，返给了环境大气，而集热器太阳辐射能量，主要是吸热板（或吸热体）通过吸热板与盖板间空气层对流传热和吸热板的反射散失的。人们首先想到的是把吸热板与盖板之间的空气抽出去，使原来的空气间层变成真空层，以此来根除对流热损失，只存在反射热损失。但是，在平板型集热器中要采用真空的方法来达到这个目标是困难的，其困难在于外界（环境）大气与真空空间的压力差会使盖板产生压力，盖板必须处处设支撑。幸好后来人们发明了全玻璃真空管。

20 世纪 70 年代初全玻璃真空太阳集热管问世以来，不但大量用于介质为液体水的太阳热水集热器，同时也有用于介质为空气的太阳集热器的研究，索拉龙公司（Solaron）研制的真空管作盖板的平板型太阳空气集热器，见图 8-19。

真空管作盖板的平板型太阳空气集热器，热损失系数低，气体及液体都可用作工质，即使吸热管到工质的传热用气体比液体差的多，但吸热器表面引起的温升并不明显增大热损失。空气是一种很有应用价值的工质，因为空气作工质可以减轻集热器在屋顶重量，也不存在泄漏和冰冻问题。

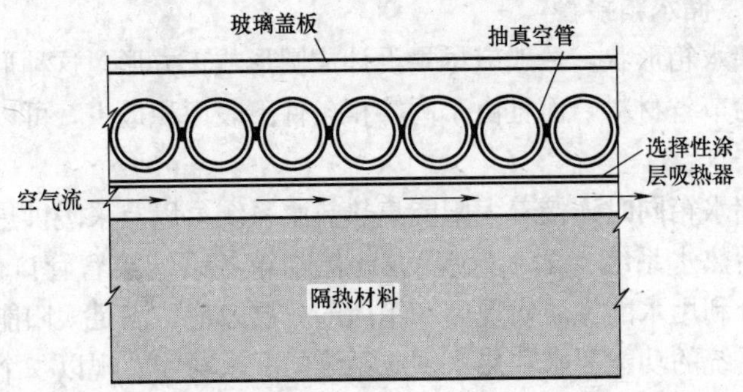

图 8-19 真空管作盖板的索拉龙公司（Solaron）集热器

1.2 储水箱

太阳能热水系统中的储水箱，是指太阳能集热热水系统的储存水的水箱，在太阳能集热器加热前水箱内的水是冷水（或自来水），加热中期水箱内的水是半冷半热的水，加热终了时水箱内的水是达到设计温度的热水。正是由于该水箱内不同阶段水温有所不同及水箱功能上的变化，才使得该水箱有了多个同义词，如：贮热水箱、贮水箱、储槽、蓄水箱。

1.2.1 储水箱材质防腐及保温

储水箱可以在保证箱内生活饮用水水质标准的条件下，采用多种多样的材料制造。目前，储水容积≥1m^3 的储水箱，有组合式热镀锌钢板水箱、组合式不锈钢板水箱、冲压焊接式不锈钢板水箱、组合式搪瓷钢板水箱；储水容积＜1m^3 的储水箱，基本采用镀锌钢板、不锈钢钢板，以咬口或焊接方式成型。

储水箱的防腐主要是针对焊接式钢板水箱，目前这种水箱在不发达地区还有使用。一般情况下水箱内外表面，均应按照程序作好除锈并选择好的防锈底漆和面漆进行涂刷。储水箱内水温高达 50～60℃，在作好防腐层外进行保温，保温材料应选择其导热系数 $\lambda \leqslant 0.06$W/（m・℃）的材料，保温层厚度应按相关标准规定的方法计算。

1.2.2 储水箱接管

储水箱形状，一般应尽量设计成圆形或正方形，这种形状不但最为节省材料，而且由于同容积条件下表面积最少，可以减少热损失。

储水箱同时连接着太阳能集热热水系统，以及采暖供热系统或生活热水系统（配水系统）。此储水箱各系统接管管口位置，应充分利用水的性质实现储水箱内的分层效应，满足太阳能集热热水系统的功能要求和热水供应系统的配水功能。现以一个带有辅助电加热热源的强制循环的太阳能集热热水系统为例，说明储水箱相关接管管口的正确位置，详见图 8-20。

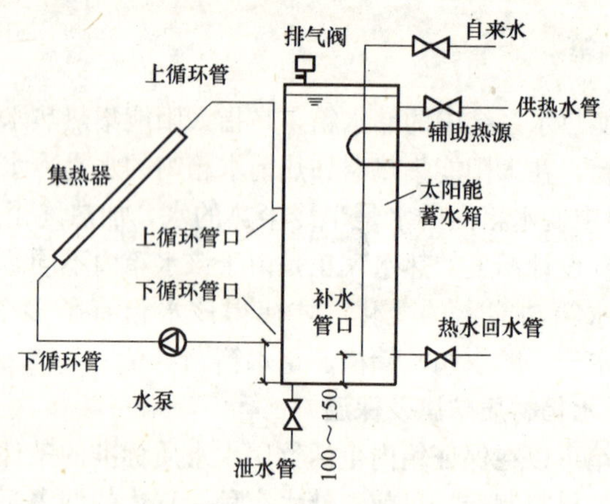

图 8-20 水箱接管示意

自来水管进水口一般设在储水箱的顶部，水管进入水箱后插入到水箱下部，补水管口距水箱底 100～150mm；集热器上循环管管口应接在水箱上部辅助热源之下；由于储水箱是闭式的，不允许设置溢水管；供热水管应在最高水位之下 100～150mm 处，辅助热源之上；泄水管设在水箱底部；自动排气阀设在水箱顶部。最高水位距水箱顶一般为 100～150mm，用作热水的膨胀空间。

如果是自然循环的太阳能集热热水系统，上循环管在水箱最高水位下 50～100mm；供热水管应在上循环管口下 50mm。下循环管口与上循环管宜成对角线布置。其他管口位同强制循环太阳能集热热水系统的储水箱。

如果太阳能集热热水系统是用于供热系统，例如采暖或空调供热系统时，则供热水管位置不变，再增设一根热水回水管，其管口应设在水箱下部、下循环管管口相当高度的位置，如图8-20所示。

1.2.3 储水箱容积

储水箱的有效容积，应根据日用热水小时变化曲线及太阳能集热系统的供热能力和运行规律，以及常规能源辅助加热装置的工作制度、加热特性和自动温度控制装置等因素，按积分曲线计算确定。当这些资料无法取得或不完整时，也可按照估算方法确定。

1.3 循环水泵与风机

1.3.1 太阳能集热热水系统循环水泵

1. 循环水特点

由于系统各组成配件数量少和紧凑性，使得系统管道及设备的压力损失较低；由于服务对象可以是一个家庭，一栋楼房或者一个居住小区，使得太阳能集热热水系统日产热水量由小到大范围很广。所以在强制循环的太阳集热热水系统，要求选用循环水泵时，首先应考虑到集热热水系统热水流量范围大、水泵扬程小的特点；由于循环水水温变化大（最大范围可达 0～120℃），因此要求选用的水泵应是热水循环泵。同理，由于循环水温度较高，水的汽化压力也较高，这就要泵入口处应有更高的汽蚀余量（NPSH），如果泵的汽蚀余量小于热水温度下的汽化压力，水就会汽化而产生气泡，并随液体流进入高压区，气泡破裂，周围液体迅速填充原气泡空穴，产生水力冲击，发生汽蚀共振现象，过流部件剥蚀及腐蚀破坏，泵的性能突然下降。为防止汽蚀现象的发生，目前均采用装置汽蚀余量法（也称有效汽蚀余量）。

2. 循环泵流量与扬程

太阳能热水系统按生活（或采暖空调）热水与集热器内传热工质的关系，通常分为太阳能直接系统和太阳能间接系统。如直接和间接系统的运行方式均为强制性循环系统，其循环动力则来自循环水泵；强制性循环直接系统循环水泵中循环水泵流量计算公式略。

1.3.2 太阳能集热空气系统的风机

1. 风机的特点

1）太阳能集热空气系统中，流动的传热工质是空气，相对于水而言，空气流在通过局部配件时的压力降要远远大于水流的压力降，尤其是对于太阳能集热空气系统，几乎均是强制循环系统。如果在集热空气系统不用风机强制空气流动，仅仅依靠空气的重力循环几乎是不可能实现集热功能，因此，在太阳能集热空气系统中，普遍的设置风机。

2）风机的特性曲线，是在标准工作条件下及一定转速下压力、功率、效率与流量的关系曲线。所谓标准工作条件就是指大气压力 P=101.3kPa、空气温度 t=20℃、空气相对湿度 ϕ=50%和空气密度 ρ=1.20kg/m^3 的工况。若风机的使用场合与标准条件不相符时，风机的性能就会改变，应该进行换算。

2. 风机类型

风机作为输送气体的机械，按照在管道内形成一定速度和压力差大小程度，分成通风机、鼓风机和压气机三类。在通风和空调专业方面，应用的均是通风机，通风机形成的压力差值，规定为低于0.1大气压（即10.13kPa或1033mmH_2O）；通风机有轴流式和离心式两大类。由于空间限制，中小风量中小压力差值的空气系统，也可以采用离心式通风机箱；对于中大风量及要求压力差值较大时，应采用离心式通风机组，离心式通风机组分为直接传动式通风机与皮带传动式通风机两种，直接传动式通风机的电动机为外转子电机，离心式通风机见图 8-21。

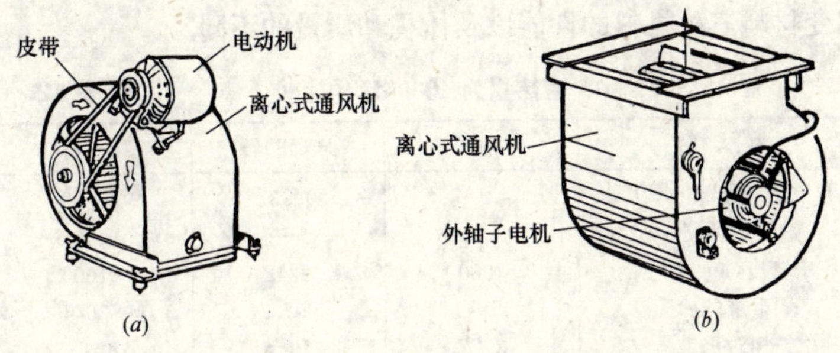

图 8-21 离心式通风机
(a) 皮带传动的通风机；(b) 直接传动的通风机

1.4 太阳能储热器

1.4.1 意义与方法

1. 意义

太阳能贮存是热能，它是将高温或低温的能源暂时贮存起来，留作以后使用。通过贮能介质温度升高或降低实现热能贮存，称作显热贮能。热能贮存除了这个主要功能之外，另外一个作用就是它为可利用能源和能源使用之间，架起了一个时间分段的桥梁。多数热能贮存的应用周期，采用 24h，也有一周和一季度的情况。热源贮存的输出总是热能，而输入能源既可以是热能，又可以是电能。太阳能是热能中的一种，可以在白天充分利用的同时，把峰外的太阳能贮存起来，供夜间采暖使用或生活热水使用，可以在夏季把太阳能贮存起来供冬季使用。

2. 方法

通常可分为显热贮存、潜热贮存及化学贮存三大类。贮存热量的材料可以为水、卵石、岩石、砖、水泥等及相变材料，水有时也作为相变材料使用。现给出表8-5，通过该表可以直观的看出蓄热量为10^6kJ（277.778kWh或2.389×10^5kcal）水、卵石、相变材料三种材料的性能以及体积和质量的不同。

蓄热量为1000MJ的比较　　表8-5

内　　容	水	岩(卵)石	相变材料
比热(kJ/kg·℃)	4.187	0.837	2.09
融解热(kJ/kg)	—	—	232.6
密度(kg/m^3)	1000	2242	1602
重量(kg)	11941	59737	3644
相对重量	3.27	16.4	1
体(容)积(m^3)	11.94	26.6	2.274
相对体积	5.25	11.69	1

注：1. 相变材料为$Na_2SO_4\cdot10H_2O$（10水硫酸钠）。
2. 三种材料均按温升20℃计。

1.4.2 热水储热器

1. 工作原理

用于太阳能生活热水系统的热水储热器和用于采暖、空调热水系统的热水储热器，构造原理大体上是相同的。较低温度的水从热水储热器底部出口接出，直接由下循环管进入太阳能集热器或者换热器。经太阳能集热或换热器把水加热后，由集热器或者换热器的上部出口接出，经上循环管流入热水储热器上部，如此循环，不断把热水储热器中的水加热，温度升高，太阳能就逐渐被贮存在热水储热器内。对于太阳能生活热水系统来说，水的循环方式有自然循环和强制循环两种，对于采暖、空调热水系统则均为强制循环方式。

2. 水温分层

贮存在热水储热器的水，上中下水的温度是不同的。比较小的例如容积<4m^3的热水储热器，其顶部与底部之间的温差只有3℃左右。比较大的热水储热器，水在温度上是分层的，比较轻的、较热的水在上部，比较重的、较冷的水在下部，这是由于水的密度形成的。水的密度与温度的关系曲线见图8-22。当水在

5℃～10℃范围，水的密度变化极小，因此其浮力差也极小，这对于空调冷冻水在蓄能容器中，极容易使贮存的冷冻水与空调冷冻水回水相混合，很难形成水的温度分层，如不采取其他技术措施，势必大大降低储能容器的贮能效率。较稳定的漂浮在回水之上，这样就会在热水储热器形成顶部贮存热水与下部回水之间的一个具有陡峭的温度梯度的区分层（或称为斜温层）。水的温度分层应努力使其保持得尽可能的薄，借以使储热水箱具有最大有效贮能容量。一个温度分层很好的热水储热器，在每天完全充能/放能循环的情况下，具有90％或更高一些的贮能效率，在每天部分充能和放能循环的情况下，贮能效率在80％～90％。

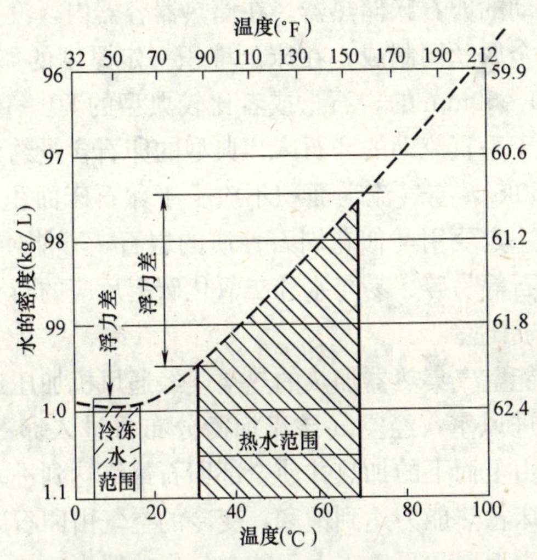

图 8-22 水的密度与温度的关系曲线

3. 特点与位置

(1) 共同特性。

太阳能生活热水系统与太阳能采暖空调热水系统的热水储热器，均可以是开式和闭式的；均存在较好的温度分层；均需保持一定的供热水压力；均为闭式时，由于水温有不断升高体积不断膨胀的可能。

(2) 不同特性。

太阳能生活热水系统具有闭式和开式双重性；太阳能采暖空调热水系统，管路及设备充水一般为软化水，而且是闭式循环系统由于系统漏损水量很少，所以补充软化水量也较少。而太阳能生活热水系统，就其用水而言它是一种直流方式；小型的户式太阳能生活热水系统，一般不单独设置热水储热器，而是把储水箱兼作热水储热器。中、大型太阳能集中生活热水系统和采暖空调太阳能热水系统需要设置热水储热器。

1.4.3 卵石床储热器

1. 构造

垂直流动的卵石床储热器，在储热器容器内，没有一个多孔的床，可用金属丝网制成，在床上堆积一定厚度的卵石或岩石，通常可用20～50mm的岩石，或者比较典型的50～100mm直径的卵石，对于垂直流动的卵石床，典型的卵石含量约为每平方米水平面积250kg，空气流动面积不应少于卵石床面积的8%。当使用岩石时一定要用类似花岗石性质的岩石，不能使用石灰石、砂石、大理石等易碎、易与水和二氧化碳起反应的石头。

2. 工作原理

由太阳能空气集热器加热的热空气经通风机加压送入卵石床储热器上部进风室，经空气导流均衡分布再进入卵石床整个断面，将卵石由上而下的加热并使全部卵石最终达到进入热空气的温度，卵石床蓄热能力达到饱和，变冷的空气由卵石床储热器下部出口经风道返回，再进入太阳能空气集热器去加热，如此循环完成太阳能热能贮存过程。

3. 空气流速与压力降

(1) 卵石床储热器的空气流速，是指空气进入卵石层之前的流速，可按下式计算

$$v=L/F$$

式中，v 为卵石床的空气流速，m/s；L 为空气的体积流量，m^3/h，通常可按空气集热器方阵采光总面积和单位采光面积通

过的空气流量来计算，一般条件下单位采光面积通过的空气流量可取 36 $m^3/h \cdot m^2$；F 为卵石床的截面积，m^2。

（2）卵石床储热器的压力降，也就是卵石床的空气阻力，卵石床上下通风道的截面积不应低于卵石床截面积的 8%，典型的卵石含量为每 m^2 卵石床截面积 244kg。根据经验典型的卵石直径 d<100mm，卵石床的深度 h 应≥20d；如果卵石直径 d≥100mm，卵石床的深度 h 应≥30d。应使上下通风道之间的压力降足够大，以保证卵石床中的气流均匀分布，卵石床平面各处卵石充分蓄热和放热，提高贮热效率。经验数据是压力降不应<37.4Pa/m^2，最大压力降不应>75Pa/m^2。压力降与卵石床压力梯度和卵石床深度均成正比，压力梯度定义为压力降对卵石床深度之比。压力梯度随着卵石床空气流速增加而增大，而空气流速与卵石直径大小有关，卵石直径增大，卵石间用于空气流动的空隙增大，压力梯度会降低。卵石床空气流速（面速度）、卵石直径与卵石床储热器压力梯度关系曲线。

（3）卵石床的体积传热系数。卵石床中的卵石表面积很大，与空气之间具有很好的传热性能。

1.4.4 相变材料储热器

1. 贮热原理

用作潜热贮能的材料一般称之为相变材料，就材料是否具有相变性能来说，因为所有的材料都可以产生相变，所以关键是材料发生相变时贮存、释放潜热量的大小尚无明确的界线。

2. 相变材料

相变技术看起来很简单，直至 20 世纪 80 年代后期才使相变技术成为一种商业上的现实。水/冰在 0℃时相变具有很大的溶解热是显而易见的，由此引起了大量的研究以寻求能在其他温度下熔化和凝固的低成本材料，这些研究包括从 7℃左右贮冷到 27～54℃范围内贮存太阳的热量，还有温度达到 760℃的峰值外贮存电加热的热量。氢氧化盐类、有机化合物和笼形包合物是使用最多的。

3. 用于太阳能储热器

在热空气采暖系统中，如果空气直接流过相变材料蓄热器，要使空气加热到20℃，相变材料最小应为30℃。使用液体传热介质的太阳能采暖（或采暖与空调）系统需要附加一个换热器，热由相变材料传到流过的水中被释放出来。

2　太阳能热利用

2.1　太阳能热利用及发展

2.1.1　建筑能耗

建筑物从某种意义上讲它也是一种产品，建筑物由建筑施工开始直至竣工交付使用为止，在建设的全部施工安装过程，都在使用着能源。建筑物一旦交付人们使用，不但耗能量大增，而且，能源是人们不可缺少、极为重要的物资。

本书所要概括的建筑能耗，不是建筑能耗的全部，仅是建筑物交付使用后，在使用过程中所消耗的能源。包括采暖、空调、生活热水供应、生活给水泵、电梯、炊事、照明、家用电器以及办公设备的能源消耗。这也是目前国际上通常所谓的建筑能耗。在我国一般所称建筑能耗与国际上通常称谓的建筑耗能是一致的。

目前，我国建筑能耗约占全国能源消费总量的25%以上，接近30%。以1996年为例，全国能源消费总量为13.89亿tec，建筑能耗为3.54亿tec，占总量的25.49%。如果把农村生活用生物质能消耗的3.3亿tec加进去，建筑能耗为5.07亿tec，建筑能耗则占全国能源消费总量的34.99%。

根据1995年估算，我国东北、华北、西北地区的城镇，房屋建筑面积37.4亿m^2，采暖耗能约为1.143亿tec，其中集中采暖的房屋建筑面积14.7亿m^2，采暖能耗为0.623亿tec，分散采暖建筑22.7亿m^2，采暖能耗0.52亿tec。另外，北方农村采暖用商品能源约为 0.15 亿 tec，长江流域采暖用商品能源约为 0.04 亿 tec。全国用于采暖的能耗总量约在 1.333 亿 tec，约占全国建筑能源消费总量的 26%。

空调能耗在建筑能耗中所占比例是很大的，根据有关调查资料，1998 年我国建筑物空调（含中央空调）能耗约占建筑物能耗总量的 26%左右，用电量约占全国社会用电总量的 6%～7%，约为 600～700 亿 kWh。另据美国资料，在设有空调的建筑物中，空调能耗约占建筑物总能耗的 50%～60%，几乎是我国空调能耗所占建筑物能耗的两倍。

生活热水供应是建筑能耗中另外一个所占比例较大的能耗项目，在设有采暖、空调的建筑物中，其能耗约占建筑物总能耗的 15%左右。

2.1.2 太阳能的特点

（1）太阳能的优势。

太阳能作为一种能源，在开发和利用上具有独特的优势和实用意义：

1）储量丰富数量巨大，每年到达地球表面的太阳辐射能约为 1.892×10^{16} 亿 tec，是目前世界主要能源探明储量的 1 万倍，是真正的取之不尽、用之不竭的可再生能源；

2）清洁、无污染，在太阳能采集、聚集和使用过程中，均不产生破坏环境卫生、污染大气和破坏生态环境的废气、废水、废渣、噪声及有毒、有害物质。真正称得上是洁净能源和安全能源；

3）分布均匀不被垄断，太阳能对于地球上所有地方，无论大陆、海洋、高山，无论南半球、北半球，无论经济发达地区、不发达地区，均是阳光普照，不被任何人、集团、国家独自拥有和垄断；

4）经济性好，太阳能的取得，与常规一次（天然）能源、二次（人工）能源相比，无须开采、挖掘、生产及运输、输送，也无须太阳能买卖商业活动，太阳能是世界上唯一零成本、不用钱就可得到的能源。

(2) 太阳能的劣势。

太阳能与常规能源相比，虽然具有上述无可比拟的四大优势，但是，太阳能也存在着劣势，而且相当突出的主要有以下两个方面：分散性和不稳定性。

2.1.3 建筑物中的太阳能热利用

我国1997年11月1日颁布的《中华人民共和国节约能源法》中规定："国家鼓励开发、利用新能源和可再生能源"。2005年2月28日全国人大通过的《中华人民共和国可再生能源法》中明确提出："国家鼓励单位和个人安装和使用太阳能热水系统、太阳能供热采暖和制冷系统……"。

国家建设部颁布的《关于发展节能节地型住宅和公共建筑的指导意见》中，明确规定：争取到2010年，全国新建建筑全部达到节能节地型的设计标准，全国城镇新建建筑实现建筑节能50%。"十一五"期间，全社会的节能目标为2.4亿tec，而建筑节能将占到40%；到2020年，绝大部分既有建筑实现节能改造，北方和沿海经济发达地区和特大城市新建建筑要实现建筑节能65%的目标。

建设部在《民用建筑节能管理规定》中提出把"太阳能、地热等可再生能源应用技术及设备"和"空调制冷技术与产品"列为"国家鼓励发展的建筑节能技术产品"。

通过对建筑能耗的分析，可以看出建筑物能耗约占全国能源消费总量的25%以上，其中，建筑物采暖、空调的能耗各占其中的6.5%，生活热水供应能耗约占3.8%。采暖、空调、生活热水供应三项能耗约占建筑能耗的67%，约占全国能源消费总量的16.8%以上。

太阳能的热利用，尤其是在建筑中的应用，在我国已成为新能源和可再生能源之中应用最普遍的技术之一，其中太阳能热水器是近十年发展最快的，每年均以20%～30%的速度增长。太阳能热利用，在太阳能热水器应用发展的同时，太阳能热水采暖也在同步发展，太阳能空调和制冷也会在建筑节能中大展宏图。

2.2 建筑物太阳能热利用分类

1. 按建筑物太阳能热利用的目的划分：替代常规能源的节能类；节电和平衡电力类；无污染无废料无毒环保类。

2. 按建筑物太阳能集热器流动介质划分：液体（水）介质类；气体（空气）介质类；防冻液体介质类；冷媒介质类。

3. 按建筑物太阳能热利用系统划分：太阳能生活热水供应系统；热水采暖系统；热水采暖、生活热水系统；热水采暖、空调、生活热水系统；空气采暖系统；空气采暖、空调、生活热水系统；热水吸收式制冷系统；热水蒸气喷射式制冷系统；热水蒸气压缩式制冷系统；直接式热泵冷热水系统；水源热泵采暖、空调、生活热水系统；空气源热泵采暖、空调、制冷及生活热水系统。

2.3 太阳能生活热水系统

1. 能耗特点

生活热水系统能耗虽然只占建筑能耗的15%，但是生活热水系统能耗与采暖、空调系统能耗相比较，具有自己的特点。首先是生活热水系统在使用上是全年性的，一年四季、每个月、每一天都在使用，因此它在一年中的能耗具有均衡性；其次是生活热水系统在一年各季节中的能耗数量大小的变化，与地球表面一年四季所能获得的太阳辐射能量大小变化，大体上是比较协调一致的。

由于生活热水使用性质单一，与采暖、空调系统相比系统较简单，虽然太阳能热水温度存在高低变化但调节简易，设备投资虽然与其他热水设备投资相比不相上下，但无须诸如燃气、用电的使用费，因此便于推广进入市场，尤其是在我国太阳能热水系统得到了突飞猛进的发展。同时，也必将起到推广建筑物太阳能热利用事业的蓬勃发展和为建筑物节约能耗作出巨大贡献。

2. 直接式太阳能生活热水直流系统

直接式太阳能生活热水直流系统如图8-23所示。

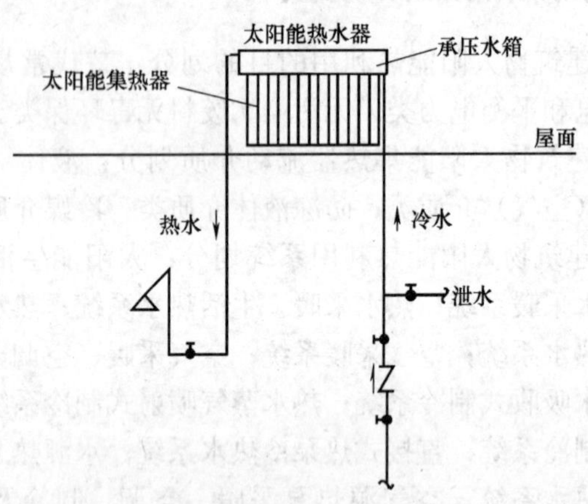

图8-23 直接式太阳能生活热水直流系统

热水系统是太阳能集热器直接将水加热，被加热的水存入承压水箱，使用热水时太阳能集热器随时加热；供热水主要是依靠给水管道的供水压力将热水顶出。一般情况下可不设辅助加热设备，当要求在任何条件下均应保证热水供应时，应设辅助加热设备。该热水系统应设置防超温和被加热水膨胀缓冲装置，也可依据用户需求设置冬季防冻措施，通常情况是采用泄水方法防冻；适用于生活热水要求水平不高的城镇场所。

3. 自然循环直接开式带辅助热源生活热水系统

该热水系统的全名称应为自然循环的太阳能集热热水系统储热器带辅助热源的生活热水系统，该系统如图8-24所示。该系统的实质是太阳能集热热水（子）系统水循环方式为自然循环和带有辅助热源的储热（器）水箱。

该热水系统采用非承压型集热器和无循环泵的自然循环系统，无须占用机房面积，造价较低；采用储热水箱可贮存一定的太阳能，可延长使用时间；储热水箱设有辅助加热设备，通常为

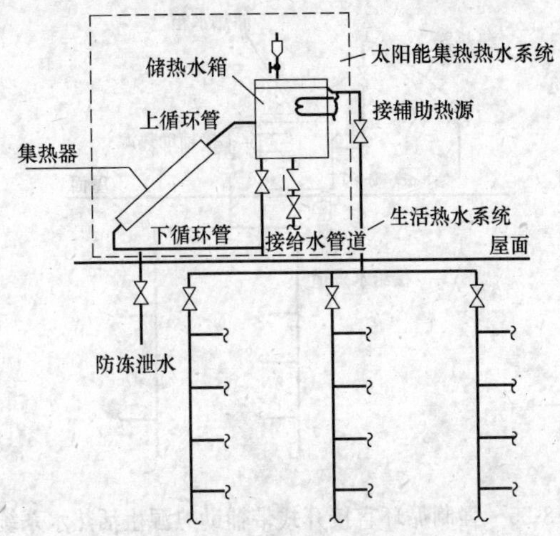

图 8-24 自然循环直接开式带辅助热源生活热水系统

电加热器，水箱为定水位定水温；水箱必须高于集热器，要求建筑专门处理；无法通过系统的运行控制实现防冻保护，虽可采用泄水方法实现防冻保护，但不利于节水。

该热水系统适用于生活热水供应规模较小的城镇建筑，尤其是冬季无冰冻地区的建筑。

4. 强制循环直接开式带辅助热源生活热水系统

该热水系统是一个强制循环的太阳能集热热水系统储热器带辅助热源的生活热水系统，该系统如图 8-25 所示。该系统与图 8-24 所示的系统相比较，不同之处有二，一是强制循环太阳能集热热水系统设置了循环水泵，其作用是提高太阳能集热热水系统的运行效率，二是改变自然循环对储热水箱必须高于集热器的设计，由于增设了循环水泵就可以把储热水箱从高处降下来，但储热水箱还是上置方式，其作用是储热水箱不设置在屋顶之上，改设在阁楼或技术层。以上两点的改变，就可以达到免去建筑上的技术处理和可以使得该生活热水系统适应在较大规模的建筑上应用。由于增设了循环水泵，设备费及运行费用略有提高。

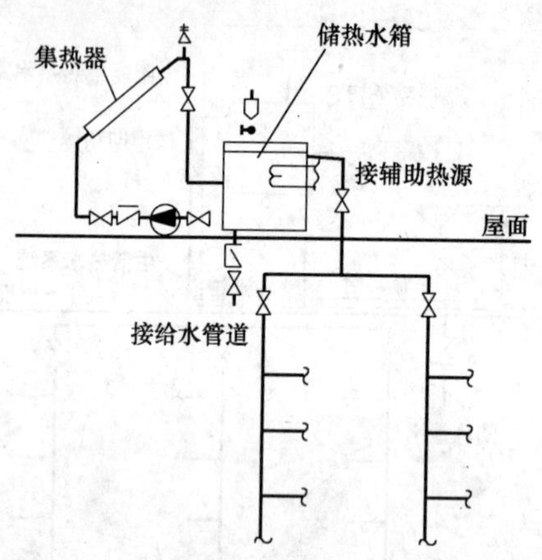

图 8-25 强制循环直接开式带辅助热源生活热水系统

该热水系统适用于生活热水规模不大的建筑，尤其是建筑外观要求严格的场所。

5. 强制循环直接开式储热水箱辅助加热生活热水系统

该热水系统为强制循环的直接式太阳能集热热水系统，采用了下置式储热器（储热水箱）和辅助加热设备，如图 8-26 所示。

储热水箱设在建筑地下层，不影响建筑物外观，也不受阁楼层的空间限制，从而扩大了太阳能热水系统服务规模，可以在较大建筑物应用。但储热水箱为承压式。冷水的补给采用给水管道顶压供水，压力稳定。该系统为直接闭式太阳能热水系统，因此有较高的热效率和水质不易受污染。热水供应系统采用了干管立管循环方式，对于热水供应质量会进一步提高。该系统同时采用了热水增压泵，为用户用水点可提供足够的自由水头，也为与冷水系统供水压力协调一致提供了保证。

该热水系统适用于中、大型规模建筑热水供应和热水质量要求较高的热水供应的建筑。

6. 强制循环间接式储热水箱带辅助电加热生活热水系统

该热水系统为强制循环的间接闭式太阳能集热热水系统，储

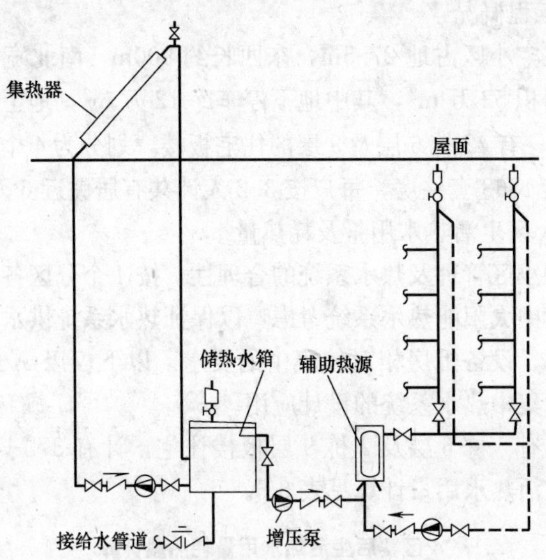

图 8-26 强制循环直接开式储热水箱
带辅助加热生活热水系统

热器为下置式密闭承压的储热水箱，在储热水箱内同时设有换热盘管和辅助电加热器，当然也可以不用电加热器而采用其他辅助热源。强制循环太阳能系统采用的工质可以采用水，但应有冬季防冻技术措施，如果其工质采用防冻液，则冬季运行就可靠了。间接式加热生活热水的水质卫生，生活热水供应系统采用干管立管循环方式，不但提高了生活热水卫生，也提高了生活热水供应质量。闭式太阳能系统上增设了膨胀罐，用以容纳系统中工质受热膨胀的容积。冷水的补给采用给水管道顶压供水，给水管道同时也接入太阳能集热系统作补水用，管道上的阀门平时处于关闭状态。

该热水系统适用于建筑外观要求美观、对生活热水质量高的场所，可用于生活热水供应大、中型规模的建筑。

7. 北京某住宅小区集中太阳能热水系统设计实例

1. 工程概况

该住宅小区占地 27.5in，东西长约 900m，南北宽约 340m；总建筑面积 52 万 m²，其中地下停车库 12 万 m²，地上建筑面积 40 万 m²；有 42 栋 6 层及 9 层的住宅板楼，划分为 4 个分区建筑群，共有 1868 套住房，每户按 3.2 人计共有居民近 6 万人。

2. A 区生活热水用量及耗热量

根据小区管理及热水系统的合理性，按 4 个分区各自独立设计一个集中太阳能热水系统考虑，以保证热水系统供水均匀、热量损失小、设备机房相对较集中的要求。以下仅以 A 区为例介绍太阳能集中热水系统的设计应用。

A 区有 6 栋 6 层及 2 栋 9 层板楼住宅，计有 372 户 1191 位居民。生活热水用量计算见表 8-6。

A 区赛后生活热水用量耗热量计算　　表 8-6

分区	楼号	单元数	层数	户数	居住人数	A 区赛后热水用水量/(m^3/d)			A 区赛后热水耗热量/(kW)		
						低区	高区	总量	低区	高区	总量
A 区	A1 楼	4	9	72	230	6.13	12.27	18.40	42.50	85.01	127.51
	A2 楼	2	9	36	115	3.06	6.14	9.20	21.25	42.50	63.75
	A3 楼	4	6	48	154	6.16	6.16	12.32	42.69	42.69	85.38
	A4 楼	2	6	24	77	3.08	3.08	6.16	21.35	21.35	42.69
	A6 楼	5	6	60	192	7.68	7.68	15.36	53.22	53.22	106.44
	A7 楼	3	6	36	115	4.60	4.60	9.20	31.88	31.88	63.75
	A10 楼	4	6	48	154	6.16	6.16	12.32	42.69	42.69	85.38
	A11 楼	4	6	48	154	6.16	6.16	12.32	42.69	42.69	85.38
合计				372	1191	43.03	5225	95.28	298.26	362.02	660.28

注：1. 每个单元每层为 2 户，每户按 3.2 人计；

2. 热水用水定额按 80l/p·d（最高日用水量），热水供水 60℃，不均匀系数 K=2.86。

3. 北京地区太阳能资源

北京位于东经 116°28′，北纬 40°48′，海拔高度 31.2m。北京地区属于典型的温带大陆性气候，四季分明。据北京市气象局近30年统计数据，北京地区年平均最低气温为－9.4℃，年极端最低气温为－27.4℃；年平均最高气温为30.8℃，年极端最高气温为40.6℃。

北京地区的太阳能资源，在全国太阳能资源区域划分中界于二三类之间地区，年日照时数达到2600～3000h，年累计太阳辐照量达到5000～6000MJ/m²，属于太阳能资源较丰富地区，这就为北京地区利用太阳能提供了极为有利的自然条件。

北京地区一年之中，太阳总辐射量的变化呈单峰型。1～5月随太阳高度角渐增和白昼延长，月总辐射量逐渐增加，5月为全年最大月值；从6～12月则随太阳高度角的减小和昼长缩短而逐月递减，12月为全年最低值。在四季太阳辐射量中，夏季（6～8月）最大，冬季（12～2月）最小，春季（3～5月）略小于夏季，秋季介于冬夏之间。

日照时数。北京大部分地区年实际日照时数在2600h以上。全年日照时数以春季最多，月日照为230～290h；夏季正当雨季，日照时数减少，大部分地区月日照时数在230h左右；秋季日照时数虽不如春季，但比夏季多，月日照230～245h；冬季是一年之中日照时数最少的季节，月日照不足200h，一般在170～190h之间。

根据《被动式太阳房热工设计手册》，北京地区不同季节的环境温度 T_a 和太阳辐射数据如表8-7所示。

4. 太阳能集中热水系统设计方案的比较

该小区太阳能集中热水系统设计方案，作过几个方案比较，其中比较可行的方案有两个，现作简单介绍。

（1）太阳能热水系统的设计条件。

1）选择间接利用太阳能热水系统。原因：直接利用太阳能集热器的水，不能很好地利用城市管网的水压，即使低区也需要变频泵提升生活用水；水质、水温难以保证。

北京市环境温度与太阳辐射值　　表 8-7

月份	1	2	3	4	5	6	7	8	9	10	11	12
T_a	−4.6	−2.2	4.5	13.1	19.8	24	25.8	24.4	19.4	12.4	4.1	−2.7
H_t	9.143	12.185	16.126	18.787	22.297	22.049	18.701	17.365	16.542	12.73	9.206	7.889
H_{tvs}	14.807	14.996	13.7	11.07	10.276	8.993	8.458	9.245	12.429	14.412	13.839	13.749
H	12.884	16.593	22.062	25.811	29.86	29.623	24.277	23.322	22.783	17.96	13.413	11.317
H_h=15.252　H_z=20.817												

注：H_t：水平面太阳总辐射月平均日辐照量，MJ/(m^2d)。

H_{tvs}：垂直南向面上总直射月平均日辐照量，MJ/(m^2d)。

H：倾角等于当地纬度倾斜表面上的太阳总辐射月平均日辐照量，MJ/(m^2d)。

H_h：水平面太阳总辐射年平均日辐照量，MJ/(m^2d)。

H_z：倾角等于当地纬度倾斜表面上的太阳总辐射年平均日辐照量，MJ/(m^2·d)。

2）选择集中的太阳能热水系统，让每一户都能享受太阳能的热量。原因：选择分户独立的太阳系统，在建筑上计量的问题不易解决，需要较大的管道；太阳能不充足时，补热的方式不易解决，因此水温难以保证。

3）采热部分选用闭式系统。

4）备用能源为小区自建的锅炉房，提供90℃的高温热水作为辅助热源。

（2）方案介绍。

1）方案一。集热器选用真空支流管，设置闭式循环的系统，将太阳能的热量，通过容积式换热器，将热量传递给城市管网的冷水，当太阳能的热量足够将冷水加热至设计温度55～60℃，直接供至管网；当太阳能的热量不够将冷水加热至设计温度55℃，被加热的水再进入大波节换热器，经过与备用能源的交换，直至达到设计温度，供至管网；当太阳能的热量足够将冷水加热超过设计温度60℃，通过混水阀，使水达到设计温度，再供至管网。

其特点是：①容积式换热器的设置，考虑了一天的太阳能的储热量，太阳能的热量，都能被充分利用，但容积式换热器数量较大，费用高，自动控制繁琐。②容积式换热器的换热效率低。③由于太阳能热量的不确定性，以及管网生活热水使用的不规律性，使大量的生活热水滞留在容积式换热器，有可能产生军团菌，对人员造成伤害（国内还没有此方面的介绍，在德国的太阳能设计规程中，有此部分的说明）。

2）方案二。该太阳能集中热水系统是最后选定的方案。集热器选用真空直流管，设置闭式循环的系统，将太阳能的热量，通过板式换热器，传递给储热水箱贮存热量，再通过一组板式换热器，将储存的热量，根据管网的需求，将冷水进行预热，再经过大波节式换热器辅热供水。当太阳能的热量不够将冷水加热至设计温度55～60℃，被加热的水再进入半容积式换热器，经过与备用能源（高温热水）的交换，直至达到设计温度，供至管网。

其特点是：①储热水箱的设置，考虑储存一天的太阳能的热量，热量可以随管网的需求而利用，节约了资金，节省了占地，同时控制更加简单；②设置的板式换热器，换热面积按最好日的吸收热量均能被换出设计，可将5℃温差的热量换取出来，在采热部分、换热部分均能将热量传递，换热效率高；③设置的预加热水罐，克服大量的预加热水不用，产生军团菌的问题，同时加大了半容积换热器的水量。

5. 太阳能热水系统另外几个问题所采取的技术措施

（1）防冻的问题。

太阳能集热系统充防冻液；通过板换加热太阳能集热系统的热水；定温或定时循环法。

（2）防过热的问题。

系统设置安全阀；设置膨胀管、罐；在太阳能采热系统中设置散热器，将过热部分热量通过风冷式散热器散到空气中，达到降温的作用。

（3）太阳能系统的结垢问题。

由于太阳能系统与生活热水系统采用间接换热，太阳能系统水或其他工质是常年不换，因此系统里的水为了防止结垢问题，需进行软化处理。

6. 太阳能集热器

集热器的选择是以满足生活热水的水量、热量需求为前提，并根据太阳能热水使用的季节、集热器产品的特性来选择的。本住宅小区要求全年使用太阳能热水。该工程为北京市环保局和意大利环境与国土部合作共同实施的太阳能利用示范项目，购买太阳能设备的款项为意大利赠款，在太阳能集热器的选型上确定了国际上先进的意大利 LECO 直流真空管集热器。

意大利 LECO 直流真空管集热器的特点：采用国际领先的直流真空集热管和集热器，系统热效率超过 70%；由于采用了独特的设计及可以调节角度的吸热膜片，产品不受安装方式的影响，可以进行固定角度，水平及垂直安装，很容易实现太阳能与建筑一体化；通过对吸热膜片角度的调节可以任何角度安装而不影响系统的热效率；系统采用欧洲标准进行设计，系统所供应热水可以达到饮用水标准；单支直流式热管产热水量（温升 55℃计）：冬季平均 5.05l/d；春季平均 7.79l/d；夏季平均 10.37l/d；

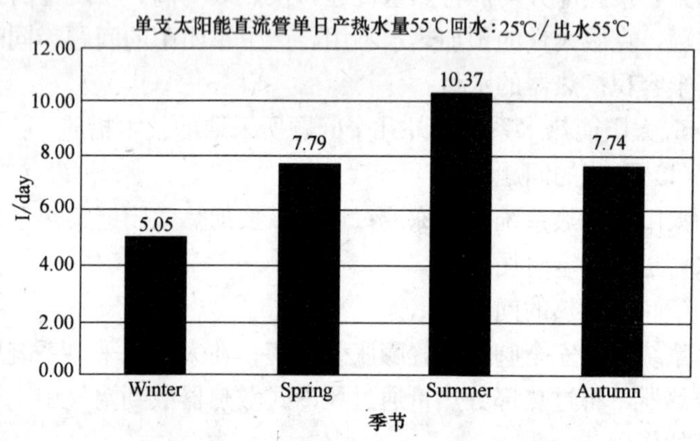

图 8-27　单支太阳能直流真空管产热水量

秋季平均 7.74l/d，见图 8-27。

年平均单支直流式热管产热水量：7.74l/d。

集热器的选择是以春秋天的辐照量为依据选择集热器面积数量的，满足住宅的生活热水需求。

7. 效益

(1) 经济效益。该项目大规模太阳能热水工程，使用集热器 8000m^2，每年可节约电力近 1000 万 kWh，节约电费 475 万元，3 年左右收回投资。因此，该项目经济效益显著。

(2) 节能。节约常规能源：奥运村太阳能系统，每年可节油 1560t，或节燃气 140 万 m^3，或节电 1000 万 kWh，或节煤 2400t。

(3) 保护自然环境，该项目太阳能系统，每年可减少排放 CO_2 700t，SO_2 20t，粉尘 200t。

2.4 建筑采暖空调能耗特点与太阳能热利用

1. 能耗的特点

(1) 建筑采暖。

仅我国东北、华北、西北等三北地区，采暖能耗约为 1.293 亿 tec，长江流域（即夏热冬冷地区）采暖用商品能源约为 0.04 亿 tec，全国用于建筑采暖能耗总量约在 1.333 亿 tec，约占全国建筑能耗消费总量的 26%。

(2) 建筑采暖期。

建筑采暖能耗不是发生在全年，而仅仅是发生在采暖期。全国各地建筑气象条件与地理条件均不相同，各地建筑采暖期也不同。我国严寒地区 A 区的建筑采暖期约有 190 天左右，除了少数地区之外，采暖期起止日一般在 10 月初至次年 5 月初，最冷月份为 1 月；严寒地区 B 区的建筑采暖期约有 160 天左右；寒冷地区建筑采暖期约有 120 天左右；夏热冬冷地区建筑采暖期约有 90 天左右。这与生活热水能耗发生在全年的每一天的情况完全不同。

(3) 建筑采暖能耗。

建筑采暖能耗表示的是用于建筑物采暖所消耗的能量，通常是指建筑物耗热量和采暖耗煤量。建筑物耗热量是根据建筑物耗热量指标来计算的。建筑物耗热量指标，是指在采暖期室外平均温度条件下，为保持室内计算温度，单位建筑面积在单位时间内消耗的、需要由室内采暖设备供给的热量，单位为 W/m^2。

现以北京市某住宅小区的具有建筑面积为 $90m^2$ 的某住户为例，该住户为三口人。依据国家标准 GB 50368—2005《住宅建筑规范》，地处寒冷地区的北京，建筑物耗热量指标为 $q_H=14.6W/m^2$，如此，该户一个采暖期的建筑采暖能耗为 $3\,942\times10^3W$（或 3942kW）。该户三口人，热水用小定额按国家标准 GB 50015—2003《建筑给水排水设计规范》取 $q_r=80l/p\cdot d$，并考虑该户厨房用热水 30l/d，热水温度均按 60℃计算，为便于与建筑采暖能耗比较亦取一个采暖期（125d），则生活热水加热的能耗为 412×10^3W（或 412kW）。两者相比，生活热水的能耗约占 10.5%，可见生活热水能耗与建筑采暖能耗相比是很小的。

(4) 太阳能热利用条件。

太阳能热利用的首要问题，是太阳能资源数量的多少，我国各地区太阳总辐射量差别很大，由“中国太阳能资源分布区域图”可知，大致在 3 348～8 371MJ/($m^2\cdot a$) 范围内，平均约为 5 860MJ/($m^2\cdot a$)。我国东北、西北、华北和长江流域等严寒、寒冷、夏热冬冷三个采暖地区，大都是处于太阳能资源较丰富的地区。对于建筑采暖，不仅仅关注其年度太阳总辐射量的大小，尤其是应关注采暖期太阳能总辐射量的大小。采暖期太阳能总辐射量大小除了与太阳高度角的变化有关之外，还和当地气象条件、日照率有关。上述各地区全年日照率按月份平均出现的峰值时间是不同的，尽管如此，上述采暖地区中约有 2/3 地区的日照率主峰值正好处于采暖期，这对于利用太阳能作为采暖热源进行采暖；不但具有很大的潜力，而且对建筑采暖能耗的降低提供了优越条件。

2. 太阳能热利用建筑采暖方式

根据建筑采暖能耗的特点，首先由于生活热水能耗远远小于采暖能耗的特点，除了特殊情况外，一般情况下只要是采用了太阳能采暖系统，就应该尽量把生活热水系统也纳入，把该系统设计成太阳能采暖生活热水系统。第二，为了提高太阳能利用效果，采暖系统应尽量采用温度较低的热媒，例如热水供水温度最好不超过 60℃的采暖系统方式，这样便于与生活热水供水温基本一致，如此便可避免增设诸如换热器、循环水泵和自动控制设备，以及由此引发的一系列投资和管理方面的问题。第三，采暖系统方式，就目前而言比较理想的当首选"低温热水地面辐射供暖系统"，该系统最大的节能价值是：室内设计计算温度可在一般采暖系统计算温度的基础上再降低 2℃，由此可创造系统自身节省能耗 10%的节能效果，另外再采暖热水供水温度上最高不超过 60℃，这仅相当于太阳平板集热器产生的中温热水，且与生活热水所需热水供水温度一致，使太阳能热水系统极为简化。

3. 建筑空调系统能耗的特点

(1) 空调能耗。

我国空调能耗，根据 1998 年调查资料，约为 600 亿 kWh～700 亿 kWh，约占建筑能耗的 26%，虽然与采暖所占建筑能耗的比例相差无几，但是由于空调能耗远处于上升阶段，所占建筑能耗比例，还会有较大幅度的提高。

(2) 空调能耗与太阳辐射量。

空调能耗均发生在夏季，尽管我国幅员辽阔，南北相差数千公里，夏季时间有长有短，但空调能耗与太阳辐射量最大值均在同一季节，当空调系统需要更多冷量的时候，也是太阳辐射量增大的时候。表面上看空调需冷量最大而太阳辐射量剧增天气更加炎热，但从太阳能热利用制冷方位来看这个问题，得到的结论是：太阳能的制冷能力是随着太阳能辐射能量的增加而增大的，这就是人们通常所说的太阳能空调的最大优点，即季节适应性好。

（3）太阳能空调与生活热水系统。

空调能耗主要发生在夏季，而且耗能很大。生活热水能耗发生在全年的每一天，能耗较小，约占空调能耗的10%左右。

4. 太阳能采暖空调生活热水的综合热利用

太阳能热利用在建筑采暖、空调系统，他们各自在不同的季节使用，目前二者全年能耗比较相当，生活热水虽然为全年使用，但其能耗较小，仅占二者之一的10%左右。根据这个情况，人们可以决定太阳能采暖与太阳能空调共用一套太阳能集热器及其热水管道系统，采用一个季节或者采暖与空调的转换装置，在采暖期来临时，通过该装置将太阳能集热器及其热水管道系统与采暖系统接通，形成太阳能采暖运行回路，采暖期终了时，再通过该装置将采暖系统断开，继而将太阳能集热器及其热水管道系统与太阳能空调系统接通。形成太阳能空调运行回路。这就在不同季节分别使用太阳能采暖系统、太阳能空调系统。太阳能集热器热水系统还可以直接或间接的供应生活热水系统。而当既不是采暖期又不是空调季节的时期，仅有生活热水使用的时候，如果太阳能热水量有富余，我们就应该设计太阳能储热器装置，将太阳能储存起来便于采暖期或空调季节使用。

这样的太阳能采暖空调生活热水系统，最突出的优点当然是经济性，其应用实例较多。

附　录

关于印发太阳能光电建筑应用示范项目申报指南的通知

财办建［2009］34 号

各省、自治区、直辖市、计划单列市财政厅（局）、住房和城乡建设厅（委、局），新疆生产建设兵团财务局、建设局：

根据《财政部　住房和城乡建设部关于加快推进太阳能光电建筑应用的实施意见》（财建［2009］128 号）和《财政部关于印发＜太阳能光电建筑应用财政补助资金管理暂行办法＞的通知》（财建［2009］129 号）的精神，我们制定了《太阳能光电建筑应用示范项目申报指南》，现予印发，请按照相关要求组织申报太阳能光电建筑应用示范项目。2009 年第一批示范项目申报截止日期为 2009 年 5 月 15 日。关于太阳能光电建筑应用共性关键技术的集成与推广补助资金申请，将另行通知。

财政部办公厅　住房和城乡建设部办公厅

二〇〇九年四月十六日

附件：

太阳能光电建筑应用示范项目申报指南

根据《财政部住房城乡建设部关于加快推进太阳能光电建筑应用的实施意见》（财建［2009］128号）和《财政部关于印发＜太阳能光电建筑应用财政补助资金管理暂行办法＞的通知》（财建［2009］129号）规定，指导与规范太阳能光电建筑应用示范项目申报，特制定本指南。

一、申报项目类型

重点支持太阳能光电建筑一体化安装且发电主要用于解决建筑用能的项目。太阳能光电建筑一体化主要安装类型包括：①建材型，指将太阳能电池与瓦、砖、卷材、玻璃等建筑材料复合在一起成不可分割的建筑构件或建筑材料，如光伏瓦、光伏砖、光伏屋面卷材、玻璃光伏幕墙、光伏采光顶等；②构件型，指与建筑构件组合在一起或独立成建筑构件的光伏构件，如以标准普通光伏组件或根据建筑要求定制的光伏组件构成雨篷构件、遮阳构件、栏板构件等；③与屋顶、墙面结合安装型，指在平屋顶上安装、坡屋面上顺坡架空安装以及在墙面上与墙面平行安装等形式。

二、补助标准

2009年补贴标准具体：对于建材型、构件型光电建筑一体化项目，补贴标准不超过20元/瓦；对于与屋顶、墙面结合安装型光电建筑一体化项目，补贴标准不超过15元/瓦；具体标准将根据项目增量成本、建筑结合限度确定。以后年度补助标准将根据产业发展状况予以适当调整。

三、申报主体

财政部、建设部对太阳能光电建筑安装使用进行补贴，申报主体可以是项目业主单位或光电一体化产品中标企业，具体由双方协商确定，并经当地财政部门审核确认。

四、申报条件

1. 项目所在地区具备较好的太阳能资源利用条件，建筑本体应达到国家和地方建筑节能标准。

2. 申报项目能在当年内开工建设，并可在两年内完工。

3. 项目申报单位已与太阳能光电产品生产企业签署中标协议。

4. 申报项目的证明材料齐全，包括项目立项审批、中标协议、由获得认证的第三方实验室或检测机构出具的产品检测报告、资金落实证明等文件。对于新建建筑项目，同时还应包括建设项目选址意见书、建设用地规划许可证、建设工程规划许可证、土地使用证、建筑工程施工许可证、房屋建筑施工图设计审查合格证书。

5. 提供电网接入情况详细说明，并网项目应依法取得行政许可或报送备案。

6. 优先支持已出台并落实光电发展扶持政策的地区项目，包括落实上网电价分摊政策、实施财政补贴等经济激励政策、制定出台相关技术标准、规程及工法、图集等；优先支持并网式太阳能光电建筑应用项目；优先支持太阳能光伏组件与建筑物实现构件化、一体化项目；优先支持学校、医院、政府机关等公共建筑应用光电项目。

7. 已完工项目或已获得国家资金补助的项目不应申报。

五、技术要求

1. 单项工程应用太阳能光电系统装机容量应不小于 50kW；

2. 中标企业的太阳能电池转换效率应达到先进水平，其中单晶硅电池组件转换效率应超过 16%，多晶硅的应超过 14%，非晶硅的应超过 6%；

3. 项目申报单位应建立数据监测与远传系统，实现发电总量、发电功率及环境数据等监测与远传。数据远传系统要求另行通知。

六、申报材料

申报太阳能光电建筑应用示范项目，报送以下资料：

1. 示范项目申请报告（编写提纲见附 1）；

2. 示范项目申报书（具体格式见附 2）。

以上申报材料一式两份，并提供电子文档。申报书以中文填写，要求语言精练，数据真实、可靠；申请报告一律用 A4 纸，仿宋体四号字打印并装订成册；申报单位须保证申报书、申请报告等申报材料真实、准确，申报内容作为项目检测验收依据。

七、申报程序

1. 地方项目申报。由申报单位向项目所在地财政、住房城乡建设主管部门提交项目申报材料，申请中央财政补助资金；当地财政、住房城乡建设主管部门盖章后报所在省、自治区、直辖市、计划单列市的财政、住房城乡建设主管部门。省级财政、住房城乡建设主管部门对辖区范围内的申报项目进行审查汇总，并在规定时间内，将项目申报文件及项目资金申请汇总表（见附 3）报送至财政部经济建设司、住房和城乡建设部建筑节能与科技司；将有关项目申报材料及其电子文档报送至可再生能源建筑应用项目管理办公室（地址：北京海淀区三里河路 13 号中国建筑文化中心 409 室，邮编：100037）。

2. 中央项目。由中央部门对本部门项目进行汇总后向财政部、住房城乡建设部申报。

八、网上申报

1. 各级住房城乡建设主管部门按照“可再生能源建筑应用示范项目信息管理系统账号分配及创建说明”做好账号的管理和分配（见附 4）。

2. 申报单位登陆“住房和城乡建设部、财政部可再生能源建筑应用示范项目信息管理系统”(http://www.chinaeeb.gov.cn),凭账号、密码登录系统进行申报,申报前要认真阅读网上申报的具体要求和注意事项,确保申报成功。

3. 申报单位须按照要求填写申报内容,保证申报内容与纸质申报材料一致,完成网上申报后,各级住房城乡建设、财政主管部门应及时进行网上审核。对未在规定时间内完成申报和审核的项目,不予受理。

附1:

太阳能光电建筑应用示范项目申请报告编写提纲

一、工程概况

工程概况包括地理位置、建筑类型、总平面图、建筑面积、用途、峰瓦值等。

二、示范目标及主要内容

重点介绍太阳能光电系统技术要点与示范目标。申报太阳能光电建筑一体化示范的,应同时说明建筑本体满足国家和地方建筑节能标准的情况。

三、技术方案

(一)建筑围护结构体系。

(二)光电系统技术设计方案。

1. 设计依据及说明。

2. 光伏建筑一体化设计。

3. 离网/并网系统设计。

4. 主要产品、部件及性能参数。

5. 系统能效计算分析。

包括太阳能光电系统效率、发电量、费效比。

6. 技术经济分析。

（三）节能量计算。

（四）检测预留方案。

（五）运行维护方案。

1. 数据计量远传方案。

2. 运行维护。

（六）进度计划与安排（需单独阐述太阳能光电部分进度计划与安排）。

（七）效益及风险分析。

1. 环境影响分析。

2. 项目推广前景分析。

3. 风险分析。

（八）技术支持（包括：项目相关各执行单位的技术力量描述、技术合作单位介绍）。

（九）证明材料。

1. 工程立项审批手续及资金落实证明等文件。

2. 与太阳能光电产品生产企业签署的中标协议或合同书。

3. 由获得认证的第三方实验室或检测机构出具的产品检测报告。

4. 并网项目应提供电网接入行政许可或报送备案相关证明材料。

5. 对于新建建筑项目，还应包括建设项目选址意见书、建设用地规划许可证、建设工程规划许可证、土地使用证、建筑工程施工许可证、房屋建筑施工图设计审查合格证书。

6. 地方出台与落实有关支持光电发展的扶持政策（如有，请提供）。

附 2：　　　　　　　　　　　　　　　项目编号：________

太阳能光电建筑应用示范
项目申报书

示范项目名称________________________

申报主体单位________________________（盖章）

主　管　部　门________________________

实施起止年限________________________

申　报　时　间________________________

财　政　部　经　济　建　设　司
住房和城乡建设部建筑节能与科技司　编制

二〇〇九年四月

说 明

1. 项目编号按照申报指南（附 3）中要求统一编号。

2. “达到建筑节能的标准”一栏中应填写是否达到或超过建筑节能标准，达到节能 50%标准还是节能 65%标准。

3. 在建筑类型一栏的填写中，申报项目为既有建筑，应在“既有/改造”一栏中填写“既有”；申报建筑为公共建筑，应在“居住/公建”栏中填写“公建”，若一部分是公共建筑，一部分是住宅，应在该栏中填写“居住/公建”。

4. “建筑面积”指申报项目的总建筑面积，“总装机容量”指太阳能光电的总装机容量。

5. 项目类型分以下三种：［1］建材型；［2］构件型；［3］屋顶、墙面结合安装型。在“项目类型”一栏中只须填写对应的项目序号即可，例如：若采用建材型，只须在该栏中填写对应的序号“1”。

6. 项目起止年限应按照“年/月/日”的顺序，例如“2008.12.05-2009.09.12”。

7. 项目进展阶段分以下几种情况：①建设前期工作阶段：编制项目建议书，可行性研究，审批立项，征地，规划，报建。②设计阶段：初步设计，施工图设计。③建设准备阶段：施工图设计审查，建设条件的准备，设备、工程招标及承包商的选定等。④建设实施阶段：土建施工、设备安装等。⑤竣工验收阶段。

8. 填写本表格时，要严格按照填表说明的格式进行填写，保证申报内容真实、准确。申报内容作为项目检测验收依据。

一、工程基本情况					
1. 建筑类型	□新建		□既有		(选项打√)
	□居住 □公建	□居住、公建都有	□工业		(选项打√)
2. 建筑面积	万 m^2		总装机容量		kW_p
3. 总投资(万元)		增量成本(元/W_p)		费效比(元/kWh)	
4. 达到节能建筑的标准				当地建筑节能标准	
5. 项目类型				年节煤量(TCE)	
6. 工程所在地建委				传真	
通讯地址				邮编	
负责人		电话		手机	
联系人		电话		手机	
7. 申报主体单位				传真	
通讯地址				邮编	
负责人		电话		手机	
联系人		电话		手机	
8. 建设单位				传真	
通讯地址				邮编	
负责人		电话		手机	
联系人		电话		手机	
9. 设计单位				传真	
通讯地址				邮编	
负责人		电话		手机	
10. 施工单位				传真	
通讯地址				邮编	
负责人		电话		手机	
11. 监理单位				传真	
通讯地址				邮编	
负责人		电话		手机	

<table>
<tr><td colspan="2">12. 可研报告编写单位</td><td colspan="2"></td><td>传真</td><td></td></tr>
<tr><td colspan="2">通讯地址</td><td colspan="2"></td><td>邮编</td><td></td></tr>
<tr><td>负责人</td><td></td><td>电话</td><td></td><td>手机</td><td></td></tr>
<tr><td colspan="2">13. 技术支撑单位</td><td colspan="2"></td><td>传真</td><td></td></tr>
<tr><td colspan="2">通讯地址</td><td colspan="2"></td><td>邮编</td><td></td></tr>
<tr><td>负责人</td><td></td><td>电话</td><td></td><td>手机</td><td></td></tr>
<tr><td colspan="2">14. 设备提供商</td><td colspan="2"></td><td>传真</td><td></td></tr>
<tr><td colspan="2">通讯地址</td><td colspan="2"></td><td>邮编</td><td></td></tr>
<tr><td>负责人</td><td></td><td>电话</td><td></td><td>手机</td><td></td></tr>
<tr><td colspan="6">二、城市资源条件</td></tr>
<tr><td colspan="6">太阳能资源条件</td></tr>
<tr><td colspan="2">太阳辐照量</td><td colspan="2">$MJ/m^2 \cdot a$</td><td>年日照小时</td><td></td></tr>
<tr><td colspan="6">三、项目进展情况与计划</td></tr>
<tr><td colspan="4">1. 施工图设计专项审查情况：
□房屋建筑工程施工图设计文件审查已通过
□可再生能源部分设计文件审查已通过
(选项打√)</td><td colspan="2">通过可再生能源部分施工图设计专项审查时间(或预计时间)：
__年__月__日
当前项目所处进展阶段：__</td></tr>
<tr><td colspan="6">2. 详细进度计划安排(按照填表说明正确填写)：</td></tr>
<tr><td colspan="2">阶段</td><td colspan="2">起止时间</td><td colspan="2">具体内容说明</td></tr>
<tr><td colspan="2">建设前期工作阶段</td><td colspan="2"></td><td colspan="2"></td></tr>
<tr><td colspan="2">设计阶段</td><td colspan="2"></td><td colspan="2"></td></tr>
<tr><td colspan="2">建设准备阶段</td><td colspan="2"></td><td colspan="2"></td></tr>
<tr><td colspan="2">建设实施阶段</td><td colspan="2"></td><td colspan="2"></td></tr>
<tr><td colspan="2">竣工验收阶段</td><td colspan="2"></td><td colspan="2"></td></tr>
<tr><td colspan="6">备注说明(当前项目进展情况)：</td></tr>
<tr><td colspan="6">3. 工程建设报批手续证明材料：
□立项审批文件　□建设项目选址意见书　□土地使用证
□建设用地规划许可证　□建设工程规划许可证　□建筑工程施工许可证
□施工图设计文件审查合格证书　□资金落实证明文件
(选项前打√)</td></tr>
</table>

<table>
<tr><td colspan="4">四、建筑主要结构形式、体形系数、窗墙比、保温(屋顶、外墙)构选、围护结构性能参数及节能材料、产品的使用情况等</td></tr>
<tr><td colspan="4">五、可再生能源技术</td></tr>
<tr><td>太阳能保证率</td><td></td><td>太阳能年光伏发电量</td><td>kWh</td></tr>
<tr><td>太阳能光伏发电用途</td><td></td><td>太阳能光伏转换效率</td><td></td></tr>
<tr><td colspan="4">简述技术方案(包括主要设备性能参数、系统设计效率、运用范围、保证率等),技术与产品被列入住房和城乡建设部(或省、自治区建设厅直辖市建委)推广计划情况;</td></tr>
</table>

<table>
<tr><td>城市财政主管部门

盖章
年　月　日</td><td>城市建设主管部门

盖章
年　月　日</td></tr>
<tr><td>省、自治区、直辖市、计划单列市财政厅（局）、新疆生产建设兵团财务局

盖章
年　月　日</td><td>省、自治区、直辖市、计划单列市、新疆生产建设兵团建设厅（委、局）

盖章
年　月　日</td></tr>
</table>

附 3：

太阳能光电建筑应用财政补助资金申请汇总表

申请单位：（省级财政、建设部门签章）

项目编号	项目名称	项目所在城市(区、县)	项目类型	光电产品应用形式	太阳能电池材料类型	光电装机容量(kW)	项目总投资(万元)	申请中央财政补助资金(万元)	项目实施起止时间

填表说明：

1. 项目类型：[1] 建材型；[2] 构件型；[3] 屋顶、墙面结合安装型。
2. 光电产品应用形式：[1] 并网式；[2] 离网式。
3. 光电产品：[1] 单晶硅光伏电池；[2] 多晶硅光伏电池；[3] 非晶硅薄膜电池；[4] 其他类型（填相应序号即可）。
4. 项目编号由各省、自治区、直辖市统一编号；编号方法×××-×××-001，前三位为省代码，中间三位为城市代码，后三位为项目编号，省代码和城市代码按照国家行政区划代码填写，项目编号由各地自行编制。

附 4：

可再生能源建筑应用示范项目信息管理系统 账号分配及创建说明

1. 各省、自治区、直辖市、计划单列市建设厅（建委、建设局）、财政厅（局），新疆生产建设兵因建设局、财政局的凭原系统登陆账号和密码登录。

2. 各省、自治区建设、财政主管部门统一创建申报项目所在市建委（局）、市财政局账号，原则各 1 个，具体创建方法参照系统帮助中“账号创建”。账号规则如下：下属市建委（建设局）账号为××××××JS00，前 6 位为项目所在市六位行政区划代码，JS 为“建设”首字母大写，后 2 位 00。下属市财政局账号为××××××CZ00，前 6 位为项目所在市六位行政区划代码，CZ 为“财政”首字母大写，后 2 位为 00。已创建账号的可凭原账号登录。

3. 地方城市建设主管部门负责创建本地区所有申报项目账号，账号规则如下：××××××09××，6 位为项目所在市六位行政区划代码，09 代表 2009 年，后 2 位为项目顺序号。

4. 使用说明：项目申报单位凭城市建设主管部门分配的账号和密码登陆系统后，应仔细阅读“企业申报步骤”，按要求填写完毕并提交保存；各级建设、财政主管部门逐级进行审批，提交评审结果。

关于印发《太阳能光电建筑应用财政补助资金管理暂行办法》的通知

财建［2009］129号

各省、自治区、直辖市、计划单列市财政厅（局），新疆生产建设兵团财务局：

为贯彻实施《可再生能源法》，落实国务院节能减排战略部署，加快太阳能光电技术在城乡建筑领域的应用，我们制定了《太阳能光电建筑应用财政补助资金管理暂行办法》。现予印发，请遵照执行。

财政部

二○○九年三月二十三日

附件：

太阳能光电建筑应用财政补助资金管理暂行办法

第一条 根据国务院《关于印发节能减排综合性工作方案的通知》（国发［2007］15号）及《财政部 建设部关于印发＜可再生能源建筑应用专项资金管理暂行办法＞的通知》（财建［2006］460号）精神，中央财政从可再生能源专项资金中安排部分资金，支持太阳能光电在城乡建筑领域应用的示范推广。为加强太阳能光电建筑应用财政补助资金（以下简称补助资金）的管理，提高资金使用效益，特制定本办法。

第二条 补助资金使用范围

（一）市光电建筑一体化应用，农村及偏远地区建筑光电利用等给予定额补助。

（二）太阳能光电产品建筑安装技术标准规程的编制。

（三）太阳能光电建筑应用共性关键技术的集成和推广。

第三条 补助资金支持项目应满足以下条件：

（一）单项工程应用太阳能光电产品装机容量应不小于 50kW$_p$ 印度；

（二）应用的太阳能光电产品发电效率应达到先进水平，其中单晶硅光电产品效率应超过 16%，多晶硅光电产品效率应超过 14%，非晶硅光电产品效率应超过 6%；

（三）优先支持太阳能光伏组件应与建筑物实现构件化、一体化项目；

（四）优先支持并网式太阳能光电建筑应用项目；

（五）优先支持学校、医院、政府机关等公共建筑应用光电项目。

第四条 鼓励地方出台与落实有关支持光电发展的扶持政策。满足以下条件的地区，其项目将优先获得支持。

（一）落实上网电价分摊政策；

（二）实施财政补贴等其他经济激励政策；

（三）制定出台相关技术标准、规程及工法、图集；

第五条 本通知发出之日前已完成的项目不予支持。

第六条 2009 年补助标准原则上定为 20 元/W$_p$，具体标准将根据与建筑结合限度、光电产品技术先进限度等因素分类确定。以后年度补助标准将根据产业发展状况予以适当调整。

第七条 申请补助资金的单位应为太阳能光电应用项目业主单位或太阳能光电产品生产企业，申请补助资金单位应提供以下材料：

（一）项目立项审批文件（复印件）；

（二）太阳能光电建筑应用技术方案；

（三）太阳能光电产品生产企业与建筑项目等业主单位签署的中标协议；

（四）其他需要提供的材料。

第八条 申请补助资金单位的申请材料按照属地原则，经当地财政、建设部门审核后，报省级财政、建设部门。

第九条 省级财政、建设部门对申请补助资金单位的申请材料进行汇总和核查，并于每年的4月30日、8月30日前联合上报财政部、住房和城乡建设部（附表）。

第十条 财政部会同住房和城乡建设部对各地上报的资金申请材料进行审查与评估，确定示范项目及补助资金的额度。

第十一条 财政部将项目补贴总额预算的70%下达到省级财政部门。省级财政部门在收到补助资金后，会同建设部门及时将资金落实到具体项目。

第十二条 示范项目完成后，财政部根据示范项目验收评估报告，达到预期效果的，通过地方财政部门将项目剩余补助资金拨付给项目承担单位。

第十三条 补助资金支付管理按照财政国库管理制度有关规定执行。

第十四条 各级财政、建设部门要切实加强补助资金的管理，确保补助资金专款专用。对弄虚作假、冒领、截留、挪用补助资金的，一经查实，按国家有关规定执行。

第十五条 本办法由财政部、住房和城乡建设部负责解释。

第十六条 本办法自印发之日起执行。

附表：太阳能光电技术建筑应用财政补助资金申请汇总表

财政部　住房城乡建设部关于加快推进太阳能光电建筑应用的实施意见

财建［2009］128号

中华人民共和国住房和城乡建设部

www.mohurd.gov.cn 2009年03月26日

各省、自治区、直辖市、计划单列市财政厅（局）、建设厅（委、局），新疆生产建设兵团财务局、建设局：

为贯彻实施《可再生能源法》，落实国务院节能减排战略部署，加强政策扶持，加快推进太阳能光电技术在城乡建筑领域的应用，现提出以下实施意见：

一、充分认识太阳能光电建筑应用的重要意义

（一）推动光电建筑应用是促进建筑节能的重要内容。随着我国工业化和城镇化的加快和人民生活水平提高，建筑用能迅速增加。我国太阳能资源丰富，开发利用太阳能是提高可再生能源应用比重，调整能源结构的重要举措。城乡建设领域是太阳能光电技术应用的主要领域，利用太阳能光电转换技术，解决建筑物、市广场、道路及偏远地区的照明、景观等用能需求，对替代常规能源，促进建筑节能具有重要意义。

（二）推动光电建筑应用是促进我国光电产业健康发展的现实需要。近年来，我国光电产业呈现快速增长态势，目前已经成为世界第一大太阳能电池生产国，有一批具有国际竞争力和国际知名度的光电生产企业，已形成具有规模化、国际化、专业化的产业链条。但目前国内市场需求不足，过度依赖国际市场，加大了市场风险，在一定限度上影响了产业发展。推动光电建筑应用，拓展国内应用市场，将创造稳定的市场需求，促进我国光电产业健康发展。

（三）推动光电建筑应用是落实扩内需、调结构、保增长的

重要着力点。推动光电在城乡建设领域的规模化、专业化应用，可以有效带动高新技术及节能环保领域的资金投入，可以促进建材、化工、冶金、装备制造、电气、建筑安装、咨询服务等多个产业实现调整升级，对于实现产业结构调整，促进经济增长方式转变，扩大就业，具有十分重要的现实意义。

二、支持开展光电建筑应用示范，实施“太阳能屋顶计划”

为有效缓解光电产品国内应用不足的问题，在发展初期采取示范工程的方式，实施我国“太阳能屋顶计划”，加快光电在城乡建设领域的推广应用。

（一）推进光电建筑应用示范，启动国内市场。现阶段，在条件适宜的地区，组织支持开展一批光电建筑应用示范工程，实施“太阳能屋顶计划”。争取在示范工程的实践中突破与解决光电建筑一体化设计能力不足、光电产品与建筑结合限度不高、光电并网困难、市场认识低等问题，从而激活市场供求，启动国内应用市场。

（二）突出重点领域，确保示范工程效果。综合考虑经济性和社会效益等因素，现阶段在经济发达、产业基础较好的大中城市积极推进太阳能屋顶、光伏幕墙等光电建筑一体化示范；积极支持在农村与偏远地区发展离网式发电，实施送电下乡，落实国家惠民政策。

（三）放大示范效应，为大规模推广创造条件。通过示范工程调动社会各方发展积极性，促进落实国家相关政策。加强示范工程宣传，扩大影响，增强市场认知度，形成发展太阳能光电产品的良好社会氛围；促进落实上网分摊电价等政策，形成政策合力，放大政策效应；将光电建筑应用作为建筑节能的重要内容，在新建建筑、既有建筑节能改造、城市照明中积极推广使用。

三、实施财政扶持政策

国家财政支持实施“太阳能屋顶计划”，注重发挥财政资金政策杠杆的引导作用，形成政府引导、市场推进的机制和模式，加快光电商业化发展。

（一）对光电建筑应用示范工程予以资金补助。中央财政安排专门资金，对符合条件的光电建筑应用示范工程予以补助，以部分弥补光电应用的初始投入补助标准将综合考虑光电应用成本、规模效应、企业承受能力等因素确定，并将根据产业技术进步、成本降低的情况逐年调整。

（二）鼓励技术进步与科技创新。为激励先进，将严格设定光电建筑应用示范的标准与条件。财政优先支持技术先进、产品效率高、建筑一体化限度高、落实上网电价分摊政策的示范项目，从而不断促进提高光电建筑一体化应用水平，增强产业竞争力。

（三）鼓励地方政府出台相关财政扶持政策。将充分调动地方发展太阳能光电技术的积极性，出台相关财税扶持政策的地区将优先获得中央财政支持。

四、加强建设领域政策扶持

各级建设主管部门要切实履行职责，把太阳能光电建筑应用作用建筑节能工作的重要内容，完善技术标准，推进科技进步，加强能力建设，逐步提高太阳能光电建筑应用水平。

（一）完善技术标准。各级建设主管部门要大力推动建筑领域中有关太阳能光电技术应用的国家相关技术标准的贯彻和执行，并结合本地实际，积极研究制定太阳能光电技术在建筑领域应用的设计、施工、验收标准、规程及工法、图集，促进太阳能光电技术在建筑领域应用实现一体化、规范化。各光电企业也要制定本单位产品在建筑领域应用的企业标准，提高应用水平。

（二）加强质量管理。各地建设主管部门要加强对太阳能光电技术应用项目的质量管理，在项目建设过程中，依据国家法律法规和工程强制性标准加强监督检查和指导，对不符合现行有关标准或不能实现项目预期节能目标的要责令改正。

（三）加强光电建筑一体化应用技术能力建设。各级建设主管部分要充分依托相关机构，做好光电建筑应用示范项目的技术支撑工作；要积极为光电生产企业、设计单位、施工企业提供公共服务，整合各方面力量，推动太阳能光电生产、设计、施工三者有效结合，提高光电建筑一体化应用能力。

各地应建立推进太阳能光电技术在建筑领域应用的工作协调机制，切实加强对推进光电建筑应用工作的领导。财政、建设等相关部门要加强组织领导和统筹协调，依托现有的建筑节能机构，由专门人员具体负责，抓紧制订光电建筑应用实施规划以及具体实施方案，协调项目实施工作，解决推进工作中的问题，及时总结经验进行推广。

中华人民共和国财政部
中华人民共和国住房和城乡建设部
二〇〇九年三月二十三日

尊敬的读者：

感谢您选购我社图书！建工版图书按图书销售分类在卖场上架，共设22个一级分类及43个二级分类，根据图书销售分类选购建筑类图书会节省您的大量时间。现将建工版图书销售分类及与我社联系方式介绍给您，欢迎随时与我们联系。

★建工版图书销售分类表（见下表）。

★欢迎登陆中国建筑工业出版社网站www.cabp.com.cn，本网站为您提供建工版图书信息查询，网上留言、购书服务，并邀请您加入网上读者俱乐部。

★中国建筑工业出版社总编室

电　话：010—58934845

传　真：010—68321361

★中国建筑工业出版社发行部

电　话：010—58933865

传　真：010—68325420

E-mail：hbw@cabp.com.cn

建工版图书销售分类表

一级分类名称（代码）	二级分类名称（代码）
建筑学（A）	建筑历史与理论（A10）
	建筑设计（A20）
	建筑技术（A30）
	建筑表现·建筑制图（A40）
	建筑艺术（A50）
建筑设备·建筑材料（F）	暖通空调（F10）
	建筑给水排水（F20）
	建筑电气与建筑智能化技术（F30）
	建筑节能·建筑防火（F40）
	建筑材料（F50）
城市规划·城市设计（P）	城市史与城市规划理论（P10）
	城市规划与城市设计（P20）
室内设计·装饰装修（D）	室内设计与表现（D10）
	家具与装饰（D20）
	装修材料与施工（D30）
建筑工程经济与管理（M）	施工管理（M10）
	工程管理（M20）
	工程监理（M30）
	工程经济与造价（M40）
艺术·设计（K）	艺术（K10）
	工业设计（K20）
	平面设计（K30）
执业资格考试用书（R）	
高校教材（V）	
高职高专教材（X）	
中职中专教材（W）	

一级分类名称（代码）	二级分类名称（代码）
园林景观（G）	园林史与园林景观理论（G10）
	园林景观规划与设计（G20）
	环境艺术设计（G30）
	园林景观施工（G40）
	园林植物与应用（G50）
城乡建设·市政工程·环境工程（B）	城镇与乡（村）建设（B10）
	道路桥梁工程（B20）
	市政给水排水工程（B30）
	市政供热、供燃气工程（B40）
	环境工程（B50）
建筑结构与岩土工程（S）	建筑结构（S10）
	岩土工程（S20）
建筑施工·设备安装技术（C）	施工技术（C10）
	设备安装技术（C20）
	工程质量与安全（C30）
房地产开发管理（E）	房地产开发与经营（E10）
	物业管理（E20）
辞典·连续出版物（Z）	辞典（Z10）
	连续出版物（Z20）
旅游·其他（Q）	旅游（Q10）
	其他（Q20）
土木建筑计算机应用系列（J）	
法律法规与标准规范单行本（T）	
法律法规与标准规范汇编/大全（U）	
培训教材（Y）	
电子出版物（H）	

注：建工版图书销售分类已标注于图书封底。